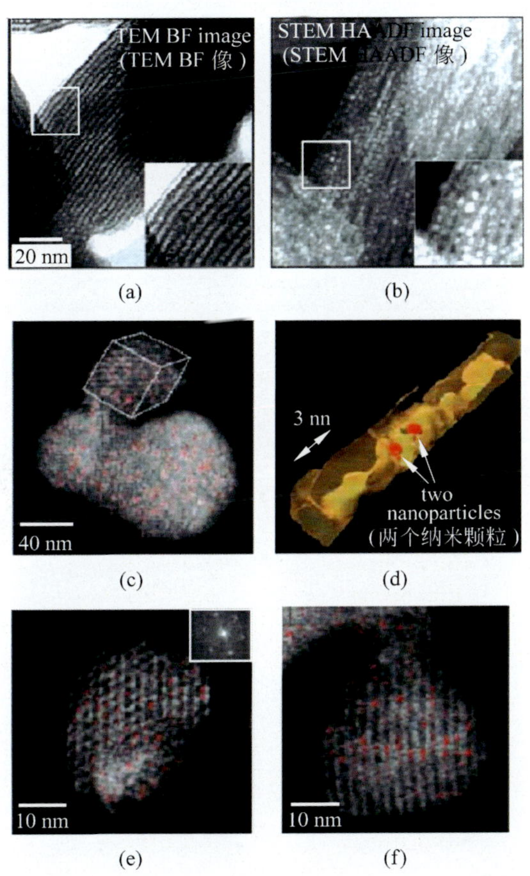

图 9-35　镶嵌有 $Pt_{10}Ru_2$ 的 MCM-41(由二氧化硅构成)纳米结构的电子三维重构像

(a) 镶嵌有 $Pt_{10}Ru_2$ 的 MCM-41 纳米结构的 TEM 明场像；(b) 同一个区域的 HAADF 像；(c) 同一个样品中另一个区域的三维重构像，红色的是 $Pt_{10}Ru_2$ 颗粒，白色的是二氧化硅(MCM-41 由二氧化硅构成)；(d) 在(c)图中立方体区域中重构图亚区中的一个孔的着色图；(e)，(f) 是在(c)中立方体区域中重构图亚区的两个互相垂直的投影

材料科学与工程系列

普通高等教育“十一五”国家级规划教材

Electron Microscopy and Analysis

电子显微分析

章晓中 编著

清华大学出版社
北 京

内 容 简 介

本书作为学习电子显微分析技术的入门书，主要介绍透射电子显微术（电子衍射、质厚衬度像、衍射衬度像）、扫描电子显微术（包括背散射电子衍射和环境扫描显微镜）、电子探针和微分析（能谱与波谱）以及扫描探针显微术（扫描隧道显微镜和原子力显微镜），还定性介绍了高分辨电子显微术、会聚束衍射、微衍射、电子能量损失谱、能量过滤像、扫描透射显微术、电子全息术、电子三维重构像和原位透射电镜技术。此外，书中对目前透射电子显微镜的最新进展——球差校正透射电镜技术作了简要介绍。

本书是一本将电子显微学理论和应用密切结合，兼顾不同层次读者群的专业基础课教材，适用于材料、物理、化学、化工、机械、微电子、土木、生物、医学等学科的本科生或研究生，也可作为非电子显微学专业人员的参考书。

图书在版编目（CIP）数据

电子显微分析 / 章晓中编著．—北京：清华大学出版社，2006.12（2025.8 重印）
（材料科学与工程系列）
ISBN 978-7-302-14160-0

Ⅰ．电… Ⅱ．章… Ⅲ．电子显微镜分析－高等学校－教材 Ⅳ．O657.99

中国版本图书馆 CIP 数据核字（2006）第 137827 号

责任编辑：宋成斌　赵从棉
责任校对：赵丽敏
责任印制：杨　艳

出版发行：清华大学出版社
网　　址：https://www.tup.com.cn，https://www.wqxuetang.com
地　　址：北京清华大学学研大厦 A 座　　**邮　　编**：100084
社 总 机：010-83470000　　**邮　　购**：010-62786544
投稿与读者服务：010-62776969，c-service@tup.tsinghua.edu.cn
质量反馈：010-62772015，zhiliang@tup.tsinghua.edu.cn
印 装 者：河北盛世彩捷印刷有限公司
经　　销：全国新华书店
开　　本：175mm×245mm　**印　张**：21　**彩　插**：1　**字　　数**：410 千字
版　　次：2006 年 12 月第 1 版　　**印　　次**：2025 年 8 月第 18 次印刷
定　　价：59.00 元

产品编号：015022-04

序　言

清华大学准备设置电子显微学的课程是在1980年,当时机械系刘家浚、朱宝亮老师等亲自去北京钢铁学院(现名字改为北京科技大学),进修赵伯麟老师主讲的电子显微学课程。1981年,刘家浚老师在清华大学机械系首次开设电子显微镜课,学生是77级的机械系本科生,也有机械系研究生选修。1982—1992,十年间再加上1995年,朱宝亮老师为机械系本科生和研究生分别开设电镜课,吸收外系同学选修,也有科学院系统的学生和工作人员来听课。1988年材料系建系后,电子显微镜课仍由机械系朱宝亮老师主讲。1993—1994年间,此课程由唐国翌老师主讲。1996年开始,材料系和机械系分别开设电子显微学课程,分别由王家军(1996)和姚可夫(1996至今)老师授课。1996年暑假,材料系教师研究教学的会议上,探讨了电子显微学课程的设置,建议由三门课组成:48学时电子显微分析——电子衍射、32学时材料电子显微学——电子衍衬和48学时电子显微学,分别由电子显微镜实验室的唐国翌(1997—1998)、杨改英(1997—1998)和朱静(1997—2001)老师主讲,其中实验课(约占1/4～1/3课时)分别由电镜室的高级工程师陈锡花(1997—2005)、周惠华(1997至今)、闫允杰(1997至今)、程志英(1997至今)和申玉田(2005至今)等老师授课。由于教学改革课程学时的缩减及教师人事的变动,前两门课合并为一门本科生课程,1999年至今由章晓中老师授课,电子显微学为研究生课程,2002年至今由袁俊老师授课。

在教学中,曾经用过各种教材,除了朱宝亮、姚可夫、唐国翌、朱静、杨改英、章晓中、袁俊等老师自写的讲义外,本科生用的教材和参考书主要有《金属物理研究方法(第二分册)》(陈梦谪主编)、《金属电子显微分析》(陈世朴、王永瑞合编)、《金属电子显微分析》(谈育煦编)、《金属X射线衍射与电子显微分析技术》(李树棠主编)等,研究生用的教材和参考书主要有《高空间分辨分析电子显微学》(朱静、叶恒强、王仁卉、温树林、康振川编著)、《电子衍射图在晶体学中的应用》(郭可信、叶恒强、吴玉琨著)、《电子衍射分析方法》(黄孝瑛编著)、《透射电子显微学》(黄孝瑛编著)等。此次出版的《电子显微分析》一书是章晓中老师按照课程之间的衔接和定位，参考了由 D. B. Williams 和 C. B. Carter 编写的 *Transmission Electron Microscopy* 一书及上述提到的讲义和参考书撰写、补充、修改而成。

本书适用于工科院校本科生的电子显微学课程教学和非电子显微学专业人员参考。

希望此书能在电子显微学的教学和普及中起到作用。

朱　静

2006 年 10 月

前　言

本书是清华大学百门精品课程电子显微分析的教材，它适合于工科院校本科生的电子显微学课程教学和非电子显微学专业人员参考。

笔者1985—1989年在牛津大学材料系攻读博士学位，修了P. B. Hirsch教授的Diffraction课和M. J. Goringe博士的Transmission Electron Microscopy课，笔者的研究生导师G. W. Groves博士培养了笔者如何用电子显微分析技术进行材料研究，引领笔者步入电子显微学的殿堂。

1999年秋，笔者回国来清华大学材料科学与工程系任教授，开始讲授电子显微分析课。该课程是清华大学材料系大四学生的必修课(48学时)，它的后续课程是研究生课程电子显微学。2002年，电子显微分析课入选清华大学百门精品课程的重点建设课程，教学语言也从中文改为了英文。在本精品课教学组的朱静院士和袁俊教授的鼓励与支持下，笔者萌生了自己编一本能反映21世纪电子显微学发展水平又适合材料类本科生一学期电镜课教学的中文教科书，经过3年的努力和在清华大学一年的教学试用，才有了现在的这本教科书。

本书内容分为9章。第1章先介绍电子显微学的基础——电子光学的基本知识，重点介绍磁透镜的原理，各种像差的成因以及它们的校正方法。第2章阐述了透射电子显微镜的结构和工作原理，重点介绍了透射电镜的成像系统。由于能否得到好的电镜照片的关键之一是电镜试样制备的好坏，该章详细介绍了各种透射电镜样品的制备，以及一些最新的样品制备方法，如聚焦离子束方法。电镜的各种图像和信号实际上是电子与物质的相互作用的结果，故第3章介绍了电子与物质的相互作用及产生的各种信号，以及它们在电子显微术中的应用。第4章介绍了透射电子显微术的基本技术之一——电子衍射，重点介绍选区电子衍射以及简单电子衍射谱的标定。第5章进一步介绍一些常见的复杂电子衍射谱(孪晶谱、高阶劳厄带、菊池线)及其标定。第6章介绍了透射电子显微术的另一基本技术——电子像，重点介绍了质厚衬度像和衍射衬度像。第7章介绍了扫描电镜的结构与它的各种成像机制，还介绍了目前用得越来越多的背散射电子衍射和环境扫描显微镜。第8章介绍了电子探针显微分析仪和微分析，重点介绍了在透射电镜和扫描电镜上都可用的能谱技术，还介绍了影响微分析区域大小和准确度的一些主要因素。第9章简单介绍了高分辨电子显微术、会聚束衍射、微衍射、电子能量损失谱、能量过滤像、扫描透射显微术，还介绍了传统上不被认为是电子显微镜技术的扫描探针显微镜，因为它们在纳米科技的研究上用得越来越普遍。该章还介绍了在一般的电镜教科书里很少提及的电子全息术、电子三维重构像、原位透射电镜技术，还对目前透射电子显微术的最新进展——球差校正透射电子显微术作了简要介绍。

本书还包括3个实验讲义，分别由清华大学电子显微镜实验室的周惠华高级工程师（实验一）、程志英和申玉田高级工程师（实验二）、闫允杰高级工程师（实验室三）撰写。

本书具有如下特点：

（1）强调基本原理和应用

本教材以讲清物理概念为主，避免过多地使用数学。介绍方法时，以基本原理和如何应用为主，让学生用最短的时间，学到电子显微学的主要内容。

（2）与国外最好的教材内容同步

本教材的编写参考了国外最流行的透射电子显微术教材 *Transmission Electron Microscopy*（Williams 和 Carter 著）和最流行的扫描电子显微术和微分析教材 *Scanning Electron Microscopy and X-Ray Microanalysis*（Goldstein 著）。

（3）反映了电子显微学的最新进展

本教材介绍了在国内电镜教科书中较少提及的背散射电子衍射、环境扫描显微镜、能量过滤像、电子全息术、电子三维重构像、原位透射电子显微术，还对电子显微学的最新进展——球差校正透射电镜技术作了介绍。

（4）参考文献齐全

本教材在参考文献中列出了国内可查询到的近10年出版的几乎所有的国内外电子显微学的教材与专著。

（5）适应面广

虽然本教材是为一学期的课程设计的，但也可用于半学期课程的教学，教师可根据需要选择教学内容。建议可选讲如下章节：第1章，第2章（2.1～2.5，2.10），第3章，第4章，第6章（6.1～6.3），第7章（7.1～7.5），第8章，第9章（9.1～9.6）。本书还可作为非电子显微学专业人员的参考书。

（6）无先修要求

为了方便其他专业的学生，本教材未对学生的基础知识作特别的要求，涉及的相关知识会在书中介绍。

本教材的编写过程自始至终得到了清华大学电子显微镜实验室的朱静院士的关心和鼓励，朱静院士仔细审阅了全书还为本书作序；清华大学电子显微镜实验室的袁俊教授也为本书的编写提供了宝贵的意见。在此向他们表示衷心的感谢。笔者的研究生汤富领和廖星为本书的成稿做了大量的录入和扫描图片的工作，清华大学为本教材的编写提供了经费，在此一并致谢。本书还选用了参考文献中的一些图和照片，在此向有关作者表示衷心的感谢。

由于笔者学识有限，加之时间仓促，书中难免挂一漏万，不当之处，还望读者斧正。

章晓中

2006 年 10 月于北京清华园

目　录

第 1 章　电子光学基础

1.1　分辨率

在正常的照明情况下,人眼能够看清楚的最小细节大约是 0.1 mm。如果想观察更微小的细节,人们必须用显微镜把所要观察的细节放大到 0.1 mm 以上。这个数值称为人眼的最小鉴别距离,它表示人眼分辨细节的能力。这个数值越小,分辨能力就越高,这就是"分辨本领"或"分辨率"的含义。显微镜实际上是一个能够把欲观察的细节进一步放大的仪器,但这种放大并不是无限的。光的波动本质限定了显微镜分辨最小细节的极限——分辨率,分辨率与显微镜的放大倍数是两个概念。超越显微镜的分辨率继续放大是无效的,因为这时不会得到更多的信息。

下面我们用最简单的光学系统来说明分辨率的准确定义及影响分辨率的因素。图 1-1 表示一个无限小的理想点光源 O,经过会聚透镜 L 在位于像平面 S 的屏幕上成像于 O' 的情况。由光阑 AB 限制的光束产生衍射,在屏幕上出现一系列干涉条纹,使得图像 O' 不是一个点像,而是一个由不同直径明暗相间的衍射环包围着的亮斑——艾里斑(Airy disk)。艾里斑的光强度分布如图 1-2(a)所示,光能量的 84%集中在中央峰,其余的能量依次逐减地分布在一级、二级……衍射环中。

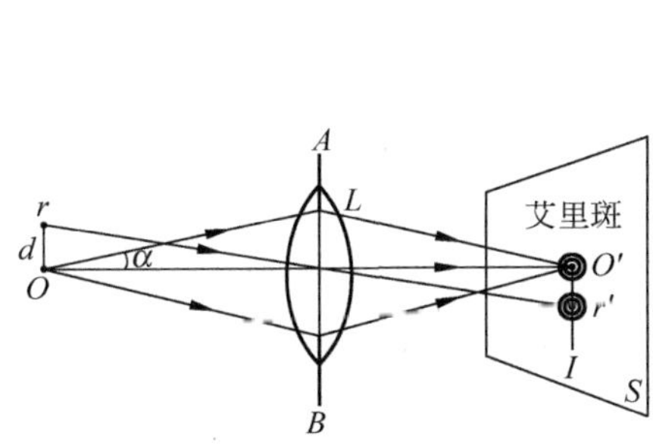

图 1-1　两个点光源像的叠加

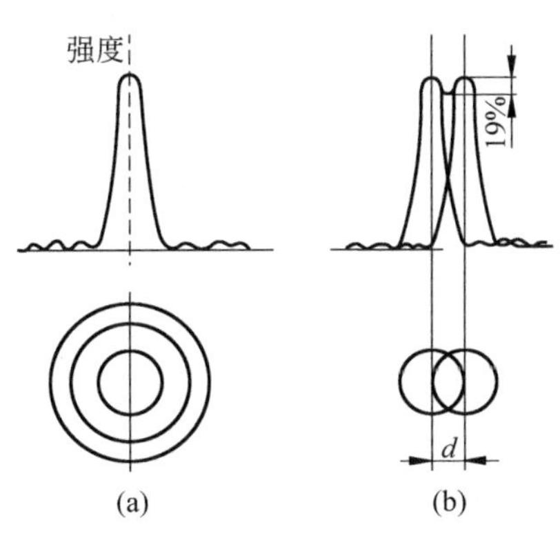

图 1-2　艾里斑与分辨率的示意图
(a) 艾里斑的强度分布;
(b) 两个点光源成像时的分辨极限

假设在点光源 O 之上还有一个点光源 r，它在屏幕上成像于 r'。如果把点光源 r 向 O 点移动，则 r' 也要向 O' 移动，当 r 和 O 接近到一定距离时两个衍射图像互相叠加。我们想知道：r 和 O 多近时，在屏幕上便分辨不出它们是两个点光源的像了？英国物理学家瑞利(Rayleigh)告诉我们：如两个点光源接近到使两个亮斑的中心距离等于第一级暗环的半径，且两个亮斑之间的光强度与峰值的差大于19%，则这两个亮斑尚能分辨开。这就是著名的瑞利判据。我们用 d 来表示此时这两个光点之间的距离。当两个光点之间的距离比 d 小时，我们就分辨不出屏幕上是两个点光源的像了，如图 1-2(b)所示。我们把刚好能分辨屏幕上两个点光源像时的 r 和 O 之间的距离 d 称为显微镜的极限分辨距离，又称显微镜的分辨率(resolution)。

显微镜的分辨率 d 由下式决定：

$$d = \frac{0.61\lambda}{n \sin \alpha} \tag{1-1}$$

式中，λ 表示光波在真空中的波长；α 表示孔径角之半；n 表示透镜和物体间介质折射系数(折射率)。运用透镜数值孔径 NA(NA$=n\sin\alpha$)的概念，式(1-1)可写成

$$d = \frac{0.61\lambda}{\mathrm{NA}} \tag{1-2}$$

从式(1-2)可以看出，波长越短，数值孔径越大，显微镜的分辨率就越高。事实上，透镜的像差也对显微镜的分辨率有影响，但由于现代玻璃透镜的改善和合理的组合，已可将透镜的像差校正到对显微镜的分辨率几乎没有影响，因此我们通常用式(1-1)或式(1-2)来表示光学显微镜的分辨率。如果能够减小波长和增大数值孔径，我们就可得到高的显微镜分辨率。对于光学显微镜来说，一个好的物镜的孔径角接近 90°，NA 可达 0.95。可见光的波长在 4000～8000 Å① 的范围内，如果取波长为 4000 Å，对一个“干”系统 ($n=1$)，显微镜的分辨率约为

$$d \approx \frac{1}{2}\lambda = 2000\ \text{Å} \tag{1-3}$$

如果用 $n=1.66$ 的溴苯作为物体和透镜间的介质，则 $d \approx \frac{1}{3}\lambda = 1300$ Å。到目前为止，还找不到比溴苯折射率更高的浸透介质，因此，光学显微镜的分辨率大约是 2000 Å。若使用比可见光波长更短的紫外线，由于被观察的大多数物体都强烈吸收短波紫外线，因此可用的波长只能限于 2000～2500 Å 之间。用这种光源可把分辨率增大一倍左右，这正是现代紫外线显微镜所能达到的水平。但这样的分辨率对观察许多物质的显微组织来说仍然不够。X 射线也是一种波，其波长在 1 Å 左右。如用 X 射线作光源，当然分辨率会显著提高，遗憾的是目前找不到能使 X

① 1 Å$=10^{-10}$ m。

射线会聚的透镜。运动的电子具有波粒二象性，它的波长比 X 射线更短，且可用电磁透镜使其聚焦，故电子被用作显微镜的光源，这样的显微镜称为电子显微镜。

要了解电子显微镜的分辨率，先必须了解电子的波长。

电子的波长可根据德布罗意公式

$$\lambda = \frac{h}{mv} \tag{1-4}$$

算出，式中 $h=6.626\times10^{-34}$ J·s，是普朗克常数；m 是运动电子的质量；v 是电子的速度。电子的速度和电子所受到的加速电压有关。当电压小于 500 V 时，电子速度比光速小得多，式(1-4)中的 m 可用电子的静止质量 m_0 代替($m_0=9.109\times10^{-31}$ kg)。设电子的初速度为 0，加速电压为 V，那么加速每个电子所消耗的功(eV)就是电子获得的全部动能，即

$$eV = \frac{1}{2}m_0 v^2 \tag{1-5}$$

由式(1-4)和式(1-5)可求得电子波长

$$\lambda = \frac{h}{mv} \approx \frac{h}{m_0 v} = \frac{h}{\sqrt{2m_0 eV}} \tag{1-6}$$

将 m_0 和电子的电荷($e=1.602\times10^{-19}$ C)数值代入式(1-6)，可得计算电子波长的简化公式

$$\lambda = \frac{12.25}{\sqrt{V}}\ (\text{Å}) \tag{1-7}$$

注意使用上式时，电压 V 的单位是 V，波长 λ 的单位是 Å。

一般透射电镜电压为 100～200 kV，这时电子的运动速度可与光速相比，计算电子的波长时必须考虑相对论修正，这时电子动能和质量为

$$\begin{cases} eV = mc^2 - m_0 c^2 \\ m = \dfrac{m_0}{\sqrt{1-\dfrac{v^2}{c^2}}} \end{cases} \tag{1-8}$$

由式(1-4)和式(1-8)可以得到考虑相对论修正后的电子波长：

$$\lambda = \frac{h}{\sqrt{2m_0 eV\left(1+\dfrac{eV}{2m_0 c^2}\right)}} \tag{1-9}$$

把有关数据代入式(1-9)，可得考虑相对论修正后的计算电子波长的简化公式为

$$\lambda = \frac{12.25}{\sqrt{V(1+10^{-6}V)}} \tag{1-10}$$

同样使用上式时，电压 V 的单位是 V，波长 λ 的单位是 Å，光速 c 为 3×10^8 m/s。

表 1-1 中列出了电子波长随加速电压变化的几个常用数据。

表 1-1　电子波长随加速电压的变化

加速电压/kV	电子波长/Å	加速电压/kV	电子波长/Å
100	0.0370	300	0.0197
200	0.0251	1000	0.0087

由表 1-1 可见，当加速电压为 100 kV 时，电子的波长为 0.037 Å，比光波长(4000～8000 Å)小 10 万倍。因此 100 kV 的电子显微镜的理论分辨率约为 0.02 Å，但是目前 100 kV 的电子显微镜的实际可达到的分辨率大于 2 Å(目前 1000 kV 的电子显微镜的实际可达到的分辨率为 1 Å)，比理论上应达到的分辨率差 100 倍。这个巨大的差异是由于用于电子束聚焦的磁透镜还不完善，有像差而引起的。磁透镜的各种像差(球差、色差、像散、畸变)，特别是球差使物镜的数值孔径不能达到令人满意的程度，影响了分辨率的提高。磁透镜的像差在本章还要详细讨论。即使磁透镜的像差比光学透镜像差大很多，由于电子波长比可见光波长小很多，电子显微镜的分辨率仍比光学显微镜提高了 1000 倍。

影响分辨本领的另一个重要因素是样品本身，此外衬度效应起着重要作用，因为没有良好的衬度很难分辨样品的显微细节。关于衬度我们在第 6 章要详细讨论。

1.2　磁透镜的聚焦原理

电子和可见光不同，它是带电粒子，不能用光学透镜会聚成像，但电子可以凭借轴对称的非均匀电场、磁场的力使其会聚，从而达到成像的目的。人们把用静电场做成的透镜称为静电透镜，把用非均匀轴对称磁场做成的透镜称为短磁透镜。

短磁透镜和静电透镜相比，具有以下优点：

(1) 改变线圈中的电流强度，就能很方便地控制透镜焦距和放大倍数；而在静电透镜里，必须很费力地改变很高的加速电压，才能达到此目的。

(2) 用来供给短磁透镜线圈电流的电源电压通常为 60～100 V，不用担心击穿；而在静电透镜的电极上，得加上数万伏的电压，容易造成击穿。

(3) 短磁透镜的像差较小。

故目前在电子显微镜里主要是用短磁透镜使电子成像，只在电子枪和有关分光镜中才使用静电透镜。本书只介绍短磁透镜的聚焦原理。关于静电透镜，读者可参见有关书籍。

在磁场中，以速度v运动的电子，受到的力为

$$\boldsymbol{F} = -e(v \times \boldsymbol{B}) = -e\mu(v \times \boldsymbol{H}) \tag{1-11}$$

式中 $\boldsymbol{F}$ 是洛伦兹力，e 为电子电荷，μ 为磁导率，$\boldsymbol{B}$ 为磁感应强度，$\boldsymbol{H}$ 为磁场强度。

由于磁场对运动电子的作用力总是垂直于电子的速度，显然这个力不改变电子运动速度的大小，只改变运动的方向。因此，电子在磁场中运动速度的大小是不变的，磁场既不加速电子，也不阻滞电子，只改变电子运动的轨迹。

我们感兴趣的是设计这样一种磁场，它对电子能够聚焦成像，这就是轴对称磁场。这个磁场本身就是磁透镜，它和光学透镜折射光束相似，可使电子会聚成像。在电子光学系统中，磁场由通电流的圆柱形轴对称线圈产生，即线圈的中心在系统的对称轴上，线圈的平面垂直于对称轴 z。

1.2.1　电子在均匀磁场中的运动

均匀磁场一般由通电流的长螺线管产生，这种长螺线管产生的均匀磁场又称长磁透镜。在这种磁场中，只有轴向磁场 $\boldsymbol{H}_z$。除了螺线管两端的磁场外，不存在磁场的径向分量 $\boldsymbol{H}_r$。

假设电子的速度 v 与磁场强度 $\boldsymbol{H}$ 垂直，那么作用在电子上的力由式(1-11)决定：

$$F = ev\mu H$$

这个力位于垂直于 $\boldsymbol{H}$ 的平面内，并使电子轨迹在此平面内弯曲。假设电子的速度不变，$v=\sqrt{\dfrac{2eV}{m}}$，V 为加速电压，由于是均匀磁场，$\boldsymbol{H}$ 为常数，因此作用在电子上的力也不变。这样的电子轨迹是一个圆，该圆的半径由下式给出：

$$r = \frac{mv}{e\mu H} \tag{1-12}$$

如果电子与 $\boldsymbol{H}$ 成角度 α 进入磁场(如图 1-3)，这时可把速度分解为沿 z 轴的轴向分量 v_z 和垂直于 z 轴的径向分量 v_r。v_z 使电子沿轴作匀速直线运动，v_r 使电子在垂直于 z 轴的平面上作圆周运动。显然，电子的合运动轨迹是一条螺旋线：$v_z=v\cos\alpha$，$v_r=v\sin\alpha$。在 v_r 的作用下，电子作圆周运动的半径为

$$r = \frac{mv_r}{e\mu H} = \frac{mv}{e\mu H}\sin\alpha \tag{1-13}$$

该式说明在其他条件不变时，圆周半径大小决定于电子出射时与场强 $\boldsymbol{H}$ 的夹角 α。

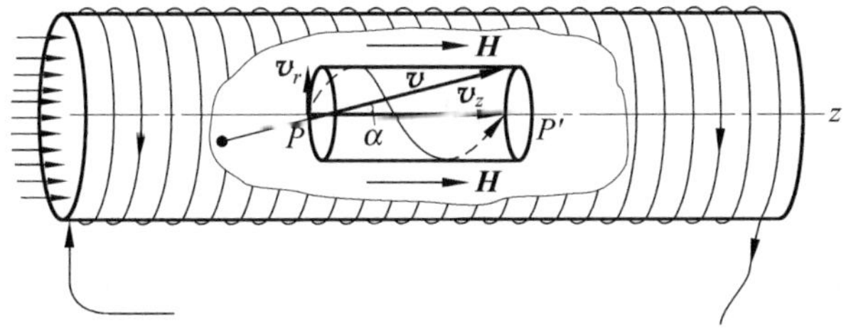

图 1-3　长磁透镜的聚焦作用

电子旋转一周所需的时间 τ 为

$$\tau = \frac{2\pi r}{v_r} = \frac{2\pi \frac{mv_r}{e\mu H}}{v_r} = \frac{2\pi m}{e\mu H} \tag{1-14}$$

上式指出：虽然每个电子的径向分速度 v_r 不同，但它们旋转一周所需时间相同，与出射角 α 无关。在时间 τ 内每个电子沿轴前进的距离 PP' 为

$$PP' = v_z\tau = \tau v\cos\alpha = \frac{2\pi m}{e\mu H} v\cos\alpha \tag{1-15}$$

当 α 很小时，$\cos\alpha \approx 1$，所以

$$PP' = \frac{2\pi m}{e\mu H} = \frac{2\pi}{\mu H}\sqrt{\frac{2mV}{e}} \tag{1-16}$$

式(1-16)表明有不同发射角 α 的电子从 P 点出发，经过同一时间 τ 所前进的轴向距离是相同的，都能会聚在 P' 点上。即长螺线管产生的均匀磁场具有聚焦成像的作用。对于过 P 点垂直于 z 轴平面 E 上的任何点，这个结论都成立。因此我们将在 E 的共轭平面 E' 上得到物体的像。因为每一点的像都是在物点本身所在的磁力线上得到的，而长螺线管产生的均匀磁场中的磁力线互相平行，所以物和像是一样大的，而且总是正像。由于长螺线管产生的均匀磁场既不能起放大作用，也不能起缩小作用，故这种磁场不能用作显微镜的磁透镜。在电子显微镜中用作磁透镜的是非均匀轴对称磁场。

1.2.2 短磁透镜

本节讨论非均匀轴对称的磁场(即短磁透镜)对电子的聚焦成像作用。这里采用柱坐标，磁场 $\boldsymbol{H}=\boldsymbol{H}(r,\theta,z)$，由于场的对称性，$\boldsymbol{H}$ 只有纵向分量 $\boldsymbol{H}_z$ 和径向分量 $\boldsymbol{H}_r$。$\boldsymbol{H}_z$ 和 $\boldsymbol{H}_r$ 在空间的分布为

$$\begin{aligned} H_z(r,z) &= \sum_{n=0}^{\infty} \frac{(-1)^n}{(n!)^2} H^{(2n)}(z)\left(\frac{r}{2}\right)^{2n} \\ &= H_z(z) - \frac{r^2}{4}H''(z) + \cdots \end{aligned} \tag{1-17}$$

其中，$H^{(2n)}(z)$ 是 $\boldsymbol{H}$ 关于 z 的 $2n$ 阶导数，$H''(z)$ 是 $\boldsymbol{H}$ 关于 z 的 2 阶导数。$H_z(z)$ 为轴上磁场强度。

$$\begin{aligned} H_r(r,z) &= \sum_{n=0}^{\infty} \frac{(-1)^n}{n!(n+1)!} H^{(2n+1)}(z)\left(\frac{r}{2}\right)^{2n+1} \\ &= -\frac{r}{2}H'(z) + \frac{r^3}{16}H'''(z) - \cdots \end{aligned} \tag{1-18}$$

其中，$H^{(2n+1)}(z)$ 是 $\boldsymbol{H}$ 关于 z 的 $2n+1$ 阶导数，$H'(z)$ 是 $\boldsymbol{H}$ 关于 z 的 1 阶导数，$H'''(z)$ 是 $\boldsymbol{H}$ 关于 z 的 3 阶导数。

在旁轴区域(即很靠近轴的区域)，r 很小，可略去 r 的高次项，得

$$H_z(r,z) = H(z) \tag{1-19}$$

$$H_r(r,z) = -\frac{r}{2}H'(z) \tag{1-20}$$

下面讨论电子在短磁透镜中运动的轨迹(见图1-4)。假设电子从透镜对称轴上的A点射出,在进入线圈磁场前,如在到达P点之前,电子沿直线运动。从P点起,电子进入磁场,可把电子的速度v分解为轴向分量v_z和径向分量v_r,这时v_z受到磁场径向分量$\boldsymbol{H}_r$的作用,对电子产生一个从图面背向读者的力$\boldsymbol{F}_\theta$,此力导致电子绕轴旋转。磁场的轴向分量$\boldsymbol{H}_z$与电子速度的径向分量v_r作用,对电子产生同一方向的作用力,结果使电子获得一个绕轴旋转的切向速度v_t。这时$\boldsymbol{H}_z$作用于这切向速度v_t,产生一个使电子折向轴的聚焦力$\boldsymbol{F}_r$。在$\boldsymbol{F}_r$的作用下,电子轨道弯曲折向对称轴,使电子聚焦。

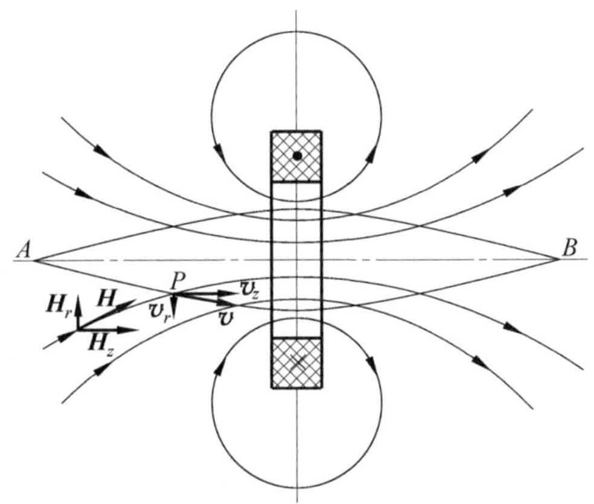

图1-4　短磁透镜(无铁壳)的聚焦作用

在透镜的下半部,$\boldsymbol{H}_r$和v_r改变了方向,这时v_r与$\boldsymbol{H}_r$以及$\boldsymbol{H}_z$与v_r的作用,产生一个把切向速度v_t减小到零的作用力,因此电子在离开透镜场时又回到图面运动。这个减小绕轴旋转速度v_t的力并不改变v_t的方向,因此聚焦力$\boldsymbol{F}_r$的方向也不改变。在$\boldsymbol{F}_r$的作用下,电子始终折向对称轴,只是在离透镜中心较远时,由于$\boldsymbol{H}_z$的减小,电子轨迹向轴弯曲的程度才逐渐减小。在离开透镜时电子作直线运动,与对称轴z交于B点,此点即为A点的像。由于电子在透镜场运动时产生切向速度v_t,使像和物的相对位置旋转了一个θ角(磁转角),该角度通常小于90°。

如果电子不是由对称轴射出,而是平行于对称轴进入磁场,在受透镜的偏转作用后与轴相交,这个交点称为短磁透镜的焦点。

实际上,电子在磁场中运动时每一瞬间都同时受到旋转力$\boldsymbol{F}_\theta$和聚焦力$\boldsymbol{F}_r$的作用。因此,电子运动总的轨迹是既旋转又折射,两种运动同时进行。在图1-4中如果磁场反向或是电子从反方向入射,透镜场对电子仍有聚焦作用,只是改变了电子绕轴旋转的方向。

下面对电子的运动轨迹作定量的分析。电子在轴对称磁场旁轴运动的轨迹遵循如下的微分方程：

$$\frac{\mathrm{d}^2 r}{\mathrm{d}z^2} = -\frac{e}{8mV} r H_z^2 \tag{1-21}$$

$$\frac{\mathrm{d}\theta}{\mathrm{d}z} = \frac{1}{2}\sqrt{\frac{e}{2m}}\frac{1}{\sqrt{V}} H_z \tag{1-22}$$

式中，m 是电子质量，V 为等电位，是电子的加速电压（V 不是 z 的函数）。将式(1-22)积分得磁转角

$$\theta = \int_{-\infty}^{+\infty} \frac{\mathrm{d}\theta}{\mathrm{d}z}\mathrm{d}z = \frac{1}{2}\sqrt{\frac{e}{2m}}\int_{-\infty}^{+\infty}\frac{H_z}{\sqrt{V}}\mathrm{d}z$$

积分限可以在场外任意点选择，故取 $-\infty$ 到 $+\infty$。把 e 和 m 值代入，取 H 的单位为 Oe①，V 的单位为 V，θ 的单位为 rad，即

$$\theta = \frac{0.15}{\sqrt{V}}\int_{-\infty}^{+\infty} H_z \mathrm{d}z \tag{1-23}$$

上式表明，$\boldsymbol{H}_z$ 越强磁转角越大，加速电压越高，电子速度越大，θ 角越小。磁转角 θ 的符号取决于场强 $\boldsymbol{H}_z$ 的正负，即与磁场的方向有关；而 $\boldsymbol{H}_z$ 的方向取决于线圈中的电流方向，如果把两个适当的线圈反向串联，可以使磁转角互相抵消，得到没有磁转角的图像。在旁轴条件下像旋转并不产生像的畸变。但是在旁轴条件不满足时，像旋转会导致像差的产生。在电子显微镜中，对于一般电子像无需考虑像的旋转，但在分析像的晶体学特征时，就要考虑这种相对旋转角度的关系。

下面我们确定短磁透镜的焦距，因为仅限于研究弱的短磁透镜，即电子受磁场偏转的区域不大，这时可以近似认为电子在磁场里离开轴的距离不变，即 r 为常数 r_0（见图 1-5）。对式(1-21)积分得

$$\left(\frac{\mathrm{d}r}{\mathrm{d}z}\right)_b - \left(\frac{\mathrm{d}r}{\mathrm{d}z}\right)_a = -\frac{e r_0}{8mV}\int_a^b H_z^2 \mathrm{d}z \tag{1-24}$$

积分限可以在场外任意选择。从图 1-5 可知

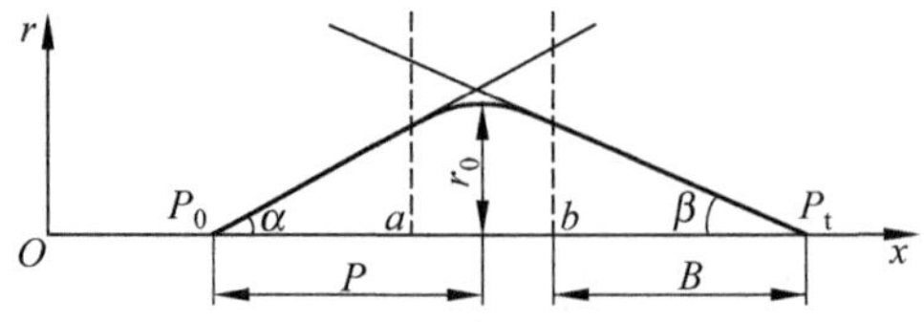

图 1-5　短磁透镜的电子轨迹

① 1 Oe=79.5775 A/m。

$$\left(\frac{\mathrm{d}r}{\mathrm{d}z}\right)_a=\frac{r_0}{P},\quad \left(\frac{\mathrm{d}r}{\mathrm{d}z}\right)_b=-\frac{r_0}{B}$$

把以上二式代入式(1-24)中得

$$\frac{1}{P}+\frac{1}{B}=\frac{e}{8mV}\int_a^b H_z^2\mathrm{d}z$$

在透镜范围 a,b 以外,磁场迅速减弱,可以近似认为 H 的数值为零,故可将积分限由 a,b 扩展到 $-\infty$ 到 $+\infty$,从而

$$\frac{1}{P}+\frac{1}{B}=\frac{e}{8mV}\int_{-\infty}^{+\infty} H_z^2\mathrm{d}z$$

设 P 为 ∞ 时,则 $B=f_b$ 是像方焦距;当 B 为 ∞ 时,$P=f_0$ 为物方焦距。

可以认为短磁透镜为薄透镜,其物方和像方主平面与其中心平面重合,这样物和像的位置都应从中心平面算起,得

$$\frac{1}{f_0}=\frac{1}{f_b}=\frac{e}{8mV}\int_{-\infty}^{+\infty} H_z^2\mathrm{d}z=\frac{1}{f} \tag{1-25}$$

需要指出的是,式(1-23)和式(1-25)都是在假设焦距比磁场轴向范围大得多的情况下导出的,即对短磁弱透镜是适用的。对于强磁透镜,由上式得出的结果只是定性的。

在实际工作中,为了获得给定焦距,需要知道励磁安匝数与焦距的关系。对于半径为 R,载有电流 I 的单匝环形线圈,轴上磁场 H_z 由下式决定:

$$H_z=\frac{2\pi R^2 I}{(z^2+R^2)^{3/2}} \tag{1-26}$$

将式(1-26)代入式(1-25)得

$$\frac{1}{f}=\frac{3\pi^3}{16}\frac{e}{mVR}I^2$$

如果是密集绕制的 N 匝,则应以乘积 NI 代替 I,由此得

$$\frac{1}{f}=\frac{3\pi^3}{16}\frac{e}{mVR}(IN)^2 \tag{1-27}$$

上述线圈 H_z 值随 z 值的增大下降很慢。如当 $z=2R$ 时,磁场强度才降为线圈中心最大值的 1/10。因此在一定情况下,这种透镜不可看成是短磁透镜。由式(1-25)和式(1-27)可得出如下结论:

(1) 不论磁场(或线圈)电流方向如何,其积分值恒为正,因此短磁透镜为会聚透镜。

(2) 透镜的焦距 f 与 H_z 的平方成反比。因此,沿轴磁场 $\boldsymbol{H}_z$ 越大,f 越短。当 $\boldsymbol{H}$ 稍有变化时,f 将大幅度改变。因此,可借助调节线圈电流很方便地改变透镜的焦距,这在实际应用上是很方便的。

(3) 焦距与加速电压及电子速度有关,电压越高,电子速度越大,焦距也越长。因此在电子显微镜中需要加速电压高度稳定,以减小透镜焦距的变化,降低色差,

保持高质量的电子像。

1.2.3 磁透镜的设计

为了在加强励磁的同时，又能缩小磁场的范围，可把线圈装在具有环形狭缝的铁壳中，甚至在铁壳上再加一个顶端成锥状的圆柱形极靴(polepieces)，以使有效磁场尽可能地加强和集中到透镜轴一个很短的距离内(几毫米)，如图 1-6 所示。

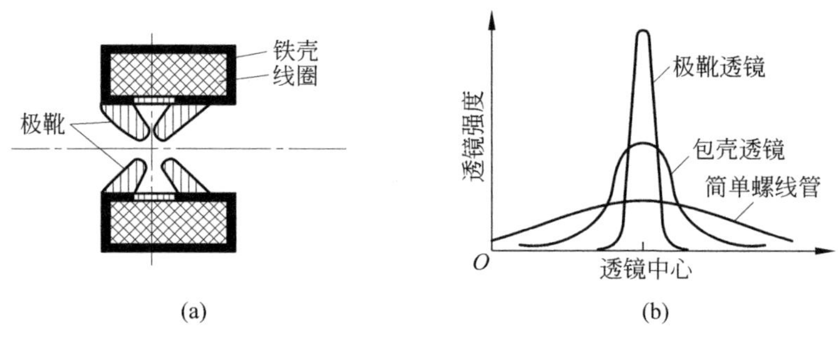

图 1-6 极靴和极靴的作用

(a) 带极靴的磁透镜；(b) 磁场强度沿简单螺线管、包壳透镜和极靴透镜的轴向分布

实际的磁透镜的剖面结构如图 1-7 所示。磁透镜由两部分组成，一是由软磁材料(如软铁)做的圆柱形对称的铁壳，铁壳上有一开口，铁壳开口处有突起，称为极靴。铁壳中心有一孔，让电子束从中穿过。孔的大小称为口径。口径与开口的比值是这类透镜的一个重要特性，它决定磁透镜的聚焦能力。磁透镜的另一个组成部分是铁壳内的线圈。对线圈通电流就产生磁场，这个磁场主要集中在透镜的开口部位，它是一个沿透镜长度方向的非均匀轴对称磁场。由于线圈会发热，还需

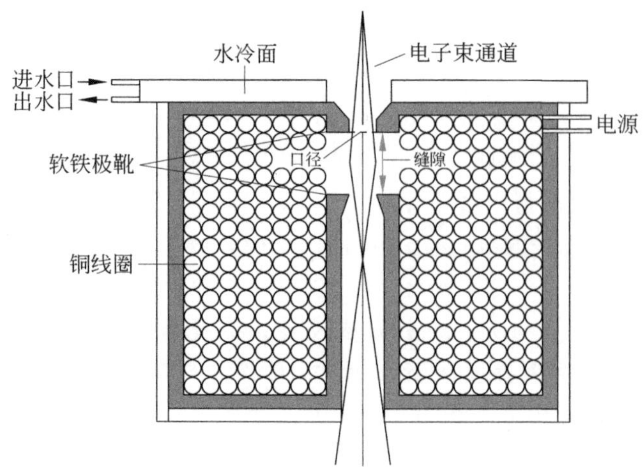

图 1-7 实际的磁透镜的剖面结构

在磁透镜里通水冷却透镜。

物镜是电子显微镜磁透镜中最重要的一个透镜。它是一个强磁透镜，它的构造随着它在电镜里的功能不同而不同。最常用的物镜构造如图 1-8 所示，在这种透镜里上极靴和下极靴是分开的，它们都有各自的线圈。这种结构的好处是在两个极靴间留出了足够的空间，以方便塞入样品和物镜光阑。这种结构还便于 X 射线能谱的探头相对容易靠近样品，且可方便地设计具有各种功能的(如倾斜、旋转、加热、冷却)的样品架/试样架(sample holder)。

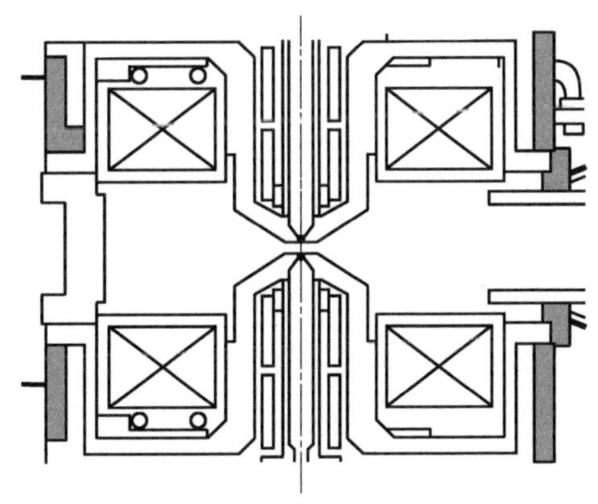

图 1-8　最常用的物镜构造

1.3　电子光学作图成像法

如果不考虑电子在磁透镜中的旋转，则电子在透镜中的折射与光线在玻璃透镜中的情况很相似。我们可以用几何光学的成像作图法来描述电子透镜中的折射情形。

先回顾一下几何光学作图原则：

(1) 从一物点射出的平行于主轴的射线，经过透镜后必定经过透镜的像方焦点。

(2) 从一物点射出、穿过透镜中心的光线不发生折射。

(3) 从一物点射出、通过透镜物方焦点的射线，经过透镜后变成平行于主轴的射线。

只要确定其中的两条射线，它们的交点就是相应的像点。

电子显微镜的实用光路图是按照短磁透镜的情形绘制的。短磁透镜相当于光学中的薄透镜，透镜场的作用范围很窄，物和像都在场外，因此电子射线可以认为是在场作用区发生折射，在场外沿直线行进。确定好焦点和主平面的位置后，可根据几何光学作图原则作出电子显微镜的光路图。

对于短磁透镜，可认为物方和像方的主平面与透镜中央平面重合，可得薄透镜公式

$$\frac{1}{P}+\frac{1}{B}=\frac{1}{f} \tag{1-28}$$

式中，P 是物距，B 是像距，f 是焦距。像的径向放大率 M 的表达式为

$$M=\frac{B}{P}=\frac{f}{P-f}=\frac{B}{f}-1 \tag{1-29}$$

由上式可以得到以下结论：

(1) 当透镜像距 B 一定时，放大率反比于焦距($M\propto 1/f$)。

(2) 调节物距 P 或像距 B，放大率 M 随之变化。

(3) 当物距 P 大于等于 2 倍焦距($P\geqslant 2f$)时，放大率 M 小于等于 1($M\leqslant 1$)，即透镜起缩小或不起放大作用。

(4) 当物距 P 大于焦距但小于 2 倍焦距时($f<P<2f$)，放大率 M 大于 1。

下面介绍有效放大倍数，它是保证物镜的分辨本领充分利用时所对应的显微镜的放大倍数。人眼在明视距离(250 mm)的分辨本领为 0.2 mm。因此，需将物镜能鉴别的距离经放大成 0.2 mm 以上的像方能被人眼分辨。

光镜的有效放大倍数为

$$M_{有效}=\frac{人眼分辨率}{光镜分辨率}=\frac{0.2\ \text{mm}}{200\ \text{nm}}=1000\ 倍$$

电镜的有效放大倍数为

$$M_{有效}=\frac{人眼分辨率}{电镜分辨率}=\frac{0.2\ \text{mm}}{0.2\ \text{nm}}=1\,000\,000\ 倍$$

1.4 电子透镜的像差

以上讨论轴对称场的光学性质时，都是限于研究旁轴电子的轨迹，即只让那些与轴距离 r 和轨迹对轴的斜率 $\mathrm{d}r/\mathrm{d}E$ 很小的电子通过。在旁轴条件下，物平面上所有的点都被单值地、无形变地成像在像平面上(无像差)。

实际上，即使成像的场是完全旋转对称的，我们所得到的像也可能是模糊或有畸变的。原因是参加成像的电子并不完全满足旁轴条件，非旁轴电子也参与成像。当然，可以用适当的光阑来限制旁轴电子，但这会减少参与成像的信息。非旁轴电子参与成像，造成像差的存在。

在光学透镜中，已能把透镜像差所造成的像缺陷减少到小于衍射引起的像缺陷的数值。但在磁透镜中，由于只有正透镜，消除磁透镜的像差要比光学透镜难得多。目前对于电子显微镜而言，分辨本领的提高不是受限于衍射效应，而是受限于

磁透镜的像差，像差使电镜的分辨率只有约 2 Å，而不是理论上的 0.02 Å。

电镜的像差可分为两类。

(1) 几何像差：是因为旁轴条件不满足而引起的，它们是折射介质几何形状的函数。几何像差主要指球差、像散和畸变。

(2) 色差：是由于电子光学折射介质的折射率随电子速度不同而造成的。

1.4.1　球差

在光学中，能形成理想图像的折射面并不是球面，而是一种不能用简单研磨过程制造的更加复杂的表面，然而由于种种原因我们不得不满足于球面，因此导致的像缺陷称为球差(spherical aberration)。

球差是由于透镜的边缘部分对射线的折射比旁轴部分强而引起的。如图 1-9 所示，旁轴射线聚集在对称轴的 O'，如果过 O'作一平面 N 垂直于轴，此平面 N 称为高斯像平面。所有旁轴射线在高斯像平面上得到清晰的像，但非旁轴射线则聚焦在 N 平面的左方轴上。因此，无论平面 N 位于何处，对所有参与成像的电子射线，我们不可能得到清晰的图像，只在平面 N 上得到一个模糊的圆斑。从图中可以看出，一个点源 O 的像，经过磁透镜后将不再是点像，而是在对称轴的一定距离上聚焦。但在这一聚焦区域内总可以找到一适当的位置，如垂直于对称轴的 M 平面，在此平面上图像比较清晰。在 M 平面上获得的图像比较清晰、具有最小直径的圆斑称为最小漫散圆，它在轴上的位置就是该图像的最佳聚焦点。

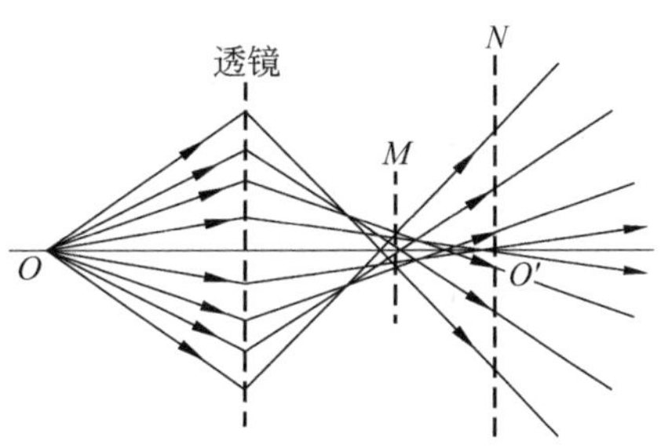

图 1-9　透镜球差的形成

球差的数学表达式为

$$\delta_s = C_s \alpha^3 \tag{1-30}$$

式中，δ_s是最小漫散圆半径，C_s 是球差系数，α 是透镜孔径角之半(rad)。通常物镜的 C_s 值相当于它的焦距大小，对大多数透射电镜，C_s 约为 3 mm；对高分辨透射电镜，C_s<1 mm。因为 $\delta_s \propto \alpha^3$，若用小孔光阑挡住外围射线，可以使球差迅速下降。但这也使分辨率降低$\left(d=\dfrac{0.61\lambda}{n\sin\alpha}\right)$，因此，必须找出使两者合成效应最小的 α 值(见后面的讨论)。现代物镜可获得的 C_s 大约为 0.3 mm，α 大约为 10^{-3} rad，对应的分辨率约为 2 Å。

1.4.2　畸变

透镜的畸变(distortion)是由球差引起的。球差的存在使透镜对边缘区域的聚焦能力比中心部分大。反映在像平面上的情况是：像的放大倍数将随离轴径向距离的加大而增强或减小，这时，图像虽然是清晰的，但是由于离轴径向尺寸的不同，图像产生不同程度的位移，即图像发生了畸变(但图像仍然清晰)。在图 1-10 中，原来的图像是正方形的，如图 1-10(a)所示。经过透镜时，如果径向放大倍数随其离轴距离的增大而加大，则位于正方形四个角区域的点径向距离最大，位于中心部位的点则较小，因此角区域的放大倍数比中心部位大；整个图像放大后呈枕形，称为枕形畸变，如图 1-10(b)所示。相反，如果径向放大倍数随其离轴距离的增大而缩小，这时图像如图 1-10(c)所示，这种畸变称为桶形畸变。除了上述的径向畸变，还存在各向异性畸变或旋转畸变，如图 1-10(d)所示，它是由透镜的磁转角误差造成的。

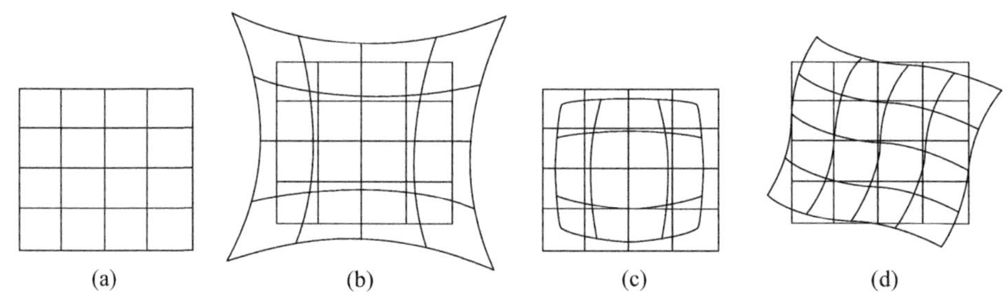

图 1-10　磁透镜产生的畸变
(a) 无畸变；(b) 枕形畸变；(c) 桶形畸变；(d) 旋转畸变

当用电子显微镜对物像进行电子衍射分析时，径向畸变影响衍射斑点和衍射环的准确位置，必须予以消除。方法是使用两个投影镜，使它们的畸变相反，互相抵消。

1.4.3　像散

在电子显微镜中，像散(astigmation)是由旁轴电子引起的。由于磁场的旋转对称性受到破坏，透镜在不同方向有不同的聚焦能力，形成像散。如在图 1-11 中，在 y 方向上聚焦能力强，焦距短，从 O 点发出的电子束在此方向上聚焦于 x_1x_2 线段上；而在与 y 正交的方向上透镜聚焦能力差，焦距长，在此方向上电子束聚焦于 y_1y_2 线段上。作为一级近似，两个像散平面可以认为彼此正交。从 O 点发出的两个不同方向的射线形成两个焦点(x_1x_2，y_1y_2)。这样在 y 方向上是正聚焦时，在 x 方向上便是欠聚焦；相反，如在 x 方向上是正聚焦时，y 方向上便是欠聚焦。不论怎样改变聚焦情况，在两个方向上总不能获得清晰的像，因此在 x_0 和 y_0 之间总存在像散焦距差 Δf_A。但是在 x_0 和 y_0 之间的一个适当的位置可得一图像模糊的最小漫散圆，而在其他与 y 轴垂直的方向上均为椭圆。

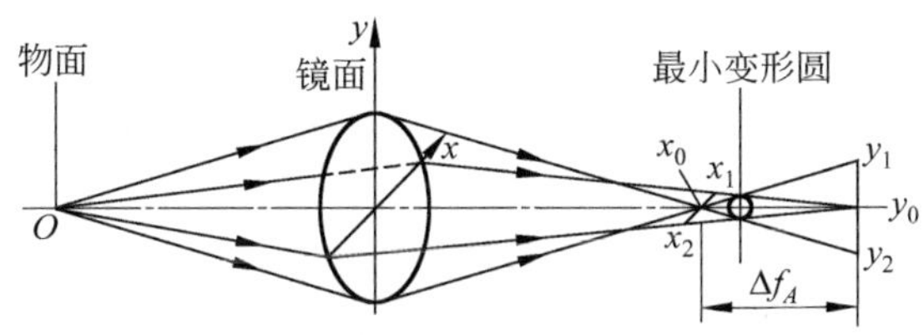

图 1-11　透镜像散的产生示意图

造成像散的原因主要是：极靴的机械不对称、极靴内部被污染以及极靴材料内部结构和成分不均匀。像散对分辨率的限制往往超过球差和衍射差，但像散可矫正（引入一个强度和方位可调的矫正场，称为消像散器）。像散矫正工作，经验性很强，现代电镜有消像散器帮助矫正像散。

1.4.4　色差

在磁透镜中，色差（chromatic aberration）实际上是电子的速度效应。波长短、能量大的电子有较大的焦距，波长长而能量小的电子有较短的焦距。即磁透镜对快速电子的偏转作用小于慢速电子，如图 1-12 所示。色差与旁轴条件无关。色差可用最小漫散圆半径 Δr_m 以及焦距差 Δf 定量表示。

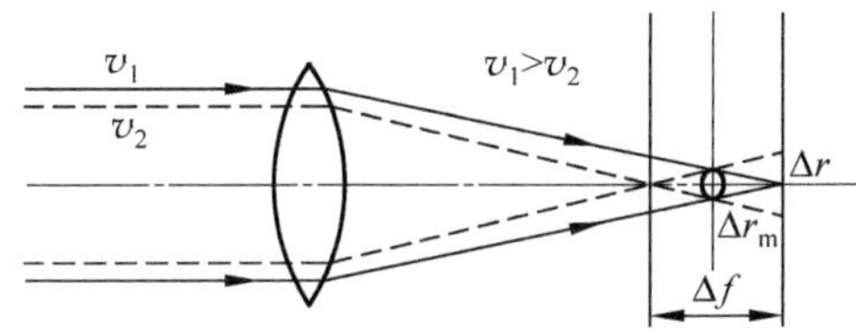

图 1-12　色差的产生

造成电子速度波动的原因很多，例如阴极发射的初速不同，透过样品时能量损失造成的非弹性散射电子、加速电压和励磁电流的波动等。后者的作用最大。

由式(1-25)可知，加速电压的波动会导致焦距的变化。加速电压高，电子获得较高的能量，具有较高的速度。透镜对高速电子显得聚焦能力小，即焦距长。由此产生的焦距差为

$$\Delta f = f\frac{\Delta V}{V} \tag{1-31}$$

励磁电流的波动 ΔI 虽然与电子的速度无关，但 ΔI 造成焦距的变化为

$$\Delta f = f\frac{2\Delta I}{I} \tag{1-32}$$

因为电压和电流的变化是独立的，二者共同作用造成的焦距差为

$$\Delta f = f\left[\left(\frac{\Delta V}{V}\right)^2 + \left(\frac{2\Delta I}{I}\right)^2\right]^{1/2} \tag{1-33}$$

这个焦距变化 Δf 在高斯像平面将导致一个半径为 Δr_m 的像斑，它在物面上的相应距离为

$$\Delta r = \alpha f\left[\left(\frac{\Delta V}{V}\right)^2 + \left(\frac{2\Delta I}{I}\right)^2\right]^{1/2} \tag{1-34}$$

式中，α 为孔径角。对于强磁透镜，可引入可变色差系数 C_f 代替上式中的 f，使等式对所有的透镜都成立。故有

$$\Delta r = C_f\alpha\left[\left(\frac{\Delta V}{V}\right)^2 + \left(\frac{2\Delta I}{I}\right)^2\right]^{1/2} \tag{1-35}$$

一般来说，要使色差对分辨率影响很小，要求电压和电流的稳定度达到 2×10^{-6}。在现代电子显微镜中，提高加速电压和透镜电流的稳定度以及适当调配透镜的极性，可以把色差调整到分辨本领允许的范围内。

在几种像差中球差影响最大，且无简便方法消除(20 世纪末，发展了球差校正技术，可大大减少球差，详见第 9 章)。而其他像差可采用各种措施，基本上可以消除。故对电镜分辨率有影响的主要是衍射效应和球差。

1.5 磁透镜的理论分辨率

光学显微镜的分辨本领取决于像差和衍射。在光学系统内，借助于发散透镜和会聚透镜的组合，以及折射表面形状的设计，可将像差消除到可忽略不计的程度，故光学显微镜的分辨本领基本上由衍射决定。而由式(1-1)

$$d = \frac{0.61\lambda}{n\sin\alpha}$$

光学显微镜的分辨率主要取决于波长 λ 和孔径角 α。在光学上，采用大孔径角不会使像的质量变化，α 可接近于 90°，故光学显微镜的分辨率可近似认为等于半波长。

在磁透镜中，采用大的孔径角可引起大的像差，特别是球差。但是，由于电子波长较短，可通过减小孔径角的方法也就是说减小光阑尺寸的办法来减小像差，提高分辨率。对于磁透镜，n 约为 1，2α 为 3°～5°，因此

$$d \approx 0.61\,\frac{\lambda}{\alpha} \tag{1-36}$$

但是孔径角也不能用得太小，如果太小，光阑的衍射效应就变成了限制因素。应该合适地选择孔径角，以得到最好的分辨率。

在磁透镜里对电镜分辨率影响最大的是衍射效应和球差。下面我们简单地估算这两者对分辨率的影响。由衍射效应限定的最小分辨距离为

$$r_{th}=\frac{0.61\lambda}{\alpha} \tag{1-37}$$

由球差限定的最小分辨距离为

$$r_s=C_s\alpha^3$$

考虑两者的合效应，得

$$r=\sqrt{r_{th}^2+r_s^2}=\left[\left(0.61\frac{\lambda}{\alpha}\right)^2+(C_s\alpha^3)^2\right]^{1/2} \tag{1-38}$$

由$\frac{dr}{d\alpha}=0$，可得最小孔径角为

$$\alpha_{opt}=0.77\lambda^{1/4}C_s^{-1/4}$$

代入式(1-38)，可得

$$r_{min}\approx 0.91\lambda^{3/4}C_s^{1/4}$$

目前比较精确的理论分辨率公式和最佳孔径角公式分别是

$$r_{min}=0.43\lambda^{3/4}C_s^{1/4} \tag{1-39}$$

$$\alpha_{opt}=1.4\lambda^{1/4}C_s^{-1/4} \tag{1-40}$$

如果用 100 kV 电子束作为照明源($\lambda=0.037$ Å)，磁透镜球差系数 $C_s=0.88$ mm，那么该电镜的理论分辨率 $r_{min}=2$ Å，最佳孔径角 $\alpha_{opt}=10^{-2}$ rad。如果取焦距 $f=1.7$ mm，那么最佳光阑直径为 34 μm。

以上的计算说明，即使电子波长只有光波长的 $1/10^5$ 左右，但由于还不能造出无像差的大孔径角的电子透镜，只能用很小的孔径角来使球差、像散、色差等减至最小。而磁透镜的孔径角只是光学透镜的几百分之一，所以磁透镜的分辨率只比光学透镜提高 1000 倍左右。

对大部分透射电镜，球差系数 C_s 约为 3 mm，分辨率 r_{min} 约为 2.5～3 Å；对高分辨电镜，$C_s<1$ mm，分辨率 r_{min} 约为 1.4～1.9 Å。

作为小结，表 1-2 给出了电镜与光镜的比较。

表 1-2　电镜与光镜的比较

	电　　镜	光　　镜
射线源	电子束	可见光
介质	真空	空气
透镜	磁场	玻璃
放大倍数	几十至几百万倍	约 1000 倍
放大作用	改变透镜电流或电压	变换物镜或目镜
最佳分辨率	约为 2 Å	约为 2000 Å
操作与制样	较复杂	简单

第2章　透射电子显微镜

2.1　透射电子显微镜发展简史

1924 年,德国科学家德布罗意(De Broglie)指出,任何一种接近光速运动的粒子都具有波动本质。1926—1927 年,Davisson 和 Germer 以及 Thompson Reid 用电子衍射现象验证了电子的波动性,发现电子波长比 X 光还要短,从而联想到可用电子射线代替可见光照明样品来制作电子显微镜,以克服光波长在分辨率上的局限性。1926 年德国学者 Busch 指出"具有轴对称的磁场对电子束起着透镜的作用,有可能使电子束聚焦成像",为电子显微镜的制作提供了理论依据。

1931 年,德国学者诺尔(Knoll)和鲁斯卡(Ruska)获得了放大 12～17 倍的电子光学系统中的光阑的像,证明可用电子束和电磁透镜得到电子像,但是这一装置还不是真正的电子显微镜,因为它没有样品台。1931—1933 年间,鲁斯卡等对以上装置进行了改进,做出了世界上第一台透射电子显微镜(简称透射电镜)。1934 年,电子显微镜的分辨率已达到 500 Å,鲁斯卡也因此获得了 1986 年的诺贝尔物理学奖。

1939 年德国西门子公司造出了世界第一台商品透射电子显微镜,分辨率优于 100 Å。1954 年又产生了著名的西门子 Elmiskop Ⅰ型电子显微镜,分辨率优于 10 Å。在英国,透射电子显微镜的研究始于 1935 年,1946 年设计了第一批商业透射电子显微镜,导致了 EM 型电镜的系列生产。在荷兰,1944 年研制成第一台电镜,后来生产了著名的 Philips EM 和 CM 型透射电子显微镜。我国的透射电子显微镜的研制始于 20 世纪 50 年代,1977 年已做出了分辨率为 3 Å 的 80 万倍的透射电镜。

目前世界上生产透射电镜的主要是这三家电镜制造商:日本的日本电子(JEOL)和日立(Hitachi)以及美国的 FEI(这家公司把荷兰的菲利浦电镜公司收购了)。它们生产的透射电镜大致可分为三类。

(1) 常规的 TEM:加速电压为 100～200 kV。代表性产品有日本电子的 JEM-2010,日立的 H-8000,菲利浦的 CM200,FEI 的 TECNAI20。200 kV 透射电镜的分辨率可达 1.9 Å。

(2) 中压 TEM:加速电压为 300～400 kV。代表性产品有日本电子的 JEM-

3010、JEM-4000，日立的 H-9000、H-9500，FEI 的 TECNAI F30。300 kV 透射电镜的分辨率可达 1.7 Å，400 kV 透射电镜的分辨率可达 1.63 Å。

(3) 高压 TEM：加速电压为 1000 kV。代表性产品有 JEM-1000，日立公司还制造了世界上最大的 3000 kV 的透射电镜。目前 1000 kV 的透射电镜最高分辨率可达 1 Å。

目前用得最多的透射电镜是 200 kV 和 300 kV 的电镜，高压电镜由于价格昂贵，体积庞大，用得很少。

1949 年以前，由于很难制备出能让电子束穿过的薄膜试样，那时做透射电镜观察，只能采用复型方法，它是一种间接和半间接(萃取)的观察方法。原始试样是金相样品或断口样品，将其表面形貌复制在有机物质或碳膜上作为复型试样，透射电镜观察是在复型试样上进行的。这种方法是一种间接的观察方法，不能直接观察试样内部的组织与成分，只能观察被复型复制下来的试样的表面形貌。

1949 年，Heidenreich 第一个做出了能让电子束穿过的薄金属样品，开始用透射电镜直接观察试样。随后，荷兰的 Bollnan 和英国剑桥大学的赫什(Peter B. Hirsch)研究组进一步发展这一技术。特别是 Hirsch 研究组，发展了电子衍衬理论，可以解释电子束穿过试样形成的电子衍衬像，开创了用透射电镜直接观察试样的时代，为电子显微镜在材料学的应用打下了基础。

20 世纪 70 年代，美国亚利桑那州立大学的考利(John Cowley)和澳大利亚墨尔本大学的穆迪(Alex Moodie)建立了高分辨电子显微像的理论与技术，发展了高分辨电子显微学。20 世纪 80 年代，发展了高空间分辨分析电子显微学，人们可采用高分辨技术、微衍射、电子能量损失谱、电子能谱仪等对很小范围内(约 1 nm)的区域进行电子像、晶体结构、电子结构、化学成分的研究，将电子显微分析技术在材料学中的研究大大地拓展了。20 世纪 90 年代，由于纳米科技的飞速发展，对电子显微分析技术的要求越来越高，进一步推动了电子显微学的发展。目前，透射电镜已发展到了球差校正透射电镜的阶段。

2.2　透射电子显微镜的基本结构

在观察电子显微像和电子衍射花样以及进行各种分析时，设定电子显微镜的最佳观察条件是很重要的，因此必须充分了解电子显微镜的各个构成部分的原理和掌握恰当的操作方法。

一台透射电子显微镜就其总体可以分为三个部分，分别是：

(1) 电子光学部分(照明系统、成像系统、观察和记录系统)；

(2) 真空部分(各种真空泵、显示仪表)；

(3) 电子学部分(各种电源、安全系统、控制系统)。

其中电子光学部分是电子显微镜的核心部分,真空和电子学部分是辅助系统,本书主要介绍电子光学部分。通常的透射电子显微镜如图 2-1 所示,它的剖面图见图 2-2。

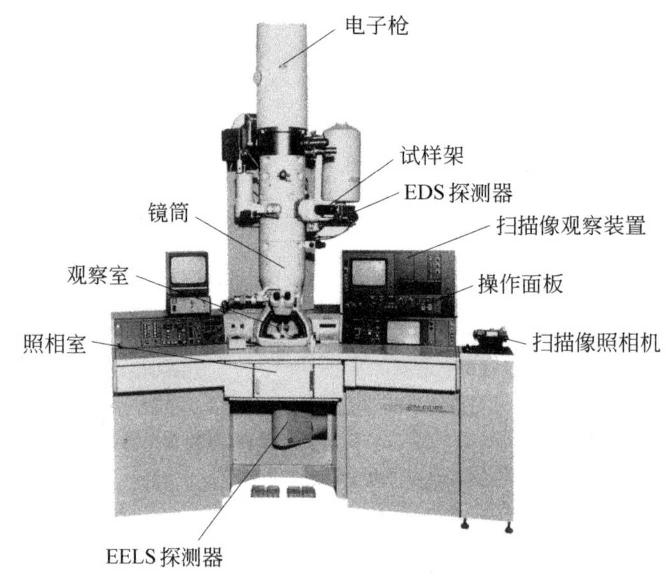

图 2-1 透射电子显微镜(JEM-2010F)的外观

电子从透射电子显微镜最上面的电子枪发射出来,镜体内是真空状态。发射出的电子在加速管内被加速,通过照明系统的电子透镜照射到试样上。透过试样的电子被成像系统的电子透镜放大、成像。从观察室的窗口可以观察像。也可将观察到的像用照片或其他形式记录下来。电子显微镜可分成以下几部分:

(1) 照明系统(电子枪、高压发生器和加速管、照明透镜系统和偏转系统);

(2) 成像系统(物镜、中间镜、投影镜、光阑);

(3) 观察和照相系统;

(4) 试样台和试样架;

(5) 真空系统。

其中成像系统是电子光学部分最核心的部分。图 2-1 中还显示出了 X 射线能谱仪(EDS)探测器和电子能量损失谱(EELS)探测器。它们是分析型透射电镜的主要分析装置——X 射线能谱仪和电子能量损失谱将在第 8 章和第 9 章中介绍。

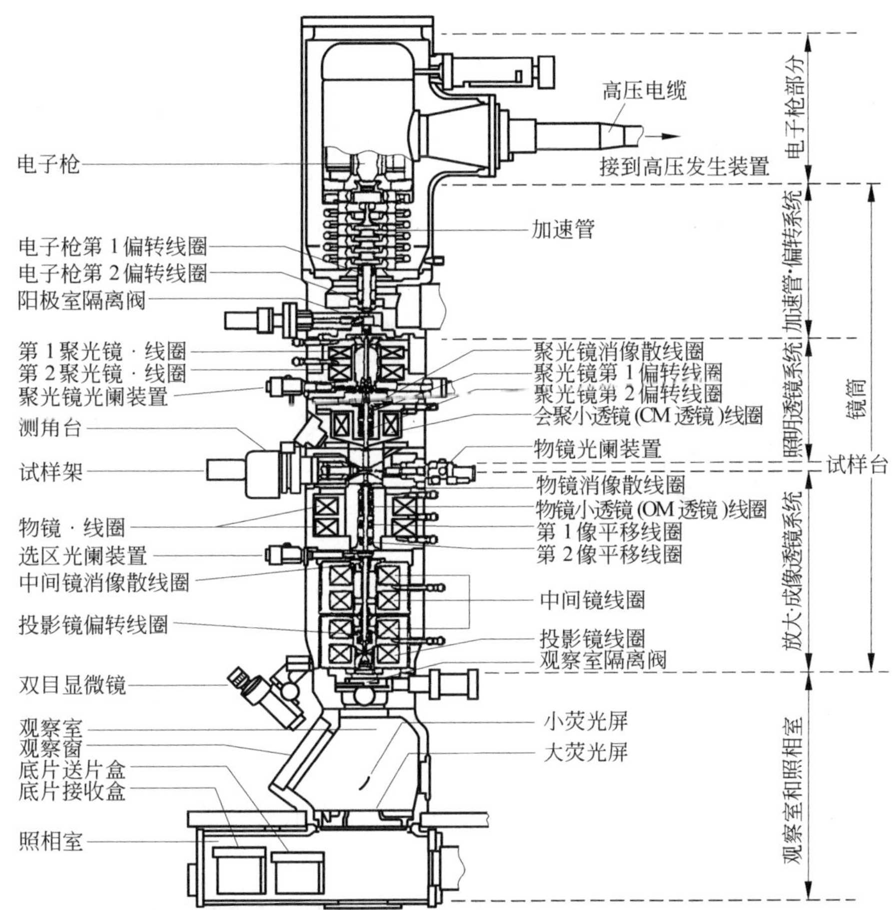

图 2-2 透射电子显微镜(JEM-2010F)主体的剖面图

2.3 照明系统

照明系统(illumination system)由电子枪部分和聚光镜系统组成。它们的功能是为成像系统提供一个亮度大、尺寸小的照明光斑。亮度是由电子发射强度决定的,而光斑的大小主要由聚光镜系统的性能决定。因为电子显微镜一般是在一万倍以上的高放大倍率下工作,而荧光屏上的亮度与放大倍率的平方成正比,因此电子枪的照明亮度比光学显微镜的光源强度高很多,至少亮 10^5 倍。

2.3.1 电子枪

电子枪(electron gun)是产生电子的装置,它位于透射电镜的最上部(图 2-2),

电子枪的种类不同，电子束的会聚直径、能量的发散度也不同。这些参数在很大程度上决定了照射到试样上的电子的性质。

电子枪可分为热电子发射型和场发射型两种类型。在过去的透射电镜中，使用的是热电子发射型的发夹式钨灯丝(见图 2-3)。近年来，已广泛使用同样是热电子发射型的高亮度的六硼化镧(LaB_6)单晶灯丝。另一类电子枪是场发射型电子枪(field emission gun，FEG)。它发出的电子束亮度高，相干性好，特别适合于分析型透射电镜。

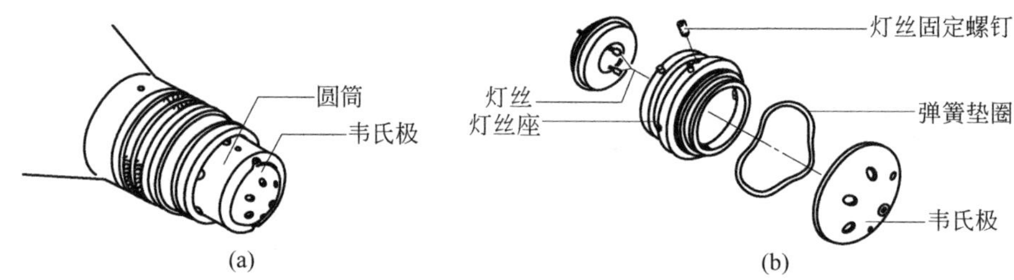

图 2-3 热电子发射型电子枪
(a) 外观；(b) 结构

1. 热电子发射型电子枪

热电子发射型电子枪的外观和结构如图 2-3 所示。它采用钨灯丝(图 2-4(a))和 LaB_6 单晶(图 2-4(b))作为发射电子的灯丝。与钨灯丝比较，LaB_6 灯丝必须在更高的真空下工作。它具有亮度高、光源尺寸和能量发散小的特点，适合于分析型透射电镜。

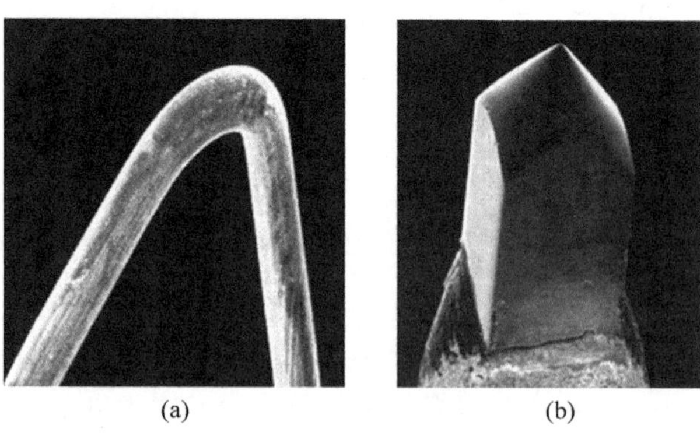

图 2-4 热电子发射型电子枪的灯丝
(a) 钨灯丝；(b) LaB_6 单晶

热电子发射型电子枪的工作原理参见图 2-5。发射电子的阴极灯丝通常用 0.03～0.1 mm 的钨丝做成 V 型。第二个电极是控制电子束形状和发射强度的，称为控制极，也称为韦氏圆筒(Wehnelt)、栅极和负偏压栅极等。第三个电极是阳极，它使从阴极发射出的电子获得较高的动能，形成定向高速电子流，因此，阳极又称为加速极。为了安全的原因，使阳极接地，而阴极灯丝处于负的加速电位。这种结构的电子枪是一个静电浸没物镜或称阴极透镜。

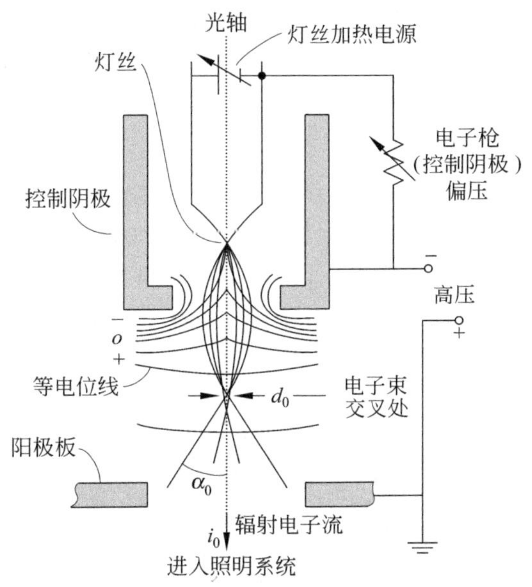

图 2-5　热电子发射型电子枪的工作原理

由于热阴极电子发射的电流密度随阴极温度的波动而变化，而阴极电流的不稳定又会使加速电压发生变化，为了稳定电子束电流，减小电压的波动，电子枪采用自偏压系统，因此又称为自偏压电子枪。把负电压接到控制极上，再经过一个可变电阻(亦称为"阴极偏压电阻")接到阴极灯丝上，在控制极和阴极之间产生一个负的电位降，称为负偏压或自偏压。

自偏压是由束电流本身产生的，自偏压正比于束电流，它起着限制和稳定电流的作用。在实际操作中，一般都是给定一偏压电阻值，然后通过加大灯丝电流，提高阴极温度，使得束电流增加。开始束电流随阴极温度升高迅速上升，然后逐渐变慢，在阴极温度达到某一数值时，束电流不再随灯丝电流或阴极温度的增高而变化，此值称为束电流的饱和点。以后继续加大灯丝电流，束电流不会增加，只能使灯丝温度上升，缩短其寿命。

改变控制极上的偏压，能强烈地影响电子枪内静电场的分布，特别在阴极附近，影响等位面的分布和形状。在控制极开口处，由于等位面强烈弯曲，折射作用很强，使得阴极发射区不同部位发射的电子，在控制极和阳极之间互相交叉，然后又分别在像平面上会聚成一点。电子束交叉处的截面称为电子束"最小交

叉截面 d_0”，又称为“电子枪交叉”(gun cross-over)，其直径约为几十微米。它比阴极端部的发射面积还要小，但是单位面积的电子密度最高，照明电子束好像就是从此处发出的一样，因此也称其为电子束的“有效光源”或“虚光源”，所谓的光斑大小就是指这个最小交叉截面的大小。电子束的发射角(或称发散角)也是指由此发出的电子束与主轴的夹角。虚光源所在的平面又是聚光镜系统的上共轭面。电子束最小交叉截面一般呈椭圆形，因为真正的电子源是一个弯曲的丝，而不是一个点光源。

2. 场发射型枪(FEG)

如果在金属表面加一个强电场，金属表面的势垒就会变浅，由于隧道效应，金属内部的电子穿过势垒从金属表面发射出来，这种现象叫场发射。为了使阴极的电场集中，将尖端的曲率半径做成小于 0.1 μm 的尖锐的形状，这样的阴极称为发射极(或者叫尖端)，见图 2-6。较之使用 LaB_6 单晶灯丝的热电子发射枪，场发射枪的亮度要高约 100 倍，光源尺寸也非常小。还有，FEG 的电子束的相干性很好。目前，FEG 在分析型透射电镜中的应用正在普及。

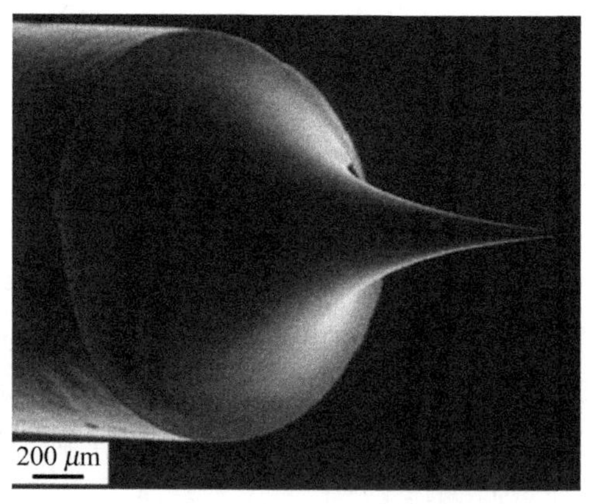

图 2-6　场发射枪的尖端(钨单晶)

FEG 可分为冷阴极 FEG 和热阴极 FEG。

(1) 冷阴极 FEG

将钨的(310)面作为发射极，不加热，在室温下使用。因为空气不能将热能传给发射出的电子，所以其能量发散仅为 0.3～0.5 eV，可以期望它有非常好的能量分辨率。另一方面，发射是在室温下进行的，在发射极上会产生残留气体分子的离子吸附，这是产生发射噪声的主要原因。同时，伴随着吸附分子层的形成，发射电流也会逐渐降低，故必须定期进行除去吸附分子层的所谓闪光处理(即在尖端上瞬时通过大电流，除去尖端表面吸附分子层的处理)。

(2) 热阴极 FEG

在施加强电场的状态下，如将发射极加热到比加热电子发射低的温度(1600～1800 K)，由于电场的作用，电子经过变低的势垒发射出来，这称为肖特基效应。由于加热，电子能量的发散为 0.6～0.8 eV，比冷阴极 FEG 大，这是它的缺点，但是热阴极 FEG 不产生离子吸附，大大降低了发射噪声，也不需闪光处理，可以得到稳定的发射电流。

各种电子枪的性能特性可见表 2-1。

表 2-1　各种电子枪的特性比较

性能特性		热电子发射		场发射		
		W	LaB_6	热阴极 FEG		冷阴极 FEG W(310)
				ZrO/W(100)	W(100)	
亮度(在 200 kV 时) /A·cm^{-2}·sr^{-1}		约 5×10^5	约 5×10^6	约 5×10^8	约 5×10^8	约 5×10^8
光源尺寸		50 μm	10 μm	0.1～1 μm	10～100 nm	10～100 nm
能量发散度/eV		2.3	1.5	0.6～0.8	0.6～0.8	0.3～0.5
使用条件	真空度/Pa	10^{-3}	10^{-5}	10^{-7}	10^{-7}	10^{-8}
	温度/K	2800	1800	1800	1600	300
发射	电流/μA	约 100	约 20	约 100	20～100	20～100
	短时间稳定度	1%	1%	1%	7%	5%
	长时间稳定度	1%/h	3%/h	1%/h	6%/h	5%/15 min
	电流效率	100%	100%	10%	10%	1%
维修		无需	无需	安装稍费时间	更换时，要安装几次	每隔几小时必须进行一次闪光处理
价格/操作性		便宜/简单	便宜/简单	贵/容易	贵/容易	贵/复杂

3. 高压发生器和加速管

将电子枪产生的电子加速，需要高电压。产生这种高电压的装置是高压发生器。利用这个高电压加速电子的部分就是加速管。通常将放置高压发生器的容器称为高压缸。高压发生器和透射电镜主体是通过高压电缆连接起来的(见图 2-2)。

从高压发生器输出的电压发生变化时，将引起色差，因此应当使这种电压变化尽可能的小。

2.3.2 照明系统和偏转系统

1. 聚光镜系统

将加速管加速的电子会聚并照射到试样上的一组透镜称为照明透镜系统。它的功能是把有效光源会聚到样品上，并且控制该处的照明孔径角、电流密度（照明亮度）和光斑尺寸。现代的透射电镜都采用双聚光镜系统，如图2-7所示。该系统有两个聚光镜，第一聚光镜是一个短焦距的强透镜，称为C1；第二聚光镜是一个长焦距的弱透镜，称为C2。C1的作用是把电子束最小交叉截面（gun cross-over）缩小，并成像在C2的共轭面上，C2再把缩小后的光斑成像在样品上。C2控制照明孔径角和照射面积，并为样品室提供足够的空间。光斑的大小是由改变C1的焦距来控制的，C2只是在C1限定的最小光斑条件下，进一步改变样品上的照明面积。

图2-7所示的照明系统可实现从平行照明到大会聚角的照明条件。在图2-7(a)中，会聚小透镜也称为CM透镜，它的励磁电流很强，使电子束会聚在物镜前方磁场的前焦点位置，电子束平行照射到试样上很宽的区域，得到相干性好的电子显微像，这种模式称为TEM模式。在图2-7(b)中，关闭了会聚小透镜的励磁电流，由于物镜前方磁场的作用，电子束被会聚在试样上，这时的会聚角（α_1）很大，能得到高强度的电子束，适合于微小区域的分析，这种模式称为EDS模式。图2-7(c)是使用很小的聚光镜光阑和小的会聚角（α_2），照明的区域小，能获得相干性好的电子显微像。可使用这种照明条件获得纳电子衍射（nano-beam electron diffraction）

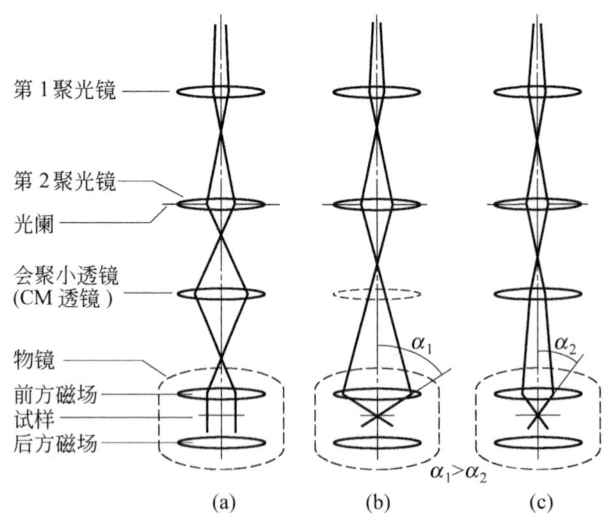

图2-7 照明透镜系统的光路图

(a) TEM模式；(b) EDS模式；(c) NBD模式

花样，这种模式称为 NBD 模式。对 EDS 模式和 NBD 模式，改变聚光镜和会聚小透镜的励磁电流时，可使电子束的直径保持一定，而会聚角(α)发生变化，这就是适用于会聚束电子衍射(covergent beam electron diffraction, CBED)花样观察的条件。

2. 偏转系统

在聚光镜系统里还装有使电子偏转的偏转线圈。它可用于合轴调整、电子束倾斜(beam tilt)、电子束移动(beam shift)、电子束扫描(beam scan)等。一般来说，偏转线圈是由称为两级偏转的两组相对的线圈组成的，它可以很方便地使电子束转向。两级偏转的原理如下所述(见图 2-8)。

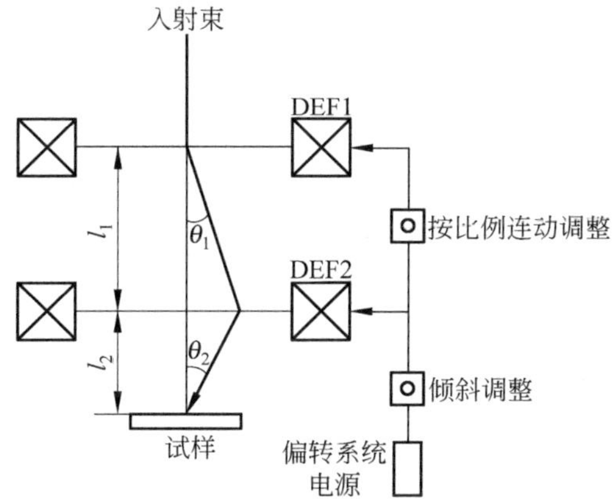

图 2-8　使电子束倾斜时两级偏转的原理

要使电子束入射到试样上的倾斜角为 θ_2 时，先用第一级偏转线圈(DEF1)向反方向偏转 θ_1，然后再用第二级偏转线圈(DEF2)使它偏转回来，实现电子束的倾斜。这时 θ_1 和 θ_2 之间有如下关系：

$$l_2\tan\theta_2 = l_1\tan\theta_1$$

式中，l_1 是 DEF1 和 DEF2 之间的距离，l_2 是 DEF2 与试样之间的距离。如按以上关系设置流过偏转线圈(DEF1 和 DEF2)的励磁电流的比，那么只要简单地调整一个电流，就能调整倾斜角 θ_2。这时，即使改变照在试样上的倾斜角，电子束在试样上的位置也不变化。

同样，用图 2-9 所示的电子束移动电路，可使电子束的倾斜角保持一定，使电子束在试样上的位置移动，即可以独立地进行电子束的倾斜和移动操作。由于它是按连动比调整的，所以在调整倾斜或移动时，只需使用一个旋钮就可以了。偏转系统不仅用于照明系统，在电子枪、成像系统等进行合轴调整时都要使用。

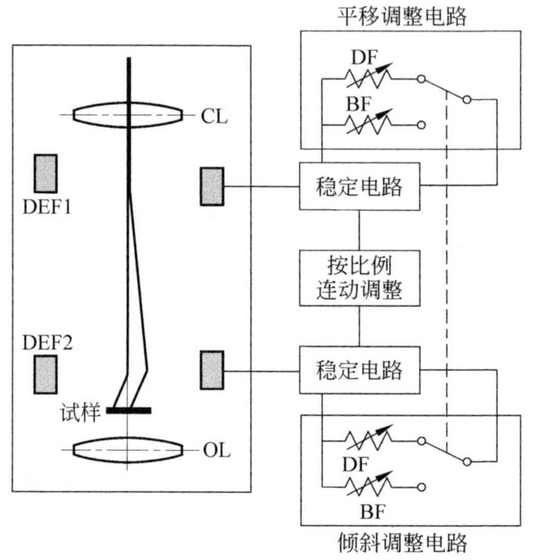

图 2-9 使电子束移动的二级偏转的原理

2.4 成像系统

成像系统一般由物镜、中间镜、投影镜、物镜光阑和选区衍射光阑组成。如图2-10(a)所示。其中物镜是最重要的,因为分辨率主要由物镜决定。

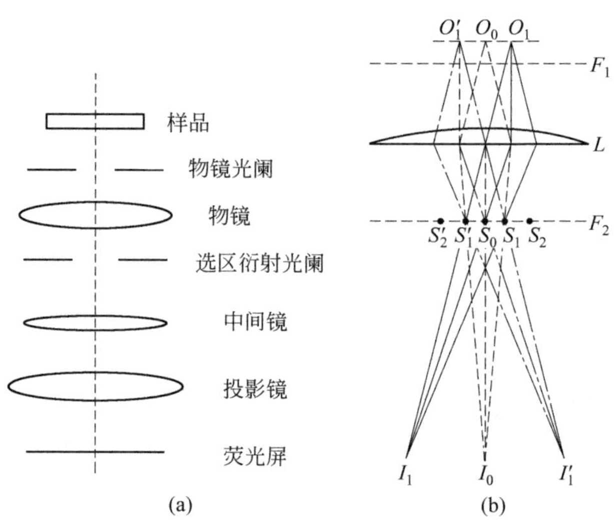

图 2-10 成像系统与成像示意图

(a) 成像系统示意图;(b) 阿贝成像原理示意图

2.4.1　透射电镜的成像原理

阿贝首先提出了相干成像的一个新原理，即衍射谱（傅里叶变换）和两次衍射成像的概念，并用傅里叶变换来阐明显微镜成像的机制。1906 年波特以一系列试验证实了阿贝成像原理。透射电镜中的成像原理就是利用阿贝成像原理。

根据光学中的阿贝成像理论，当一平行光束照射到具有周期结构特点的物样时会产生衍射现象，如图 2-10(b)所示。除零级衍射束（即透射束）外，还有各级衍射束，经过透镜 L（物镜）的聚焦作用，在其后焦面上形成衍射振幅的极大值，如图 2-10(b)中的 S_2'，S_1'，S_0，S_1，S_2，…各级衍射谱，每一个振幅极大值又可看成为次级相干波源，由它们发出的次级波在像平面上相干成像。图 2-10(b)中像平面上的 I_1，I_0 及 I_1' 就是周期结构物点 O_1，O_0 和 O_1' 的像。这样阿贝的透镜衍射成像可分为两个过程：一是平行光束受到具有周期特点物样的散射作用形成各级衍射谱，即物的信息通过衍射谱呈现出来；二是各级衍射波通过干涉重新在像平面上形成反映物特征的像。显然，这要求从物样同一点出发的各级衍射波在经过上述两个过程后必须在像平面上会聚为一点，图 2-10 中，从 O_1 发出的各级衍射波最后在像平面上 I_1 点成像；而从物样不同点发出的同级平行散射波经过透镜后都聚焦到后焦面上的同一点，只有这样才能形成反映物样特点的传统意义的像。参与成像的次级波越多，叠加的像越与物接近。

在电子显微镜中，用电子束代替平行入射光束，用薄膜状的样品代替周期性结构物体，就可重复以上衍射过程。在透射电子显微镜中，物镜在像平面形成的一次放大像往往要由中间镜与投影镜再做两次放大投射到荧光屏上，这称为物的三级放大像。改变中间镜的电流，使中间镜的物平面从物镜像平面移到物镜的后焦面，可得到衍射谱。若让中间镜的物面从物镜后焦面向下移到物镜像平面，就可得到像。这就是为什么透射电镜既能得到衍射谱又能观察像的原因。

2.4.2　物镜

物镜的功能是形成样品的一次放大像及衍射谱。要求物镜有尽可能高的分辨率。因为物镜是成像系统的第一个透镜，由它造成的像差都会被中间镜与投影镜放大，所以要求物镜的各种像差要尽可能小，且要有足够高的放大率（100×～200×）。透射电子显微镜的像质量几乎取决于物镜的性能。

物镜是由透镜线圈、轭铁（磁电路）和极靴构成的。极靴的形状直接影响到物镜性能。图 2-11 给出了通常的透射电镜的物镜极靴的断面图。在上下极靴之间形成旋转对称的强磁场，试样几乎在极靴的中央，在试样下面是物镜光阑。为了消除像散，在下极靴下面装有消像散器。

物镜的成像作用主要是由试样后方的磁场来实现。对于分析型透射电镜，物

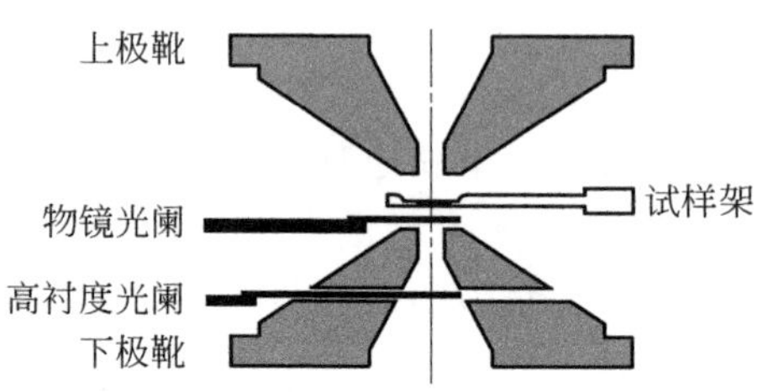

图 2-11　物镜极靴的断面图(JEM-2010F)

镜前方的磁场起会聚电子束的作用,能得到很细的电子束。一般来说,物镜光阑放置于物镜的后焦面上,以限制像散角,使像产生衬度。图 2-12 给出了物镜的成像作用和物镜光阑的效果。用物镜光阑挡住了散射电子,这样就出现了衬度。

在物镜的后焦面附近,除了近似平行于光轴的透射电子外,还有许多从样品散射来的电子也在此会聚。因此把物镜光阑放在物镜的后焦面的好处是:在挡掉大角度散射的非弹性电子使色差和球差减小及提高衬度的同时,还可以得到样品更多的信息。若将物镜光阑放在其他的位置,会挡掉更多的光轴外物点的散射电子,使视场受到限制。物镜光阑放在后焦面的另一个好处是可选择后焦面上的晶体样品的衍射谱的任一衍射束成像,这对于观察电子衍衬像有重要意义。

物镜光阑的形状如图 2-13 所示。它实际上是一个带孔的金属片,由无磁金属(如铂和钼)制成,光阑孔直径通常为 10～50 μm。使用物镜光阑可调节电子像的衬度。使用小的光阑可得高的衬度,使用大的光阑可得低的衬度。

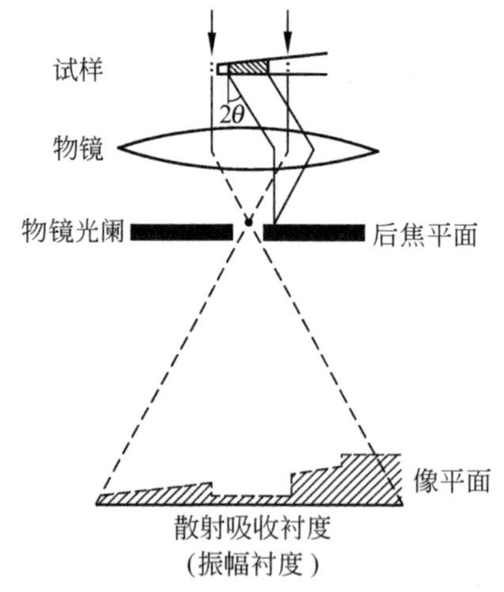

图 2-12　物镜的成像作用和物镜光阑的效果

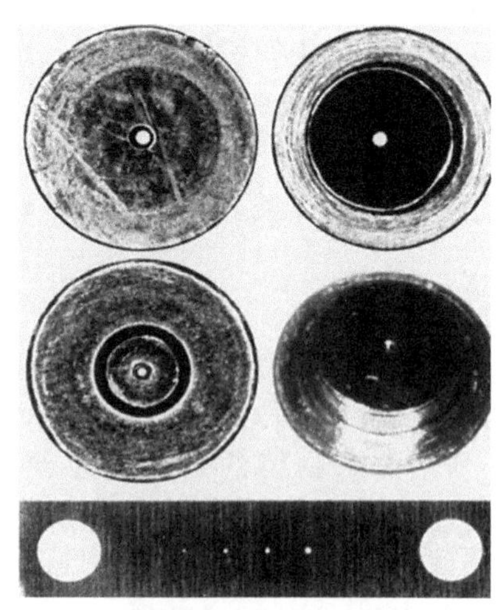

图 2-13　物镜光阑的形状:场深和焦深

我们知道任何一个透镜不论如何完善都只能把物点成像为图像光斑,其半径就是透镜的分辨本领。在图 2-14(a)中,物点 O 成像为像点 O',由于物镜的球差,

像点 O' 变为半径为 δ_i 的弥散圆盘，其半径 $\delta_i = \delta M_0$（这里 δ 是还原到样品的最小分辨距离，M_0 是物镜放大倍数）。若将物点 O 在距离为 D 的范围内沿轴移动，其像盘在 P_1 到 P_2 间移动时同样是清晰的，则此距离 D 称为“场深”。场深 D 的表达式为

$$D = \frac{2\delta}{\alpha_0} \tag{2-1}$$

式中 α_0 是物镜孔径角。由式(2-1)可知物镜孔径角 α_0 越小，场深就越大，如果 $\alpha_0 = 2\times10^{-3}$ rad，$\delta = 10$ Å，则 D 为 1 μm。这意味着对于分布在厚度为 1 μm 范围内的样品细节，均能获得 10 Å 的最小分辨距离。另外在调焦时，物面位置可允许有 1 μm 的误差而不影响电镜的分辨率。

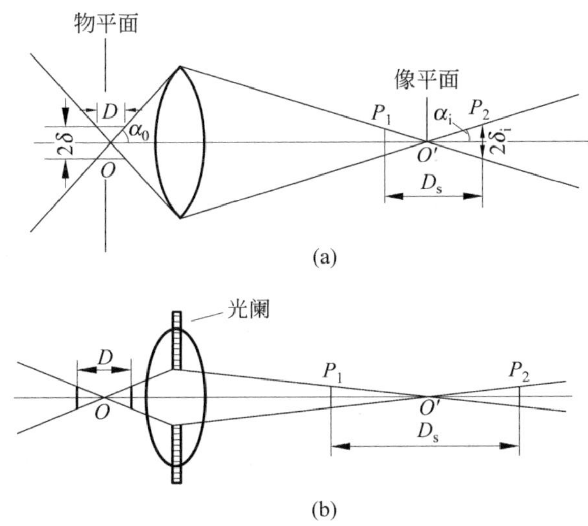

图 2-14　场深和焦深以及光阑对它们的影响

焦深是指在固定物点的条件下，像面沿轴移动仍能保持清晰的范围，如图 2-14 所示，用 D_s 表示焦深，它可表示为

$$D_s = \frac{2\delta_i}{\alpha_i} = \frac{2M_0\delta}{\frac{\alpha_0}{M_0}} = M_0^2 D \tag{2-2}$$

物镜的放大倍数一般在 100～200 之间，由式(2-2)可知，焦深要比场深大 M_0^2 倍，即大约 10^4 倍。如场深为 1 μm，则焦深为数厘米，即当物镜的中间像平面沿轴移动数厘米时，像仍然是清晰的。事实上，透射电镜采用多级放大系统，放大倍数是所有透镜的放大倍数的乘积。如物镜的孔径角为 10^{-3} rad，分辨率为 5 Å，总放大倍数为 10^5 倍，则由式(2-2)，可算出像平面处焦深为 10 000 m。这使得我们能够把

荧光屏感光板或照相胶片放在投影镜下的任何位置时，像都是清晰的，只是位置不同，放大率不同，但都能得到清晰的像。

从图 2-14(b)中可以看出，加上物镜光阑，会缩小孔径角，场深和焦深都显著增加。

2.4.3 中间镜和投影镜

高性能的透射电镜大多是由物镜、中间镜和投影镜组成的三级成像放大系统，所需的透镜数目由最高电子光学放大倍率决定。而有效放大率决定于人眼分辨率与仪器分辨率之比。如果把细节放大到 0.2 mm，取仪器分辨率为 2 Å，则透射电镜的有效放大率为0.2 mm/ 2Å$=10^6$。因为荧光屏和照相乳剂的颗粒度至少允许 5～10 倍的光学放大，所以一般高分辨透射电镜的放大倍率在数十万倍以上。在进行高分辨像拍照时的放大倍数一般在 10 万倍以上。

中间镜：中间镜置于物镜以下，投影镜以上。它是一个可变倍率的弱透镜。极靴内孔较大，焦距也较长，其放大倍数 M_I 在 0～20 之间。

中间镜在成像系统中非常重要，它的功能是把物镜形成的一次中间像或衍射谱投射到投影镜的物平面上，再由投影镜放大到终像平面(荧光屏)。中间镜可以控制成像系统，使得在荧光屏上得到电子像或电子衍射谱。当改变中间镜电流，使中间镜的物平面与物镜的像平面重合，这时成在物镜的像平面的像被传递并被中间镜和投影镜放大，在荧光屏上得到放大的物像(图 2-15(a))，这称为图像模式。若改变中间镜电流，使中间镜的物平面与物镜的后焦平面重合，这时成在物镜的后

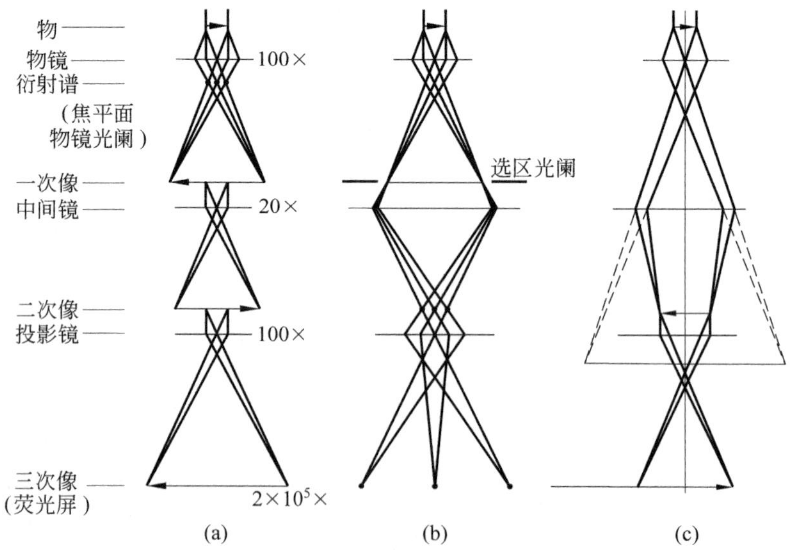

图 2-15　三级成像放大系统的光路图

(a) 高放大率像；(b) 衍射；(c) 低放大率像

焦平面上的电子衍射谱被传递并被中间镜和投影镜放大，在荧光屏上得到放大的电子衍射谱(图 2-15(b))，这称为衍射模式。在透射电子显微镜中，产生图像模式和衍射模式的中间镜电流已预先被设置好，只要选择相应的按钮，就可方便地从一个模式切换到另一个模式。

在透射电镜中，物镜和投影镜的放大倍数一般是固定不变的，改变透射电镜的总放大倍数是由改变可变倍率的中间镜来进行的。电镜的总放大倍数 M 是成像系统各透镜放大倍数的乘积，即

$$M = M_0 \times M_I \times M_P \tag{2-3}$$

其中，M_0、M_I、M_P 分别是物镜、中间镜、投影镜的放大倍数。如取 $M_0=100$，$M_I=20$，$M_P=100$，则 $M=100\times20\times100=2\times10^5$ 倍。如 M_0 和 M_P 不变，将 M_I 变为 1，则 $M=100\times1\times100=10^4$ 倍。可以用调节中间镜的放大倍数是大于 1 还是小于 1 来控制透射电镜成高倍像或低倍像。当中间镜放大倍数 M_I 大于 1 时，这时中间镜成实像(见图 2-15(a))，在投影像上得到的是高倍像($10^4\sim10^5$ 倍)；当中间镜放大倍数 M_I 小于 1 时，这时中间镜成虚像(见图 2-15(c))，在投影镜上得到的是低倍像(几千到一万倍)。

投影镜：投影镜的作用是把经中间镜形成的二次中间像及衍射谱放大到荧光屏上，形成最终放大的电子像及衍射谱。它是一个短焦距的强磁透镜，使用上下对称的小孔径极靴。由于成像电子束在进入投影镜时孔径角很小(10^{-5} rad 左右)，所以场深和焦深都很大，因此，投影镜多在固定强励磁状态下工作。这样，当总放大倍数变化时，中间镜像若有较大的移动，投影镜无需调焦仍能得到清晰的终屏像。对投影镜精度的要求不像物镜那样严格，因为它只是把物镜形成的像做第三次放大。对中间镜精度的要求则较高，虽然它的像差不是仪器分辨率的主要影响因素，但它影响衍射谱的质量，因此也配有消像散器。

图 2-15 是三级成像放大系统的光路图。在大多数透射电镜中，投影镜具有固定励磁，物镜励磁的改变是为了聚焦，总放大倍数主要是由改变中间镜的励磁电流来控制的(一般为 0～20 倍)。下面介绍三级成像放大系统是如何获得高放大倍率像、选区电子衍射谱和低放大倍率像的。

(1) 高放大率：如果物镜和投影镜的放大倍率各为 100 倍，中间镜放大率的上限为 20 倍，则如图 2-15(a)所示，三级成像的最高放大率为 20 万倍。物镜把样品细节放大 100 倍成像于物镜的像平面(此像称为一次中间像)，此平面与中间镜的物面重合，一次中间像被中间镜放大 20 倍，成像于中间镜的像平面(成的像称为二次中间像)，此平面与投影镜的物平面重合。投影镜将二次中间像再放大 100 倍，成像于荧光屏上，便得到了 20 万倍的终屏像。高放大率的下限为一万倍。

(2) 选区电子衍射：如果样品是晶体，则电子在透过晶体时发生衍射现象，在物镜后焦面上形成衍射谱，如图 2-15(b)所示。此时若调节中间镜的励磁，使中间

镜的物面与物镜的后焦面重合，则中间镜就把衍射谱投射到投影镜物面，再由投影镜投射到荧光屏，我们就获得了二次放大的衍射谱。若调节中间镜的励磁，使中间镜的物面与物镜的像平面重合，一次中间像就被投射到投影镜物面，再经放大投射到荧光屏，获得物的三次放大像。这种调节中间镜的方法在现代透射电镜上只是分别选成像或成衍射谱的按钮而已，非常方便。如果把晶体产生衍射的区域加以限制，便得到选区电子衍射谱(SAD)，这在第 4 章还要详述。选区电子衍射可把晶体的形貌观察与其结构分析方便地结合起来，在薄晶体电子衍衬分析中也有重要的用途。

(3) 低放大率：当中间镜的放大率接近于 1 时，终屏像出现像差，像发生畸变。如果样品比较厚，则色差也会引起像边缘的严重失焦。因此在低倍率时，首先要消除像的畸变。一般采取改变投影镜极靴孔径和使其励磁可调，让中间镜产生的桶形畸变为投影镜的枕形畸变抵消，从而获得无畸变或者畸变量很小的低倍率像。

另一种获低倍率像的方法是设计一个能在 $10^3 \sim 2\times10^5$ 范围内变化的单旋钮控制。基本想法是减弱物镜，使其成像在中间镜平面以下，而中间镜设计成更弱的透镜(放大率<1)，作为缩小透镜用，它可以把物镜在没有中间镜时形成的像(如图 2-15(c)虚线所示)在投影镜的前共轭面上再缩小成一个实像，再经投影镜放大到终像屏上。这一系统提供的低放大倍率范围为 100～10 000 倍。

上述系统的一个改进是在物镜下面再加一个更弱的第二中间镜，置于能获得最佳衍射谱的物镜后焦面上，在低放大率时使用。这种方法的优点是能在所需要的任何倍数下获得衍衬花样，另外由于多了一组放大系统，最高放大率可提高到 10^6 倍。

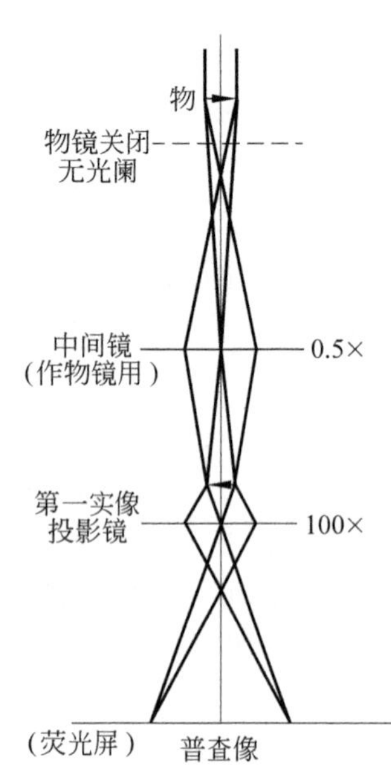

图 2-16　极低放大率

有时为了对样品进行大面积普查，需要更低的放大率，这时可把物镜关掉，用长焦距的中间镜代替物镜成像，其光路图如图 2-16 所示，放大率范围在 50～100 之间，此时的分辨率很差，但是比光学显微镜还是高很多。

事实上，现代透射电镜都是由计算机来控制的，可以很方便地选择电镜的不同放大倍数、像模式还是衍射模式。这种方便是因为电子透镜的焦距、放大倍数等都可由改变励磁电流来调节。

由第 1 章我们知道，改变透镜的励磁电流时，像的旋转角(磁转角)也会改变，也就是说，电子显微像会随放大倍数的改变而转动。在倍率变化时，现代的透射电镜可以做到保持透镜系统总体磁场强度一定，使像不旋转。

2.5 像的观察与记录系统

在投影镜之下是像的观察和记录系统。像的观察是通过荧光屏进行的，而像的记录可采用多种方法，如照相底片、电视摄像机、成像板、慢扫描 CCD 照相机。

2.5.1 荧光屏

透射电镜观察者透过观察窗在荧光屏上看像和聚焦。荧光屏是在铝板上涂了一层荧光粉制得的，荧光粉通常是硫化锌（ZnS），它能发出 450 nm 的光。有时在硫化锌里掺入杂质，使其发出接近 550 nm 的绿光。荧光屏的分辨率取决于荧光屏上的 ZnS 镀层的晶粒尺寸，通常 ZnS 的晶粒尺寸为 50 μm，高分辨率的荧光屏上的 ZnS 的晶粒尺寸为 10 μm，故荧光屏的分辨率为 10～50 μm。

透射电镜上除了荧光屏外，还配有用于单独聚焦的小荧光屏和 5～10 倍的双目镜光学显微镜。荧光屏的分辨率为 50 μm，因此在观察细微组织时要有足够高的放大率，将细微组织放大到大于 50 μm，以便荧光屏能分辨并为人眼所见。例如要观察 0.5 nm 的颗粒，就需要 10 万倍的电子光学放大，再加 10 倍的光学放大即可。

为了屏蔽透射电镜镜体内产生的 X 射线，采用了铅玻璃来制作观察窗，一般来说，加速电压越高，铅玻璃应当越厚，因此，对于超高压电子显微镜，从荧光屏观察像衬度的细节就比较困难。在这种情况下，一般在观察室下面的照相室中安装电视摄像机或者慢扫描 CCD 照相机，观察者从监视器上观察图像。

由于荧光屏的分辨率远比照相底片的分辨率低，因此，为了得到更多的信息，一般总把最终像用照相底片记录下来。

2.5.2 照相底片

最常用的透射电镜的照相底片是片状的胶片。胶片的一面有厚度约为 25 μm 的明胶层，明胶层含有均匀分散的 10%的卤化银颗粒。照相底片在电子束的照射下能曝光。它对电子的感光特性基本上与对可见光的感光特性一样（只是灵敏度和噪声不同）。胶片的分辨率为 4～5 μm，比荧光屏高得多。照相底片具有很高的信息密度，在一张 10 cm×10 cm的胶片上可记录 10^7 个像素。胶片的曝光时间随放大率和电子束强度而变，为0.1～10 s。影响曝光时间的因素很多，经验性较强。样品的漂移和仪器的不稳定性以及电子在明胶层里的散射现象都会引起像的模糊，因此要求曝光时间越短越好。另一方面，热灯丝的随机发射引起电子束本身的不均匀性，这种现象称为“电子噪声”。这种“电子噪声”的随机分布也可引起像的模糊。曝光时间越长，随机性就越小，像就越清晰，这要求有较长的曝光时间。因此存在一相对最佳的曝光时间和电子束强度，此时能产生最大信息，这个时间大约为 0.5～2 s。现代的透射电镜都有曝光时间自动控制功能。照相底片的实际分辨率还随底片、显影液的种类以及显影条件有很大的差别，一般认为，底片的分辨率应达到 10 μm。

2.5.3 视频摄像机

用视频摄像机(TV camera)记录透射电镜像和使图像再生的方法可以非常方便地用于动态图像的观察，可让许多人在一起观察，可以输入计算机和即时复制。透射电子显微镜的视频摄像机是由专门的荧光屏和电视摄像机组成的。标准的视频摄像机的分辨率为 500 线/帧，高分辨率的视频摄像机的分辨率可达 1000 线/帧。视频摄像机的信息记录密度不如照相底片，对 10 cm×10 cm 大的图像，它只能记录 2×10^6 像素。

2.5.4 慢扫描 CCD 照相机

现代的透射电镜常使用慢扫描 CCD(charge-coupled device)照相机。它的结构示于图 2-17。钇铝石榴石(YAG)闪烁器将入射电子射线转换成光，通过纤维光导板到达 CCD 上，到达 CCD 表面的半导体电极的光被转换成与这光的强度成比例的电荷量，暂时积蓄在各像素的电极上。这种积蓄的电荷依次从相邻的像素的输出端取出，检出其电信号。对于慢扫描 CCD 照相机，是一边低速扫描，一边积蓄电荷，检出信号。因此它比通常的 CCD 照相机检出灵敏度高、动态范围宽。

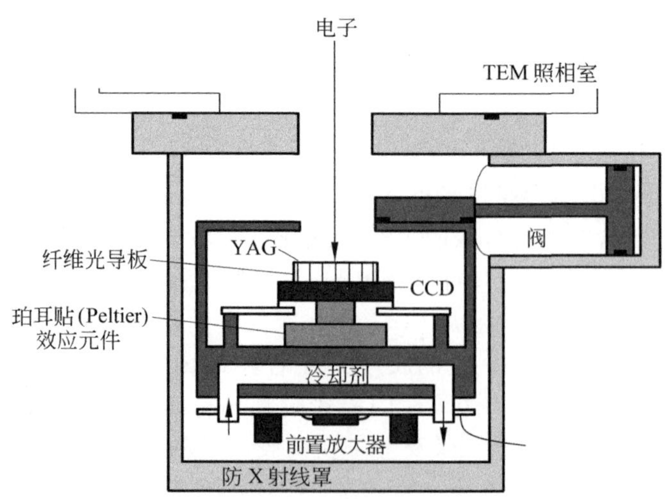

图 2-17 慢扫描 CCD 照相机的构成

2.5.5　成像板

成像板(image plate)最初是为 X 射线用的高灵敏记录材料而开发的,后来又为电子显微镜开发了成像板。它是在塑料基片上涂上光激励影像显现性荧光粉(在 BaF(Br,I)的卤素化合物中掺 Eu^{2+} 的荧光物质[BaF(Br,I)：Eu^{2+}])的二维记录材料。成像板记录图像、读出图像和消除图像的原理如图 2-18 所示。当电子束照射到成像板上的荧光物质后,就形成电子和空穴对,电子被荧光体的缺陷部位(阳离子的空格上)捕集。如果将激光束照射到这种荧光物质上,被捕集的电子就被释放在导带中,与空位再结合发光,这种光被光电倍增管转变成电信号,再生成图像。当图像的数据被读取后,用强可见光照射成像板,可几乎完全消去残余的电子空穴对,即洗去被记录下的图像,这样成像板就可反复使用。

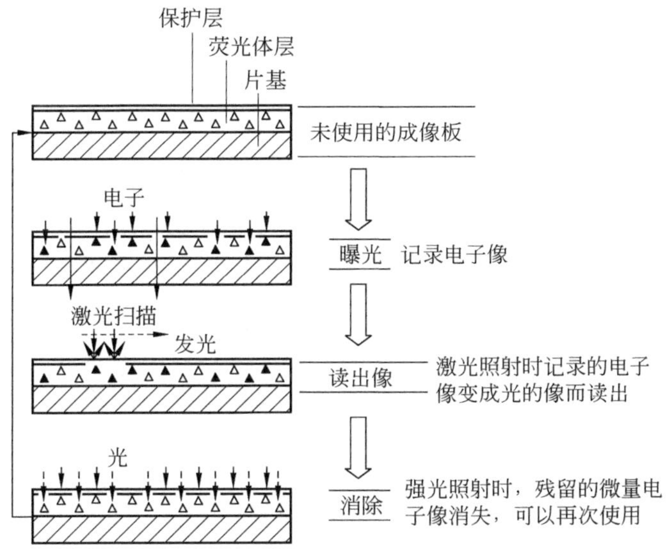

图 2-18　成像板记录图像、读出图像和消除图像的原理

成像板的灵敏度很高,动态范围也很宽。成像板记录的像的质量比照相底片高。另外,对很弱的电子束照射,成像板也可记录。成像板的缺点是成像板记录的信号会随电子照射后到读取时间间隔的增长而变弱,照相后的 5 h 以内,成像板的信号强度急剧衰减,以后变化比较缓慢,这称为成像板的衰减现象。另外,从成像板上读取图像或消去图像都需要昂贵的专用仪器。

通常 CCD 照相机记录的像素数目为 1 K×1 K(1 K=1024 像素),好些的是 2 K×2 K,最好的是 4 K×4 K 的。一般来说,CCD 记录的信息量不如照相底片(4 K×4 K 的 CCD 照相机记录的信息量相当于照相底片)。对于慢扫描 CCD 照相机，从采集图像、转换成数字图像到监视器上显示出来仅需要数秒钟的时间，几乎可“实时”记录图像。

CCD照相机的最大好处是摄下的是数字图像，拍好照片可马上看相片，且事后可方便地对图像进行数字处理。采用CCD照相机记录图像是现代透射电镜记录系统的发展趋势，但CCD照相机价格昂贵，要几万美元。事实上，现代电镜通常配备有几种记录方式，如用照相胶片、视频摄像机和CCD照相机，使用者可根据需要选用最合适的记录方式。

2.6 试样台和试样架

透射电镜样品是直径不大于3 mm、厚度为几十纳米的薄试样。在透射电镜上装载3 mm直径的试样的装置称为试样台。为了调节试样的晶体学方向，具有倾斜功能的试样台称为测角试样台。能插入电子显微镜中的试样的支持装置称为试样架(sample holder)。

将装有试样的试样架放入透射电镜中有两种方式。从极靴上方装入的称为顶插方式，从横向插入上下极靴之间的称为侧插方式(见图2-19)。对于顶插方式，试样座相对于光轴是旋转对称的，而且它是放入透射电镜体内的，故它具有很好的抗震性和热稳定性，以前在做高分辨像时普遍采用顶插方式，但顶插方式不可能有很大的倾斜角，要增加分析功能也很困难，故现代的透射电镜，特别是分析型透射电镜都采用侧插方式。侧插方式的优点在于可从试样上方检测背散射电子和X射线等信号，并具有探测效率高以及可使试样大角度倾斜。图2-20给出了侧插双轴倾斜试样架的构造和工作原理示意图。

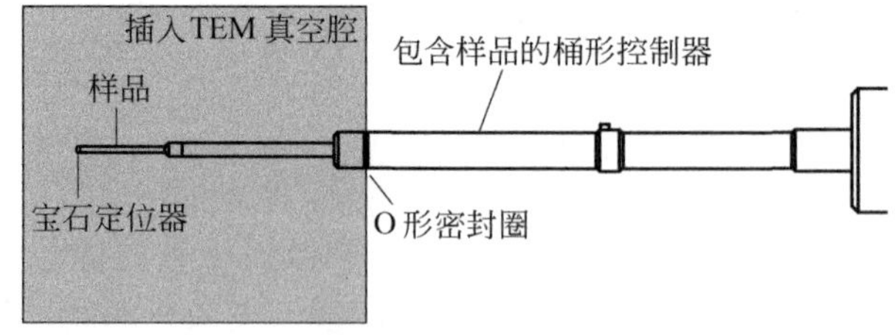

图2-19 侧插方式基本部件(装在测角平台上)

样品夹在顶端的杯状空间内。有一块小宝石(通常是蓝宝石)在顶端，和平台上的另一个宝石定位部件一起，以便操作样品。O形密封圈保持样品架插入后的真空。从真空腔的外部通过试样架来操作样品。

购买透射电镜时，生产厂家会提供一个具有一个方向倾转功能的试样架(单倾

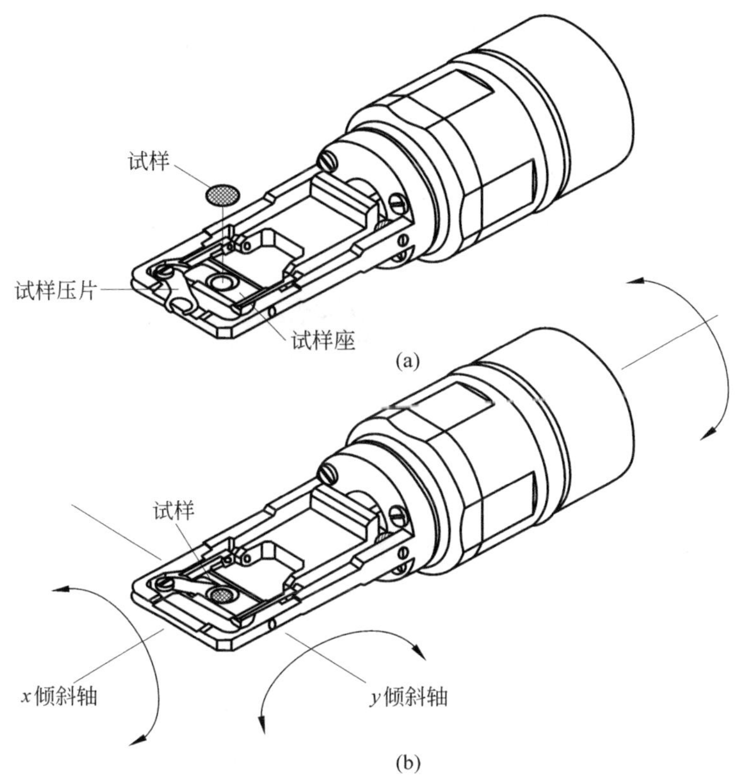

图 2-20 侧插双轴倾斜试样架的构造和工作原理示意图

台)。但观察高分辨电子显微像和电子衍射花样时,必须使试样的晶带轴与电子束入射方向平行,这就需要使用能在两个垂直方向上倾斜的试样架(双倾台),双倾台几乎是每台透射电镜必备的试样架。

除了通用的双倾台外,在做 X 射线能谱分析时,还需用产生硬 X 射线背底低的铍试样架,由于铍的毒性很强,操作时禁止手直接接触铍。为了研究材料在不同温度下的结构,还需要使用能加热的加热试样架和能冷却试样的冷却试样架(图 2-21)。

在加热试样架中,样品可被加热到 1300 ℃左右,对于冷却试样架,一般采用液氮(沸点为−195.8 ℃)作为冷却剂,样品温度可冷至−180 ℃左右。若用液氦(沸点为−268.94 ℃)作冷却剂,样品可冷至−250 ℃左右。

试样架是非常精密和价格昂贵(价值几万美元)的电镜部件,使用时一定要非常小心。

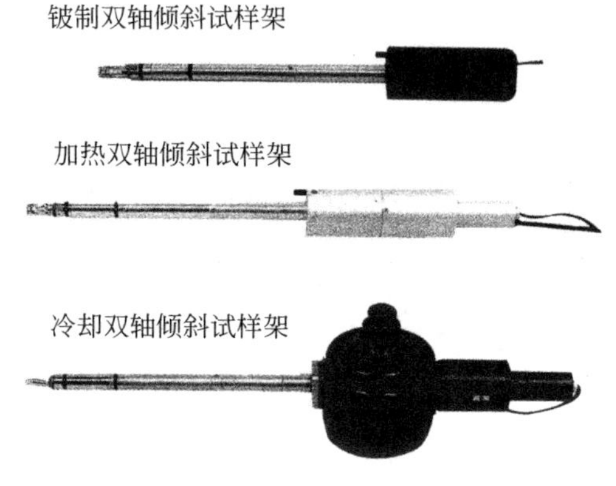

图 2-21　各种试样架

2.7　透射电镜的真空系统

在电子显微镜中，凡是电子运行的区域都要求有尽可能高的真空度。没有良好的真空，电子显微镜就不能正常工作。因为高速电子与气体分子相遇和相互作用会导致随机电子散射，引起"炫光"和削弱像的衬度；电子枪还会发生电离和放电，导致电子束不稳定和"闪烁"；残余气体还会腐蚀炽热的灯丝，缩短灯丝的使用寿命；残余气体还会严重污染样品，特别在拍高分辨像时更是如此。因此透射电镜必须要不断排除镜体内的空气和其他气体，保持电镜在高真空下工作。

透射电镜的真空系统就是为了给电子束流提供一个足够好的真空。事实上，透射电镜的各个部分对真空的要求是不同的。对大多数透射电镜来说，要求保持 10^{-7} Torr① 的真空度。对超高真空透射电镜(UHV TEM)要求保持 10^{-9} Torr 的真空度。对场发射枪的透射电镜来说，在场发射枪部分要保持 10^{-11} Torr 的真空度。

能抽真空的装置称为真空泵。根据真空度的要求可使用不同的真空泵，最基本的是机械泵，它可抽到 10^{-3} Torr 的真空。它的优点是很可靠，较便宜，缺点是噪声大和易于污染。要保持再高一级真空，需要使用扩散泵，它可抽到 $10^{-3}\sim10^{-11}$ Torr 的真空。它也很可靠，没有机械振动，但需要用水冷却，它也会污染透射电镜的真空。最好的泵是涡轮分子泵和离子泵，它们的真空范围可从大气压直到超高真空($10^{-9}\sim10^{-11}$ Torr)，它们没有污染，几乎没有震动，但价格昂贵。通常的透射电镜这几种泵都要使用。机械泵可将镜筒抽至低真空或作为扩散泵的前级

① $1\ \text{Torr}=\frac{1}{760}\ \text{atm}=133.3224\ \text{Pa}$。

泵。扩散泵直接接到镜筒，可将镜筒抽到高真空。离子泵(ion pump)通常直接接到样品台或电子枪部分使其保持尽可能高的真空。计算机控制的气阀将各种不同的真空隔开。

透射电子显微镜内的电子通道都是处于高真空状态。图 2-22 是场发射枪分析电子显微镜(JEM-2010F)的真空系统示意图。为了保持稳定的发射，采用了专用的离子溅射泵(SIP)(抽气速度为 15 L/s)来抽电子枪发射体周围的真空，为了防止加速管放电，采用了专用的 SIP(60 L/s)来抽加速管部分的真空，以达到 3×10^{-8} Pa 的超高真空。在加速管与镜筒之间，设计了一个中间室，以实现梯度真空状态。用 150 L/s 的 SIP 抽试样室和镜筒的真空，试样周围的真空度可达到 3×10^{-5} Pa。在试样周围真空中残留的气体将会引起试样污染(contamination)，妨碍观察和分析。为此，要尽量减少引起试样污染的碳氢物质的发生源，在真空系统中，采用了 SIP 干式泵的真空系统。而且，带有烘烤镜筒内壁和试样台的功能。同时，在试样附近还装有液氮冷却的防污染装置，照相室和底片的排气量大，所以，采用 420 L/s 的油扩散泵(DP)抽真空。镜筒与照相室之间也处于梯度真空状态。扩散泵的前级采用机械泵(RP)排气。表 2-2 中归纳了 TEM 中使用的真空泵的原

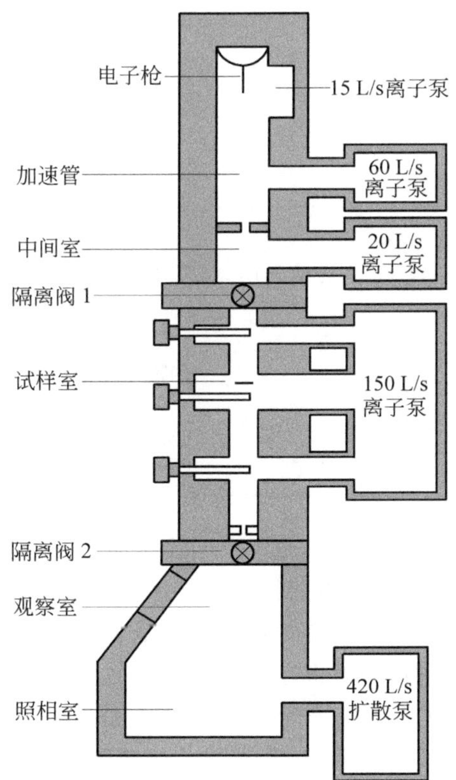

图 2-22　场发射枪分析电子显微镜(JEM-2010F)的真空系统示意图

理和特点。

表 2-2　透射电子显微镜用的真空泵的原理和特点

真空泵	原　　理	使用真空度/Pa	特　　点
机械泵	在用油润滑和保持机械密封的容器内，转子旋转，吸入气体、压缩后排除气体	大气压～10^{-2}	因为它可以从大气压开始工作，所以，可以用于TEM的初始真空的排气，以及作为油扩散泵和涡轮分子泵的前级泵 泵停止运转后，为防止返油，必须放气，使泵内处于大气状态
油扩散泵	将油加热到高温，使油蒸气从喷管高速喷出，这喷射流带着气体分子，送到排气口	10^{-1}～10^{-8}	它可以从比较低的真空度开始使用，而且，抽气速率很大，所以，它用于TEM中排气量大、放出气体多的照相室的真空抽气。如果前级真空度低，油真空系统有返油的危险，所以，必须用机械泵作为它的前级泵抽气
离子溅射泵	磁控管放电产生的离子溅射在钛表面，它放出活性分子吸附气体分子附着在泵壁上	10^{-2}～10^{-9}	因为不使用油，所以，称它为干式泵，可以用于TEM的电子枪和镜筒排气。因为它使排出的气体吸附在泵的内壁上，所以它不适合放出气体多的真空系统，也可以认为，它是一种保持高真空的系统，它不能吸附氦、氩等惰性气体分子。加热离子溅射泵，用扩散泵抽，这样的烘烤维护可以复活泵的抽气能力
涡轮分子泵	用高速旋转的金属翼来抽气体分子	10^{-2}～10^{-8}	可以从低真空开始工作，是干式真空系统。可以用于TEM的镜筒排气，为了降低机械振动，可以用磁悬浮旋转翼的涡轮分子泵。用机械泵作为前级排气泵
低温吸气泵	用液氮冷却，使气体分子吸附在金属表面上	10^{-2}～10^{-13}	能够吸附包括惰性气体分子的所有气体分子。可以达到所谓的极限真空，在试样室中设置的防污染装置的冷阱也是一种低温吸气泵

电镜的真空腔体中的各种气体能否及时排除是影响真空度的主要原因。真空腔体中的残余气体主要是空气和水蒸气，此外还有碳化氢分子，它们来自泵油的蒸发或真空润滑油脂以及在清洗部件时残留的其他有机分子。这些气体不仅会影响真空度，还会严重污染样品，必须将它们最大限度地从真空系统中排除。但更重要的是设法限制这些气体进入真空系统。一个方法是把电子枪、照相室和样品预抽室与镜体高真空部分完全隔开，以便在进行上述操作时只部分地破坏真空，而在每一操作完成后又能把上述部分预抽到所要真空，再接入高真空。例如，样品装在试

样架上后，先插入一个空气闭锁装置，这个装置与离子泵相连通，离子泵可在几分钟时间后，将这个闭锁装置内的真空从大气压抽到 10^{-7} Torr，然后试样架再将样品送入高真空的镜筒内。

电子显微镜不能在低真空下工作，故透射电镜始终保持在高真空下(即使不在使用状态，也必须保持在高真空里)。在换照相底片时，装照相底片的照相室会被打开，空气会进入，但换好底片后应迅速地被抽到应有的真空。

2.8　透射电镜的电子部分和其他部分

电子显微镜需要两个独立的电源：一是使电子加速的小电流高压电源，另一是电子束聚集和成像的大电流低压磁透镜电源。电源必须满足这样的条件，即在照相曝光时间内，最大透射电流和高压波动引起的分辨率下降要小于物镜的极限分辨本领。通常对分辨率为 2～3 Å 的透射电镜要求电流稳定度为 1×10^{-6} min^{-1}，加速电压的稳定度为 2×10^{-6} min^{-1}。

透射电镜的电子学系统可分为以下六个组成部分：

(1) 安全系统；

(2) 总调压变压器；

(3) 真空电源系统；

(4) 透射电源系统；

(5) 高压电源系统；

(6) 辅助电源系统。

透射电镜由于分辨本领高达 2 Å，很微小的振动都会影响高倍数图像的观察和记录，解决的办法是在透射电镜下做一个防震的地基，使电镜做到无振动(vibration-free)。

另外，透射电镜是一个电子光学系统，电磁场的干扰会影响电流的正常使用，解决的方法是在透射电镜外做一个电磁屏蔽系统(如在电镜外专门做一个电磁屏蔽框架，或将电镜放在铁的屏蔽房里，或在电镜室的墙上布上屏蔽网)。

2.9　电子显微镜的合轴调整

为了发挥仪器最佳设计性能，电镜在工作状态时要求精确的合轴(alignment)。原则上要求从电子枪到各透镜，直到荧光屏中心，各光学部件的轴彼此重合，即位于同一轴线上。但因为机械公差达不到这个精确度，因此必须对主要的光学部件进行调节，以最大限度地满足合轴要求。一台合轴不好的透射电镜，不仅操作不便，更重要的是导致像差的增加，降低透射电镜的分辨率，而且照明亮度也不均匀，当任一透镜的电流或电压变化时，都会引起像和照明的扫动。这意味着当我们在聚焦、改变放大率或改变亮度后，都必须重新把像和光斑调回到荧光屏的中心，这给操作带来极大的不便。当电镜在高倍率下工作时，这种情况尤为严重。

引起像扫动的最根本原因是透镜和高压电源不稳造成的。要求这两种电源绝对稳定是不现实的，但可以把它们稳定到仪器设计性能允许的范围内。当良好的合轴条件不满足时，电流和电压的波动所引起的像扫动，将超出获取最佳性能的允许范围。物镜电流的波动引起像的旋转，但在旋转中心像是不动的，称这不动的像点为电流中心。高压的波动将引起放大率以一不动像点为中心的径向变化，此不动像点称为电压中心。在电镜合轴调整时，最重要的调节就是把电流中心和电压中心都调至荧光屏中心，使照明束的轴和物镜的轴很好重合。但是，由于各个透镜在制造时很难消除的不对称性，还有杂散磁场对物镜的影响，使电流中心和电压中心不重合，一般相差数微米，也就是说，不可能达到完全合轴。操作者可通过合轴调整，使这两个中心接近完全合轴。

当电镜达到完全合轴时，应满足以下条件：

(1) 在任何一个成像透镜电流改变时，像将围绕屏中心旋转。

(2) 当高压改变时，像的中心将保持不变。

(3) 在放大倍数改变时，像将离开或向着屏的中心均匀地扩展或收缩。

(4) 当散焦照明光斑时，像将在屏中心的周围均匀地扩大，而且在整个屏上是完全均匀照明的。

(5) 当中间镜在焦时，衍射点将在荧光屏的中心。

(6) 利用屏中心处菲涅尔衍射条纹测得的分辨率与仪器出厂时给出的指标相同或更好。

合轴的调整是从电镜上部的单元调起，一级一级地向下部单元进行调整。但在进行这些调整前，必须将物镜的励磁电流调到规定的电流值(称为聚焦电流)并将试样放置在 Z 方向规定的位置上。当透镜偏离光轴很大时，一次将某个透镜调得很好是困难的，只能按照顺序，反复调整几次，这样，将会越调越好，直至所有透镜全部合轴。

合轴可依一定的步骤做，具体步骤取决于电镜镜体的结构。一般来说，合轴的步骤为：

(1) 照明系统的合轴与消像散

① 电子枪的调整；

② 聚光镜的合轴调整；

③ 聚光镜消像散。

(2) 成像系统的合轴与消像散

① 物镜的电压中心的调整；

② 物镜消像散；

③ 中间镜消像散；

④ 投影镜合轴调整。

现代电镜有计算机系统帮助电镜操作者进行合轴调整。

2.9.1 照明系统的合轴与消像散

照明系统的合轴是指电子枪和聚光镜要准确合轴，以便获得最大的照明亮度。要求电子枪发射的中心电子束与聚光镜的轴不但要平行而且要重合。若两者没有准确合轴，近轴物点的照明强度反而变弱，且不均匀。当改变聚光镜励磁电流时，电子束光斑会作螺旋式扫动，从一处移动到另一处，甚至跑出荧光屏。这时需要水平移动电子枪，使电子束的中心与聚光镜的轴重合，获得最大亮度的光斑。此时改变聚光镜的电流，光斑只会在荧光屏中间扩展或收缩，不再随聚光镜励磁的改变而扫动。

1. 电子枪的调整

下面仅介绍热电子发射型电子枪的调整。

(1) 偏压和灯丝加热温度的调整方法

一般来说，如果提高偏压，则发射电流增加。为了达到灯丝电流的饱和点，必须提高灯丝的加热温度。如果提高灯丝的加热温度，发射电流增加，电子束的能量分布范围就变宽，灯丝的寿命变短。通常对于 LaB_6 灯丝，使用的发射电流约为 15 μA 左右。实际调整时，是将灯丝的加热电流设定在标准值，用荧光屏显现出的灯丝花样来判断灯丝是否处于饱和状态。再对灯丝的温度稍作一些调整，使之饱和(即继续增大灯丝的加热电流时，束流不再增加)。然后，再调整偏压，使发射电流达到 15 μA 左右(这个偏压值依赖于灯丝安装的机械位置)。如果调整完了，可将灯丝加热电流调整旋钮锁死，这样，通常使用的位置就固定了。

(2) 电子枪的合轴调整

在未装入样品的状态下，将入射电子束会聚(这一状态可以从荧光屏上看到)。然后，使灯丝处于未饱和(比灯丝加热温度稍低的)状态，观察灯丝像。调整电子枪灯丝的倾斜(X,Y)旋钮，使灯丝像呈中心对称状态。当像是中心对称时，灯丝像最亮，这就是正常的灯丝状态。图 2-23 给出 LaB_6

图 2-23 LaB_6 灯丝未饱和状态的灯丝像

灯丝未达到饱和状态时的典型的灯丝像。当灯丝已经变形时，可能会在灯丝像非对称的状态下才能达到最亮状态。这时，只能在对称性和亮度方面取一个折中状态。如果灯丝的变形很大时，就应当更换新的灯丝了。调整完了以后，用灯丝加热旋钮调整到饱和状态。对热阴极发射型电子枪的情况，合上阳极颤动器的开关，用电子枪灯丝倾斜调整旋钮（X,Y）调整到使电子束中心不动。

2. 聚光镜的合轴调整

将束斑控制旋钮置于大斑点位置（使第一聚光镜处于弱励磁状态），用聚光镜对中的平移（X,Y）旋钮将电子束中心调整到荧光屏中心。然后，将束斑控制旋钮置于小斑点位置（使第一聚光镜处于强励磁状态），用聚光镜对中的平移（X,Y）旋钮将电子束中心调整到荧光屏中心。反复进行几次上述操作，直到变换束斑尺寸时，电子束中心都不从荧光屏中心移开。

3. 聚光镜消像散

用亮度调整旋钮（第2，第3聚光镜的聚焦）将电子束聚焦在荧光屏上。用聚光镜消像散器（X,Y）旋钮来消像散，使会聚的束斑变得很圆。这时，用亮度调整旋钮将电子束斑稍稍调到过聚焦一侧和欠聚焦一侧，就可以很容易判断像散的情况。如果聚焦情况变化时，会聚的电子束还保持很圆，那么，就说明它没有像散。如果束斑变成在 X 或 Y 方向上拉长的椭圆，就说明还残留有像散（参见图2-24）。当更换光阑和束斑尺寸时，聚光镜的像散都会变化，所以，每一次都必须确认其像散的情况。

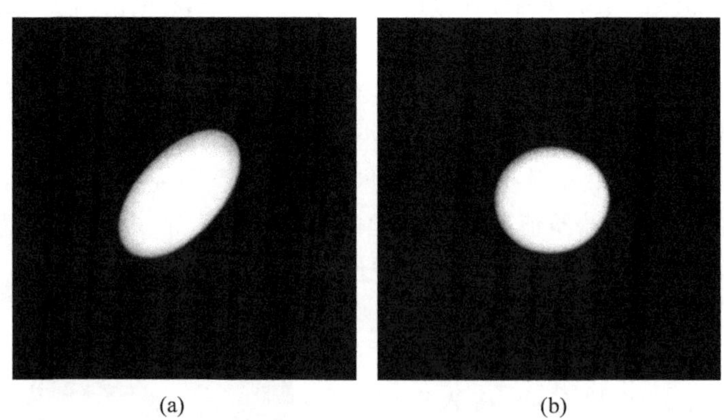

(a)　　(b)

图 2-24　聚光镜消像散调整

(a) 有像散时电子束斑的形状；(b)无像散时电子束斑的形状

在整个镜体良好合轴前，照明系统的合轴只是初步的，因为在成像系统合轴时还要平移和倾动照明系统，当照明系统与成像系统合轴后，还要再一次检查照明系统的合轴状态。

2.9.2　成像系统的合轴与消像散

成像系统的合轴的目标是调整各透镜，使它们各自的轴最大限度地与从灯丝到荧光屏中心的共同轴线重合，以获得旁轴电子束照明和物镜近轴场区高质量电子像。在一般情况下，镜体各透镜间的平行度是好的，因此用平移就可使中间镜和投影镜的轴与荧光屏中心重合，因为这时才有可能得到像的最小扫动。无论是物镜电流波动引起的像旋转，或是由于高压不稳引起的像放大率径向变化，都与离开物镜轴的距离成比例，即离物镜轴越远的像点扫动越大，只有在物镜轴上的像点才是不动的。

1. 物镜的电压中心的调整

使用高压颤动器(high voltage wobbler)进行物镜电压中心的调整。将试样放入电子显微镜中，再观察电子显微镜的状态，合上高压颤动器开关，由于高压变动，电子显微像会扩大和收缩。它扩大和收缩的中心就是电压中心。用照明系统两级偏转的倾斜旋钮(聚光镜对中倾斜(X,Y)旋钮)倾斜电子束，使这个中心与观察屏的中心一致(图 2-25)。在进行这种操作时，要将物镜光阑拉出光轴外，电压中心调整完毕以后，再将物镜光阑插入。在进行电压中心调整时，如果利用微栅三叉节点的像(图 2-26)，调整起来就比较容易。在高压颤动器开关合上的情况下，用两级偏转倾斜旋钮调整到使像不移动，而只是在箭头所示方向上伸缩，这时照明电子束基本上与成像系统合轴。当束斑尺寸和放大倍率改变时，电压中心都可能变化，所以，改变这些条件时，每次都必须确认电压中心的状况。

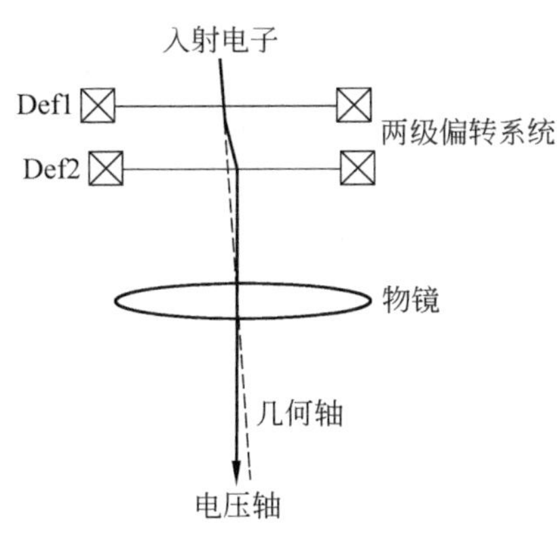

图 2-25　电压中心合轴调整原理的示意图

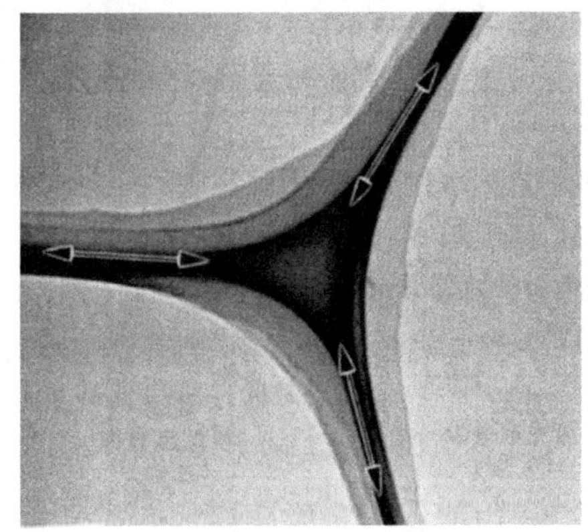

图 2-26　用于电压中心合轴调整的微栅的三叉接点

还利用物镜颤动器使物镜励磁电流变化来进行物镜的合轴调整(称为电流中心的合轴调整)。但是，在最近出品的透射电子显微镜中，物镜的励磁电流变化很小，电子波长变化的主要原因是试样中的非弹性散射。因此，现在一般都采用电压中心的调整方法来进行物镜的合轴调整。

2. 物镜消像散

更换物镜光阑和放大倍率变化较大时，像散都会变化，因此，每次改变都要确认像散的状况。进行物镜的像散调整，需要插入物镜光阑。

(1) 中、低倍下消像散

在低于10万倍的倍率下消像散时，利用试样中圆形或方形的孔(碳的微栅孔最合适)作为观察目标。首先，在正焦点位置调整物镜消像散器(X,Y)旋钮，使孔边缘的干涉衬度都一样。然后，将它调到欠焦，确认孔边缘的干涉衬度一样。再在正焦点确认和调整。并且，也要在过焦点确认和调整。反复进行几次这样的操作，直到条纹的衬度在所有方向都一样。

(2) 高倍率下消像散

在高于20万倍的倍率下消像散时，可以利用试样中的非晶物质部分或在试样边缘部分看到的污染造成的非晶薄层(碳蒸发层最合适)作为观察目标物(图2-27)。首先在欠焦条件下，调物镜消像散器使非晶物质的相位衬度的颗粒状像没有方向性；在过焦条件下调物镜消像散器使非晶物质的相位衬度的颗粒状像没有方向性，如图2-27所示。反复上述操作，直至在欠焦和过焦条件下非晶物质的相位衬度的颗粒状像均没有方向性且使像的衬度最小发生在非常严格确定的物镜电流位置上。这一位置可作为图像正焦的物镜位置。

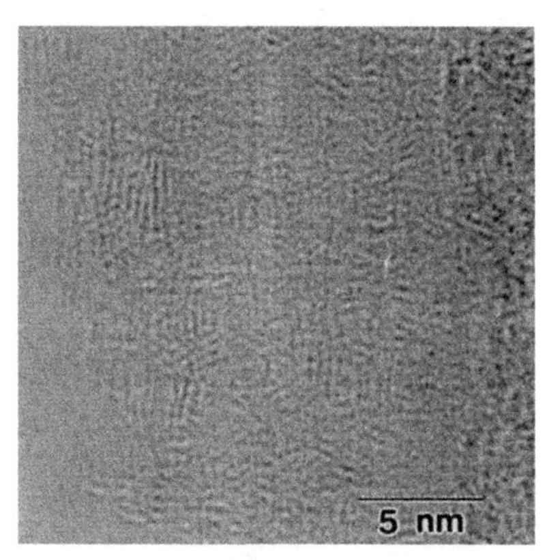

图2-27 物镜有像散时非晶质的衬度

此外，还可利用配置于电镜上的慢扫描CCD相机对物镜像散进行调整，即在CCD相机浏览模式下采集试样边缘污染造成的非晶薄层或微栅等含碳蒸发层样品的碳非晶层边缘的相位衬度像，获得其傅里叶变换图，调整物镜像散和聚焦钮使傅里叶变换图成为圆形对称。

调像散的具体步骤可参见书末的实验二。

3. 中间镜的像散调整

在观察试样的状态时插入选区光阑，再从光路拉出物镜光阑，并转到衍射模式，在荧光屏上就出现电子衍射花样。用中间镜聚焦旋钮使电子衍射花样聚焦。然后，调整中间镜消像散器(X,Y)使中心束斑的形状变得很圆。此时，将电子衍射花样的聚焦稍微调到过聚焦和欠聚焦一侧时，就可以很容易看出像散的情况。

4. 投影镜的合轴调整

使电子衍射花样投影在荧光屏上，调整投影镜对中(X,Y)旋钮，使电子衍射花样的中心束斑在荧光屏中心。如果投影镜的轴偏离中心，对像质的影响不大，对中的目的只是使投影像在荧光屏中心。这种调整还是具有应用价值的，例如，在使用离轴型 TV 摄像机时，可用来调整视场的位置。

2.9.3　物镜聚焦的调整

1. 中、低倍率下的聚焦

在电子显微镜观察时，试样应处于正焦位置。这样，就必须使试样位置和物镜的励磁调到正焦条件。因此，使用像颤动器(image wobbler)来判断像是否处于正焦是进行正确的电子显微镜观察的重要操作。

将试样装入电子显微镜中，转到像观察模式，合上像颤动器开关，像就变成颤动的样子。预先将物镜的励磁电流调到正焦电流的值(聚焦电流是仪器固有的值，在仪器验收时会告诉用户)，如果像有颤动，就说明试样偏离正焦位置。这时，可调整试样在 Z 方向的位置，使电子显微像的颤动停止。反过来，也可以预先将试样的位置调到正焦点位置，如果还能看见像在颤动，说明物镜还没有处于正焦点状态。这时，可以使用物镜聚焦旋钮进行聚焦，直到看不见像的颤动为止。只从像的颤动还不能够判断是欠焦还是过焦，所以，只有改变聚焦或使试样在 Z 方向移动来寻找正焦点的位置。

2. 高倍率下的聚焦

在高于 20 万倍的倍率下观察电子显微像，注意观察试样边缘像的衬度，即菲涅耳条纹。在过焦时，在试样边缘能看到暗的菲涅耳条纹，而在欠焦时，能看到亮的菲涅耳条纹。正焦时，在试样边缘看不见这些条纹，而且，对于很薄的非晶膜，像的衬度变得最弱(图 2-28)。在高分辨电子显微像观察时，采用从正焦稍稍欠一点

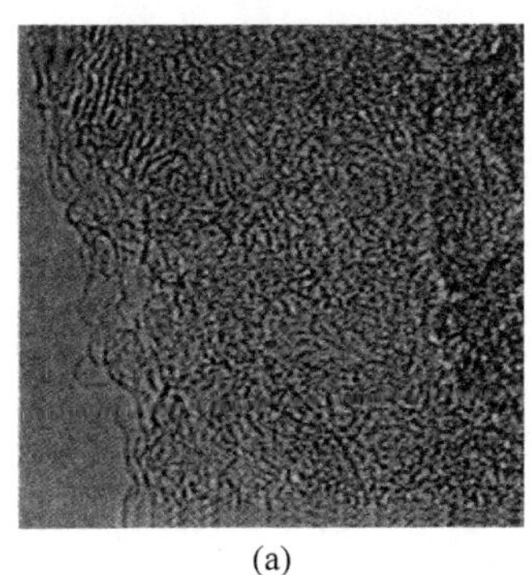

(a)

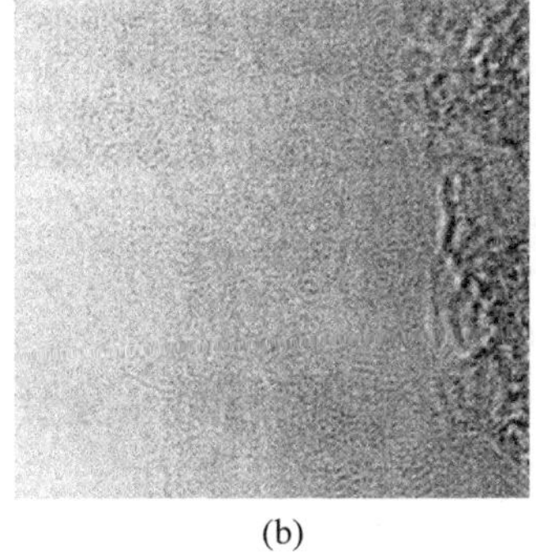

(b)

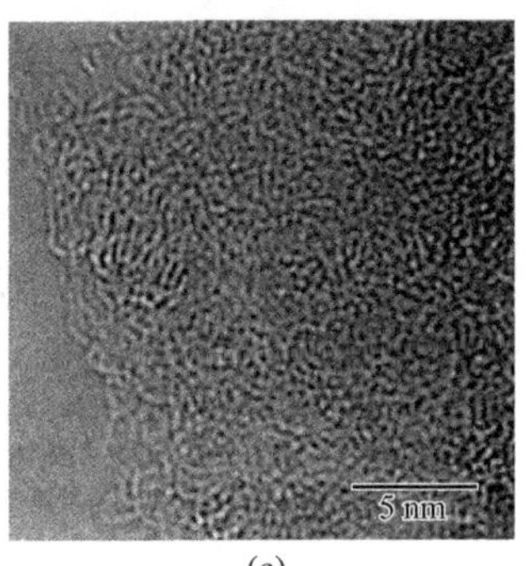

(c)

图 2-28　非晶膜的衬度

(a) 欠焦；(b) 正焦；(c) 过焦

点的聚焦是最合适的，通常，称这种聚焦的方法叫 Scherzer 聚焦。

2.10 透射电镜的样品制备

光学显微镜是利用试样表面对光的反射能力的差异而产生衬度的，所以我们能观察金相组织。透射电镜(TEM)是利用样品对入射电子的散射能力的差异而形成衬度的，这要求制备出对电子束“透明”的样品，并要求保持高的分辨率和不失真。

电子束穿透固体样品的能力主要取决于加速电压、样品的厚度以及物质的原子序数。一般来说，加速电压愈高，原子序数越低，电子束可穿透的样品厚度就愈大。对于 100～200 kV 的透射电镜，要求样品的厚度为 50～100 nm；对高分辨透射电镜，样品厚度要求约 150 Å。总之，试样越薄，薄区范围越大，对电镜观察越有利。

通常透射电镜样品可按材料的形状分为以下四种：

(1) 粉末(powder)样品。它主要用于粉末状材料的形貌观察、颗粒度测定以及结构分析等。

(2) 薄膜(thin foil)样品。这类样品是把块状材料加工成对电子束透明的薄膜状，它可用作静态观察，如金相组织、析出相形态、分布、结构及与基体取向关系、位错类型、分布、密度等。也可作动态原位观察，如相变、形变、位错运动及其相互作用。

(3) 金属试样的表面复型(replication) 样品。即把准备观察的试样的表面形貌用适宜的非晶物质复制下来的试样。适用于金相组织、断口形貌、形变条纹、磨损表面、第二相形态及分布、萃取和结构分析等。这种样品也是一种薄膜样品，但制备的方法有所不同。

(4) 界面(cross section)样品。它主要用于对材料的表面与界面进行观察，这种样品也是一种薄膜样品，但制备的方法有所不同。

透射电镜样品制备是一项较复杂的技术，它对能否得到好的透射电镜像或衍射谱至关重要，不同种类的透射电镜样品采用不同的制备手段。

2.10.1 粉末样品的制备

将试样放在玛瑙研钵中研碎，然后将研碎的粉末放入与试样不发生反应的有机溶剂(例如丙酮、丁酮等)中，用超声波(也可以用玻璃棒搅拌)将其分散成悬浮液，以免粉末颗粒团聚在一起，造成厚度增加。将碳增强的直径为 3 mm 的支持网(grid，也称为铜网，有些支持网上还有一层碳支持膜，见图 2-29)放在通常的滤纸上，将该悬浮液滴在支持网上，使试样附着在上面。如果试样是足够细的粉末，就不用粉碎，直接将其放入有机溶剂中分散，然后滴在支持网上即可。图 2-30 是在有机溶剂中搅拌，滴在支持网上的氧化铁粒子的例子。注意，在电镜分析时，要考虑到作为支持膜上的碳所造成的背底。

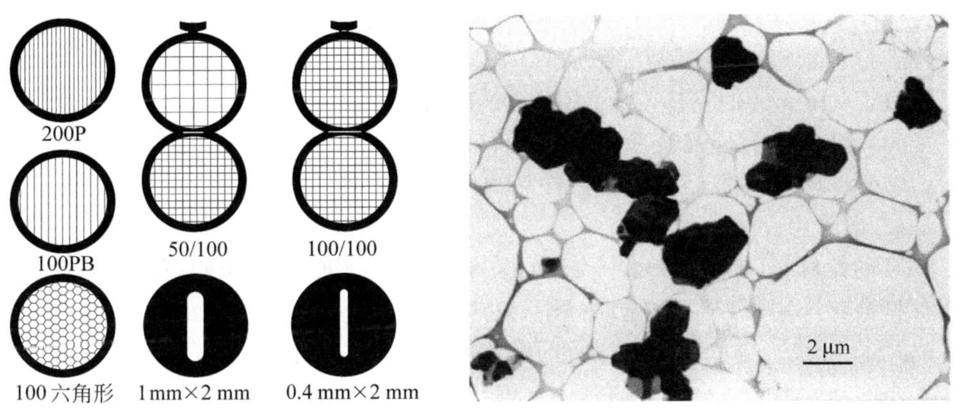

图 2-29　各种支持网(grid)的形状　　图 2-30　在碳支持膜上分散的氧化铁粒子

有些粉末(或纤维)样品本身直径比较大，即使用超声分散将它分散成单个的粉末或单根纤维，电子束也很难穿透它们，这就需要对单个粉末或单根纤维进行减薄。这时就需要采用类似块状样品的制备方法对其进行减薄。一般是将粉末或纤维与环氧树脂混合，放入直径 3 mm 的铜管，使其凝固。用金刚石锯将铜管和其中的填充物切片(图 2-31)，然后用凹坑减薄仪做预减薄，最后用离子减薄的方法做终减薄。这样做出来的薄区总能切割到某些粉末颗粒或纤维，使这些部分对电子束透明，我们就能观察粉末或纤维样品了。

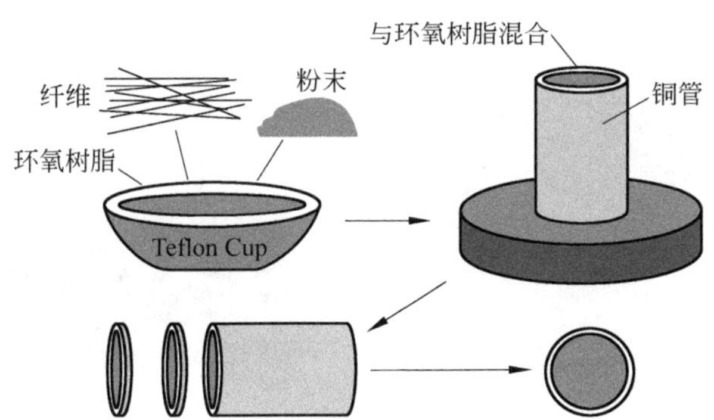

图 2 31　粉末和纤维试样制样的另一种方法

2.10.2　薄膜样品的制备

薄膜样品的制备是要把样品制备成直径小于等于 3 mm 的对电子束透明的薄片(thin foil)。通常，薄膜样品的制备涉及以下四道工序：

(1) 切薄片 将样品切成厚度为 100～200 μm 的薄片。

(2) 切 φ3 mm 圆片 若是样品的刚度足够好,可将样品做成自支持样品。这要求将样品切成直径为 3 mm 的圆片。若样品是脆性的,可以直接将工序(1)完成的薄片进行预减薄,等预减薄完成后再用刀片将样品切刻成小于 3 mm 的小片,将其粘在直径为 3 mm 的支持网上,再进行终减薄。

(3) 预减薄 将样品减薄至几到几十微米厚。

(4) 终减薄 将样品减薄直至样品为电子束透明。

1. 切薄片

对韧性材料(如金属)可用线切割技术或用圆盘锯(不是金刚石圆盘锯,因为韧性材料会将金刚石刀片弄钝)将样品切割成厚度小于 200 μm 的薄片;对脆性材料(如 Si, GaA_3, NaCl, MgO)可用刀将其解理或用金刚石圆盘锯(diamond wafering saw,图 2-32)将其切割成厚度小于 200 μm 的薄片。

2. 切 φ3 mm 圆片

对韧性较好且机械损伤对材料的电镜观察影响不大的材料,可用机械切片机(mechanical punch,图 2-33)将 φ3 mm 薄圆片从材料上切下来。一个设计得很好的机械切片机只会在切下的小圆片的圆周上引起很小的损伤,但对某些材料机械切片机的冲击可造成剪切变形。

图 2-32 金刚石圆盘锯

图 2-33 机械切片机

对脆性材料,可以用超声钻(ultrasonic drilling, 图 2-34),超声钻的钻头是内径为 3 mm 的空心钻头,它可将材料切成 φ3 mm 的薄圆片。

3. 预减薄

预减薄可以采用手工/机械研磨或用凹坑减薄仪减薄。用手工/机械研磨,先将经工序(1)和(2)加工后的薄片用胶水粘在玻璃片上，然后用各种不同细度的砂纸，由粗到细，将样品磨到几十微米(很难手工磨到小于 20 μm)的厚度。或可借助于一种称为“三脚抛光器”(tripod polisher，图 2-35)的装置，采用很细的金刚砂纸，可以将样品磨到 1 μm 的厚度，但金刚砂纸很贵。注意砂纸造成的摩擦痕迹大约是砂纸细度的 3 倍，1 μm 细的砂纸会造成 3 μm 大小的摩擦痕迹。

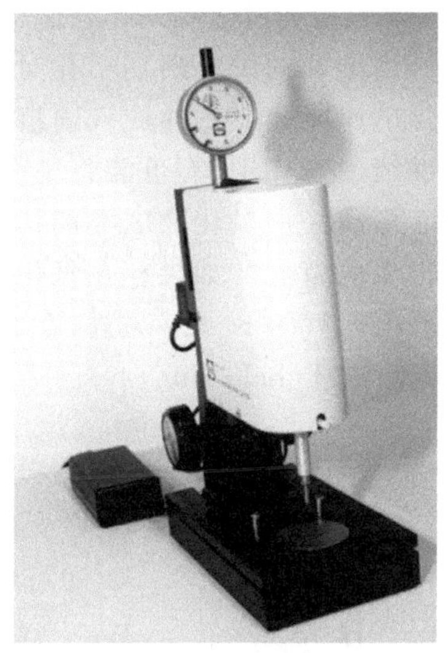

图 2-34　超声钻

图 2-35　三脚抛光器

也可使用凹坑减薄仪(dimpler，图 2-36)进行预减薄，凹坑减薄仪的刀片装在水平转动轴上，可随水平轴高速转动，样品装在水平放置的样品台上，样品台可带着样品沿垂直轴转动，刀片和样品的相对运动，可将薄圆片样品加工出一个碗形的凹坑，在碗的底部样品最薄，可达到 10 μm 厚度，进行终减薄时，只对样品最薄处进行，这样可节约时间与金钱。而凹坑的其余部分较厚，这保证了样品不易碎。

(a)

(b)

图 2-36　凹坑减薄仪(dimpler)

(a) 外形；(b) 减薄刀片和样品台

4. 终减薄

(1) 电解抛光减薄

这种方法主要用于金属和合金的薄膜试样的减薄。把预减薄好的薄片作为阳极,用白金或不锈钢作为阴极,加直流电压进行电解减薄。目前,广泛采用的电解抛光减薄方法是双喷电解减薄方法(图 2-37)。在这种方法中,要减薄的试样常常需要制成厚 0.1～0.2 mm、直径为 3 mm 的圆片,电解液通过喷嘴向作为阳极的试样中心部分的两侧喷射,电解液使试样电解减薄,当圆片的中心出现小孔时,光电控制元件会动作,停止电解减薄。试样穿孔后,要迅速将薄膜试样放入酒精(根据情况也可以放入水中)中漂洗干净,否则电解液继续发生作用,有可能将整个试样的薄区都弄没了。另外漂洗不干净会在试样表面形成一层氧化物之类的污染层,这些表面污染层可以在电子能量损失谱上造成很大的背底。如果存在氧化层,在电子能量损失谱上能探测到氧的 K 边,在能谱上出现氧的 K_α 线。另外,在电子衍射花样上可以看到多晶产生的德拜环和非晶产生的晕环(halo ring)。

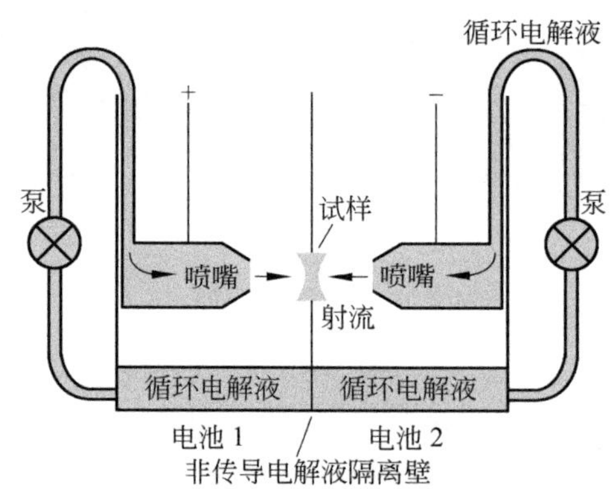

图 2-37 双喷电解抛光装置示意图

带正电的试样放在位于两喷射束之间的聚四氟乙烯夹头上,用一根细管(未显示)检测是否穿孔,穿孔后即终止抛光。

电解抛光减薄法使用的电解液随试样种类而异,电解温度和所加电压也必须恰当,各类试样的电解减薄液和减薄条件已列于参考文献[46]。

电解抛光减薄的优点是减薄速度快(几分钟到一小时),没有机械损伤,但可能会改变试样表面的电子状态,另外使用的化学剂可能对身体有害。

(2) 离子减薄

离子减薄的原理是利用加速的离子轰击试样表面,使表面原子飞出(溅射出)。在离子减薄方法中,通常使用氩离子,入射到试样表面的角度为 10°～20°,加速电压为几千伏。离子减薄仪(图 2-38)有两个离子枪,通常两个离子枪一起用,但若要做研究表面的试样,只用一个离子枪,对不需要保留的部分进行轰击,而保留要观察的表面。可以利用激光控制系统在试样刚穿孔时，停止离子减薄仪，这样可以使试样的减薄自动地、长时间地运转。应当注意，长时间地进行离子减薄，由于试样中不同成分和不同取向的溅射速率不同，试样表面的成分可能发生变化。另外，离子辐照损伤也可能使试样表面非晶化。为了抑止试样表面成分变化和非晶化，需要采用合适的减薄条件（电压和角度），如使用较低的电压（但这会使减薄时间变长）、降低入射角（当使用金属环来补强试样时，减小入射角可能会在试样表面形成一层蒸涂层）。离子减薄时可使试样的温度上升（可达 200 ℃），采用低温（液氮）试样台可有效地降低试样温度，冷却试样对不耐高温的材料是非常重要的，否则材料会发生相变，冷却试样还可以减少污染和表面损伤。

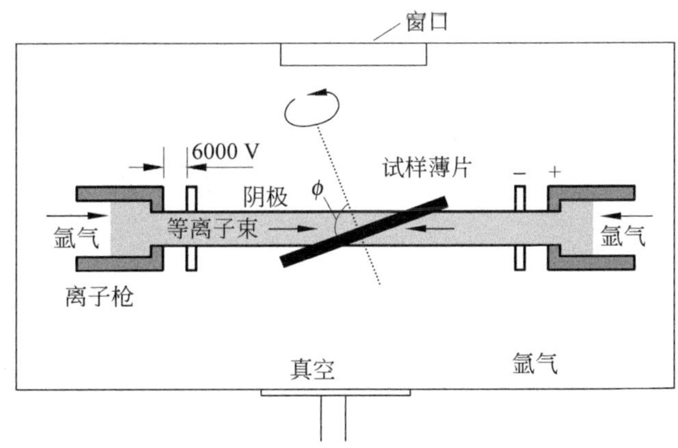

图 2-38　离子束减薄仪示意图

离子减薄是一种普适的减薄方法，可用于陶瓷、复合物、半导体、金属和合金、界面试样，甚至纤维和粉末试样也可以离子减薄（把它们用树脂拌和后，装入 ϕ3 mm 铜管，切片后，再离子减薄）。离子减薄方法还可用于除去试样表面的污染层。离子减薄方法的缺点是较费时（几十分钟到几小时），且设备昂贵。

2.10.3　超薄切片法

超薄切片法（ultramicrotomy）可用于生物试样的薄片制备和比较软的无机材料的切割，它可以切出厚度小于 100 nm 的薄膜。在用金刚石刀进行超薄切片前，要进行包埋（固定试样）和用玻璃刀对其整形（使金刚石刀切起来比较容易）。对于固定试样，包埋剂可用丙烯基系列的树脂或环氧系列的树脂。丙烯基系列的树脂容易切薄，且切了以后可用三氯甲烷等除去树脂。在使用丙烯基系列的树脂时，可以用明胶胶囊作为包埋试样的容器。环氧系列的树脂的优点是硬化时间短，耐电子束轰击。整形以后的试样和金刚石刀位置的确定（使切削面与刀刃平行），以及切片后试样在铜网上的固定都需要经验，要切出厚度均匀而且很薄的试样，需要具有熟练的技术。

图 2-39 是超薄切片原理的示意图。固定试样的臂每上下运动一次就自动前进一点，由于前端有金刚石刀，这样就将试样切成薄片了，如图 2-39(a)所示。通常，槽中都装满了水，连续切出的薄片都浮在水面上，可以用小毛笔将切片拾起来，然后放在支持网上供观察用(图 2-39(b))。

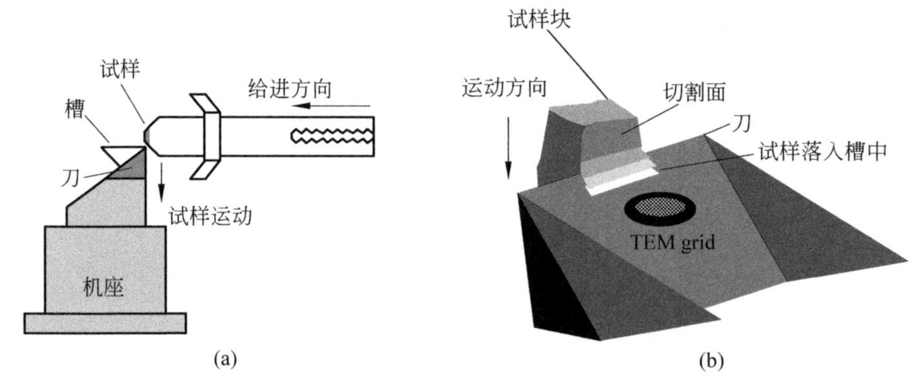

图 2-39 超薄样品切片

(a) 试样的切割；(b) 试样的收集

超薄切片法的优点是试样的化学成分不变，但可能引进形变。

2.10.4 复型

把由于侵蚀面产生的试样表面显微组织浮凸复制到很薄的膜上，然后对这个复制膜(称为复型，replication)进行 TEM 观察与分析。用于制备复型材料本身必须是“无结构”的，即要求复型材料在高倍成像时也不显示其本身的任何结构细节，这样就不致干扰被复制表面形貌的观察和分析。常用的复型材料为：塑料、真空蒸发沉积碳膜（均为非晶体）。

常用的复型有直接复型和萃取复型。

1. 直接复型

图 2-40 显示了直接复型的制作方法。先将丙酮喷在试样表面，压上塑料(通

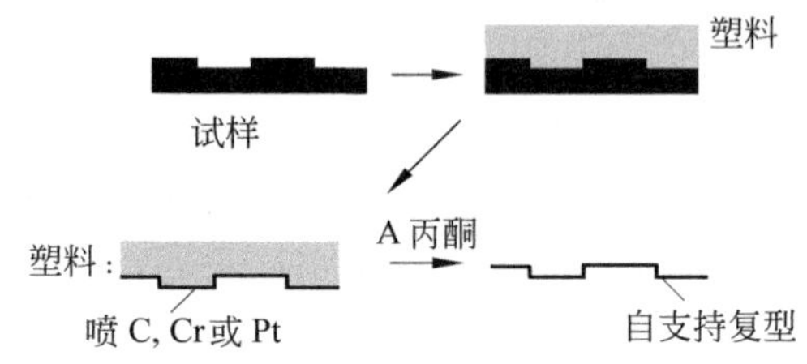

图 2-40 直接复型的制备示意图

常是醋酸纤维素)，丙酮将塑料软化。待塑料硬化后将其从试样表面取下。将 C，Cr 或 Pt 喷到塑料复型的表面，再将复型放入丙酮将塑料部分溶解，喷上的 C，Cr 或 Pt 膜会保留试样的原始表面形貌，最后将喷上的 C，Cr 或 Pt 膜从塑料上分离，就制成了复型。或者，切割复型并用腐蚀方法将复型与金属塑料分离，然后将复型漂浮在蒸馏水中，最后放到 TEM 支持网上进行观察。(详见实验一)

复型试样的质量取决于金相试样侵蚀后得到的浮凸能否准确地反映其显微组织特征，也取决于制作过程中能否真实地把这些浮凸复制下来，这要求金相试样必须制备好。一般电镜复型采用浓度稍低、腐蚀速度稍慢的试剂，腐蚀深度也比正常金相试样浅些。但对萃取复型试样，为了突出第二相，便于制备，要腐蚀得深些。

2. 萃取复型

图 2-41 显示了萃取复型的制备方法。先抛光试样表面，选用合适的侵蚀剂腐蚀试样表面，使第二相粒子从包裹着它的基体中突出来，以便萃取在复型试样上。洗去经腐蚀后试样表面残留的腐蚀产物，然后镀上一层碳，用刀片将含有待观察小粒子的碳膜划成2 mm 见方的小方块，其大小要保证可以放到直径为 3 mm 的支持网上，然后将基体溶解掉，含有待观察小粒子的碳膜小方块会浮在溶剂上，将其用支持网捞起即可。(详见实验一)

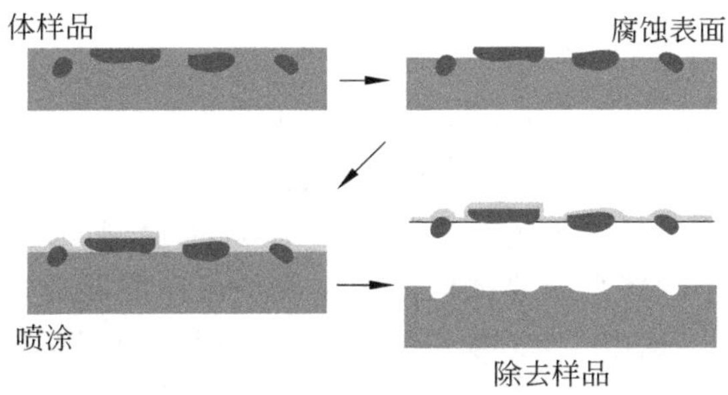

图 2-41　萃取复型的制备示意图

萃取复型法可以把要分析的第二相或夹杂物粒子从粒子所在的基体中提出，这样分析粒子时不会受到基体的干扰，故萃取复型有其独特的优点，仍被继续使用。除萃取复型外，其余复型只不过是腐蚀试样表面的一个复制品，只能提供有关表面形貌的信息，而不能提供试样内部组成相、晶体结构、微区化学成分等信息，因而复型电子显微分析有很大的局限性，不能充分利用 TEM 高分辨性能，故目前用得不如薄膜样品多。

2.10.5　界面试样的制备

界面试样(cross-section specimen)大量用于半导体器件(多层结构)、薄膜、复合材料、表面等材料的研究中。先从所要研究的材料中切下含有要观察界面的细条，将一个细条与另一个细条的界面那一面"面对面"用胶水粘起来，细条两边用两个阻挡块将粘好的细条夹紧，直至胶水干了。然后将这个"块材"进行预减薄，再将其粘在支持网上用离子减薄仪进行终减薄，在穿孔的"直径部位"可以观察到界面。界面样品制备的示意图见图 2-42。

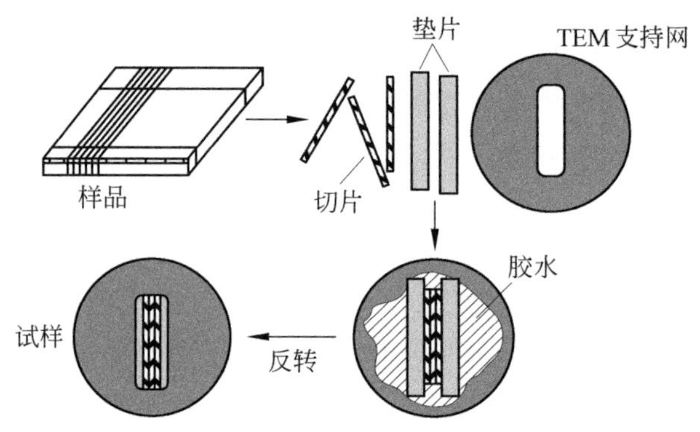

图 2-42　界面样品制备示意图

2.10.6　聚焦离子束方法

聚焦离子束(focused ion beam, FIB)方法原先是用于半导体器件的线路修复，其原理是将离子束会聚在很小的区域，通过溅射作用，将材料高速地加工减薄。通常使用 Ga 离子，在 30 kV 左右的加速电压下，将电流密度约 10 A/cm^2 离子束缩小到几十纳米的微小区域来减薄试样。由于离子束照射能放出二次电子，与扫描电镜一样，通过检测二次电子，能够在试样制备过程中观察试样表面的像。因而，FIB 能高精度地选定电子显微镜要观察的区域来减薄，即能做"选区离子减薄"，这是普通的离子减薄仪做不到的。

图 2-43(a)给出了 FIB 方法中离子束的入射方向和电子显微镜观察时电子束入射方向的几何关系。图 2-43(b)给出了用 FIB 方法得到的 Si 薄膜部分的例子。对于 Si 单晶生长时仅形成低密度缺陷的情况，可用红外干涉等方法确定缺陷的位置，再用 FIB 法减薄，然后，用分析电子显微镜观察缺陷的形态和分析它的成分。FIB 系统的外形见图 2-43(c)。

存在异质界面时，用离子减薄等方法是难以制备出厚度均匀的薄膜试样的，而 FIB 却可以发挥威力，FIB 不仅可以用来制备 TEM 试样，也可制备 SEM 用的界面试样。FIB 的缺点是强离子束可能造成试样损伤，Ga 离子轰击时，Ga 离子也可能会残留在试样中。与其他的减薄装置比较，FIB 装置的价格是相当昂贵的。

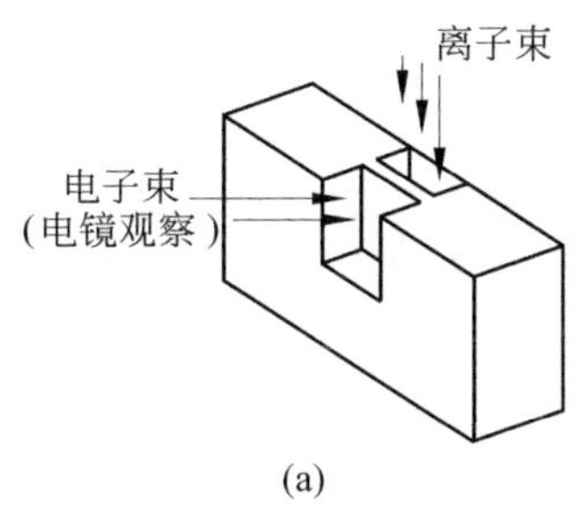

(a)

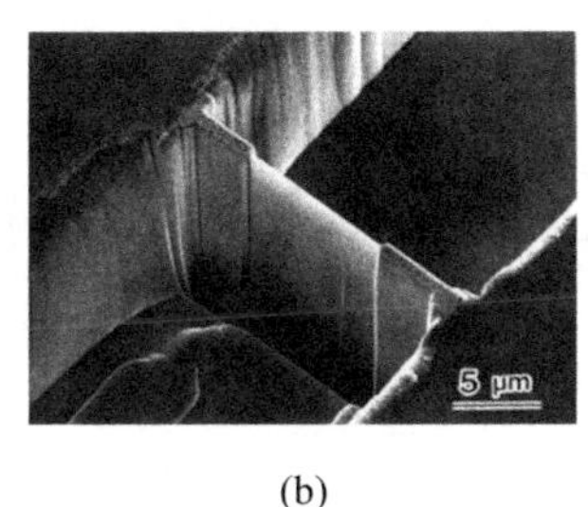

(b)

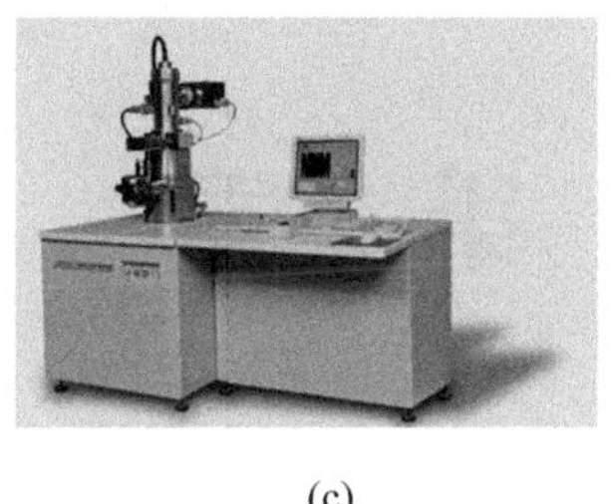
(c)

图　2-43

(a) 用 FIB 方法时离子束的入射方向与用 TEM 观察时电子束的入射方向的示意图；(b) 用 FIB 方法得到的 Si 的薄膜的二次电子像；(c) 日本电子生产的 FIB 系统 JEM-9310

2.10.7　真空蒸涂方法

真空蒸涂方法可用于制备具有均匀厚度的金属和合金之类的试样。通常，将试样放入由钨制作的线圈或篮子中，通以电流，由于电阻加热，使试样熔化蒸发（或者升华），沉积在基体上。为了防止制备的薄膜表面产生污染，蒸发时的真空度要尽可能高，通常是 $10^{-3} \sim 10^{-4}$ Pa。可以用铜网支持的火棉胶膜、解理的岩盐等作为基体。岩盐能溶于水。然后，再用铜网捞起蒸发膜，供电子显微观察使用。岩盐具有特定的取向，能有效地用于单晶蒸涂膜的制备。测定薄膜的正确厚度时，可以用石英振荡薄膜测厚仪。真空蒸涂方法可以制备测量薄膜厚度时的标准试样。

2.10.8　试样的保存和观察时的注意事项

1. 试样的保存

因为试样制备好后，试样有可能与空气中的物质作用（如氧化，与空气中的水分作用）形成污染层，最好是做好试样就马上进行电镜观察，但这实际上有一定的困难。故通常做好试样后，要将试样妥善保存，保存的要点是防潮，防氧化，通常把试样放在可抽真空的样品柜/样品瓶内。在取出试样上电镜观察前，有条件的话，可将试样先用专用的 TEM 试样清洗设备（Plasma Cleaner）将试样清洗一下，或用离子减薄仪减薄一到几分钟，去除表面污染层。

2. 防止观察时造成污染

分析微小析出物和界面时，必然要将电子束会聚到纳米数量级的微小区域，使用纳米级的电子束进行微区分析，这时在电子束周围就形成集中的污染。为了减少试样的污染，必须在电镜的真空度尽可能高的状态下和防污染装置中加入液氮的情况下进行观察。另外，将电子束会聚到薄膜试样的特定区域之前，先用大的聚光镜光阑和大尺寸斑点的强电子束照射包含要观察位置的较大的区域（电子淋浴），这样，可以有效地降低污染。

第3章　电子与物质的相互作用

材料的物理、化学、力学性质与材料的内部显微结构(微观形貌、晶体结构和化学成分)有关,随着材料研究的需要,电子光学仪器正向着综合型、多样化发展(如分析型透射电镜、俄歇电子谱仪等)。这些仪器的发展帮助人们更好地了解电子与物质的相互作用。另一方面,电子光学仪器的完善和发展也是与人们对电子与物质的相互作用的物理过程的充分理解分不开的,只有充分了解电子与物质的相互作用及其产生的各种信息,人们才能了解这些仪器的特点,更好地使用这些仪器及发展新的仪器。

例如,一束定向飞行的电子束打到试样后,电子束穿过薄试样或从试样表面掠射而过,电子的轨迹要发生变化。这轨迹变化决定于电子与物质的相互作用,即决定于组成物质的原子核及其核外电子对电子的作用,其结果将以不同的信号反映出来。图3-1示意地说明入射电子与组成物质的原子相互作用产生的各种信息。使用不同的电子光学仪器将这些信息加以搜集,整理和分析可得出材料的微观形态、结构和成分等信息。这就是电子显微分析技术是研究材料的重要手段的原因。

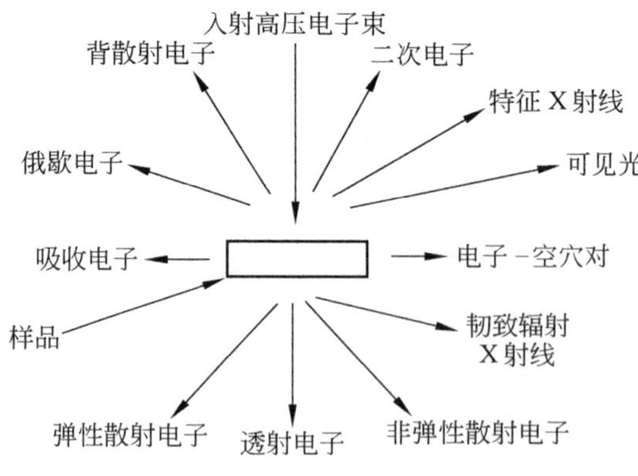

图3-1　电子束穿过薄样品产生的各种信息

电子与物质相互作用涉及面很广,本章只简单介绍在透射电镜、扫描电镜及电子探针等常用的电子显微分析仪器中经常出现的物理过程。

入射电子束与物质试样碰撞时，电子和组成物质的原子核与核外电子发生相互作用，使入射电子的方向和能量改变，有时还发生电子消失、重新发射或产生别种粒子、改变物质性态等现象，这种现象统称为电子的散射。根据散射中能量是否发生变化，可将散射分为弹性散射和非弹性散射两类。如果碰撞后，电子只改变方向而无能量改变，这种散射称为弹性散射，它是电子衍射和电子衍衬像的基础。如果碰撞后，电子的方向与能量都改变了，这种散射称为非弹性散射，电子在非弹性散射中损失的能量被转变为热、光、X 射线、二次电子发射等，电子的非弹性散射是扫描电镜像、能谱分析、电子能量损失谱的基础。

3.1　电子的弹性散射

卢瑟福散射理论是用来解释 α 粒子散射的一种经典理论。该理论把原子核对电子的相互作用与核外电子的相互作用看成两个完全孤立的独立过程，忽略了核外电子对核的屏蔽效应。它可近似地描述电子的弹性散射和非弹性散射过程，能定性地说明问题。

假如我们所研究的客体是一个单原子，它由带正电的原子核和带负电的核外电子组成。我们可用图 3-2 分别描述入射电子与单个原子作用的过程。入射电子受带正电的核吸引而偏转，受核外电子排斥而向反方向偏转。但电子质量与核质量相比是一个小量，在碰撞过程中，可以认为原子核基本固定不动。原子核对运动电子的吸引力服从距离平方反比定律，即核对入射电子的引力为

$$F_n = \frac{-Ze^2}{r^2} \qquad (3\text{-}1)$$

原子核对入射电子的散射主要是弹性散射，电子轨迹为双曲线型(如图 3-2(a)所示)，散射角 θ 取决于入射电子与原子核的距离 r，r 越小，散射角 θ 越大。

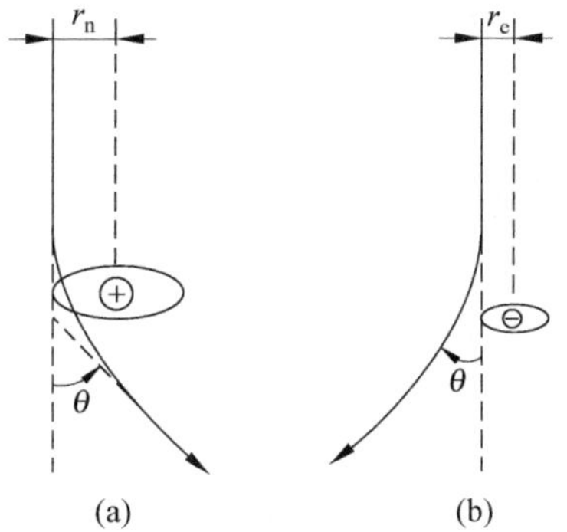

图 3-2　原子引起电子束偏转示意图
(a) 原子核对入射电子的弹性散射；
(b) 核外电子对入射电子的非弹性散射

核外电子对电子的排斥力为

$$F_e = \frac{e^2}{r^2} \qquad (3\text{-}2)$$

核外电子对入射电子的散射主要是非弹性散射。比较式(3-1)和式(3-2)，可知电子在物质中的弹性散射大于非弹性散射 Z 倍，原子序数 Z 越大，弹性散射就越重要，反之，非弹性散射就越重要。

电子受到散射角大于 θ 的散射的几率为

$$\frac{\mathrm{d}N}{N}=\frac{\pi\rho N_A e^2}{A\theta^2}\left(1+\frac{1}{Z}\right)\frac{Z^2}{V^2}t \tag{3-3}$$

式中，ρ 是物质的密度，N_A 是阿伏加德罗常数，A 是原子量，V 是加速电压，Z 是原子序数，θ 是散射角，t 是试样厚度。式(3-3)表明：试样越薄（t 越小），原子越轻（Z 小），加速电压越高（V 大），则电子的散射几率越小，穿透本领越大。

原子对电子的散射远较对 X 射线的强（$10^3\sim10^4$ 倍），故电子在物质内部的穿透深度要比 X 射线弱得多，所以透射电镜样品要求做得薄。

原子核外电子对入射电子的散射主要是非弹性散射，过程较复杂。当为大角度散射时，入射电子可以从试样表面反射出去，这称为背散射。

以上是电子受一个原子的散射，事实上电子受到原子集合体的散射。在弹性散射的情况下，各原子散射的电子波相互干涉，使合成电子波的强度角分辨率受到调制，称为衍射。衍射波振幅作为空间角分布函数就是试样内部电场电势函数的傅里叶变换。在透射电镜里，可以同时观察到这种衍射谱的强度以及经由电子透镜完成的第二次傅里叶变换，即观察到衬度与试样电势分布成比例的高分辨结构像。

电子受到试样的弹性散射是电子衍射谱和电子显微像的物理依据，它可以提供试样晶体结构及原子排列的信息。与 X 射线相比，电子受试样强烈散射这一特点（电子衍射强度比 X 射线衍射高 $10^6\sim10^8$ 倍），使得透射电镜可以在原子尺度上观察结构的细节。

原子核对入射电子不仅产生大角度弹性散射，入射电子还受到原子核的电势场作用而制动，即电子不仅改变方向，速度也将减慢，成为一种非弹性散射。电子损失的能量以连续 X 射线方式辐射，这称为韧致辐射（bremsstrahlung X-ray），韧致辐射产生的连续背景会影响分析的灵敏度和准确度，必须加以扣除和修正。

3.2 电子的非弹性散射

核外电子对入射电子有散射作用，但因电子与电子质量相当，相互碰撞几乎全是非弹性散射，入射电子损失的能量除大部分转变为热能外，还可能产生以下几种机制。

3.2.1 特征 X 射线

如果入射的电子具有足够的能量，射到原子内壳层，例如 K 层，将一个电子打出去（使原子电离），留下一个空穴，这时上层的电子会跳下来填充这个空穴，而产生特征 X 射线（characteristic X-ray）（见图 3-3）。不同原子序数 Z 的元素有不同的电离能(critical ionization energy E_c),原子序数大的元素,有较大的 E_c。特征 X 射线用于透射电镜和扫描电镜中的 X 射线能谱分析(EDS),它可以检测所分析的物质中含什么元素。EDS 可用于检测原子序数 $Z \geqslant 4$ 的元素。

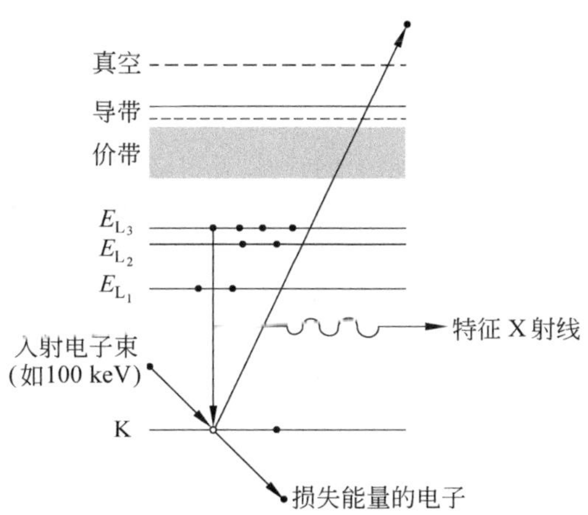

图 3-3　特征 X 射线示意图

3.2.2　二次电子

二次电子(secondary electron)是被入射电子在样品的导带和价带里打出来的电子,只需小的能量($E<50$ eV)就可打出二次电子。二次电子通常不包含与元素有关的信息。如果二次电子在样品表面(5～10 nm),则很容易逸出表面,所以在扫描电镜中二次电子被用来表征样品表面信息。二次电子的数量与电子束和表面的夹角有关,如果表面凹凸不平,就会产生不同的二次电子数量,从而造成反差,这被用来产生扫描电镜的二次电子像。

透射电镜中的扫描透射成像(STEM)模式也可以利用二次电子成二次电子像,STEM 的二次电子像比低电压的扫描电镜像有更高的分辨率。例如:场发射枪的扫描电镜在 30 kV 下,分辨率可优于 1 nm,而不用场发射枪的 STEM,在 100 kV 时分辨率就可优于1 nm,甚至更好。

还有一类二次电子,称为快二次电子(fast secondary electron)。这些快二次电子是从内壳层中激发出来的,它们带有很大一部分入射电子的能量(50～200 keV)。快二次电子对电子显微分析没有好处,它们会产生许多 X 射线,对正常的 X 射线分析带来干扰。人们正开始研究快二次电子,想法减轻它的干扰。

3.2.3　背散射电子

背散射电子(backscattered electron)指被固体样品中原子核"反弹"回来的一

部分入射电子，背散射电子来自样品表层几百纳米的深度范围，由于它的产额随原子序数的增加而增加，所以不仅能用作形貌分析，还可用来显示原子序数衬度，定性地用作成分分析。背散射电子主要用于扫描电镜。

3.2.4 俄歇电子

假如入射电子有足够的能量使内层电子(例如 K 层)激发，若其他内层电子已填满，则电子只能跑出原子外，在原子内产生空穴，这时其他内层电子跳下来填补空穴。这个跳跃释放出的能量被其他内壳层电子吸收，使一个内壳层电子跳出样品外，该电子称为俄歇电子(auger electron)(图 3-4)。俄歇电子的能量与电子所处的壳层有关，故俄歇电子也能给出元素的信息，俄歇电子对轻元素敏感(X 射线对重元素敏感)。俄歇电子的能量为几百电子伏特至几千电子伏特。俄歇电子的平均自由程小于 1 nm，它们只能从很靠近表面的地方逸出，故俄歇电子能给出表面的化学信息，利用俄歇电子做表面分析的仪器称为俄歇电子谱仪(AES)。表面的氧化与污染会妨碍俄歇电子谱的分析，AES 必须在超高真空(UHV)下工作，电镜工作者用得较少，目前已有了 Auger/STEM 系统。

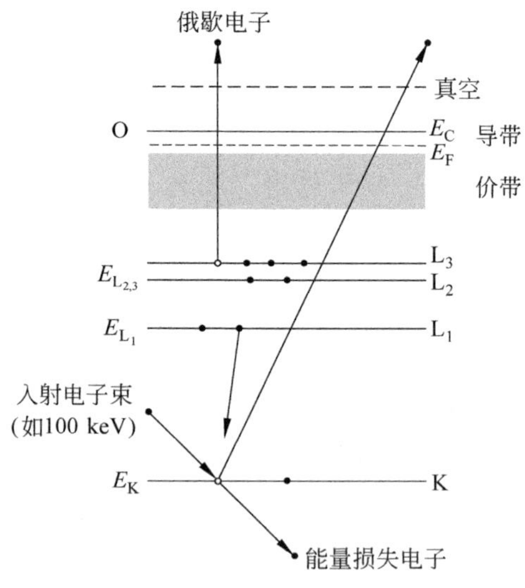

图 3-4 俄歇电子示意图

3.2.5 阴极荧光

阴极荧光(cathodoluminescence)和电子-空穴对是紧密相关的。半导体样品在入射电子照射下，会产生电子-空穴对，当电子跳到空穴位置“复合”时，会发射光子(图 3-5)，这叫做阴极荧光。光子的产生率与半导体的能带有关或与半导体中杂质有关，所以阴极荧光谱(CL)用于半导体与杂质的研究上。阴极荧光谱主要用于扫描电镜，原则上也可用于 STEM。

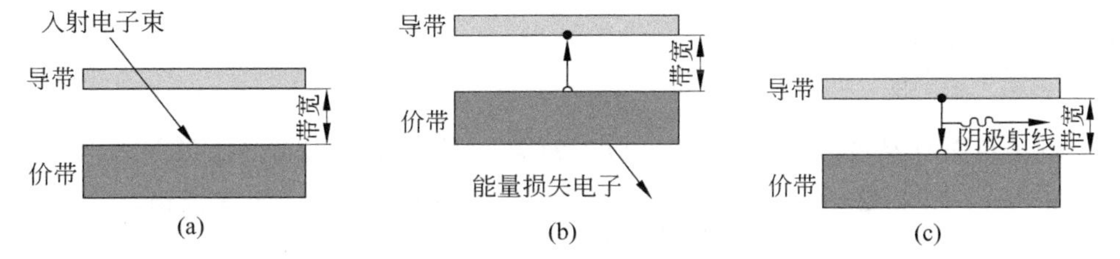

图 3-5　阴极荧光的示意图

(a) 入射电子束与价带电子作用前的初始态；(b) 价带电子被激发到导带，留下一个空穴；(c) 空穴被导带中的电子填充，发射出一个光子，光子的频率由禁带宽度决定

3.2.6　透射电子

透射过试样的电子束携带着试样的成分信息。如把发射的特征 X 射线及俄歇谱看做是电子受试样非弹性散射“弹出去”的能量的一种形式，那么交出这部分能量的入射电子将继续前进成为透射电子，通过对这些透射电子损失的能量进行分析，也可以得出试样中相应区域的元素的组成，得到作为化学环境函数的核心电子能量位移的信息。这就是电子能量损失谱的基础。

电子能量损失谱(EELS)的原理是，由于非弹性散射碰撞使电子损失一部分能量，这一能量等于原子与入射电子碰撞前基态能量与碰撞后激发态能量之差。如果最初电子束的能量是确定的，损失的能量又可准确地测得，就可以得到试样内原子受激能级激发态的精确信息，就元素成分分析而言，EELS 可以分析轻元素($Z \geqslant 1$ 的元素)，补偿 X 射线能谱的不足。

3.2.7　等离子体激发

等离子体激发主要发生在金属中。等离子体激发是金属中自由电子集体振动，当入射电子通过电子云时，这种振动在 10^{-15} s 内就消失了，且该振动局域在纳米范围内。等离子体激发是入射电子引起的，因此入射电子要损失能量，这种能量损失随材料的不同而不同。利用测量特征能量损失谱进行分析，称为能量分析显微术。若选择有特征能量的电子成像，称为能量损失电了显微术。

3.2.8　声子激发

声子是指晶体振动的能量量子，激发声子等于加热样品。声子激发引起入射电子能量损失(小于 0.1 eV)，但声子激发使入射电子散射增大(5～15 mrad)，这会使衍射斑点产生模糊的背景。声子激发与 $Z^{3/2}$ 成正比，声子激发随温度的增加而增加。声子激发对我们的电镜工作没有任何好处,通常采用冷却样品来减小声子激发。

3.3 辐照损伤

电子束与样品的相互作用也可以对样品带来不利的影响,这就是辐照损伤(beam damage)。电子束辐照可以打断某些材料的化学键合,如聚合物,也可以将某些原子从格位碰撞出去。减少辐照损伤的办法是:(1)尽可能用最大的电压,减少散射截面;(2)在没必要时,不要使用高亮度小束斑的电子束;(3)使样品尽可能薄。

第4章　电子衍射

4.1　电子衍射原理

4.1.1　布喇格定律

晶体内部点阵排列的规律性使电子的弹性散射可在一定方向上加强，在其他方向削弱，因而产生电子衍射（electron diffraction）花样。图 4-1 是一束波长为 λ 的平面单色电子波被一族面间距为 d_{hkl} 的 hkl 晶面散射的情况，各晶面散射线干涉加强的条件是

$$2d_{hkl}\sin\theta = n\lambda \tag{4-1}$$

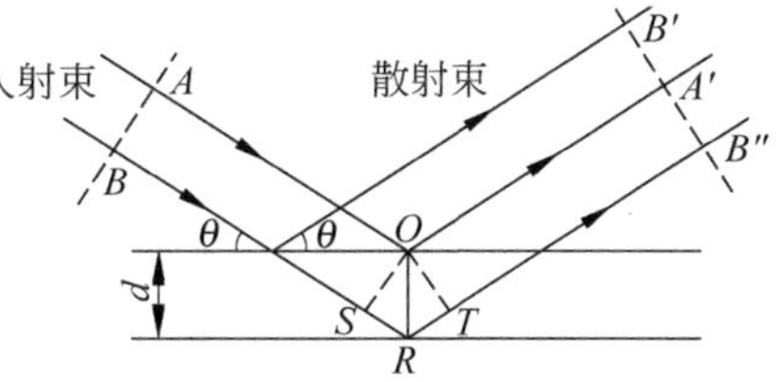

图 4-1　晶体对电子的散射

这就是布喇格定律（Bragg's Law）。式(4-1)中，d_{hkl} 是晶面间距，λ 是入射电子束的波长，$n=0,1,2,3,\cdots$ 称为衍射级数。对于确定的晶面和入射电子波长，n 越大，衍射角越大。

为简单起见，布喇格定律可写成

$$2\left(\frac{d_{hkl}}{n}\right)\sin\theta = \lambda$$

其中 $\frac{d_{hkl}}{n}=d_{nhnknl}$，称为干涉指数。可把任意 hkl 晶面组的 n 级衍射看成是与之平行，但晶面间距比 hkl 晶面组小 n 倍的 $(nh\ nk\ nl)$ 晶面组的一级衍射，这样布喇格定律可改写为常见的形式

$$2d\sin\theta = \lambda \tag{4-2}$$

布喇格定律描述了晶体产生布喇格衍射的几何条件，它是分析电子衍射花样的基础。将式(4-2)改写为

$$\sin\theta = \frac{\lambda}{2d} \leqslant 1$$

得到

$$\lambda \leqslant 2d \tag{4-3}$$

这说明对于给定的晶体样品，只有当入射波长小于等于两倍的晶面间距，才能产生布喇格衍射。高能电子束的波长比 X 射线短得多，故电子束比 X 射线更容易产生布喇格衍射。

下面我们估算一下产生布喇格衍射的衍射角 θ。通常透射电镜的加速电压为 100～200 kV，即电子束的波长为 10^{-3} nm 数量级，而常见的晶体的晶面间距为 10^{-1} nm 数量级，由式(4-2)可得衍射角 $\theta=10^{-2}$ rad$<1°$。这表明能产生布喇格衍射的晶面几乎平行于入射电子束。

4.1.2 倒易点阵与爱瓦尔德(Ewald)作图法

1. 倒易点阵的概念

倒易点阵是与正点阵相对应的量纲为长度倒数的一个三维空间（倒易空间）点阵。设正点阵（正空间）的基矢为 $\boldsymbol{a},\boldsymbol{b},\boldsymbol{c}$，倒易点阵（倒空间）的基矢为 $\boldsymbol{a}^*,\boldsymbol{b}^*,\boldsymbol{c}^*$，则倒易点阵的基矢可由正点阵的基矢来表达：

$$\begin{cases}\boldsymbol{a}^* = \dfrac{\boldsymbol{b}\times\boldsymbol{c}}{\boldsymbol{a}\cdot(\boldsymbol{b}\times\boldsymbol{c})} = \dfrac{\boldsymbol{b}\times\boldsymbol{c}}{V} \\ \boldsymbol{b}^* = \dfrac{\boldsymbol{c}\times\boldsymbol{a}}{\boldsymbol{b}\cdot(\boldsymbol{c}\times\boldsymbol{a})} = \dfrac{\boldsymbol{c}\times\boldsymbol{a}}{V} \\ \boldsymbol{c}^* = \dfrac{\boldsymbol{a}\times\boldsymbol{b}}{\boldsymbol{c}\cdot(\boldsymbol{a}\times\boldsymbol{b})} = \dfrac{\boldsymbol{a}\times\boldsymbol{b}}{V}\end{cases} \tag{4-4}$$

其中

$$V = \boldsymbol{a}\cdot(\boldsymbol{b}\times\boldsymbol{c}) = \boldsymbol{b}\cdot(\boldsymbol{c}\times\boldsymbol{a}) = \boldsymbol{c}\cdot(\boldsymbol{a}\times\boldsymbol{b})$$

倒易点阵的基矢和正点阵的基矢满足以下关系：

$$\begin{cases}\boldsymbol{a}^*\cdot\boldsymbol{a} = \boldsymbol{b}^*\cdot\boldsymbol{b} = \boldsymbol{c}^*\cdot\boldsymbol{c} = 1 \\ \boldsymbol{a}^*\cdot\boldsymbol{b} = \boldsymbol{b}^*\cdot\boldsymbol{c} = \boldsymbol{c}^*\cdot\boldsymbol{a} = 0\end{cases} \tag{4-5}$$

在倒易点阵中，由原点 O^* 指向任一倒易点 hkl 的倒易矢量定义为

$$\boldsymbol{g}_{hkl} = h\boldsymbol{a}^* + k\boldsymbol{b}^* + l\boldsymbol{c}^* \tag{4-6}$$

倒易点阵具有如下性质：

(1) 倒易矢量 $\boldsymbol{g}_{hkl}$ 垂直于正空间点阵的(hkl)晶面，且它的长度等于正点阵中相应晶面间距的倒数，即

$$|\boldsymbol{g}_{hkl}| = \frac{1}{d_{hkl}} \tag{4-7}$$

(2) 倒易点阵中的一个点 hkl 代表正空间点阵中的一组晶面(hkl)。

倒易点阵是衍射波的方向与强度在空间的分布。它的优点在于可用倒空间的一个点或一个矢量来代表正空间的一族晶面，矢量的长度代表晶面间距的倒数，矢量的方向代表晶面的法线。这样，一组正空间的二维晶面就可用一个倒空间的一维矢量或零维的点来表示，正空间的一个晶带所属的晶面可用倒空间的一个平面

表示，使晶体学关系简单化。通过倒易点阵可以把晶体的电子衍射斑点直接解释成相应晶面的衍射结果，也可以说，电子衍射斑点就是与晶体相对应的倒易点阵中某一截面上阵点排列的结果。

2. 布喇格定律图解

将布喇格定律改写为 $\sin\theta=\dfrac{1/d}{2/\lambda}$，这样电子束（$\lambda$）、晶体（$d$）及其取向关系可用一个三角形$\triangle AGO$表示（图 4-2），其中，

$$\overline{OG}=|\boldsymbol{g}_{hkl}|=1/d_{hkl},\quad \overline{AO}=2/\lambda,\quad \angle OAG=\theta$$

以中心点 O_1 为中心，以 $1/\lambda$ 为半径作球，则 A，O，G 都在球面上，这个球称为爱瓦尔德球（Ewald sphere）。

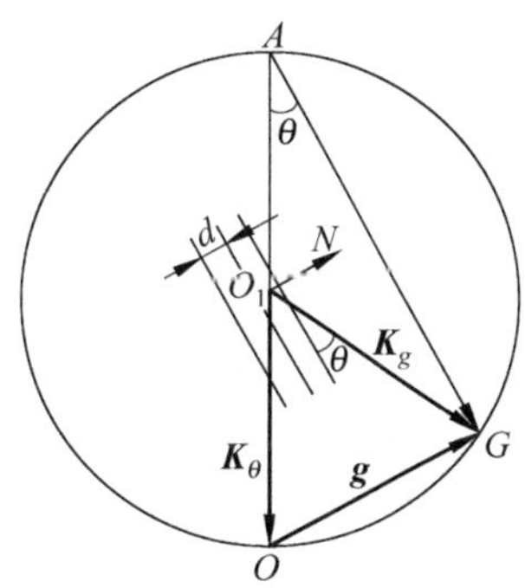

图 4-2　爱瓦尔德作图法

$\overrightarrow{AO}$表示电子入射方向，它照射到位于 O_1 处的晶体上，一部分透射过去，一部分使晶面（hkl）在 O_1G（$\boldsymbol{K}_g$）方向上产生衍射。爱瓦尔德球是布喇格定律的图解，能直观地显示晶体产生衍射的几何关系。

若有倒易点 G（指数为 hkl）正好落在爱瓦尔德球的球面上，则相应的晶面组（hkl）与入射束的方向必须满足布喇格定律，产生的衍射沿着球心 O_1 到倒易点 G 的方向。爱瓦尔德球内的三个矢量 $\boldsymbol{K}_\theta$，$\boldsymbol{K}_g$ 和 $\boldsymbol{g}$ 清楚地描述了入射束、衍射束和衍射晶面之间的相对关系。

布喇格定律是晶体对电子散射产生衍射极大的必要条件，但不是充分条件。只有满足布喇格定律才可能产生衍射；满足布喇格定律不一定产生衍射。例如：面心立方（fcc）晶体的（100）面的一级衍射不存在，这称为系统的消光。是否消光由结构因子 F 决定。

4.1.3　结构因子

布喇格定律只是从几何角度讨论晶体对电子的散射，没有考虑反射面的原子位置，也没有考虑在此反射面的原子密度，故布喇格定律只是晶体对电子散射产生衍射极大的必要条件，充分条件由标志完整单胞对衍射强度的贡献的结构因子决定。设入射波 $\boldsymbol{K}_0$ 经过散射体原子 A 和 O 散射后（图 4-3），得到两个散射波，它们的程差为

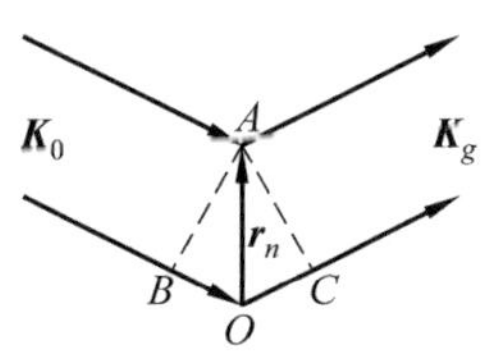

图 4-3　求两散射波的程差示意图

$$\delta_{OA}=\overline{BO}+\overline{OC}=-\boldsymbol{K}_0\cdot\boldsymbol{r}_n+\boldsymbol{K}_g\cdot\boldsymbol{r}_n=(\boldsymbol{K}_g-\boldsymbol{K}_0)\cdot\boldsymbol{r}_n$$

设单胞有 n 个原子，电子束受到单胞散射的合成振幅为

$$F=\sum_{j=1}^{n}f_j\exp 2\pi\mathrm{i}(\boldsymbol{K}_g-\boldsymbol{K}_0)\cdot\boldsymbol{r}_j \tag{4-8}$$

式中 f_j 是晶胞中位于 $\boldsymbol{r}_j$ 的第 j 个原子的原子散射因子(或原子散射振幅)。由于产生布喇格衍射的必要条件是

$$\boldsymbol{K}_g - \boldsymbol{K}_0 = \boldsymbol{g} \tag{4-9}$$

而倒易矢量

$$\boldsymbol{g} = h\boldsymbol{a}^* + k\boldsymbol{b}^* + l\boldsymbol{c}^* \tag{4-10}$$

正空间矢量

$$\boldsymbol{r} = x\boldsymbol{a} + y\boldsymbol{b} + z\boldsymbol{c} \tag{4-11}$$

将式(4-9)~式(4-11)代入式(4-8),得

$$F_{hkl} = \sum_{j=1}^{n} f_j \exp 2\pi i(hx_j + ky_j + lz_j) \tag{4-12}$$

式中,F_{hkl} 称为结构因子,表示晶体的正点阵晶胞内所有原子的散射波在衍射方向上的合成振幅。

因为衍射的强度

$$I \propto |F_{hkl}|^2 \tag{4-13}$$

当 $F_{hkl}=0$ 时,即使满足布喇格定律,也没有衍射产生,因为每个晶胞内原子散射波的合成振幅为零,这称为结构消光(kinematically forbidden reflection)。

下面我们讨论常见的几种晶体结构的结构消光条件。

(1) 面心立方(fcc)晶体的消光

fcc 单胞中有 4 个相同的原子,它们的位置为(0,0,0),(1/2,1/2,0),(1/2,0,1/2),(0,1/2,1/2)。由式(4-12)得结构因子

$$\begin{aligned} F_{hkl} &= f\exp[2\pi i(0)] + f\exp\left(2\pi i\frac{h+k}{2}\right) + f\exp\left(2\pi i\frac{h+l}{2}\right) + f\exp\left(2\pi i\frac{k+l}{2}\right) \\ &= f[1+\exp\pi i(h+k)+\exp\pi i(h+l)+\exp\pi i(k+l)] \end{aligned}$$

当 h,k,l 全为奇数或全为偶数时,$h+k,h+l,k+l$ 全为偶数,所以 $F_{hkl}=f[1+1+1+1]=4f$,即可产生衍射。当 h,k,l 中有两个偶数或两个奇数时,$h+k,h+l,k+l$ 中必有两个为奇数,一个为偶数,故

$$F_{hkl} = f[1-1+1-1] = 0$$

系统消光,即不会产生衍射。

所以 fcc 晶体只有(111),(200),(220),(311),(222),(400),…晶面可产生衍射,而(100),(110),(210),(211),(300),…晶面不产生衍射。

(2) 体心立方(bcc)晶体的消光

bcc 单胞中有两个相同的原子,它们的位置为(0,0,0),(1/2,1/2,1/2),由式(4-12)得结构因子

$$F_{hkl} = f\exp[2\pi i(0)] + f\exp\left(2\pi i\frac{h+k+l}{2}\right) = f[1+\exp\pi i(h+k+l)]$$

当 $h+k+l$ 为偶数时，

$$F_{hkl} = f[1+1] = 2f$$

即可产生衍射。

当 $h+k+l$ 为奇数时，

$$F_{hkl} = f[1-1] = 0$$

系统消光，即不产生衍射。

所以 bcc 晶体只有(110)，(200)，(220)，(222)，(400)，(420)，…晶面可产生衍射，而(100)，(210)，(300)，…晶面不产生衍射。

对已知结构，由式(4-12)可以计算其结构参数及衍射强度；反之，从实验得到的衍射强度也可以推算其晶体结构。当 $F_{hkl}=0$ 时，即使满足布喇格定律也没有衍射产生，因为每一个晶胞内原子合成振幅为零，使衍射强度 $I=0$。由此可见，满足布喇格定律只是产生衍射的必要条件，但不充分，只有满足布喇格定律同时又满足结构因子 $F_{hkl}\neq 0$ 的(hkl)晶面组才能得到衍射束。故产生布喇格衍射的充要条件是

必要条件：满足布喇格定律（决定衍射点的位置）；

充分条件：结构因子 $F_{hkl}\neq 0$（决定衍射点的强度 $I\propto |F_{hkl}|^2$）。

4.1.4　干涉函数

布喇格定律告诉我们，只有当入射电子束与晶面的夹角 θ 正好满足布喇格定律时，才可能产生衍射，偏离这一方向，衍射强度为零。此结论只适用于完整且非常大的晶体。真实晶体大小有限且内部有缺陷，因而衍射强度与分布有一定的角宽度，倒易阵点有一定的大小，因而使产生电子衍射的可能性增大。

下面我们用单胞散射波的位相差来讨论晶体对电子的散射。设两个单胞的散射波的位相差是 $\phi=2\pi(\boldsymbol{K}_g-\boldsymbol{K}_0)\cdot\boldsymbol{r}$，其中 $\boldsymbol{r}=u\boldsymbol{a}+v\boldsymbol{b}+w\boldsymbol{c}$ 是联系两个单胞的位矢。考虑一个柱晶(图 4-4)，取平行于入射电子束的方向为坐标轴的 z 方向，柱晶在 x，y 方向仅为一个晶胞的截面大小，沿 z 方向由 N_z 个单胞堆垛而成，柱晶的厚度为 $t=N_zc$，c 为单胞在 z 方向的边长，柱晶内所有单胞对电子散射的合成振幅为

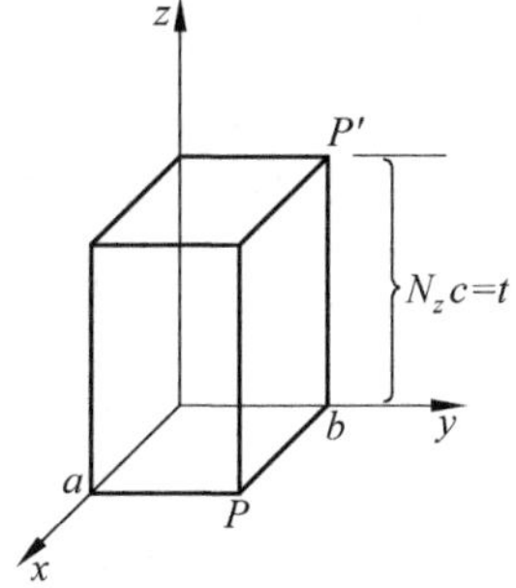

图 4-4　考虑一个柱晶对电子的衍射

$$A = \sum_{n=1}^{N_z} F_n \exp(\mathrm{i}\phi_n) \tag{4-14}$$

式中 F 是一个单胞对电子散射的振幅。当严格满足布喇格定律时，$\boldsymbol{K}_g-\boldsymbol{K}_0=\boldsymbol{g}$，故

$$\phi = 2\pi(\boldsymbol{K}_g-\boldsymbol{K}_0)\cdot\boldsymbol{r} = 2\pi\boldsymbol{g}\cdot\boldsymbol{r} = 2\pi N$$

即所有这些单胞具有相同的位相，所以

$$A=\sum_{n=1}^{N_z}F\exp(2\pi N)=N_zF$$

当衍射方向偏离布喇格条件时，$\boldsymbol{K}_g-\boldsymbol{K}_0=\boldsymbol{g}+\boldsymbol{s}$，其中 $\boldsymbol{s}$ 为相对于布喇格位置的偏离量，称为偏离矢量(excitation error)。此时两单胞的散射波不再具有相同的位相，位相差为

$$\phi=2\pi(\boldsymbol{K}_g-\boldsymbol{K}_0)\cdot\boldsymbol{r}=2\pi(\boldsymbol{g}+\boldsymbol{s})\cdot\boldsymbol{r}$$

则柱晶内所有单胞对电子散射的合成振幅为

$$\begin{aligned}A&=\sum_{n=1}^{N_z}F_n\exp \mathrm{i}2\pi(\boldsymbol{g}+\boldsymbol{s})\cdot\boldsymbol{r}=\sum_{n=1}^{N_z}F_n\exp(\mathrm{i}2\pi N)\exp(\mathrm{i}2\pi\boldsymbol{s}\cdot\boldsymbol{r})\\&=\sum_{n=1}^{N_z}F_n\exp(\mathrm{i}2\pi\boldsymbol{s}\cdot\boldsymbol{r})\end{aligned}$$

可以得出(详见第 5 章)

$$A=F\frac{\sin(\pi sN_zc)}{\pi s}\mathrm{e}^{\mathrm{i}\pi sN_zc}\tag{4-15}$$

衍射强度 I 为

$$I=|A|^2=|F|^2\frac{\sin^2(\pi sN_zc)}{(\pi s)^2}\tag{4-16}$$

式中$\frac{\sin^2(\pi sN_zc)}{(\pi s)^2}$称为干涉函数，它与晶体的尺寸($N_zc$)和 $\boldsymbol{s}$ 有关。干涉函数$\frac{\sin^2(\pi sN_zc)}{(\pi s)^2}$主极大值两边的零点确定了薄晶体对电子相干散射的范围。倒易阵点不再是在 $s=0$ 处的一个数学上的点，而是拉长到 $2/(N_zc)$的一个倒易杆(图 4-5)。N_zc 是晶柱的厚度，晶体越薄，参加相干散射的单胞数目就越少，倒易阵点的拉长越长，与 Ewald 球相切的可能就越大，即得到晶体衍射斑点的可能性就越大。

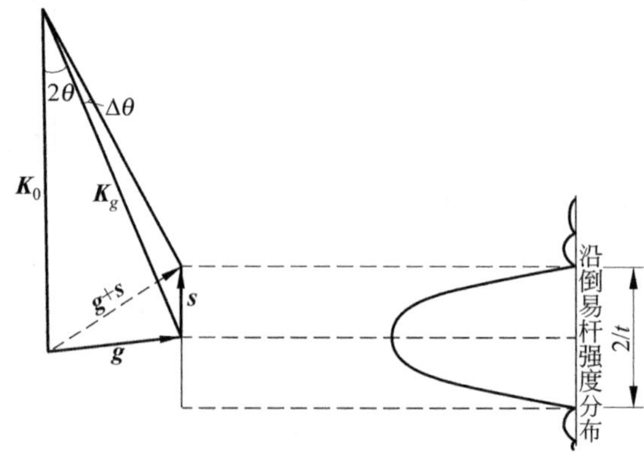

图 4-5 薄晶体的倒易点拉长为倒易杆

实际晶体沿 x,y,z 方向分别是由 N_x,N_y,N_z 个单胞堆垛而成，此时晶体的合成振幅应为

$$A = \frac{\sin(\pi s_x N_x a)}{\pi s_x} \frac{\sin(\pi s_y N_y b)}{\pi s_y} \frac{\sin(\pi s_z N_z c)}{\pi s_z} \tag{4-17}$$

晶体的衍射强度则为

$$I = |F|^2 \frac{\sin^2(\pi s_x N_x a)}{(\pi s_x)^2} \frac{\sin^2(\pi s_y N_y b)}{(\pi s_y)^2} \frac{\sin^2(\pi s_z N_z c)}{(\pi s_z)^2} \tag{4-18}$$

s_x,s_y,s_z 是相应的倒易空间三个轴向的偏离矢量，倒易点在三个轴向展宽程度分别为 $2/N_xa$，$2/N_yb$，$2/N_zc$。

只有当晶体是无穷大时，倒易阵点才是一数学点。实际晶体有一定的大小，其倒易点会宽化，晶体越小，倒易阵点宽化越大。各种晶体形状的倒易阵点的宽化情况如图 4-6 所示。如晶体是一个一维拉长的晶须，其倒易阵点在与此晶须正交平面内展成一个二维的倒易片；如晶体是一个二维的晶片，其倒易阵点在此晶片的法线方向拉长成一个一维的倒易杆(大部分透射电镜样品的情况就是如此)；对于一

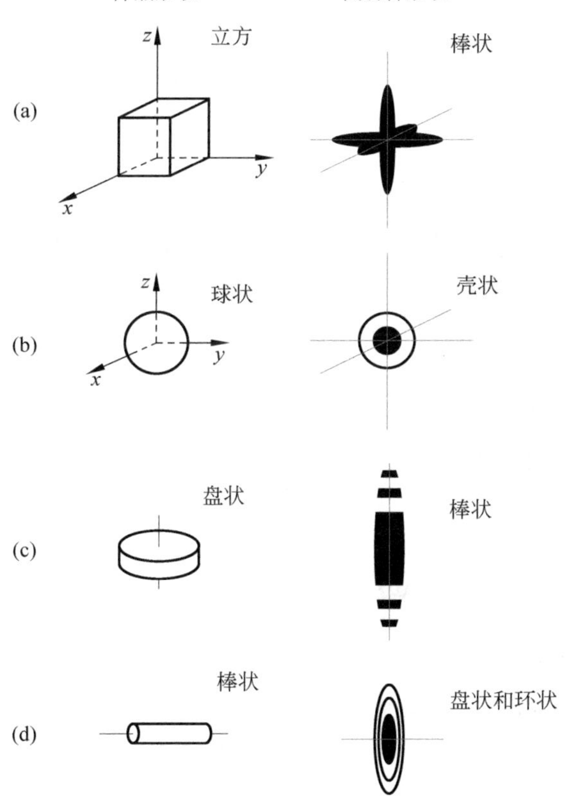

图 4-6　倒易杆的形状，右面图形是左面图形的倒易杆

个有限大小的三维晶体，其倒易阵点也有一定的大小，晶体越小，其倒易阵点越大。

4.1.5 衍射花样与晶体几何关系

研究衍射花样与晶体几何关系的目的是由衍射花样推知晶体的结构，或由衍射花样确定已知晶体的位向。

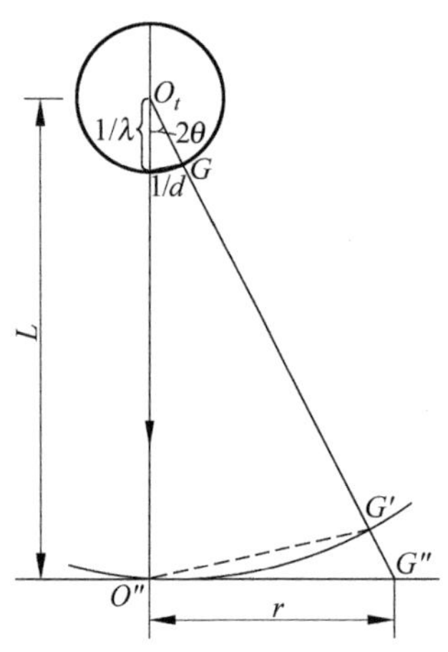

图 4-7　电子衍射的几何关系
此图中反射球大小与 L 不成比例

在透射电镜中(见图 4-7)，我们在离试样 L 处的荧光屏上记录相应的衍射斑点 G''，O''是荧光屏上的透射斑点，照相底片上中心斑点到某衍射斑(如 G'')的距离 r 为

$$r = L\tan 2\theta$$

考虑到能满足布喇格定律的角度 θ 很小，故 $\tan 2\theta \approx 2\theta$，再由布喇格定律 $2d\sin\theta=\lambda$，可得

$$rd = L\lambda \tag{4-19}$$

式中，d 是满足布喇格定律的晶面面间距。入射电子束的波长 λ 和样品到照相底片的距离 L 是由衍射条件确定的(包括实验的仪器及所有常数)，在恒定的实验条件下，$L\lambda$ 是一个常数，称为衍射常数(或仪器常数)。L 称为相机常数或相机长度(camera length)。

式(4-19)是一个近似公式，但用于电子衍射谱的分析已足够准确。在实际工作中，一般 $L\lambda$ 是已知的，从衍射谱上可量出 r 值，然后利用式(4-19)算出晶面间距 d。还可用式(4-19)先求出晶面间距，然后算出某些晶面的夹角，可以说式(4-19)是利用电子衍射谱进行结构分析的依据。

电镜中使用的电子波长很短，即 Ewald 球的半径 $1/\lambda$ 很大，Ewald 球面与晶体的倒易点阵的相截面可视为一平面，称反射面。电子衍射花样实际上是晶体的倒易点阵与 Ewald 球面相截部分在荧光屏上的投影，仪器常数 $L\lambda$ 相当于放大倍数。

4.2 倒易点阵平面及其画法

电子衍射花样实际上是晶体的倒易点阵与 Ewald 球面相截部分在荧光屏上的投影，故单晶体的电子衍射谱是一个二维倒易平面的放大，衍射斑点与倒易阵点的配置完全相似，因此掌握二维倒易点阵平面的性质及画法对于熟练分析电子衍射谱是必须的。

4.2.1 晶带定律

晶带定义：许多晶面族同时与一个晶体学方向[uvw]平行时，这些晶面族总称为一个晶带，而这个晶体学方向[uvw]称为晶带轴。

因为属于同一晶带的晶面族都平行于晶带轴方向，故其倒易矢量均垂直于晶带轴，构成一个与晶带轴方向正交的二维倒易点阵平面$(uvw)^*$。若晶带轴用正空间矢量 $\boldsymbol{r}=u\boldsymbol{a}+v\boldsymbol{b}+w\boldsymbol{c}$ 表示，晶面(hkl)用倒易矢量 $\boldsymbol{G}_{hkl}=h\boldsymbol{a}^*+k\boldsymbol{b}^*+l\boldsymbol{c}^*$ 表示，由晶带定义 $\boldsymbol{r}\perp\boldsymbol{G}$ 即 $\boldsymbol{r}\cdot\boldsymbol{G}=0$ 得

$$hu+kv+lw=0 \tag{4-20}$$

式(4-20)就是在电子衍射谱分析中常用的晶带定律(Weiss zone law)。

$(uvw)^*$ 为与正空间中[uvw]方向正交的倒易面。$(uvw)^*\perp[uvw]$，属于[uvw]晶带的晶面族的倒易点 hkl 均在一个过倒易原点的二维倒易点阵平面$(uvw)^*$上。如(h_1,k_1,l_1)，(h_2,k_2,l_2)是[uvw]晶带的两个晶面族，则由晶带定律可得

$$\begin{cases} h_1u+k_1v+l_1w=0 \\ h_2u+k_2v+l_2w=0 \end{cases}$$

可解出晶带轴方向[uvw]如下：

$$u=\begin{vmatrix} k_1 & l_1 \\ k_2 & l_2 \end{vmatrix},\quad v=\begin{vmatrix} l_1 & h_1 \\ l_2 & h_2 \end{vmatrix},\quad w=\begin{vmatrix} h_1 & k_1 \\ h_2 & k_2 \end{vmatrix} \tag{4-21}$$

或

$$[uvw]=\begin{vmatrix} \boldsymbol{a} & \boldsymbol{b} & \boldsymbol{c} \\ h_1 & k_1 & l_1 \\ h_2 & k_2 & l_2 \end{vmatrix} \tag{4-22}$$

现在我们可以更好地了解使用倒空间概念的好处。正空间的一个晶面族(hkl)可用倒空间的一个倒易点 hkl 来表示，正空间的一个晶带[uvw]可用倒空间的一个倒易面$(uvw)^*$来表示，这大大地方便了电子衍射谱的分析。

4.2.2 二维倒易点阵平面的画法

用电子衍射谱进行物相鉴定或确定晶体的晶体学方向，往往需要对衍射点进行指数标定，为此需要知道二维倒易点阵平面上倒易阵点的配置。即需要画出二维倒易点阵平面。下面介绍在晶体结构已知时，画出$(uvw)^*$倒易面的步骤。

(1) 对于任何点阵类型，倒易阵点 hkl 位于$(uvw)^*$倒易面上的条件是应满足晶带定律，即满足 $hu+kv+lw=0$。先用试探法选择两个满足晶带定律的低指数倒易点 $h_1k_1l_1$ 及 $h_2k_2l_2$，即

$$\begin{cases} h_1 u + k_1 v + l_1 w = 0 \\ h_2 u + k_2 v + l_2 w = 0 \end{cases}$$

显然点$(h_1+h_2, k_1+k_2, l_1+l_2)$也满足晶带定律，即点$(h_1+h_2, k_1+k_2, l_1+l_2)$也在$(uvw)^*$倒易面上。

(2) 设对应这三个倒易点$h_1k_1l_1$，$h_2k_2l_2$和h_1+h_2，k_1+k_2，l_1+l_2的倒易矢量分别为$\boldsymbol{g}_1$，$\boldsymbol{g}_2$，$\boldsymbol{g}_3$，这三个矢量$\boldsymbol{g}_1$，$\boldsymbol{g}_2$，$\boldsymbol{g}_3$的长度可由相应的晶面间距的倒数求得。这三个矢量的关系是$\boldsymbol{g}_3=\boldsymbol{g}_1+\boldsymbol{g}_2$，它们构成一个平行四边形(图 4-8)。将此平行四边形向所有方向扩展，就得到$(uvw)^*$倒易面上二维倒易点阵的配置图形。

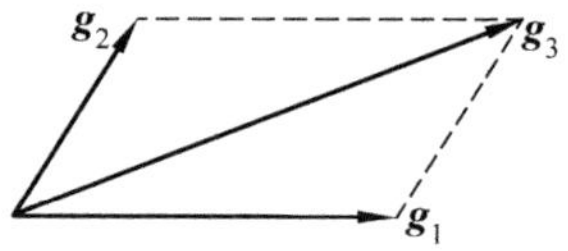

图 4-8 由 $\boldsymbol{g}_1$，$\boldsymbol{g}_2$ 和 $\boldsymbol{g}_3$ 构成的平行四边形

(3) 根据晶体结构，除去结构因子 $F=0$ 的禁止衍射的倒易点。

(4) 检查在$(uvw)^*$倒易面上是否所有的倒易点都画上了。这是由于一开始选择$h_1k_1l_1$和$h_2k_2l_2$的方式不同，有可能在画出的图形中遗漏掉一些可能的点，这些遗漏的点在作图过程中很容易检查出来。

对于立方晶系的情况，最好一开始就选择两个夹角为90°的低指数倒易点，这可以给画二维倒易面带来方便。

例 4.1 画出面心立方点阵的$(321)^*$倒易面。

解 (1) 用试探法知倒易点$h_1k_1l_1=1\bar{1}\bar{1}$在这个倒易面上。

(2) 与$[1\bar{1}\bar{1}]$垂直且又与321垂直的$h_2k_2l_2$可由下列方程组解出：

$$\begin{cases} h_2 - k_2 - l_2 = 0 \\ 3h_2 + 2k_2 + l_2 = 0 \end{cases}$$

解得$h_2k_2l_2=1\bar{4}5$，但在面心立方点阵中$1\bar{4}5$是禁止衍射的点，可将指数放大一倍，取$h_2k_2l_2=2\bar{8}10$。

(3) 由立方晶系面间距公式

$$d = \frac{a}{\sqrt{h^2+k^2+l^2}}$$

得两倒易矢量长度比例为

$$d_1 : d_2 = \frac{1}{\sqrt{h_1^2+k_1^2+l_1^2}} : \frac{1}{\sqrt{h_2^2+k_2^2+l_2^2}} = \frac{1}{\sqrt{3}} : \frac{1}{\sqrt{168}}$$

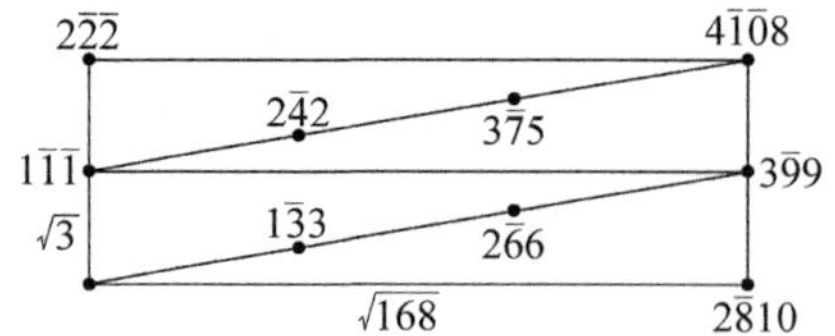

图 4-9 面心立方$(321)^*$的倒易面

(4) 以此比例画出平行四边形的两直角边，其端点分别为倒易点$1\bar{1}\bar{1}$和$2\bar{8}10$，并由此构成平行四边形。由矢量相加原理得出如图4-9所示的倒易点$3\bar{9}9$，因为$3\bar{9}9$可被3整除，显然不是一级反射，必须加进$1\bar{3}3$和$2\bar{6}6$倒易点。

(5) 重复这个基本单元就得到$(321)^*$倒易点阵平面(见图 4-9，未画全)。

也可以直接由试探法找到两个低指数的倒易点 $1\bar{1}\bar{1}$ 和 $1\bar{3}3$，并由此得到第三个倒易点 $2\bar{4}2$，构成平行四边形，再加以外推，得到$(321)^*$倒易点阵平面。但此法不如上述方法方便。

熟悉常见的晶体类型的特定取向的标准电子衍射谱，对进行电子衍射物相分析工作是极为方便的。附录 F 给出了常见晶体的标准电子衍射花样。

另外，从电子衍射谱的对称形状也可帮助确定晶体点阵类型。电子衍射谱的对称性越多，晶系的对称性越高。如四方电子衍射谱只可能属于四方和立方晶系，六角型的电子衍射谱只可能属于六角、三角和立方晶系。如果一个物相的电子衍射谱既有四方点列，又有六角点列，则此物相一定属于立方晶系。 张四方形的电子衍射谱，若能排除是立方晶系的可能性，就可确定该物相属于四方晶系。

4.3 选区电子衍射

透射电子显微镜可以做多种电子衍射，如选区电子衍射、会聚束电子衍射以及微衍射，其中选区电子衍射是最基本的也是用得最多的一种电子衍射。选区电子衍射的基本思路是在透射电镜所看见的区域内选择一个小区域，然后只对这个所选择的小区域做电子衍射。选区衍射可把晶体试样的微区与结构对照地进行研究，从而得到一些有用的晶体学数据，例如微小沉淀相的结构和取向、各种晶体缺陷的几何特征及晶体学特征，选区电子衍射方法在物相鉴定及衍衬图像分析中用途极广。

透射电子显微镜不仅能观察图像，适当地改变中间镜电流，透射电子显微镜就可以作为一个高分辨率的电子衍射仪使用。当改变中间镜电流，使中间镜的物平面与物镜的像平面重合，这时在物镜的像平面的像被传递并被中间镜和投影镜放大，在荧光屏上得到放大的物像，这称为图像模式(图 4-10(a))。若改变中间镜电流，使中间镜的物平面与物镜的后焦平面重合，这时在物镜的后焦平面上的电子衍射谱被传递并被中间镜和投影镜放大，在荧光屏上得到放大的电子衍射谱，这称为衍射模式(图 4-10(b))。在透射电子显微镜中，产生图像模式和衍射模式的中间镜电流已预先设置好，只要选择相应的按钮，就可方便地从一个模式切换到另一个模式。

1. 真实中心平面

真实中心平面(eucentric plane)是一个垂直于光轴并包括样品架(specimen holder)的轴线的平面(图 4-11)。这个平面在物镜中的位置称为真实中心高度(eucentric height)。只有当样品的高度被调节到真实中心高度，也即样品被置放在真实中心平面，这时倾转样品台，图像不会移动。在透射电镜合轴时，必须首先

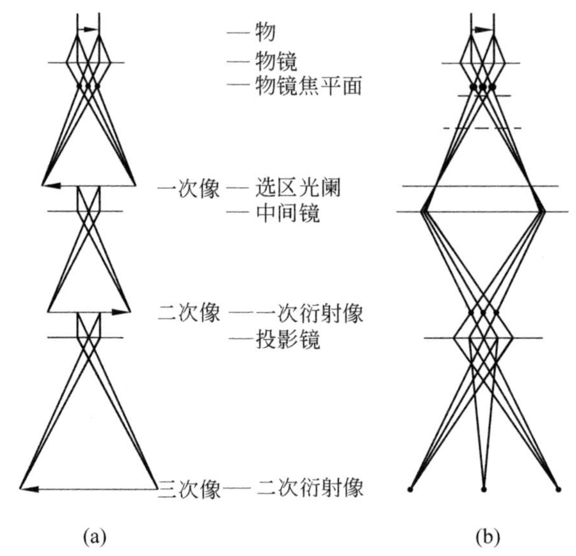

图 4-10　改变中间电流，在荧光屏上分别给出放大的物像或衍射花样的光路图

（a）中间镜物面与物镜像平面重合，得到放大物像；

（b）中间镜物面与物镜后焦平面重合，得到放大的衍射花样

把样品置于真实中心高度。

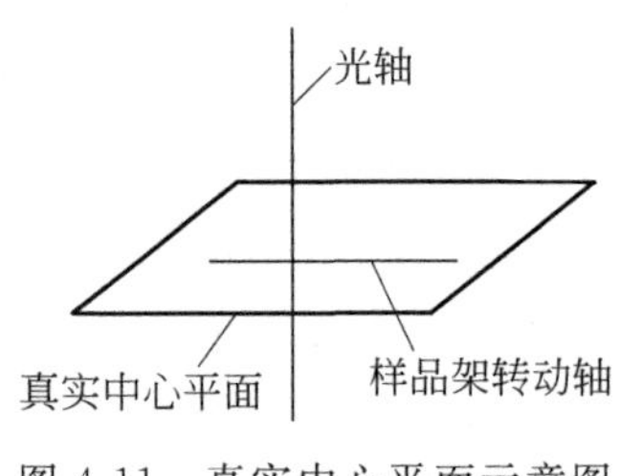

图 4-11　真实中心平面示意图

当把样品装到样品架上并将其插入透射电镜时，首先要将样品调节到真实中心平面。调节步骤为：将样品台过 0°正反方向各转动 30°，观察样品的像是否在转动样品台时移动。若移动则调整样品台的高度（沿着镜筒轴线方向），直至将样品台正反转动 30°样品的像不再移动，这时样品处于真实中心平面。

2. 选区光阑

为了对某一区域进行选区衍射，需要让电子束只照射到要做选区衍射的区域，很自然的想法是在样品的同一平面（物镜的物平面）放一选区光阑，diffraction aperture 它是一个中心有孔的金属圆片（见图 2-13），所说的光阑大小指的是金属圆片中心孔的直径，选区光阑的作用是只让电子束通过光阑选定的区域做选区衍射。但样品所在平面已有样品，不可能插入选区光阑。解决的办法是不把选区光阑放在物平面，而将其放在与物平面共轭的物镜的像平面（图 4-12），这样做除解决了无法在物平面插入选区光阑的难处，还有一个好处是可以利用物镜的放大倍数 M 而使用较大的选区光阑。这是因为，若选区直径为 1 μm，若在物平面放选区

光阑，选区光阑的孔要做到 1 μm 的直径，若将选区光阑放在物镜的像平面，假设物镜的放大倍数是 100，只要做一个直径为 100 μm 的光阑，它在物镜的物平面虚拟光阑的大小就是 1 μm。采用这种方法，可以在目前的光阑制作水平下，做出最小的选区光阑。

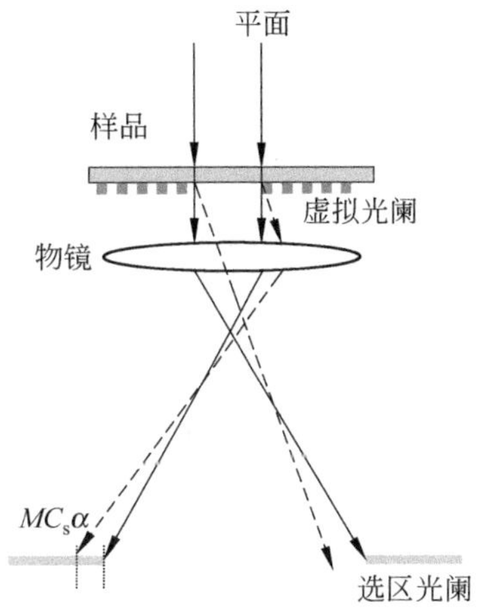

图 4-12　虚拟衍射光阑示意图

3. 选区衍射的操作

(1) 先将样品调整到处于真实中心平面，并使要做选区衍射的区域处于荧光屏中间。

(2) 在物镜像平面内插入选区光阑(其孔径可根据需要而选择)，在荧光屏上只看见那个想要分析的微区；调整中间镜电流使选区光阑边缘的像在荧光屏上非常清晰，这时中间镜的物平面与选区光阑的平面相重合。

(3) 调整物镜电流使试样在荧光屏上有清晰的像，这时物镜的像平面与中间镜的物平面相重合。

(4) 减弱聚光镜电流，使得照明的电子束的光斑尽可能大，以得到更趋于平行的电子束(选区电子衍射要求平行电子束照射)。

(5) 将物镜光阑从光路中退出。

(6) 降低中间镜激磁电流，使中间镜的物平面落在物镜的后焦面上，使电镜从成像模式转变为衍射模式，这时就可看见电子衍射谱。在现代电镜中，只要按下衍射按钮就可达到此目的。

(7) 用“衍射聚焦”旋钮将衍射的中心斑点调得最小最圆，以得到好的衍射谱。

4. 选区衍射的准确性

(1) 物镜球差的影响

如前所述，由于选区光阑是放在物镜的像平面上而不是物镜的物平面上，由于物镜有球差，于是产生了得到的衍射谱是否完全来自所选区域的电子衍射的问题，也即衍射与选区的对应问题。在物镜无球差的情况下，图 4-14 中透射束 000 与衍射束 hkl 所产生的像均与选区光阑所选定的像区域相重合，即得到的衍射谱全部来自于我们所选的区域的贡献。但是物镜总有球差，因此由旁轴射线 hkl 衍射所产生的像在图 4-13 中向下移动了 $M_oC_s\alpha^3$，其中 M_o 是物镜的放大倍数，C_s是物镜的球差系数，α 是衍射锥的半角($\alpha=2\theta$)。对选区光阑所确定的像区而言，000 衍射束来自 O_1O_1'，而 hkl 衍射不是来自 O_1O_1'，而是来自 O_2O_2'，向下移动了 $C_s\alpha^3$，造成衍射与选区的不对应，衍射指数越高，这个不对应(位移)就越显著。

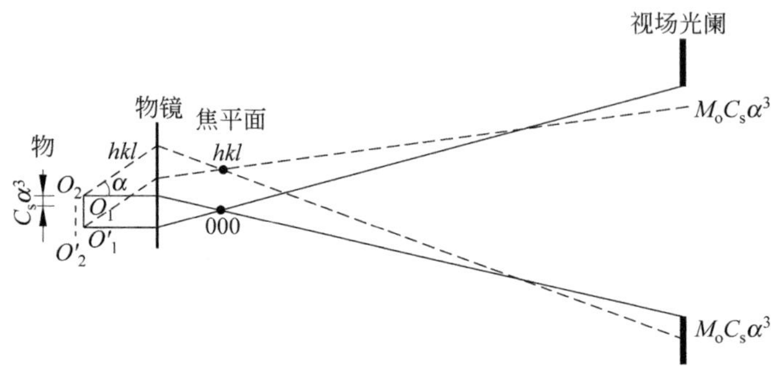

图 4-13 由于物镜有球差，透射电子束(实线)与 *hkl* 衍射束(虚线)产生的像不相重

例如，对较老的透射电镜，球差系数 C_s 为 3.3 mm，当加速电压为 100 kV 时，铝的 111 各级衍射所产生的位移列于表 4.1 第二行。555 衍射的选区与透射束的选区相差 1620 nm，如果选区的线长度是 1000 nm，则这两个选区完全不重合，即 555 衍射是由选区光阑所限定的区域以外的晶体产生的。现代的透射电镜的球差要小很多，例如，球差系数 C_s 从以前的 3.3 mm 减小到 0.3 mm，相应的由球差引起的位移也减少 10 倍(见表 4-1)。

表 4-1 在 100 kV 时铝的 111 各级衍射所产生的位移和 C_s 的关系

hkl 衍射	111	222	333	444	555	666
$C_s\alpha^3$/nm [C_s=3.3 mm]	13	100	250	760	1620	2800
$C_s\alpha^3$/nm [C_s=0.3 mm]	1.2	9.1	31.9	69.3	150	250

(2) 物镜聚焦的影响

物镜的过聚焦与欠聚焦也产生衍射与选区的不对应性。图 4-14 是物镜过聚焦时的情况。聚焦面与物面距离为 D，此时 000 衍射仍来自选区 $O_1O'_1$，而 *hkl* 衍射来自选区 $O_2O'_2$，位移为 $D\tan\alpha \approx D\alpha$。如果 $D \approx 10\ \mu\text{m}$，铝的 111 衍射的位移为 0.16 μm，222 衍射的位移为 0.32 μm，333 衍射的位移为 0.98 μm，可见物镜聚焦不当引起的位移与物镜球差引起的位移相当。

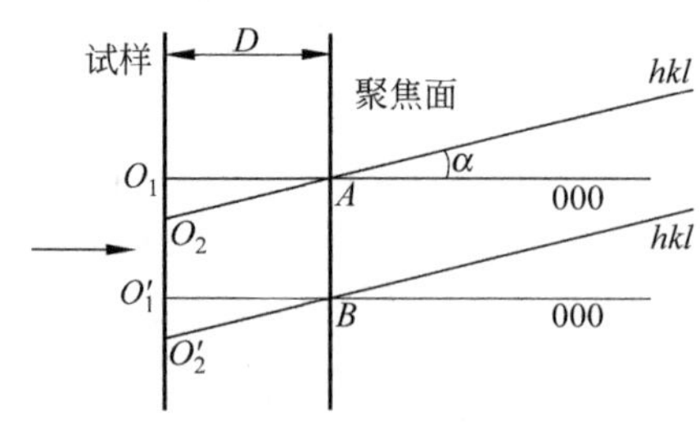

图 4-14 过聚焦所引起的衍射与选区不对应性

下面同时考虑物镜聚焦不当产生的位移与物镜球差所引起的位移，由它们引起的总的选区误差为

$$\delta = C_s\alpha^3 + D\alpha \tag{4-23}$$

典型的电镜的参数为：D 约为 3 μm，C_s 约为 3.5 mm，α 约为 0.03 rad，则总的选区误差 δ 约为0.2 μm。故想通过缩小选区光阑的孔径使最小衍射区域小于 0.5 μm 是困难的，故通常认为选区范围为 0.5～1 μm。现代电镜的 D，C_s，δ 都很小，故选区范围可小到 0.1～0.5 μm。

4.4　多晶电子衍射花样和相机长度标定

完全无序的多晶样品可看成是一个单晶围绕一点在三维空间作 4π 球面度的旋转。因此多晶体的 hkl 倒易点是以倒易原点为中心，(hkl) 晶面间距的倒数为半径的倒易球面，此球面与 Ewald 反射球面相截于一个圆，所以多晶的衍射花样是一系列同心的环(图 4-15)。

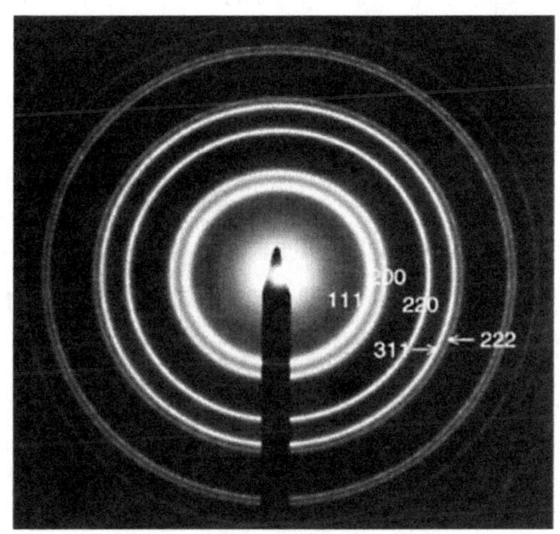

图 4-15　多晶电子衍射花样

式(4-19)是电子衍射的基本公式，它不仅可用于分析单晶电子衍射花样，也可用于分析多晶电子衍射花样。由式(4-19)，得多晶环半径 r 正比于相应的晶面间距 d 的倒数，即

$$r = L\lambda / d \tag{4-24}$$

因为对同一个衍射花样，$L\lambda$ 是个定值，所以，

$$r_1 : r_2 : \cdots : r_j : \cdots = \frac{1}{d_1} : \frac{1}{d_2} : \cdots : \frac{1}{d_j} : \cdots \tag{4-25}$$

式(4-25)建立了多晶环半径 r 的比值与各种晶体结构的晶面间距 d 的倒数比例的关系。下面我们将式(4-25)用于讨论立方晶系的多晶衍射花样。

对于立方晶系，晶面间距与晶面指数的关系为

$$d = \frac{a}{\sqrt{h^2 + k^2 + l^2}} = \frac{a}{\sqrt{N}} \tag{4-26}$$

式中

$$N = h^2 + k^2 + l^2 \tag{4-27}$$

由式(4-25)得

$$r_1 : r_2 : r_3 : \cdots = \sqrt{N_1} : \sqrt{N_2} : \sqrt{N_2} : \cdots \tag{4-28}$$

或

$$r_1^2 : r_2^2 : r_3^2 : \cdots = N_1 : N_2 : N_3 : \cdots \tag{4-29}$$

式(4-29)表明在立方晶体多晶电子衍射花样中,各个环的半径平方一定满足整数的比例关系。一般来说,凡是 r^2 的比值满足式(4-29),该物质一定属于立方晶体。式(4-29)对标定立方晶体多晶电子衍射花样非常有用。

下面我们讨论在立方晶体中,各种不同的点阵(简单立方、面心立方、体心立方和金刚石立方)由于受到消光条件($F=0$)的限制,N 的各种可能取值。

对于面心立方(fcc)点阵,只有 h,k,l 全为奇数或全为偶数,结构因子 F 才不为零,可以产生衍射。也就是说下列(hkl)晶面:

(111),(200),(220),(311),(222),(400),(331),(422),…

是可以产生衍射的。这些晶面对应的 N 值为:3,4,8,11,12,16,19,20,…

对于体心立方(bcc)点阵,只有 $h+k+l$ 为偶数,结构因子 F 才不为零,可以产生衍射。也就是说下列(hkl)晶面:

(110),(200),(211),(220),(310),(222),(321),…

是可以产生衍射的。这些晶面对应的 N 值为:2,4,6,8,10,12,14,…(偶数)

同理,可知简单立方点阵的可能的 N 值为:1,2,3,4,5,6,8,9,10,…(注意 N 不能为 7)。金刚石立方点阵的可能的 N 值为:3,8,11,16,19,24,…

图 4-16 给出了立方晶体中简立方、面心立方、体心立方、金刚石立方等各种点阵的可能的 N 值。由多晶体衍射花样的 N 值,很容易确定立方晶系的点阵结构。

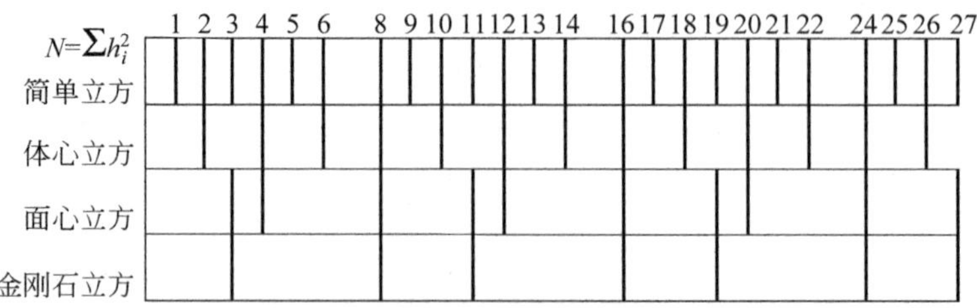

图 4-16　立方晶体中各种点阵的可能的 N 值

如果某多晶体不属于立方晶系，则各个环的半径平方的比值满足不同的规律。对于四方晶系，晶面间距与晶面指数的关系为

$$d=\frac{1}{\sqrt{\dfrac{h^2+k^2}{a^2}+\dfrac{l^2}{c^2}}} \tag{4-30}$$

令 $M=h^2+k^2$，根据消光条件，对应四方晶体 $l=0$ 的衍射环的半径 r 满足比值

$$\begin{aligned} r_1^2 : r_2^2 : r_3^2 : \cdots &= M_1 : M_2 : M_3 : \cdots \\ &= 1:2:4:5:8:9:10:13:16:17:18:\cdots \end{aligned} \tag{4-31}$$

对于六方晶系，晶面间距与晶面指数的关系为

$$d=\frac{1}{\sqrt{\dfrac{4}{3}\,\dfrac{h^2+hk+k^2}{a^2}+\dfrac{l^2}{c^2}}} \tag{4-32}$$

令 $P=h^2+hk+k^2$，根据消光条件，对应四方晶体 $l=0$ 的衍射环的半径 r 满足比值

$$\begin{aligned} r_1^2 : r_2^2 : r_3^2 : \cdots &= P_1 : P_2 : P_3 : \cdots \\ &= 1:3:4:7:9:12:13:16:19:21:\cdots \end{aligned} \tag{4-33}$$

可见不同晶系的衍射环的半径平方的比值满足不同的规律。根据这个规律，可帮助我们判断所鉴定材料的对称性。

尽管以上给出的规律是对多晶衍射而言的，事实上该规律对单晶衍射也适用，但这时的 r 是从倒空间原点到衍射点 hkl 的距离。

4.4.1 多晶电子衍射花样的标定

多晶电子衍射花样的分析一般有两种不同的情况，其分析方法也有所不同，下面分别讨论。

1. 利用已知晶体对称性的样品衍射花样，确定透射电镜的仪器常数 $L\lambda$。

分析步骤为：

(1) 测量多晶电子衍射花样的衍射环的半径 r_i(为了减少误差，可以先测直径 D 再换算成半径)；

(2) 计算各 r_i^2，并分析 r_i^2 比值规律，由此定出 N 值(如果该材料是立方晶系)；

(3) 根据晶体结构，标定各衍射环的指数 hkl，并从 ASTM 卡片(图 4-17)中找出对应的晶面间距 d；

(4) 用公式 $r_i d_i=L\lambda$ 计算 r_i 与相应的面间距 d_i 的乘积，由平均值得出仪器常数 $L\lambda$。

21-1276

d	3.25	1.69	2.49	3.25	$(TiO_2)6T$ Titanium Oxide (Rutile) ★
I/I_1	100	60	50	100	

Kad. $Cuk_{\alpha 1}\lambda$ 1.54056 Filter Mono. Dia.
Cut off I/I_1 Diffractometer $I/I_{cor.}=3.4$
Ref. National Bureau of Standards, Mono. 25, Sec. 7, 83(1969)

Sys. Tetragonal S. G. P42/mnm(136)
a_0 4.5933 b_0 c_0 2.9592 A C 0.6442
α β γ Z 2 D_x 4.250
Ref. Ibid.

$\varepsilon\alpha$ $n\omega\beta$ $\varepsilon\gamma$ Sign
2V D mp Color
Ref.

No impurity over 0.001%
Sample obtained from National Lead Co., South Amboy, New Jersey, USA.
Pattern at 25℃. Internal standard: W.
Two other polymorphs anatase (tetragonal) and brookite (orthorhombic) converted to rutile on heating above 700℃. Merck Index, 8th Ed., p.1054

dA	I/I_1	hkl	dA	I/I_1	hkl
3.247	100	110	1.0425	6	411
2.487	50	101	1.0364	6	312
2.297	8	200	1.0271	4	420
2.188	25	111	0.9703	2	421
2.054	10	210	9644	2	103
1.6874	60	211	9438	2	113
1.6237	20	220	9072	4	402
1.4797	10	002	9009	4	510
1.4528	10	310	8892	8	212
1.4243	2	221	8774	8	431
1.3598	20	301	8738	8	332
1.3465	12	112	8437	6	422
1.3041	2	311	8292	8	303
1.2441	4	202	8196	12	521
1.2006	2	212	8120	2	440
1.1702	6	321	7877	2	530
1.1483	4	400			
1.1143	2	410			
1.0936	8	222			
1.0827	4	330			

图 4-17 TiO_2 的 ASTM 卡片

例 4.2 已知多晶 α-Fe（体心立方结构）的衍射环半径分别为 8.42 mm，11.88 mm，14.52 mm，16.84 mm，18.88 mm，晶格常数 $a=2.85$ Å，请确定仪器常数 $L\lambda$。

解 按表 4-2 做计算，并利用体心立方结构的 N 比值关系，得到对应于各个衍射环的仪器常数 $L\lambda$。

表 4-2

r/mm	r^2/mm^2	N	hkl	d/Å	$L\lambda$/(mm·Å)
8.42	70.90	2	110	2.01	16.92
11.88	141.1	4	200	1.42	16.87
14.52	210.8	6	211	1.17	16.99
16.84	283.6	8	220	1.01	17.01
18.88	356.5	10	310	0.9	16.99

最后求得 $L\lambda$ 的平均值为 16.96 mm·Å。

2. 已知透射电镜的仪器常数 $L\lambda$，根据样品衍射花样，定样品的晶体对称性。

(1) 测量各个衍射环的半径 r_i；

(2) 计算各 r_i^2，并找出整数比值规律，估计所鉴定材料的晶体结构或点阵类型；

(3) 用公式 $r_i d_i = L\lambda$ 计算 d_i；

(4) 估计各衍射环的相对强度，由三强线的 d 值查 ASTM 卡片索引，找出最符合的几张卡片，再核对各 d 值和相对强度，并参照实际情况确定物相。

例 4.3 已知仪器常数 $L\lambda = 17.00\ \text{mm} \cdot \text{Å}$，测得各衍射环半径分别为 8.42 mm，11.88 mm，14.52 mm，16.84 mm，18.88 mm，请确定此多晶物体的物相。

解 列出表 4-3 并做计算。

表 4-3

r/mm	r^2/mm^2	N	d(实验)	I/I_1(实验)	d(查表)	I/I_1(查表)
8.42	70.90	2	2.02	100	2.01	100
11.81	141.1	4	1.44	20	1.41	15
14.52	210.8	6	1.17	40	1.17	38
16.84	283.6	8	1.01			
18.88	356.5	10	0.9			

由 N 的比值确定为(bcc)结构，由 $d = L\lambda / r$ 得到 $d = 2.0 \sim 2.5$ Å。查 ASTM 卡片发现 α-Fe 的数据最符合，由此确定此物相为 α-Fe。

4.4.2 相机长度的标定

相机长度 L 随物镜、中间镜、投影镜的电流而变，故很难保证每次做衍射谱时 L 都恒等。因此为了精确分析未知样品的选区衍射花样，必须标定 L，用于标定相机长度 L 的常用标准样品有

(1) 氯化铊(TlCl)，属简单立方，晶格常数 $a = 3.842$ Å；

(2) 金(Au)，属面心立方，晶格常数 $a = 4.041$ Å；

(3) 铝 (Al)，属面心立方，晶格常数 $a = 4.041$ Å。

它们都可通过真空蒸发沉积得到细小的多晶薄膜。

以金为例，在碳支持膜上喷镀金，得到多晶金膜。对该多晶金膜做电子衍射谱，测得第 1,2,3 环的半径分别为 7.94 mm，9.20 mm，13.00 mm，它们分别对应于面间距 d_{111}，d_{200} 和 d_{220}。由公式 $r_i d_i = L\lambda$ 得

$$L\lambda_1 = 7.94 \times d_{111} = 18.70\ \text{mm} \cdot \text{Å}$$

$$L\lambda_2 = 9.20 \times d_{200} = 18.76\ \text{mm} \cdot \text{Å}$$

$$L\lambda_3 = 13.00 \times d_{220} = 78.75\ \text{mm} \cdot \text{Å}$$

其中金的面间距可由 ASTM 卡片查得。算出仪器常数 $L\lambda$ 的平均值，

$$\overline{L\lambda} = \frac{1}{3}\sum_{i=1}^{3} L\lambda_i = 18.74\ \text{mm} \cdot \text{Å}$$

最后根据所用的加速电压求出电子波长 λ，从而可得相机长度 L。

实际工作中，物镜聚焦电流仍受样品位置变化的影响（支持网不平、样品较厚、样品台倾斜），最好用“内标”法，即把金直接喷到样品上，同时做出金的多晶衍射谱和待测物的衍射谱，这样才能保证仪器条件的完全一致。

4.5 单晶电子衍射花样的分析

4.5.1 单晶电子衍射花样的产生及其几何特征

由于能满足布喇格衍射的衍射角只有几度，只有在倒易原点 O^* 附近，与 Ewald 球相交的那些倒易阵点所代表的晶面满足布喇格定律而产生衍射束。由于 Ewald 球的半径（$1/\lambda$）很大，O^* 附近的球面可近似看成是垂直入射电子束的平面。当晶体为薄片状时，Ewald 球可能同时与几个在倒易原点 O^* 附近的倒易点相交，从而产生衍射斑点。

单晶电子衍射花样就是靠近 Ewald 球面的倒易平面上阵点排列规则性的直接反映。我们已学过晶体内同时平行于某一方向 $\boldsymbol{r}=[uvw]=u\boldsymbol{a}+v\boldsymbol{b}+w\boldsymbol{c}$ 的所有晶面组（hkl）构成一个晶带，在倒易点阵内，这一晶带中所有晶面的倒易阵点或倒易矢量必须都在垂直于$[uvw]$且过倒易原点 O^* 的一个倒易平面内，这个倒易平面用$(uvw)_0^*$表示，下标“0”表示这个倒易面倒易原点过 O^* 点，这个面叫“零阶劳厄带”（ZOLZ），它的法线即为$[uvw]$方向。$(uvw)_0^*$上所有倒易点的集合就代表正空间$[uvw]$晶带，满足晶带定律：

$$hu+kv+lw=0$$

例如[001]晶带包括 (100)，(010)，(110)，(120)等晶面组。

那些不过倒易原点的倒易面，即 $hu+kv+lw=N$（N 为非零整数）的倒易面，称为高阶（N 阶）劳厄带（HOLZ），高阶劳厄带的衍射斑点对应于不过倒易原点的倒易面上的倒易点。零阶劳厄带和高阶劳厄带一起构成了二维倒易平面在三维空间的堆垛。因此高阶劳厄带为我们提供了倒易空间中第三维方向的信息，弥补了简单的电子衍射谱（即满足 $hu+kv+lw=0$ 的电子衍射谱）确定晶体某一倒易面具有不惟一的问题，它们对晶体的相分析以及确定晶体的取向关系极为有用。

4.5.2 单晶电子衍射花样的标定

简单电子衍射花样（简单电子衍射谱满足晶带定律）和非简单电子衍射花样的标定方法是不一样的，本节只介绍标定简单电子衍射花样的方法，标定非简单电子衍射谱的方法将在第 5 章介绍。

单晶电子衍射花样的分析实际上相当于确定二维倒易点阵平面上各倒易阵点

的指数。单晶电子衍射谱的标定原理如下。

(1) 单晶电子衍射谱相当于一个倒易平面，如电子束的入射方向与晶体的 $[uvw]$ 方向平行，则产生衍射的晶面指数为 $\{hkl\}$，遵循晶带定律：

$$hu + kv + lw = 0$$

(2) 根据衍射花样与晶体间的几何关系，各衍射斑点到中央透射斑点 O 的距离 r 与晶面间距 d 的倒数成正比，即

$$rd = L\lambda$$

(3) 两个不同方向的倒易矢量确定一个倒易点阵平面 $(uvw)_0^*$，所有衍射斑点满足矢量关系。

电子衍射谱的分析一般可分两类：

(1) 已知晶体结构，根据衍射花样确定晶体取向。

(2) 对于未知结构试样，通过衍射花样定物相。

这两类分析中最基本的工作是衍射花样指数标定，即把衍射斑点的晶面指数标定出来。下面分别介绍标定这两类电子衍射谱的步骤。

1. 已知晶体结构，根据衍射花样确定晶体取向的步骤

(1) 首先判断所得的电子衍射谱是否是简单电子衍射谱(简单电子衍射谱满足晶带定律)，如是，在衍射花样上选择三个离中心透射斑点最近的衍射斑点 P_1，P_2，P_3，它们与中心透射斑点一起构成一平行四边形，测量这三个衍射斑点到中心斑点的距离 r_i。

(2) 测量所选衍射斑点之间的夹角 ϕ。

(3) 用公式 $rd=L\lambda$ 将测得的距离 r_i 换算成面间距 d_i。

(4) 将计算得到的 d 值与已知物质的面间距表中的 d 值相对照(查阅 ASTM 卡片)，决定每个斑点的 $\{hkl\}$ 指数，如查得 $h_1k_1l_1$ 为 $\{111\}$，则该倒易点的具体指数可以是 111，$\bar{1}11$，$1\bar{1}1$，$11\bar{1}$。

(5) 用试探法选择一套指数，使其满足

$$h_3k_3l_3 = h_1k_1l_1 + h_2k_2l_2$$

(6) 将由试探法得出的 hkl 值代入晶面夹角公式

$$\cos\phi = \frac{h_1h_2 + k_1k_2 + l_1l_2}{\sqrt{h_1^2 + k_1^2 + l_1^2}\ \sqrt{h_2^2 + k_2^2 + l_2^2}}$$

算出任意两个衍射斑点的夹角。核对三个衍射斑点的夹角，若算得的夹角与测得的夹角一致，则指数标定正确，否则返回步骤(4)重新标定指数。

(7) 用矢量相加法，标定其余衍射斑点。并用晶带定律进一步核实各衍射斑点的指数。

(8) 令从倒易原点到 $h_1k_1l_1$ 的矢量为 $\boldsymbol{g}_1$，从倒易原点到 $h_2k_2l_2$ 的矢量为 $\boldsymbol{g}_2$，由 $\boldsymbol{g}_1\times\boldsymbol{g}_2$ 求出晶带轴 $[uvw]^*$(定义晶带轴与入射电子束方向反平行)。

(9) 系统核查各过程,并算出晶格(点阵)常数。

例 4.4 已知纯镍(fcc)的简单电子衍射花样(a=0.3523 nm)如图 4-18 所示,标定该衍射谱。

解 测量出各衍射斑点离中心斑点的距离分别为:r_1=13.9 mm,r_2=3.5 mm,r_3=14.25 mm,夹角 $\phi_1=82°$,$\phi=76°$(图 4-18(b)),已知衍射常数 $L\lambda$ 为 1.12 mm·nm,由 $rd=L\lambda$ 算出相应的 d 值为 d_1=0.0805 nm,d_2=0.2038 nm,d_3=0.0784 nm,查 ASTM 卡片得这些 d 值所对应的晶体面族分别为{331},{111},{420}。

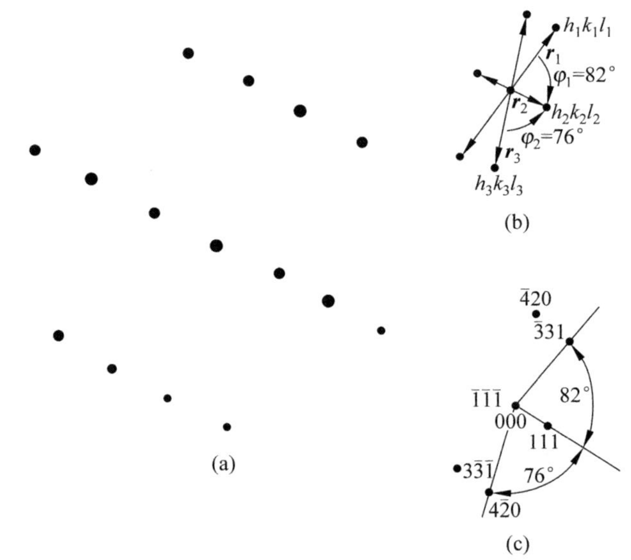

图 4-18 纯镍的简单电子衍射花样(a)、(b)及其指数的标定(c)

任意选定 $h_2k_2l_2$ 为 111,因为 $\boldsymbol{r}_1+\boldsymbol{r}_3=\boldsymbol{r}_2$,由 $h_1k_1l_1+h_3k_3l_3=111$,可得 $h_1k_1l_1$ 和 $h_3k_3l_3$ 的可选指数有三对:$\bar{3}31,4\bar{2}0$;$3\bar{3}1,\bar{2}40$ 和 $\bar{3}13,40\bar{2}$。

试选$(h_1k_1l_1)=(\bar{3}31)$,$(h_3k_3l_3)=(4\bar{2}0)$,由立方晶系夹角公式:

$$\cos\phi=\frac{h_1h_2+k_1k_2+l_1l_2}{\sqrt{h_1^2+k_1^2+l_1^2}\ \sqrt{h_2^2+k_2^2+l_2^2}}$$

得夹角 $\phi=157.4°$,符合实测值。而用另外两对指数算出的夹角与实测值不符合,故 $\bar{3}31,4\bar{2}0,111$ 即是所求的正确指数。由矢量相加法标定其他衍射点(图 4-18(c))。由晶带定律可求得晶带方向$[uvw]$为

$$[111]\times[\bar{3}31]=[\bar{1}23]$$

2. 对于未知结构试样通过衍射花样进行物相鉴定的步骤

(1) 首先判断所得的电子衍射谱是否是简单电子衍射谱,如是,在衍射花样上

选择三个与中心透射斑点最近的衍射斑点 P_1, P_2, P_3，它们与中心透射斑点一起构成一平行四边形，测量这三个衍射斑点到中心斑点的距离 r_i。

(2) 测量各衍射斑点之间的夹角 φ。

(3) 用公式 $rd = L\lambda$ 将测得的距离 r_i 换算成面间距 d_i。

(4) 根据所研究的试样的成分和处理工艺及其他分析手段所提供的消息，初步估计可能的物相，并找出相应的 ASTM 卡片，与实验得到的 d_i 值对照，得出相应的 $\{hkl\}$ 值。

(5) 用试探法选择一套指数，使其满足矢量叠加原理。

(6) 由已标定好的指数，根据 ASTM 卡片所提供的晶系计算相应的夹角 ϕ，检验计算的夹角值是否与实测的夹角值相符。

(7) 若各衍射斑点已指标化，夹角关系也符合，则被鉴定的物相就是此 ASTM 卡片上的相。否则，重新标定指数。

(8) 确定其晶带轴。

例 4.5　已知 $r_A = 7.1\ \text{mm}$，$r_B = 10.0\ \text{mm}$，$r_C = 12.3\ \text{mm}$；夹角：$\angle AOB \approx 90°$，$\angle AOC \approx 55°$，$\lambda L = 14.1\ \text{mm} \cdot \text{Å}$。标定图 4-19(a)所示衍射花样。

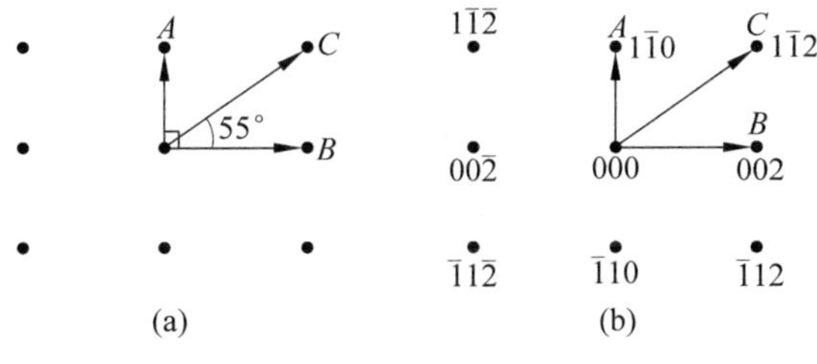

图　4-19
(a) 标定前的衍射花样；(b) 标定后的衍射花样

解　方法 1

由

$$r_A^2 : r_B^2 : r_C^2 = N_1 : N_2 : N_3 = 2 : 4 : 6$$

可初步确定该物相为体心立方结构，因为衍射斑点 A 的 $N=2$，所以 A 点应为 $\{110\}$，即 A 点可为：(110)，$(\bar{1}\bar{1}0)$，(101)，$(\bar{1}0\bar{1})$，(011)，$(0\bar{1}\bar{1})$ 等，先假定 A 点的指数为 $1\bar{1}0$。而衍射斑点 B 的 $N=4$，所以 B 点应为 $\{200\}$，先假定 B 点的指数为 200。计算 A 点与 B 点间的夹角：

$$\cos\phi_{AB} = \frac{h_1h_2 + k_1k_2 + l_1l_2}{\sqrt{h_1^2 + k_1^2 + l_1^2}\sqrt{h_2^2 + k_2^2 + l_2^2}}$$

$$= \frac{1 \times 2 + \bar{1} \times 0 + 0 \times 0}{\sqrt{2}\sqrt{4}} = \frac{\sqrt{2}}{2} \Rightarrow \phi_{AB} = 45°$$

计算出的夹角值与实际测量得到的90°值不符合，故以上关于 A 与 B 点指数的假设不合适。重新假设 B 点的指数为002，则算出的夹角就与实测值相符。故取 A 点为$(1\bar{1}0)$，B 点为(002)。运用矢量运算法则算出 C 点的指数：

$$\boldsymbol{r}_C = \boldsymbol{r}_A + \boldsymbol{r}_B = (1\bar{1}0) + (002) = (1\bar{1}2)$$

并算出 A 点与 C 点间的夹角为57.74°，与实测的55°相符，即 C 点的指数 $1\bar{1}2$ 是合适的。同理可求出其余衍射点的指数，最后由 $\boldsymbol{r}_B \times \boldsymbol{r}_A$ 算出[uvw]为[220]，因为[220]与[110]同方向，取最简单的值，故[uvw]为[110]。

方法2

由

$$r_A^2 : r_B^2 : r_C^2 = N_1 : N_2 : N_3 = 2 : 4 : 6$$

可初步确定该物相为体心立方结构。

由 $rd=\lambda L$ 算出

$$d_A = 1.99\ \text{Å},\quad d_B = 1.41\ \text{Å},\quad d_C = 1.15\ \text{Å}$$

查ASTM卡片，可得 α-Fe 的

$$d_A = \{110\},\quad d_B = \{200\},\quad d_C = \{211\}$$

与算出的 d 值最接近，即该衍射花样可能是 α-Fe 的，先用 α-Fe 的 d 值来做标定。选 A,B,C 点的指数分别为 $1\bar{1}0$,002,$1\bar{1}2$。

计算出 AB 间夹角为90°，AC 间夹角为54.7°，计算值与测量值相符，故关于 A,B,C 点的指数的假设是合适的。也即该衍射谱是属于 α-Fe 的，从而得知所鉴定的物质是 α-Fe。

再由矢量相加原理标定其他各衍射点。最后由 $\boldsymbol{r}_B \times \boldsymbol{r}_A$ 算出[uvw]为[220]，取[uvw]= [110]。

事实上任何一张简单电子衍射谱，可以有两种标定的指数，即对一种标定好的指数 hkl，将所有的衍射点的指数加个负号，改为 $\bar{h}\bar{k}\bar{l}$，该标定仍然成立。这是因为这相当于将试样沿着入射电子束方向转动180°(图4-20)。这种衍射谱标定不惟一性称为180°不确定性(180° ambiguity)。这个180°不确定性对大多数电子衍射谱的工作没有影响，但对有些电子衍射谱的工作有影响，如确定位错的布格斯(Burgers)矢量。这个180°不确定性有办法消除，有兴趣的读者可参看参考文献[7]。

以上是从测得的衍射谱推算晶体点阵，反之也可由已知晶体点阵画出它的某一[uvw]晶带的倒易截面，用它作为标准图谱与测量得到的衍射谱进行对照。在画倒易截面时必须考虑晶带定律和消光条件。

根据上述分析，入射电子方向与晶带轴[uvw]平行，则得到的电子衍射花样就应该是由以[uvw]为轴的晶带内满足衍射条件的晶面组产生的衍射斑点所组成。例如，入射电子束方向为[001]，衍射点应为(100)，(010)，(110)，(120)等。

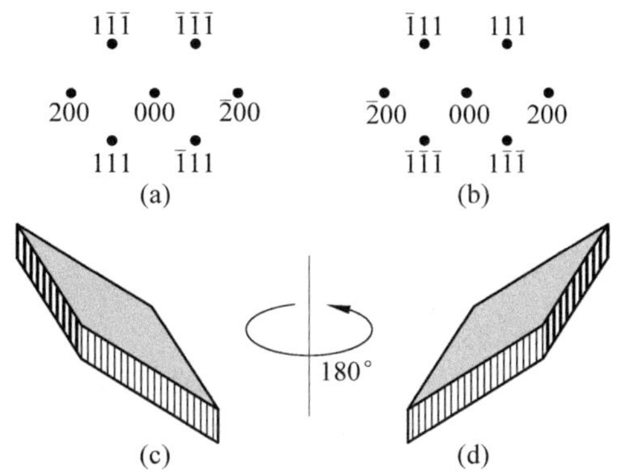

图 4-20　电子衍射谱的 180°不确定性

((c)的情况的衍射谱如(a)所示,(d)的情况的衍射谱如(b)所示)

如倾动样品台,使入射电子平行于另一晶带轴$[u'v'w']$,则衍射花样将由另一套斑点组成,其排列情况应与$(u'v'w')^*$倒易阵点相同。利用$(uvw)^*$和$(u'v'w')^*$两组衍射花样,有助于确定结构。

我们知道,只有在 Ewald 球面与倒易阵点相截处才能产生布喇格衍射,即从理论上讲,只可能在衍射谱上看见中心透射斑点。而在实际观察单晶花样时,可看到大量强度不等的斑点,这个现象可从以下四个方面来解释。

(1) Ewald 球面半径很大,Ewald 球面非常接近于一个平面,晶体在电子束入射方向很薄,倒易点在这个方向拉长成倒易杆,故 Ewald 球面可以与多个倒易杆相截(图 4-21),就可以产生许多衍射斑点。样品越薄,产生的衍射斑点越多。

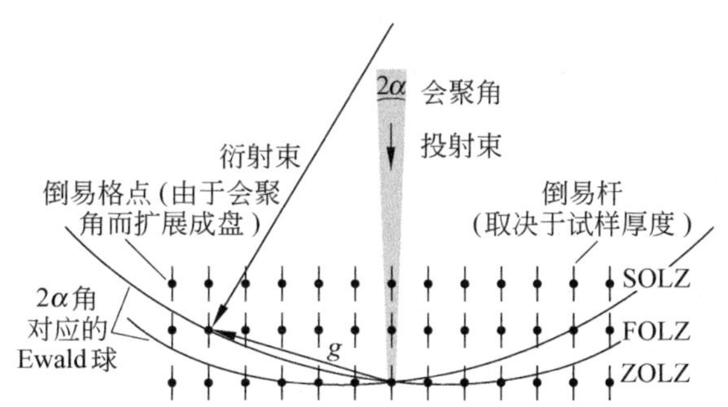

图 4-21　Ewald 球面与倒易阵点相截情况

(2) 电子束有一定的发散度。这相当于倒易点不动而入射电子束在一定角度内摆动,也即 Ewald 球面在一定角度内摆动,增加了与倒易杆相截的几率,使衍射斑点增多。

(3) 薄晶体试样不可能完全平整,可以有一定的弯曲。这相当于入射电子束不动而倒易点阵在一定角度内摆动，增加了与 Ewald 球面相截的几率，使衍射斑点增多。

(4) 此外，由于加速电压有一定的不稳定度，也即入射电子束波长不是单一值。这相当于 Ewald 球面具有一定的厚度，增加了与倒易杆相截的几率，使衍射斑点增多。

所有这些都增大了与反射球面相截的可能性，因此只要被衍射的单晶试样足够薄，就可得到有许多衍射斑点的电子衍射谱。

由于实际样品有确定的形状和有限的尺寸，因而倒易阵点不是几何上的“点”，而是沿晶体尺寸较小的方向发生扩展，扩展为倒易杆。这时，当与精确的布喇格条件存在偏差时，只要扩展后的倒易点(即倒易杆)与 Ewald 球面相截，就可产生衍射。此时斑点较弱，用偏离矢量 $\boldsymbol{s}$ 来表示这种偏差，$\boldsymbol{s}$ 越大，衍射强度就越弱。对倒易杆来说，倒易杆的中心部分 $\boldsymbol{s}$ 最小，两端 $\boldsymbol{s}$ 最大。Ewald 球面与接近透射斑点处的倒易杆相截在倒易杆的中部，$\boldsymbol{s}$ 小，故衍射强；Ewald 球面与离透射斑点较远处的倒易杆相截在倒易杆的端部，$\boldsymbol{s}$ 大，故衍射弱。这就是为什么衍射谱中中心部分的衍射点亮，边缘部分的衍射点暗的原因。

4.5.3 衍射花样与晶体几何关系

非立方晶系(如四方晶系和六方晶系)的电子衍射谱的标定要比立方晶系的电子衍射谱的标定要复杂一些。

可以采取一些简单的方法来判定对称性，如倒易点阵平面的对称性越高，晶系对称性就越高。四方电子衍射谱只可能属于四方和立方晶系。六角电子衍射谱只可能属于六角、三角和立方晶系；六次对称衍射谱只可能属于六角和立方晶系。

如一个物相的电子衍射谱既有四方点列，又有六角点列，则此物相必属于立方晶系。

如发现一个显示四次对称的点列，就可认为此晶体只能属于四方和立方晶系。如此晶体的衍射谱又不能用立方晶系电子衍射谱的标定方法进行标定，则可断定晶体必属于四方晶系。

在六角晶系的衍射谱中，最典型的就是具有六次对称分布的点列，产生六次对称分布点列的晶体只能是立方晶系和六角晶系。如该衍射谱不能用标定立方晶系的方法标定，则可断定这种六次对称点列就是六角晶系。

4.5.4 四方晶系的电子衍射谱的标定

如果在一个晶体的电子衍射谱中发现有一个显示四次对称性的系列，就可以认为此晶体的对称性不低于四方晶体。如该晶体的衍射谱的标定不能用立方晶体电子衍射谱标定方法进行，则可断定该晶体属于四方晶体。

一般来说，四方晶体的电子衍射谱并不一定显现四次对称性，可以根据以下规律确定它是否属于四方晶系。在四方晶系中，

$$\frac{1}{d^2}=\frac{h^2+k^2}{a^2}+\frac{l^2}{c^2} \tag{4-34}$$

令

$$a^*=\frac{1}{a},\quad c^*=\frac{1}{c},\quad M=h^2+k^2 \tag{4-35}$$

则有

$$\frac{1}{d^2}=Ma^{*2}+l^2c^{*2} \tag{4-36}$$

根据消光条件，M 可以取的值为 1，2，4，5，8，9，10，13，16，17，18，20 等（此数列的规律是任意一个 M 值乘以 2，就得到另一个允许的 M 值）。所以如在 $1/d^2$ 值（或 r_i^2 值中）有明显的 2 的因子，则此晶体可能有四方对称性。这些包含 2 的因子的反射都是$\{hk0\}$的形式，在正确地指标化后，可通过$\{hk0\}$的 $1/d^2$ 值求点阵常数 a，再通过$\{hkl\}$的 $1/d^2$ 值求点阵常数 c。若存在$\{00l\}$的衍射点，则通过$\{00l\}$的 $1/d^2$ 值求点阵常数 c 更为方便。

在计算晶面间距时，如注意到以下规律，对分析四方晶体的电子衍射谱会有帮助。

（1）不同衍射晶面的 l 指数相同时，有

$$\frac{1}{d_1^2}-\frac{1}{d_2^2}=(M_1-M_2)a^{*2}$$

一系列的 $1/d^2$ 值相减，可得出 a^{*2} 值（当 $M_1-M_2=1$ 时）。

（2）不同衍射晶面的 $M=(h^2+k^2)$ 相同时，有

$$\frac{1}{d_1^2}-\frac{1}{d_2^2}=(l_1^2-l_2^2)c^{*2}$$

一系列的 $1/d^2$ 值相减，可得出 c^{*2} 或 c^{*2} 的倍数。可取下列值：

1，3，4，5，7，8，9，11，12，13，15，16，17，19，20，21，…

（3）l 和 M 都不相同时，有

$$\frac{1}{d_1^2}-\frac{1}{d_2^2}=(M_1-M_2)a^{*2}+(l_1^2-l_2^2)c^{*2}$$

因此，若计算一系列的 $\left(\frac{1}{d_i^2}-\frac{1}{d_j^2}\right)$ 值后，应当能区别 a^{*2} 和 c^{*2}，进而计算出 a 和 c。因为不同衍射晶面的 M 值相同的机会要比 l 值相同的机会少，所以 $(M_1-M_2)a^{*2}$ 出现的机会较多，故在 $1/d^2$ 差值中能更方便地找到 a 值。

对于已知晶体结构而需要进行指标化的电子衍射谱，还常借助于 ASTM 卡片与实验所得的电子衍射谱进行比较，就可以得到满意的结果。当然，由于电子与 X

射线的原理不一样，ASTM 卡片上记载的衍射斑点强度与电子衍射有所不同。故往往需要制备此相的倒易面平面(或晶带)的基本数据表以适合于电子衍射谱的分析。

对于未知晶体结构的衍射，一般借助 r 比值和晶面夹角来进行分析。设靠近透射斑点(000)的距离分别为 r_1 和 r_2，由

$$\frac{1}{d^2}=\frac{h^2+k^2}{a^2}+\frac{l^2}{c^2} \quad \text{及} \quad L\lambda = rd$$

可得

$$\frac{r_1}{r_2}=\left[\frac{(c/a)^2(h_1^2+k_1^2)+l_1^2}{(c/a)^2(h_2^2+k_2^2)+l_2^2}\right]^{\frac{1}{2}} \tag{4-37}$$

$(h_1k_1l_1)$和$(h_2k_2l_2)$之间的夹角 ϕ 满足

$$\cos\phi=\frac{h_1h_2+k_1k_2+(a/c)^2l_1l_2}{\{[h_1^2+k_1^2+(a/c)^2l_1^2][h_2^2+k_2^2+(a/c)^2l_2^2]\}^{\frac{1}{2}}} \tag{4-38}$$

由式(4-37)和式(4-38)，可计算出各对晶面在不同的 c/a 值下 r 的比值(即晶面间距的倒数)及夹角值(见附录 H)。在指标化中，根据底片测得的 r 比值及 ϕ 值，查表即可确定相应的$(h_1k_1l_1)$和$(h_2k_2l_2)$，且可得知 c/a 值。

四方晶体的标定较繁琐，可以利用四方晶体的电子衍射谱中经常出现的矩形点阵，使得衍射谱的标定简化(此法也可应用于六方等其他晶系)。

在四方晶系或六方晶系的 r 比值与夹角表中，可发现矩形点阵中的一边常常是$(hk0)$系列，因为$(hk0)$的面间距与点阵常数有关，故可以由同一种物质的 M 个矩形点列衍射谱求出点阵常数 a，具体求解的方法如下：

首先量出这些矩形点阵的边长 r，根据$\frac{1}{d^2}=\frac{h^2+k^2}{a^2}=Ma^{*2}$，找出相应的 M 值(M 应为 1,2,4,5,8,9 等整数值)。因为矩形系列只有一个边是 $hk0$ 系列，只可能有不到半数的 r 满足这一规律。再根据矩形系列的另一半来进一步求出点阵常数 c。由于矩形系列一边的指数已经确定是 h_1k_10，矩形系列的另一边指数为 $h_2k_2l_2$，因为两个点的夹角为 90°，故两个指数的点积为零。由 $h_1k_1+h_2k_2=0$ 可找出 $h_2k_2l_2$ 的范围来，但不能惟一地确定h_2k_2，更不能确定 l_2。例如，若已确定 h_1k_10 是 210，则 $h_2k_2l_2$的具体指数可能是 $1\bar{2}0$，$\bar{1}21$，$\bar{1}22$，$\bar{1}2\bar{1}$ 等。但是我们可以从同一晶体的两个以上的矩形点列电子衍射谱确定这些 $h_2k_2l_2$以及相应的 c 值。具体做法是：从一个矩形点列可以得到一系列的满足要求的 $h_2k_2l_2$值及 c 值，其中相同的可能是正确的解，由此 c 值所对应的两个以上的矩形衍射谱的相应的 $h_2k_2l_2$值才是正确的标定指数。

4.5.5 六方晶系的电子衍射谱的标定

六方晶系的特征是有个六次旋转对称轴(c 轴)，其他两个轴(a_1 和 a_2)长度相

等，两者的夹角为 120°，呈六次对称分布。这两轴都与 c 轴垂直。六方晶体的单胞有两个点阵常数 a 和 c，其标定过程主要是借助于 r 比值和晶面夹角公式。

六方晶系中晶面间距的公式为

$$\frac{1}{d^2}=\frac{h^2+hk+k^2}{3a^2/4}+\frac{l^2}{c^2}=(h^2+hk+k^2)a^{*2}+l^2c^{*2}=Ha^{*2}+l^2c^{*2} \tag{4-39}$$

其中

$$H=h^2+hk+h^2,\quad a^*=\frac{2}{\sqrt{3}a},\quad c^*=\frac{1}{c} \tag{4-40}$$

H 的范围为 1,4,7,9,12,13,16,19,21 等。容易看出 H 数列的任意一个值乘以 3 就得到另一个 H 值。这个关系被用来识别六方晶系，不过此关系依赖于$\{hk0\}$反射，如果衍射的花样中 $l\neq 0$ 的衍射较多，就会掩盖这种 3∶1 的关系。

由式(4-39)和式(4-40)可得

$$\frac{r_1}{r_2}=\left[\frac{4\,(c/a)^2(h_1^2+h_1k_1+k_1^2)+3l_1^2}{4\,(c/a)^2(h_2^2+h_2k_2+k_2^2)+3l_2^2}\right]^{\frac{1}{2}} \tag{4-41}$$

$$\cos\phi=\frac{h_1h_2+k_1k_2+\frac{1}{2}(h_1k_2+k_1h_2)+\frac{3}{4}\,(a/c)^2l_1l_2}{\left\{\left[h_1^2+k_1^2+h_1k_1+\frac{3}{4}\,(a/c)^2l_1^2\right]\left[h_2^2+k_2^2+h_2k_2^2+\frac{3}{4}\,(a/c)^2l_2^2\right]\right\}^{\frac{1}{2}}} \tag{4-42}$$

利用式(4-41)和式(4-42)，可以计算出各对晶面在不同 c/a 值下的 r 比值及夹角，如附录 I 所示。在指标化中，根据底片所测得的 r 比值和 ϕ 值，由查表确定此晶系的 c/a 值以及相应的$(h_1k_1l_1)$和$(h_2k_2l_2)$，并由此算出晶带轴$[uvw]$。

如四方晶系那样，在指标化后，可以利用 l 为 0 的衍射求点阵常数 a，然后由其他衍射和已求出的 a 求出点阵常数 c。同样也可作 $1/d^2$ 差值表，从$(H_1-H_2)a^{*2}$项中求出 a，从$(l_1-l_2)c^{*2}$中求出 c。

以上介绍的是采用密勒指数(即三指数)来标定六方晶系的衍射点，为了显示六次对称性，也可以采用密勒-布喇菲指数(即四指数 $hkil$)，这两种指数的相互关系如表 4-4 所示。

在六方晶系的衍射谱中，最典型的就是具有六次对称分布的点列。因为产生六次对称分布的点列的晶体只可能是立方晶系或六方晶系，如果可以排除是立方晶系的话，则仅凭这种六次对称点列就能肯定该晶体属于六方晶系，衍射斑点的指数是 $hki0$，最近的六个衍射斑点是$\{10\bar{1}0\}$，由此可算出晶格常数 a。

对于所有情况，入射束对应花样中心亮斑，而衍射束对应中心亮斑周围的点或环。

表 4-4　六方晶系的密勒指数与密勒-布喇菲指数的关系

	密勒指数(hkl)	密勒-布喇菲指数$(hkil)$
晶面	(hkl)	$(hkil)$，　$i=-(h+k)$
晶面	(uvw)	$[UVTW]$ $T=-(U+V)$ $U=\frac{1}{3}(2u-v)$ $V=\frac{1}{3}(2v-u)$ $W=w$
晶带定律	$hu+kv+lw=0$	$hU+kV+iT+lW=0$
晶面的法线	$\left[2h+k,h+2k,\frac{3a^2}{2c^2}l\right]$	$\left[h,k,i,\frac{3a^2}{2c^2}W\right]$

4.6　其他电子衍射谱

4.6.1　单晶、多晶和非晶电子衍射谱比较

单晶的电子衍射谱的特点是有具有一定的对称性的衍射斑点，中心的亮点是透射斑点，对应 000 衍射，越靠近 000 斑点的衍射斑点的 hkl 指数越小，越远离 000 斑点的衍射斑点的 hkl 指数越大。

完全无序的多晶体可以看成是一个单晶围绕一点在三维空间作 4π 球面角旋转，因此多晶体的 hkl 倒易点是以倒易原点为中心，(hkl)晶面间距的倒数为半径的倒易球面。此球面与 Ewald 球相截于一个圆，所有能产生衍射的斑点同理扩展成圆环。多晶体的电子衍射谱的特点是一个个的同心环。环越细，表示多晶体的晶粒越大；环越粗，多晶体的晶粒越小。

非晶的电子衍射谱一般由几个同心的晕环(diffused ring)组成，每个晕环的边界很模糊。

因为单晶体、多晶体和非晶体的电子衍射谱完全不同(见图 4-22)，通过观察电子衍射谱的形状，可以很方便地确定所研究的物质是单晶体、多晶体还是非晶体。

4.6.2　织构试样的衍射谱

在电子衍射工作中常会遇到一些由弧段构成的环状花样(图 4-23)，这表明试样具有择优取向。有织构的多晶试样相当于在晶体中有一特定的晶轴，沿着某个方向排列，例如，气相沉积、溶液凝析以及电解沉积等产物往往与衬底物质有一定

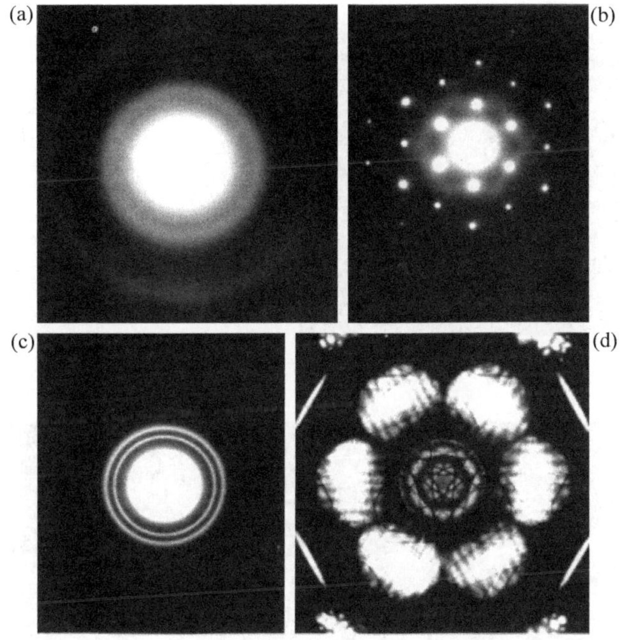

图 4-22　用 100 kV TEM 电镜得到的几种衍射花样
(a) 非晶碳；(b) 单晶 Al；(c) 多晶 Cu；(d) Si 的会聚束花样

的结晶学关系，常出现带有织构的多晶物质。这种试样的合成倒易点阵是由纤维轴$[uvw]$的转动而获得的，于是每个倒易点扩展成连续环，且每一倒易面由一套同心圆构成。电子衍射谱是由弧段构成的环状花样。

4.6.3　二次衍射

晶体对电子的散射能力很强，衍射束的强度与透射束强度相当，因此，衍射束又可以看成是晶体内新的入射束，继续在晶体内产生二次布喇格衍射或多次布喇格衍射，这现象称为二次衍射（double diffraction）或多次衍射（multiple diffraction）。其电子衍射谱就是在一般的单晶衍射谱上出现一些附加斑点，这些二次衍射斑点有的可能与一次衍射斑点重合而使一次衍射斑点的强度出现反常，有的不重合，这就导致了出现一些通常结构因子为零的禁止反射的衍射斑点。当然，多次衍射效应给我们进行电子衍射谱的强度分析带来了一定的干扰。

如图 4-24 所示，$(h_1k_1l_1)$，$(h_2k_2l_2)$和$(h_3k_3l_3)$为同一单晶体中三个不同晶面族，假设由于消光入射线经过$(h_1k_1l_1)$时不产生反射，但通过$(h_2k_2l_2)$时正常地产生了一次衍射，由于其强度足够大，且方向作为$(h_3k_3l_3)$的入射线正好满足布喇格条件，从而产生了二次衍射。这二次衍射看起来像是$(h_1k_1l_1)$的一次衍射，通常标注为“$(h_1k_1l_1)$禁止”，因为这个斑点不是$(h_1k_1l_1)$的贡献。

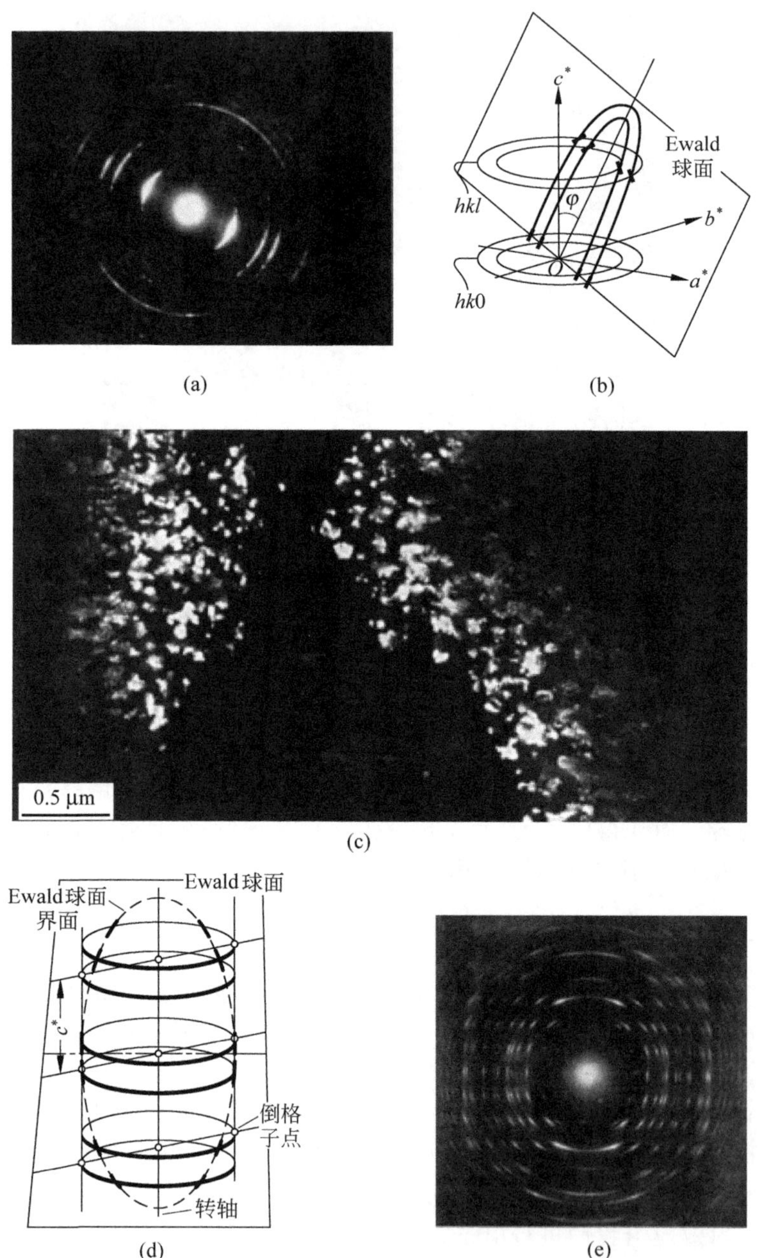

(a) (b) (c) (d) (e)

图 4-23 结构花样

(a)织构环状花样；(b)Ewald 球面与倒格子的相截；(c)从一个 hkl 环的比较亮的部分得到的织构晶粒的 ADF 图，显示等轴结构；在(d)由于试样的织构和入射束成一个角度，所以在图(e)的衍射花样中的 Ewald 球是一个拉长的点或弧。

此外，当电子束先后通过两片薄晶体时，也会产生二次电子衍射。例如，当电子束相继穿过多晶膜与多晶体时（图 4-25），若单晶的晶带轴为[001]，则电子通过单晶后，将得到 000，010，100，110 等衍射束，这些透射束和衍射束又分别成为多晶的入射束，产生二次衍射，从而在每一个单晶衍射斑点周围都有一组多晶衍射环。由此可见，该复合晶体的电子衍射谱可以看做是两套衍射谱的叠加，一套是单晶的一次衍射谱，另一套是多晶衍射谱，然后把多晶的一次衍射谱的中心逐次移到各个单晶的一次衍射斑点上，叠加起来就得到包括二次衍射的电子衍射谱。

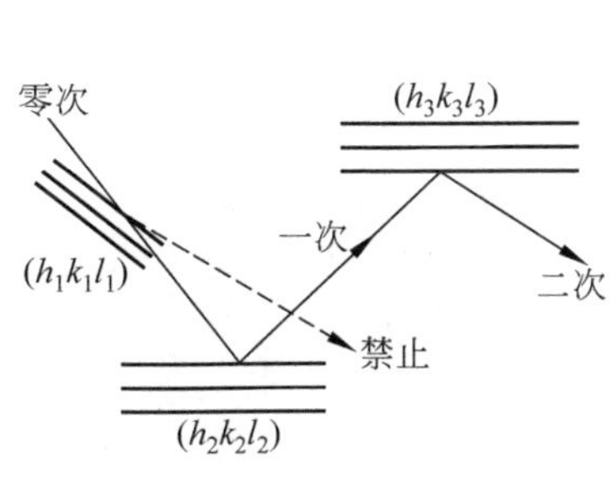

图 4-24　二次衍射效应产生的“禁止衍射”

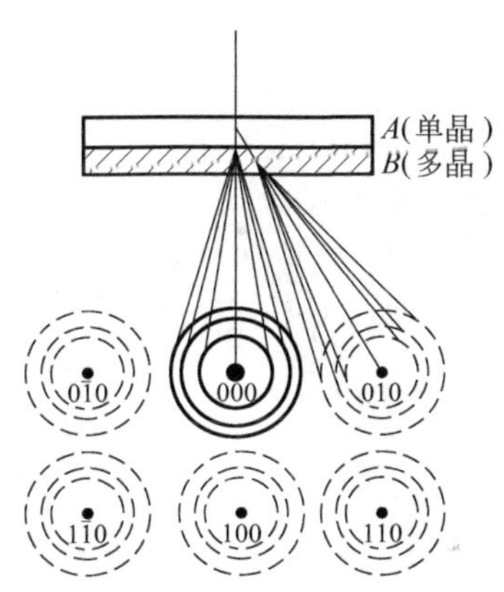

图 4-25　电子束相继通过单晶、多晶试样时产生的电子衍射谱

实点·是一次衍射，虚线---是二次衍射

显然，在二次衍射效应中，双衍射斑点的指数必然是由最初的两个衍射斑点的指数叠加而成。如果$(h_1k_1l_1)$和$(h_2k_2l_2)$满足衍射条件产生一次衍射，则$(h_1 \pm h_2, k_1 \pm k_2, l_1 \pm l_2)$也满足衍射条件产生二次衍射。

4.6.4　高阶劳厄带

简单电子衍射谱上所有衍射斑点都满足晶带定律 $hu+kv+lw=0$，由于 Ewald 球的半径不是无穷大，因此，除了通过原点的$(uvw)_0^*$ 倒易面上的阵点可能与 Ewald 球相截外，与此平行的其他$(uvw)^*$ 倒易面上的阵点也可能与 Ewald 球相截，从而产生另外一套或几套斑点。这些斑点满足广义晶带定律：

$$hu + kv + lw = N, \quad N = 0, \pm 1, \pm 2, \cdots \tag{4-43}$$

$N=0$，为零阶劳厄带（即简单电子衍射谱）。

$N\neq 0$，为高阶劳厄带（N 阶劳厄带）。

零阶与高阶劳厄带结合在一起就相当于二维倒易平面在三维空间的堆垛。高阶劳厄带提供了倒空间中的三维消息，弥补了二维电子衍射谱不惟一的缺陷，高阶劳厄带的分析对于相分析和研究取向关系极为有用。图 4-26 给出了一个零阶与高阶劳厄带一起出现的例子。我们将在第 5 章详细讨论高阶劳厄带。

4.6.5 菊池线

若试样厚度较大时(1000～1500 Å),且单晶又较完整,在衍射照片上除了点状花样外,还会有一系列平行的亮暗线。其亮线通过衍射斑点或在其附近,暗线通过透射斑点或在其附近,当厚度再继续增加时,点状花样会完全消失,只剩下大量亮、暗平行线对。这些线对称为菊池线(Kikuchi lines)对(见图 4-27)。

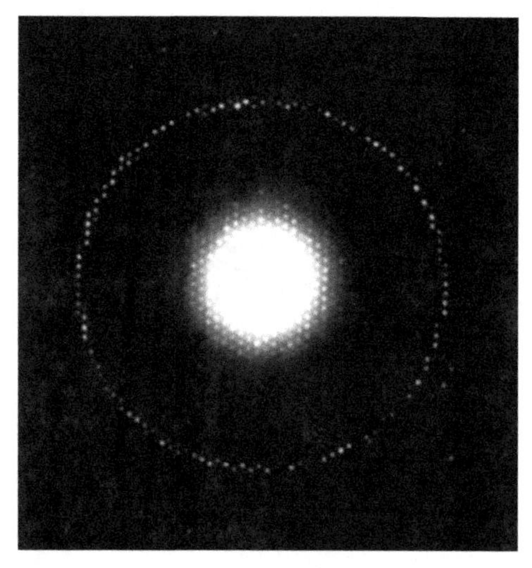

图 4-26 零阶与高阶劳厄带

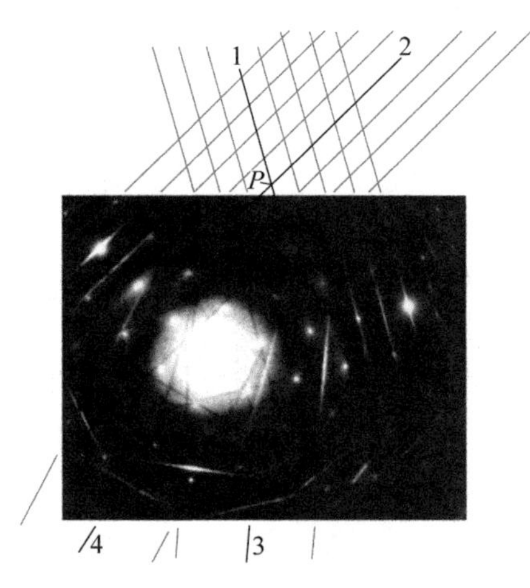

图 4-27 菊池线

菊池线是由经过非相干散射失去较少能量的电子随后又受到弹性散射所产生的。菊池线衍射花样对晶体的转动非常敏感,而单晶衍射斑点对小范围的转动(如几度)不敏感。

菊池线主要用途为:精确测定晶体的取向,校正电子显微镜试样倾动台的倾转角度,以及测定偏离布喇格位置的偏离矢量 $\boldsymbol{s}$ 等。我们将在第 5 章详细讨论菊池线。

4.7 电子衍射的计算机分析

现在的微型计算机的处理能力已有惊人的发展,它的性能已可与以前的小型计算机和工作站计算机相媲美,并且它的价格低。它一般广泛地用于处理和分析电子显微镜的数据,如标定电子衍射谱等。用计算机来标定电子衍射谱的优点如下：

（1）高效率　人工标定一个电子衍射谱有时要试探许多不同的指数，然后用角度去验证我们选的指数是否合适，这需要花费不少时间。而计算机计算数据极快，可以在很短的时间里，试探许多不同的指数的组合并判断该指数的组合是否合适，可以大大提高衍射谱标定的效率。

（2）客观性　人工标定时，有时有好几种指数的组合都有可能，较难决定哪种指数的组合最佳。另外，人工标定时，一旦找到了某种指数的组合是可以的，往往就不再试探其他的指数的组合了。而计算机则不然，因为它算得快，它可以计算各种可能的指数的组合，从中找出最好的结果，即计算机分析的结果更加客观。

（3）可分析各种对称性材料（特别是非立方对称性）对立方晶系材料的电子衍射谱的标定，采用人工标定还较简单，但对非立方晶体材料的电子衍射谱，用人工做，计算量很大也很复杂，这时用计算机来标定，优势就更突出了。

下面介绍几种常用的分析电子衍射谱的软件：

① EMS (electron microscopy imagine simulation software)

这是 PC 用的软件，可计算电子显微像和电子衍射花样、晶体结构。

② Desktop Microscopist

这是 Virtural Laboratories 公司的 Macintosh 用的软件，可进行电子衍射、会聚束电子衍射花样的分析。

③ ELD (commercial package for Windows)

这是 PC 用的软件，与 CRISP 软件组合起来使用，输入电子衍射花样，就能进行指标化等电子衍射解析和晶体结构的分析。

④ CRISP

这是 Calidris 公司的 PC 用的软件，输入 TEM 像，可进行傅里叶变换(FFT)等的图像处理和晶体结构分析。

⑤ DIFPACK

这是 Gatan 公司的 Macintosh 用的软件，它可与 Digital Micrograph 软件组合起来用，输入电子衍射花样，就可进行电子衍射分析。

⑥ Digital Micrograph

这是 Gatan 公司的 Macintosh 用的软件，它可进行慢扫描 CCD 照相机和像过滤器(GIF)的控制，以及 TEM 像的解析和图像处理。

⑦ Mac Tempas

这是 Total Resolution 公司的 Macintosh 用的软件，它可按照多层法计算高分辨电子显微像和进行电子衍射花样的计算。

⑧ Mss Win32

这是 JEOL 公司的 PC 用的软件，它可按照多层法计算高分辨电子显微像和进行电子衍射花样的计算。

⑨ TriMerge

这是 Calidris 公司的 PC 用的软件，它可把连续倾斜试样得到的一系列电子衍射花样输入进去，建立试样的三维结构。

⑩ TriView

这是 Calidris 公司的 PC 用的软件，显示用 TriMerge 软件建立的三维结构。

第5章　复杂电子衍射谱

5.1　孪晶电子衍射谱

5.1.1　孪晶电子衍射谱的一般分析

孪晶是按一定取向规律排列的两个或多个晶体。这两部分结构相同，取向不同，但互为孪晶(见图5-1)。基体和孪晶相对于一个平面(孪晶面)成镜面对称。孪晶是绕孪晶面法线方向[*uvw*]旋转60°，90°，120°和180°而形成的，最常见的是180°，此法线方向被称为“孪晶轴”。

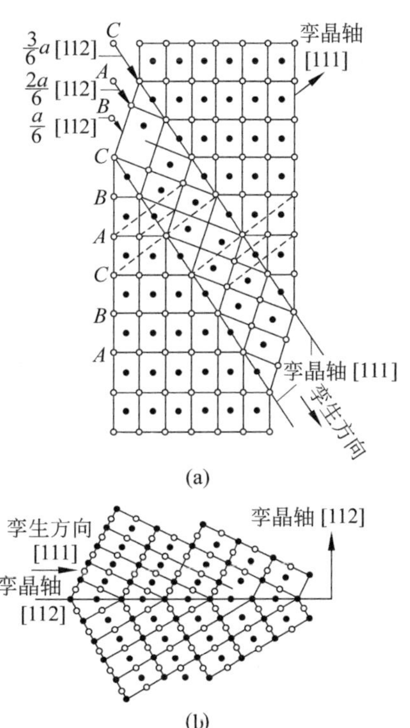

图5-1　立方晶系晶体通过切变产生孪晶的几何模型

(a) 面心立方；(b) 体心立方

面心立方晶体的孪晶面是{111}，孪晶部分可以认为是基体部分以(111)为镜面的反映。体心立方晶体的孪晶面是{112}。

晶体点阵有孪晶关系，相应的倒易点阵也有孪晶关系，因此孪晶的几何关系也可由衍射谱反映出来。在电子衍射谱中，单晶的衍射斑点都出现在倒空间的整数位置，若在分数位置上出现一些附加的斑点，有时就表明有孪晶关系的存在。但在某些情况下，即使有孪晶关系存在，也不一定存在附加斑点。孪晶电子衍射谱的分析实际上就是孪晶倒易点阵的分析。

晶体中的孪晶关系可用二次旋转对称描述。孪晶的倒易点也可用同一对称轴的二次旋转操作得到，即基体中任一倒易矢量$\boldsymbol{g}_M$或倒易点 *hkl* 绕孪晶轴[*HKL*]旋转180°后成为孪晶的对应倒易矢量$\boldsymbol{g}_T$或倒易

点 hkl_{T}（这里下标 M 代表基体的量，下标 T 代表孪晶的量）。指数 hkl_{T} 是在孪晶倒易点阵中的指数（见图 5-2）。为了得出晶体与孪晶的合成倒易点阵，需要将孪晶倒易点的指数 hkl_{T} 用基体点阵中的指数 $h^tk^tl^t$ 来表示。

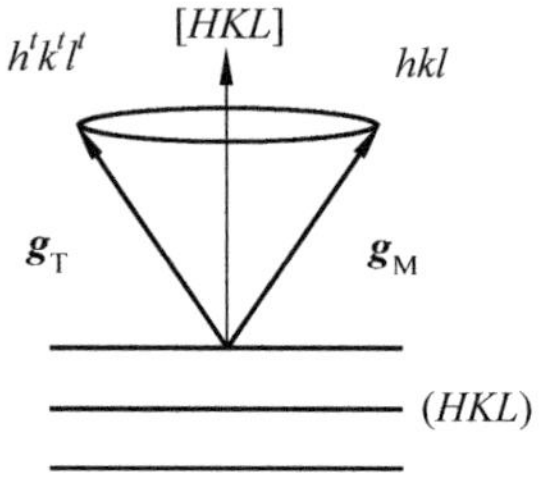

设 hkl 是基体中一倒易点 $\boldsymbol{g}_{\mathrm{M}}$ 的指数，它的对应的孪晶倒易点 $\boldsymbol{g}_{\mathrm{T}}$ 的指数可用基体倒易点指数表示为 $h^tk^tl^t$，(HKL) 是孪晶面，$[HKL]$ 是孪晶面法线方向或孪晶轴（见图 5-2）。

图 5-2　基体倒易点与孪晶倒易点的关系

$$|\boldsymbol{g}_{\mathrm{T}}| = |\boldsymbol{g}_{\mathrm{M}}|$$

$$\boldsymbol{g}_{\mathrm{T}} + \boldsymbol{g}_{\mathrm{M}} = \boldsymbol{n}[HKL]$$

式中 $\boldsymbol{n}$ 是在 $[HKL]$ 方向的一个矢量，它取决于 HKL 的值，即

$$[hkl] + [h^tk^tl^t] = n[HKL] \tag{5-1}$$

上式可用分量表示为

$$\begin{cases} h + h^t = nH \\ k + k^t = nK \\ l + l^t = nL \end{cases} \tag{5-2}$$

对面心立方晶体，$HKL=111$；对体心立方晶体，$HKL=112$。

对一般的属于正交晶系的晶体，它们的点阵常数和晶面夹角满足 $a \neq b \neq c$，$\alpha=\beta=\gamma=90^\circ$，面间距可用下式表示：

$$\frac{1}{d^2} = \frac{h^2}{a^2} + \frac{k^2}{b^2} + \frac{l^2}{c^2} \tag{5-3}$$

对于孪晶，式(5-3)同样成立，由式(5-2)和式(5-3)得

$$\begin{aligned} \frac{1}{d^2} &= \frac{(h^t)^2}{a^2} + \frac{(k^t)^2}{b^2} + \frac{(l^t)^2}{c^2} \\ &= \frac{(nH-h)^2}{a^2} + \frac{(nK-k)^2}{b^2} + \frac{(nL-l)^2}{c^2} \end{aligned} \tag{5-4}$$

比较式(5-3)和式(5-4)得

$$\frac{h^2}{a^2} + \frac{k^2}{b^2} + \frac{l^2}{c^2} = \frac{(nH-h)^2}{a^2} + \frac{(nK-k)^2}{b^2} + \frac{(nL-l)^2}{c^2} \tag{5-5}$$

解得

$$n = \frac{2\left(\frac{Hh}{a^2} + \frac{Kk}{b^2} + \frac{Ll}{c^2}\right)}{\left(\frac{H}{a}\right)^2 + \left(\frac{K}{b}\right)^2 + \left(\frac{L}{c}\right)^2} \tag{5-6}$$

将式(5-6)代入式(5-2)就得孪晶点阵在基体点阵中的指数 $h^tk^tl^t$：

$$\begin{cases} h^t = \dfrac{H\left(\dfrac{Hh}{a^2}+\dfrac{2Kk}{b^2}+\dfrac{2Ll}{c^2}\right)-h\left(\dfrac{K^2}{b^2}+\dfrac{L^2}{c^2}\right)}{\left(\dfrac{H}{a}\right)^2+\left(\dfrac{K}{b}\right)^2+\left(\dfrac{L}{c}\right)^2} \\ k^t = \dfrac{K\left(\dfrac{2Hh}{a^2}+\dfrac{Kk}{b^2}+\dfrac{2Ll}{c^2}\right)-k\left(\dfrac{H^2}{a^2}+\dfrac{L^2}{c^2}\right)}{\left(\dfrac{H}{a}\right)^2+\left(\dfrac{K}{b}\right)^2+\left(\dfrac{L}{c}\right)^2} \\ l^t = \dfrac{L\left(\dfrac{2Hh}{a^2}+\dfrac{Kk}{b^2}+\dfrac{Ll}{c^2}\right)-l\left(\dfrac{H^2}{a^2}+\dfrac{K^2}{b^2}\right)}{\left(\dfrac{H}{a}\right)^2+\left(\dfrac{K}{b}\right)^2+\left(\dfrac{L}{c}\right)^2} \end{cases} \tag{5-7}$$

式(5-7)仅对正交晶系成立。对立方晶系，有 $a=b=c$，式(5-6)和式(5-7)可简化为

$$n=\frac{2(Hh+Kk+Ll)}{H^2+K^2+L^2} \tag{5-8}$$

$$\begin{cases} h^t=-h+\dfrac{2H}{H^2+K^2+L^2}(Hh+Kk+Ll) \\ k^t=-k+\dfrac{2K}{H^2+K^2+L^2}(Hh+Kk+Ll) \\ l^t=-l+\dfrac{2L}{H^2+K^2+L^2}(Hh+Kk+Ll) \end{cases} \tag{5-9}$$

下面我们讨论几种简单的情况。

(1) 面心立方晶体

在面心立方金属中，孪生面是{111}，即[HKL]=[111]，式(5-8)和式(5-9)可简化为

$$n=\frac{2}{3}(Hh+Kk+Ll)$$

$$\begin{cases} h^t=-h+\dfrac{2}{3}H(Hh+Kk+Ll) \\ k^t=-k+\dfrac{2}{3}K(Hh+Kk+Ll) \\ l^t=-l+\dfrac{2}{3}L(Hh+Kk+Ll) \end{cases} \tag{5-10}$$

为了更容易看出上式包含的物理意义，我们讨论以下两种情况：

① 当 $Hh+Kk+Ll=3N$ 时($N=0,1,2,3,\cdots$)，得

$$\begin{cases} h^t=-h+2NH \\ k^t=-k+2NK \\ l^t=-l+2NL \end{cases} \tag{5-11}$$

或用矩阵的形式表示为

$$\begin{bmatrix} h^t \\ k^t \\ l^t \end{bmatrix} = \begin{bmatrix} \bar{h} \\ \bar{k} \\ \bar{l} \end{bmatrix} + 2N \begin{bmatrix} H \\ K \\ L \end{bmatrix} \tag{5-12}$$

这表示，当 $Hh+Kk+Ll=3N$ 时，孪晶的 hkl 倒易点从基体的 $\bar{h}\bar{k}\bar{l}$ 倒易点沿 HKL 方向位移 $2N$，到达另一个基体倒易点处并与之重合(即 $h^tk^tl^t$ 均为整数)，故不产生新的衍射斑点。在这种情况下，同一个衍射斑点可以有两套指数，一套是基体指数，一套是孪晶指数，这两个指数是不同的。

例 5.1 若[HKL]=[111]，求与衍射点 $hkl=\bar{2}44$ 对应的孪晶指数 $h^tk^tl^t$。

解 因为 $Hh+Kk+Ll=6=3N$，即 $N=2$，由式(5-12)得

$$\begin{bmatrix} h^t \\ k^t \\ l^t \end{bmatrix} = \begin{bmatrix} \bar{h} \\ \bar{k} \\ \bar{l} \end{bmatrix} + 2N \begin{bmatrix} H \\ K \\ L \end{bmatrix} = \begin{bmatrix} 2 \\ \bar{4} \\ \bar{4} \end{bmatrix} + 4 \begin{bmatrix} 1 \\ 1 \\ 1 \end{bmatrix} = \begin{bmatrix} 6 \\ 0 \\ 0 \end{bmatrix}$$

即 $h^tk^tl^t=600$，也即孪晶 $\bar{2}44$ 倒易点与基体的 600 倒易点重合(但指数不同)，因此在 $Hh+Kk+Ll=3N$ 时仅看见一套衍射斑点。

② 当 $Hh+Kk+Ll=6=3N\pm1(N=0,1,2,3,\cdots)$时，由式(5-10)得

$$\begin{bmatrix} h^t \\ k^t \\ l^t \end{bmatrix} = \begin{bmatrix} \bar{h} \\ \bar{k} \\ \bar{l} \end{bmatrix} + (2N\pm1) \begin{bmatrix} H \\ K \\ L \end{bmatrix} \mp \frac{1}{3} \begin{bmatrix} H \\ K \\ L \end{bmatrix} \tag{5-13}$$

式右边前两项是整数，而第三项是非整数，从而导致出现指数不是整数的孪晶斑点，该孪晶斑点出现在基体倒易点沿着[HKL]方向位移 1/3 的位置上。

例 5.2 若[HKL]=[111]，求与衍射点 $hkl=11\bar{1}$ 对应的孪晶指数 $h^tk^tl^t$。

解 因为 $Hh+Kk+Ll=1(=3N\pm1)$，属于 $3N\pm1$ 类型，$N=0$，取"+"号，由式(5-13)得

$$\begin{bmatrix} h^t \\ k^t \\ l^t \end{bmatrix} = \begin{bmatrix} \bar{1} \\ \bar{1} \\ 1 \end{bmatrix} + \begin{bmatrix} 1 \\ 1 \\ 1 \end{bmatrix} - \frac{1}{3} \begin{bmatrix} 1 \\ 1 \\ 1 \end{bmatrix} = \frac{1}{3} \begin{bmatrix} \bar{1} \\ \bar{1} \\ 5 \end{bmatrix} = \begin{bmatrix} 0 \\ 0 \\ 2 \end{bmatrix} - \frac{1}{3} \begin{bmatrix} 1 \\ 1 \\ 1 \end{bmatrix}$$

即

$$(h^tk^tl^t) = \frac{1}{3}(\bar{1}\,\bar{1}5) = (002) - \frac{1}{3}(111)$$

可见在 $Hh+Kk+Ll\neq3N$ 时，在基体衍射斑点 002 处位移$\frac{1}{3}$(111)即得到孪晶衍射斑点$\frac{1}{3}(\bar{1}\,\bar{1}5)$，该孪晶斑点出现在分数位置上，即孪晶$(11\bar{1})$的倒易点在$\frac{1}{3}(\bar{1}\,\bar{1}5)$处。

(2) 体心立方晶体

在体心立方晶体中，孪生面是{112}，即[HKL]=[112]，式(5-8)和式(5-9)可

简化为

$$\begin{cases} n = \dfrac{1}{3}(Hh + Kk + Ll) \\ h^t = -h + \dfrac{1}{3}H(Hh + Kk + Ll) \\ k^t = -k + \dfrac{1}{3}K(Hh + Kk + Ll) \\ l^t = -l + \dfrac{1}{3}L(Hh + Kk + Ll) \end{cases} \tag{5-14}$$

同理，我们讨论以下两种情况：

① 当 $Hh+Kk+Ll=3N(N=0,1,2,3,\cdots)$时，有

$$\begin{bmatrix} h^t \\ k^t \\ l^t \end{bmatrix} = \begin{bmatrix} \bar{h} \\ \bar{k} \\ \bar{l} \end{bmatrix} + N\begin{bmatrix} H \\ K \\ L \end{bmatrix} \tag{5-15}$$

此时，孪晶的 hkl 倒易点是由基体的 $\bar{h}\bar{k}\bar{l}$ 倒易点沿着 HKL 方向位移 N，到达另一个基体倒易点处，并与之重合，并不产生新的衍射斑点。

例 5.3　若$[HKL]=[\bar{1}12]$，求与衍射点 $hkl=2\bar{2}2$ 对应的孪晶指数 $h^tk^tl^t$。

解　因为 $Hh+Kk+Ll=0=3N$，得 $N=0$，由式(5-15)得

$$\begin{bmatrix} h^t \\ k^t \\ l^t \end{bmatrix} = \begin{bmatrix} \bar{2} \\ 2 \\ \bar{2} \end{bmatrix}$$

即孪晶的 $2\bar{2}2$ 倒易点和基体的 $\bar{2}2\bar{2}$ 倒易点重合。

② 当 $Hh+Kk+Ll=3N\pm 1(N=0,1,2,3,\cdots)$时，有

$$\begin{bmatrix} h^t \\ k^t \\ l^t \end{bmatrix} = \begin{bmatrix} \bar{h} \\ \bar{k} \\ \bar{l} \end{bmatrix} + N\begin{bmatrix} H \\ K \\ L \end{bmatrix} \pm \frac{1}{3}\begin{bmatrix} H \\ K \\ L \end{bmatrix} \tag{5-16}$$

可见孪晶斑点出现在基体某倒易点沿着$[HKL]$方向位移 $N\pm 1/3$ 的位置上。这时孪晶斑点与基体衍射斑点不重合。

例 5.4　若 $HKL=11\bar{2}$，求与衍射点$(hkl)=(011)$对应的孪晶指数$(h^tk^tl^t)$。

解　因为 $Hh+Kk+Ll=\bar{1}=3N-1$，得 $N=0$，由式(5-16)得

$$(h^tk^tl^t) = (0\bar{1}\,\bar{1}) - \frac{1}{3}(11\bar{2}) = \frac{1}{3}(\bar{1}\,4\,\bar{1})$$

即孪晶(011)的倒易阵点在对于基体$(0\bar{1}\,\bar{1})$倒易点平移一个$\dfrac{1}{3}(11\bar{2})$矢量的位置上。

一般来说，当电子束与孪晶面的法线$[HKL]$(即孪晶轴)平行时孪晶斑点与基

体斑点重合。沿面心立方晶体的<111>、体心立方晶体的<112>方向入射，所有孪晶斑点与基体斑点相重合。在一般情况下立方晶系的面心立方晶体和体心立方晶体中基体与孪晶的倒易点阵有 1/3 相重合。故孪晶衍射斑点的出现是有择优取向的，不能认为在衍射花样上没有看到孪晶斑点就断定试样中不存在孪晶。

目前已可利用计算机按照式(5-10)和式(5-14)计算出面心立方晶体和体心立方晶体的全部孪晶倒易点在基体倒易空间中的位置。面心立方晶体有四个可能的孪晶面，即(111)，($\bar{1}$11)，(1$\bar{1}$1)，(11$\bar{1}$)，而体心立方晶体有 12 个可能的孪晶面，即(112)，($\bar{1}$12)，(1$\bar{1}$2)，(11$\bar{2}$)，(121)，($\bar{1}$21)，(1$\bar{2}$1)，(12$\bar{1}$)，(211)，($\bar{2}$11)，(2$\bar{1}$1)，(21$\bar{1}$)，分别制得 16 张孪晶衍射位置表(图 5-3 给出了面心立方孪晶衍射谱的几个例子)。对于一张含有孪晶的电子衍射谱，首先应标定基体斑点，然后根据孪晶斑点相对于基体斑点的位置，直接从表中查出指数，并确定属于哪一类孪晶，孪晶面

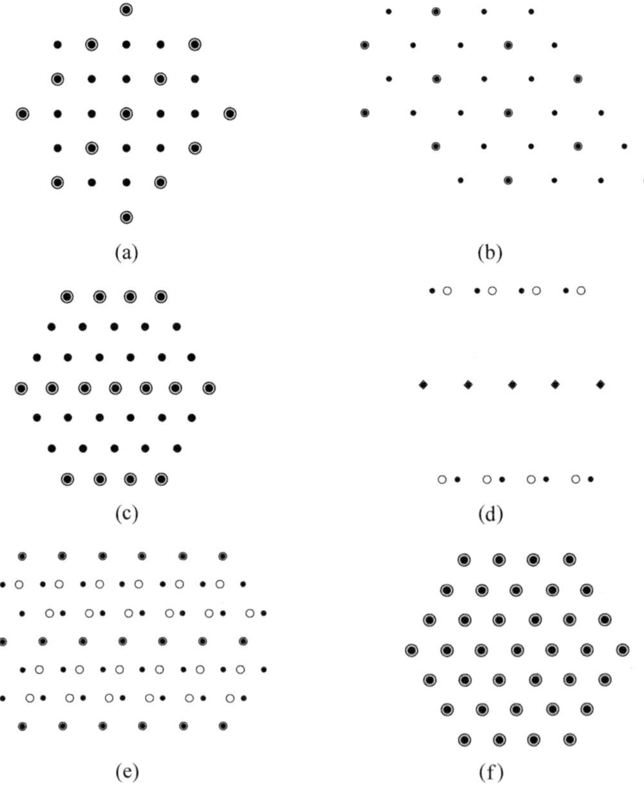

图 5-3 孪晶电子衍射谱

(a) (100)//($\bar{1}$22)* T; (b) (011)* //(411)* T; (c) (1$\bar{1}$1)* //($\bar{1}$5$\bar{1}$)* T;
(d) (123)* //(321)* T; (e) (01$\bar{1}$)* //(0$\bar{1}$1)* T; (f) (111)* //(111)* T

指数也随之标定（这种孪晶衍射位置表适用于任意取向的晶体，参见参考文献[47]）。

如无现成表可查，只需要考虑在基体$(uvw)^*$上孪晶倒易点的配置和指数，就可标定孪晶电子衍射谱。具体步骤如下。

（1）确定基体晶带轴$[uvw]$，根据下式（此式是仿照式(5-9)得到的）算出与其平行的孪晶晶带轴：

$$\begin{cases} u^t = -u + \dfrac{2H}{H^2+K^2+L^2}(Hu+Kv+Lw) \\ v^t = -v + \dfrac{2K}{H^2+K^2+L^2}(Hu+Kv+Lw) \\ w^t = -w + \dfrac{2L}{H^2+K^2+L^2}(Hu+Kv+Lw) \end{cases} \tag{5-17}$$

上式仅适用于立方晶系。其中 HKL 是孪晶面指数，uvw 是基体晶带轴指数，$u^tv^tw^t$是平行于基体$[uvw]$的孪晶晶带轴指数。此晶体有几种可能的孪晶面（即几种可能的 HKL 值），$[u^tv^tw^t]$就有几种可能的解。

（2）分别绘制基体的$(uvw)^*$及孪晶所有可能的$(u^tv^tw^t)^*$，将它与实验得到的孪晶的电子衍射谱比较，以确定可能的$(u^tv^tw^t)^*$。

（3）将基体的$(uvw)^*$与孪晶的$(u'v'w')^*$按一定取向关系叠加在一起，最后确定孪晶关系并标定孪晶电子衍射谱。

5.1.2　孪晶电子衍射谱的标定

碳化物 $M_{23}C_6$ 的电子衍射谱（见图 5-4(a)）由相交成 80°角的两组衍射点列组成二维点列，简单计算指出：垂直点列相当于 200，400，600，…点列，接近水平点列相当于 111，222，333，…点列，但立方晶系中{200}与{111}间的夹角是 54°和 74°，与图中的 80°的夹角不符，这排除了 111 点列与 200 点列同属于一套电子衍射谱的可能性，可能是两套电子衍射谱叠加在一起。

假定垂直方向的强衍射点列是基体的 200 衍射点列（图 5-4(b)），它与接近水平点列的强衍射 151 构成$[0\bar{1}5]$晶带的电子衍射图（图 5-4(c)），以＜111＞为孪晶轴，由式(5-17)，基体的$[uvw]=[0\bar{1}5]$变换成相应的孪晶晶带轴$[u'v'w']$是

孪晶轴	$[HKL]$	$[111]$	$[\bar{1}11]$	$[1\bar{1}1]$	$[11\bar{1}]$
孪晶晶带轴	$[u'v'w']$	$[811\bar{7}]$	$[\bar{8}11\bar{7}]$	$[4\bar{3}\,\bar{1}]$	$[\bar{4}\,\bar{3}\,\bar{1}]$

分别绘制这些晶带的电子衍射图（书中未画出），发现只有$[4\bar{3}\,\bar{1}]$晶带的衍射图（图 5-4(c)）和$[0\bar{1}5]$衍射谱（图 5-4(b)）的叠加才和实验得到的衍射谱相符，可以认为实验得到的衍射谱是基体的$[0\bar{1}5]$衍射谱与孪晶的$[4\bar{3}\,\bar{1}]$衍射谱相叠加的

结果。为了将基体的$[0\bar{1}5]$衍射谱与孪晶的$[4\bar{3}\,\bar{1}]$衍射谱相叠加，必须算出基体与孪晶的倒易阵点的关系。已知$[HKL]=[1\bar{1}1]$，由式(5-10)可以算出基体与孪晶的倒易阵点的关系如下：

基体(hkl)		孪晶($h^t k^t l^t$)
600	→	$\bar{2}\,\bar{4}4$
151	→	$\bar{3}\,\bar{3}\,\bar{3}$

将基体的$[0\bar{1}\ 5]$衍射图与孪晶的$[4\bar{3}\ \bar{1}]$衍射图叠加，即得合成的衍射图(图 5-4(d))。

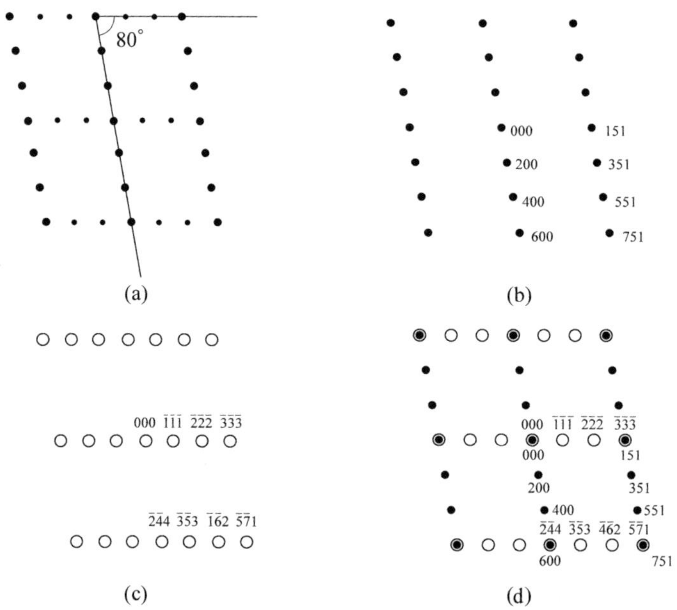

图 5-4 $M_{23}C_6$ 孪晶衍射谱的标定

(a) $M_{23}C_6$的电子衍射谱；(b) 基体的$[0\bar{1}5]$衍射谱的标定；

(c) 孪晶的$[4\bar{3}\ \bar{1}]$衍射谱的标定；(d) $M_{23}C_6$的电子衍射谱的标定

5.1.3 孪晶电子衍射谱的矩阵分析

孪晶电子衍射谱的标定需要将孪晶的晶面指数(即在孪晶倒空间中倒易阵点指数)变换成基体的晶面指数(也即在基体倒易空间中的倒易点指数)。这种晶面指数的孪晶变换实际上是倒易点阵矢量的坐标变换，可用矩阵表示。采用矩阵分析能使分析工作简化。

在立方晶系中，可将式(5-9)用矩阵形式表示为

$$\begin{bmatrix} h^t \\ k^t \\ l^t \end{bmatrix} = -\begin{bmatrix} 1 & 0 & 0 \\ 0 & 1 & 0 \\ 0 & 0 & 1 \end{bmatrix}\begin{bmatrix} h \\ k \\ l \end{bmatrix} + \frac{2}{H^2+K^2+L^2}\begin{bmatrix} HH & HK & HL \\ KH & KK & KL \\ LH & LK & LL \end{bmatrix}\begin{bmatrix} h \\ k \\ l \end{bmatrix}$$

令

$$\begin{bmatrix} h^t \\ k^t \\ l^t \end{bmatrix} = \boldsymbol{T}\begin{bmatrix} h \\ k \\ l \end{bmatrix} \tag{5-18}$$

则晶面指数的变换矩阵 $\boldsymbol{T}$ 为

$$\boldsymbol{T} = \frac{1}{H^2+K^2+L^2}\begin{bmatrix} H^2-K^2-L^2 & 2HK & 2HL \\ 2KH & K^2-L^2-H^2 & 2KL \\ 2LH & 2LK & L^2-H^2-K^2 \end{bmatrix} \tag{5-19}$$

例 5.5 求体心立方晶体中点 024 经过$[11\bar{2}]$孪生后的衍射斑点位置。

解 因为 $hkl=024$，$[HKL]=[11\bar{2}]$，由式(5-18)和式(5-19)得

$$\begin{bmatrix} h^t \\ k^t \\ l^t \end{bmatrix} = \frac{1}{6}\begin{bmatrix} \bar{4} & 2 & \bar{4} \\ 2 & \bar{4} & \bar{4} \\ \bar{4} & \bar{4} & 2 \end{bmatrix}\begin{bmatrix} 0 \\ 2 \\ 4 \end{bmatrix} = \begin{bmatrix} \bar{2} \\ \bar{4} \\ 0 \end{bmatrix}$$

即$(11\bar{2})$孪晶中的衍射斑点 024 与基体衍射斑点 $\bar{2}\,\bar{4}0$ 重合。

例 5.6 求面心立方晶体中点 $\bar{3}5\bar{1}$ 经$[111]$孪生后的衍射斑点位置。

解 因为 $hkl=\bar{3}5\bar{1}$，$[HKL]=[111]$，由式(5-18)和式(5-19)得

$$\begin{bmatrix} h^t \\ k^t \\ l^t \end{bmatrix} = \frac{1}{3}\begin{bmatrix} \bar{1} & 2 & 2 \\ 2 & \bar{1} & 2 \\ 2 & 2 & \bar{1} \end{bmatrix}\begin{bmatrix} \bar{3} \\ 5 \\ \bar{1} \end{bmatrix} = \frac{1}{3}\begin{bmatrix} 11 \\ \bar{1}\bar{3} \\ 5 \end{bmatrix} = \begin{bmatrix} 3 \\ \bar{4} \\ 2 \end{bmatrix} + \frac{1}{3}\begin{bmatrix} 2 \\ \bar{1} \\ \bar{1} \end{bmatrix}$$

即(111)孪晶中的衍射斑点 $\bar{3}5\bar{1}$ 是基体的斑点 $3\bar{4}2$ 位移$\frac{1}{3}[2\bar{1}\,\bar{1}]$而得到的。

5.2 高阶劳厄带电子衍射谱

5.2.1 高阶劳厄带的成因与特征

简单电子衍射谱的衍射斑点都满足晶带定律：

$$hu + kv + lw = 0$$

衍射花样均是过倒易原点的倒易平面$(uvw)_0^*$ 上的倒易点所贡献的，所有衍射斑点均在一套网格上。而实际上，Ewald 球的半径$(1/\lambda)$不是无穷大，球面有一定曲

率，因此，除了过原点的$(uvw)_0^*$倒易面上的阵点可能与 Ewald 球相截外，与它平行的其他$(uvw)^*$倒易面上的阵点也可能与 Ewald 球相截，从而产生另外一套或几套衍射斑点，这些斑点的指数 hkl 满足广义晶带定律：

$$hu+kv+lw=N \quad (N=0, \pm 1, \pm 2, \pm 3, \cdots)$$

对应 $N=0$ 的电子衍射谱是零阶劳厄带（也即是简单电子衍射谱，注意：这里暂不考虑孪晶和菊池线等复杂情况），对应 $N\neq 0$ 的电子衍射谱是 N 阶劳厄带，N 阶劳厄带中的衍射斑点与第 N 层$(uvw)^*$倒易面上的阵点相对应。

零阶与高阶劳厄带合在一起就相当于二维倒易平面在三维空间中的堆垛。高阶劳厄带的分析对于相分析和研究取向关系极有用处，从一张电子衍射谱就可得到三维倒易点阵的有关信息。

常见的高阶劳厄带有如下三种。

1. 对称的劳厄带

电子束与一族倒易平面$(uvw)^*$正交，得到的零阶劳厄带是一个位于衍射谱的中心的小圆区，高阶劳厄带是半径不同的同心圆环带，带间或者只有很弱的斑点（由于倒易杆拉长所致）或者没有斑点（见图 5-5 和图 5-6(a)）。

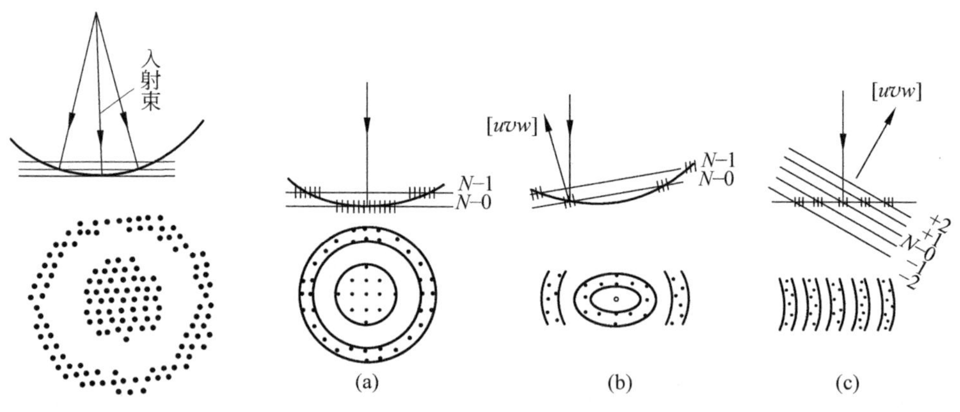

图 5-5　对称的劳厄带

图 5-6　形成高阶劳厄带的几何示意图
(a) 对称情况；(b)，(c) 不对称情况

2. 不对称的劳厄带

电子束不与一族倒易平面$(uvw)^*$严格正交（有几度的偏离）。衍射谱由一系列同心圆的弧带构成，或者呈现衍射斑点偏聚在一边的同心圆环带（见图 5-6(b) 和(c)）。

3. 重叠的劳厄带

当晶体的点阵常数较大，即倒易面的间距较小，而晶体较薄的情况下，倒易点成杆状，此时几个劳厄带可以重叠在一起，即在一套简单的平行四边形花样上又重叠了另外一套或几套同一形状的平行四边形(图 5-7)。这种情况在高温合金 $M_{23}C_6$ 及 M_6C 相中常出现。

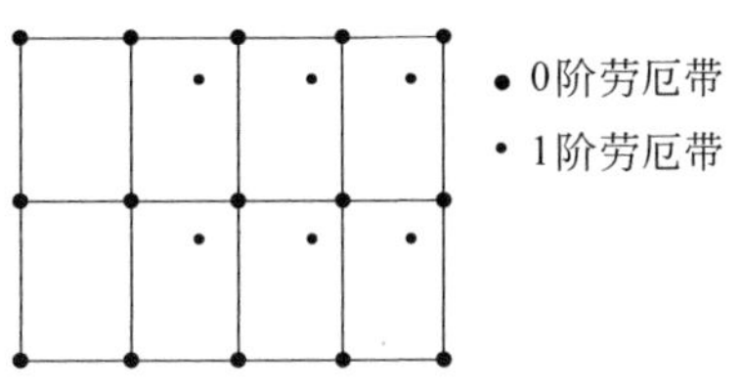

图 5-7 重叠劳厄衍射花样

在重叠的劳厄带中,各劳厄带中的斑点网格几乎完全一样,只是根据晶体的点阵类型和晶带轴的取向不同,彼此间有一定的错开。

下面我们讨论零阶及高阶劳厄带的形状特点。

(1) 零阶劳厄区直径和高阶劳厄区宽度取决于试样沿电子束方向的厚度 t,厚度 t 越小,零阶劳厄区直径就越大,高阶劳厄区也越宽。

(2) 零阶与高阶劳厄区之间的空白区宽度,除与试样厚度有关外,还与衍射物质的晶格常数有关。厚度越小,晶格常数越大(不同层的倒易面越靠近),则空白区越窄。一般情况下,观察到的高阶劳厄衍射与基本重复单元相同,但它们是互相错开的两套衍射斑点。

高阶劳厄带出现与否与 Ewald 球的曲率半径及倒易面间距有关。对同一晶体,高的加速电压导致小的电子束波长,使得曲率半径增大,难与高阶倒易面相截,从而导致出现高阶劳厄带的几率变小。对同一实验条件,晶体的点阵常数大,不同层的倒易面就靠近,出现高阶劳厄带的几率就大。晶体在入射方向越薄,倒易点拉长越厉害,出现高阶劳厄带的几率也越大。

若晶带轴不严格平行于入射方向,也会增加高阶劳厄带出现的机会。

5.2.2 非零层倒易点在零层上的投影

在重叠的劳厄带中,高阶劳厄带上衍射斑点的分布和零阶劳厄带上的分布是相同的,衍射斑点排列在相同的网格上,不过可能有一个相对的水平位移,这样只要标定高阶劳厄带中一个斑点的指数,就可参照零阶劳厄带中斑点的指数,标定高阶劳厄带中其他斑点的指数。

高阶劳厄带中衍射斑点的配置相当于非零层倒易面上倒易点沿着衍射线方向在底片上的投影,可以近似地认为高阶劳厄带中斑点配置相当于非零层倒易面上的倒易点沿着相应晶带轴的方向在零层倒易面上的投影(这种近似引起的误差一般在允许范围内)。

下面讨论非零层倒易面在零层倒易面上的投影。对任意对称晶体,一平行的倒易点阵面族 $\{uvw\}^*$ 中任一倒易点 (hkl) 均满足广义晶带定律:

$$hu + kv + lw = N \quad (N = 0, \pm 1, \pm 2, \pm 3, \cdots) \tag{5-20}$$

设相应于 (hkl) 的倒易矢量为 $\boldsymbol{g}_{hkl}$,它可以分解为垂直于零层倒易面的垂直分量 $\boldsymbol{g}_{\perp}$ 及平行于零层倒易面的水平分量 $\boldsymbol{g}_{/\!/}$。$\boldsymbol{g}_{\perp}$ 表示两层倒易面之间的距离,$\boldsymbol{g}_{/\!/}$ 表

示非零层倒易面在零层上的投影位置。$\boldsymbol{g}_{hkl}$可以用倒易空间的矢量表示为

$$\boldsymbol{g}_{hkl} = \boldsymbol{g}_{//} + \boldsymbol{g}_{\perp} = h\boldsymbol{a}^* + k\boldsymbol{b}^* + l\boldsymbol{c}^* \tag{5-21}$$

倒易面$\{uvw\}^*$的法线$\boldsymbol{r}[uvw]$可以用正空间的矢量表示为

$$\boldsymbol{r}[uvw] = u\boldsymbol{a} + v\boldsymbol{b} + w\boldsymbol{c} \tag{5-22}$$

$\boldsymbol{r}[uvw]$在倒空间的表示$\boldsymbol{r}^*[uvw]$是

$$\boldsymbol{r}^*[uvw] = u^*\boldsymbol{a}^* + v^*\boldsymbol{b}^* + w^*\boldsymbol{c}^* \tag{5-23}$$

因为$\boldsymbol{r}[uvw]$和$\boldsymbol{r}^*[uvw]$是同一个矢量在不同空间的表示，两者应该一样，所以

$$\boldsymbol{r} = \boldsymbol{r}^* \tag{5-24}$$

因为$\boldsymbol{g}_{\perp} // \boldsymbol{r}^*$，所以$\boldsymbol{g}_{\perp} = L\boldsymbol{r}^*$，其中$L$为一比例系数。由图5-8可见，$\boldsymbol{g}_{\perp} \cdot \boldsymbol{r} = \boldsymbol{g}_{hkl} \cdot \boldsymbol{r}$，所以

$$\begin{aligned} L\boldsymbol{r}^* \cdot \boldsymbol{r} &= \boldsymbol{g}_{hkl} \cdot \boldsymbol{r} \\ &= (h\boldsymbol{a}^* + k\boldsymbol{b}^* + l\boldsymbol{c}^*) \cdot (u\boldsymbol{a} + v\boldsymbol{b} + w\boldsymbol{c}) \\ &= hu + kv + lw = N \end{aligned}$$

即

$$L = \frac{N}{\boldsymbol{r}^* \cdot \boldsymbol{r}} = \frac{N}{r^2} \tag{5-25}$$

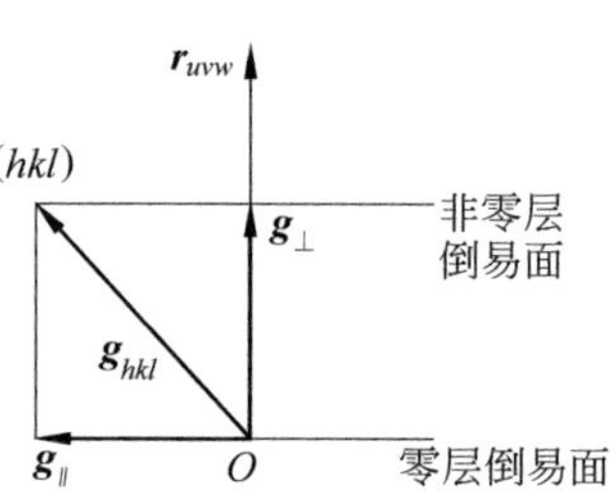

图5-8 非零层倒易面在零层倒易面上的投影

故

$$\boldsymbol{g}_{\perp} = L\boldsymbol{r}^* = \frac{N\boldsymbol{r}^*}{\boldsymbol{r}^* \cdot \boldsymbol{r}}$$

由式(5-21)、式(5-24)得

$$\boldsymbol{g}_{//} = \boldsymbol{g}_{hkl} - \boldsymbol{g}_{\perp} = \boldsymbol{g}_{hkl} - \frac{N\boldsymbol{r}^*}{\boldsymbol{r}^* \cdot \boldsymbol{r}} = \boldsymbol{g}_{hkl} - \frac{N}{r^2}\boldsymbol{r}^*$$

即

$$\boldsymbol{g}_{//} = \boldsymbol{g}_{hkl} - \frac{N}{r^2}\boldsymbol{r}^* = \boldsymbol{g}_{hkl} - L\boldsymbol{r}^* \tag{5-26}$$

令

$$\boldsymbol{g}_{//} = h_{//}\boldsymbol{a}^* + k_{//}\boldsymbol{b}^* + l_{//}\boldsymbol{c}^* \tag{5-27}$$

将式(5-21)、式(5-23)和式(5-27)代入式(5-26)，并由$\boldsymbol{g}_{//} = \boldsymbol{g}_{hkl} - L\boldsymbol{r}^*$，得到任一个非零层倒易点$(hkl)$在零层倒易面上的指数$(h_{//}k_{//}l_{//})$的表达式：

$$\begin{cases} h_{//} = h - Lu^* = h - \dfrac{N}{r^2}u^* \\ k_{//} = k - Lv^* = k - \dfrac{N}{r^2}v^* \\ l_{//} = l - Lw^* = l - \dfrac{N}{r^2}w^* \end{cases} \tag{5-28}$$

下面将式(5-28)中的$u^*v^*w^*$用正空间的量uvw及$\boldsymbol{abc}$表示。

设

$$\begin{cases} \boldsymbol{a} = \lambda_{11}\boldsymbol{a}^* + \lambda_{12}\boldsymbol{b}^* + \lambda_{13}\boldsymbol{c}^* & (5\text{-}29a) \\ \boldsymbol{b} = \lambda_{21}\boldsymbol{a}^* + \lambda_{22}\boldsymbol{b}^* + \lambda_{23}\boldsymbol{c}^* & (5\text{-}29b) \\ \boldsymbol{c} = \lambda_{31}\boldsymbol{a}^* + \lambda_{32}\boldsymbol{b}^* + \lambda_{33}\boldsymbol{c}^* & (5\text{-}29c) \end{cases}$$

将 $\boldsymbol{a}$、$\boldsymbol{b}$、$\boldsymbol{c}$ 分别与式(5-29a)、式(5-29b)、式(5-29c)进行数量积运算，根据倒易矢量的定义式(4-5)得

$$\begin{cases} \boldsymbol{a}\cdot\text{式}(5\text{-}29a)\Rightarrow\lambda_{11} = \boldsymbol{a}\cdot\boldsymbol{a} = a^2 \\ \boldsymbol{b}\cdot\text{式}(5\text{-}29b)\Rightarrow\lambda_{22} = \boldsymbol{b}\cdot\boldsymbol{b} = b^2 \\ \boldsymbol{c}\cdot\text{式}(5\text{-}29c)\Rightarrow\lambda_{33} = \boldsymbol{c}\cdot\boldsymbol{c} = c^2 \end{cases} \tag{5-30}$$

同理可得

$$\begin{cases} \lambda_{12} = \lambda_{21} = \boldsymbol{a}\cdot\boldsymbol{b} \\ \lambda_{13} = \lambda_{31} = \boldsymbol{a}\cdot\boldsymbol{c} \\ \lambda_{23} = \lambda_{32} = \boldsymbol{b}\cdot\boldsymbol{c} \end{cases} \tag{5-31}$$

将式(5-29)、式(5-30)和式(5-31)代入 $\boldsymbol{r}_{uvw} = u\boldsymbol{a} + v\boldsymbol{b} + w\boldsymbol{c}$，并将结果与 $\boldsymbol{r}^* = u^*\boldsymbol{a}^* + v^*\boldsymbol{b}^* + w^*\boldsymbol{c}^*$ 比较(注意到 $\boldsymbol{r}=\boldsymbol{r}^*$)，可得

$$\begin{cases} u^* = ua^2 + v(\boldsymbol{a}\cdot\boldsymbol{b}) + w(\boldsymbol{a}\cdot\boldsymbol{c}) \\ v^* = u(\boldsymbol{a}\cdot\boldsymbol{b}) + vb^2 + w(\boldsymbol{b}\cdot\boldsymbol{c}) \\ w^* = u(\boldsymbol{a}\cdot\boldsymbol{c}) + v(\boldsymbol{b}\cdot\boldsymbol{c}) + wc^2 \end{cases} \tag{5-32}$$

下面讨论在不同的晶体对称性下式(5-28)的形式。

(1) 立方晶系

$a=b=c$，$\alpha=\beta=\gamma=90°$，由式(5-32)得

$$u^* = ua^2$$
$$v^* = vb^2 = va^2$$
$$w^* = wc^2 = wa^2$$

所以

$$\begin{aligned} r^2 = \boldsymbol{r}^*\cdot\boldsymbol{r} &= (u^*\boldsymbol{a}^* + v^*\boldsymbol{b}^* + w^*\boldsymbol{c}^*)\cdot(u\boldsymbol{a} + v\boldsymbol{b} + w\boldsymbol{c}) \\ &= u^*u + v^*v + w^*w = a^2(u^2 + v^2 + w^2) \end{aligned}$$

将这些量代入式(5-28)得

$$\begin{cases} h_{//} = h - \dfrac{Nu}{u^2 + v^2 + w^2} \\ k_{//} = k - \dfrac{Nv}{u^2 + v^2 + w^2} \\ l_{//} = l - \dfrac{Nw}{u^2 + v^2 + w^2} \end{cases} \tag{5-33}$$

式(5-33)中等号右边的分式表示偏离 hkl 的部分。对指定的(uvw)及 N 值，这是个常数，故高阶劳厄带的形状与零阶一样，只是偏离了一个量。

(2) 四方晶系

$a=b\neq c$，$\alpha=\beta=\gamma=90°$，有

$$\begin{cases} h_{//} = h - \dfrac{N}{a^2(u^2+v^2)+w^2c^2}ua^2 \\ k_{//} = k - \dfrac{N}{a^2(u^2+v^2)+w^2c^2}vb^2 \\ l_{//} = l - \dfrac{N}{a^2(u^2+v^2)+w^2c^2}wc^2 \end{cases} \tag{5-34}$$

(3) 正交晶系

$a\neq b\neq c$，$\alpha=\beta=\gamma=90°$，有

$$\begin{cases} h_{//} = h - \dfrac{N}{u^2a^2+v^2b^2+w^2c^2}ua^2 \\ k_{//} = k - \dfrac{N}{u^2a^2+v^2b^2+w^2c^2}vb^2 \\ l_{//} = l - \dfrac{N}{u^2a^2+v^2b^2+w^2c^2}wc^2 \end{cases} \tag{5-35}$$

(4) 六方晶系

$a_1=a_2=a$，$a_3=c$，a_1 与 a_2 的夹角为 120°，a_1 和 a_3 的夹角为 90°，a_2 和 a_3 的夹角为 90°，有

$$\begin{cases} H = h - \dfrac{N}{\nabla}\left[a^2\left(u-\dfrac{v}{2}\right)\right] \\ K = k - \dfrac{N}{\nabla}\left[a^2\left(v-\dfrac{u}{2}\right)\right] \\ L = l - \dfrac{N}{\nabla}wc^2 \end{cases} \tag{5-36}$$

其中

$$\nabla = a^2\left[u\left(u-\frac{v}{2}\right)+v\left(v-\frac{u}{2}\right)\right]+w^2c^2$$

附录 J 是由上述公式计算得到的常见倒易面的零阶和高阶劳厄带斑点的重叠图。

5.2.3 高阶劳厄带指标化

分析高阶劳厄带衍射斑点的步骤如下：

(1) 首先鉴别出零阶劳厄带的斑点，按简单电子衍射谱标定法进行指标化，并确定晶体取向[uvw]。

(2) 根据晶体类型，考虑消光条件，确定晶体可能的(hkl)值，由广义晶带定律选取 N 值。例如：

对面心立方晶系，当 $u+v+w=$奇数时，取 $N=\pm1,\pm2,\pm3,\cdots$

当 $u+v+w=$偶数时，取 $N=\pm2,\pm4,\pm6,\cdots$

对体心立方晶系，当 uvw 各指数为全奇或全偶时，取 $N=\pm2,\pm4,\pm6,\cdots$

当 uvw 各指数为奇偶混合时，取 $N=\pm1,\pm2,\pm3,\cdots$

对六方晶系，N 恒取 $\pm1,\pm2,\pm3,\cdots$

（3）由 N 的值选择任意指数 hkl，使其满足广义晶带定律：

$$hu + kv + lw = N \quad (N\text{ 已定})$$

（4）由有关 $h_{//}k_{//}l_{//}$ 的公式(5-28)，计算出 hkl 的投影位置 $h_{//}k_{//}l_{//}$，在已标定好的零阶劳厄带斑点上标出 hkl 的投影位置 $h_{//}k_{//}l_{//}$。

（5）由零阶劳厄带给出的指数再加上一个适当的矢量（高阶劳厄带上的一个 hkl 值），就可将其他高阶劳厄带斑点全部指标化。

例 5.7　画出面心立方晶体的 $(211)^*$ 的零阶和最低阶高阶劳厄带。

解　（1）先画出面心立方的 $(211)^*$ 的零阶劳厄带，即 $(211)_0^*$。

对面心立方晶体，hkl 应为全奇数或全偶数，用试探法得 $\bar{1}11$ 和 $02\bar{2}$ 在零层倒易面 $(211)_0^*$ 上，其边长比为

$$\frac{\sqrt{h_1^2 + k_1^2 + l_1^2}}{\sqrt{h_2^2 + k_2^2 + l_2^2}} = \frac{\sqrt{3}}{\sqrt{8}}$$

由夹角公式 $\cos\varphi=0$，得 $\varphi=90°$。根据边长比及夹角画出零层倒易面 $(211)_0{}^*$（图 5-9(a)）。

（2）由广义晶带定律 $hu+kv+lw=N$，定 N 和 hkl 点。

对[211]晶向，有 $2h+k+l=N$，因为面心立方晶体要求 hkl 为全奇数或全偶数，故最小的 N 值为 2，即最低阶高阶劳厄带是二阶劳厄带。

（3）由试探法知 002 满足广义晶带定律 $2h+k+l=2$（也可以选 020），即 002 就是二阶劳厄带上某一倒易点的指数。将零层倒易面上的指数加上 002 就可得到二阶劳厄带的斑点的指数（见图 5-9(b)）。

（4）将二阶劳厄带的斑点 002 投影到零阶劳厄带上，即找 002 对应的 $h_{//}k_{//}l_{//}$。

将 $hkl=002$，$uvw=211$ 和 $N=2$ 代入立方晶系求投影的公式(5-33)，得

$$\begin{cases} h_{//} = h - \dfrac{Nu}{u^2+v^2+w^2} = -\dfrac{2}{3} \\ k_{//} = k - \dfrac{Nv}{u^2+v^2+w^2} = -\dfrac{1}{3} \\ l_{//} = l - \dfrac{Nw}{u^2+v^2+w^2} = \dfrac{5}{3} \end{cases}$$

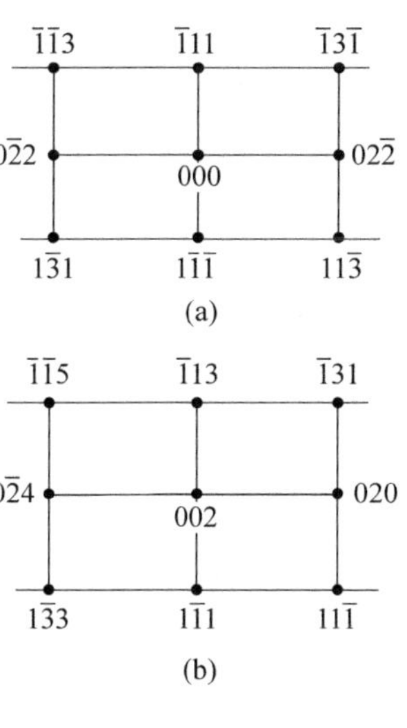

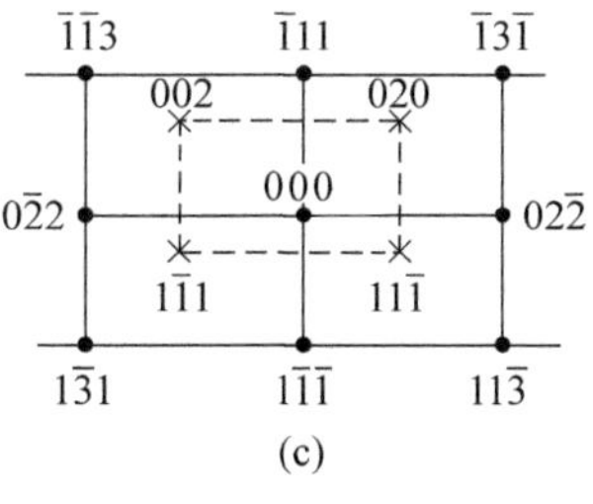

图 5-9　bcc 晶体的 $(211)^*$ 的零阶和二阶劳厄带
(a) 零层倒易面；(b) 上一层倒易面；(c) 零阶和二阶劳厄带重叠图

所以，二阶劳厄带中的斑点 002 在零阶劳厄带的投影是 $\frac{1}{3}[\bar{2}\,\bar{1}5]$。

(5) 为了便于在零阶劳厄带中画出$\frac{1}{3}[\bar{2}\,\bar{1}5]$，将此矢量写成两个零层倒易面上最短和次短矢量的线性组合：

$$\frac{[\bar{2}\,\bar{1}5]}{3} = x[\bar{1}11] + y[00\bar{2}]$$

其中 x 和 y 是对应这两个零层倒易面上最短和次短矢量的系数，解得 $x=2/3$，$y=-1/2$。故

$$\frac{[\bar{2}\,\bar{1}5]}{3} = \frac{2}{3}[\bar{1}11] - \frac{1}{2}[00\bar{2}]$$

由此可以画出 002 在$(211)_0^*$ 上的投影(见图 5-9(c))。

(6) 因为零阶劳厄带与高阶劳厄带中衍射花样形状完全相同，只是两套斑点有一个位移，故只要将所有高阶劳厄带斑点进行如 002 一样的平移，即可得到二阶劳厄带中全部的斑点在零阶劳厄带上的投影(见图 5-9(c))，这两套斑点的叠加即为所求的衍射谱。

注意：用以上方法画出的高阶劳厄带斑点位置并不完全准确。因为在此方法中高阶劳厄带投影到零阶劳厄带是沿着透射束的方向作的，而不是沿着特定的衍射束方向作的，两者有一定的差别。但因为在电子衍射中，衍射束与透射束的夹角很小，这个差别可以忽略。如我们可以获得所研究位置的多晶粉末衍射环，就可对此差别进行修正，因为属于任何劳厄带的衍射斑点必位于对应的多晶粉末衍射环上，故只需将我们计算所得的高阶劳厄斑点从衍射中心沿着多晶粉衍射环的径向方向向外推移，直到此点落到衍射环上为止。

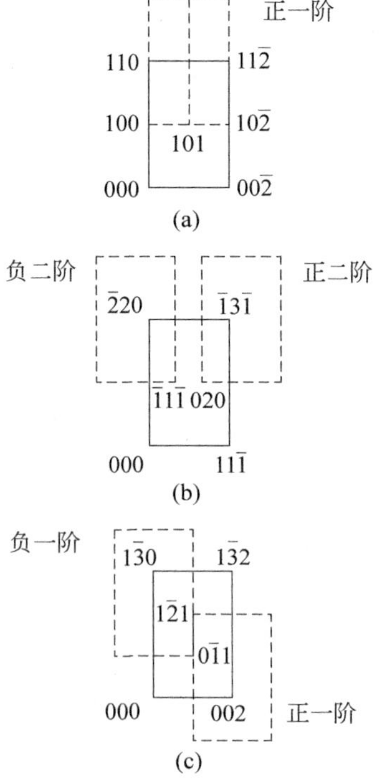

图 5-10　三种晶体零阶衍射谱相似，但高阶衍射谱却有差别，可据此进行分辨

(a) hcp$(1\bar{1}0)^*$倒易面；(b) fcc$(112)^*$倒易面；(c) bcc$(310)^*$倒易面

在用电子衍射做物相鉴定时，有时几种物相具有相同的零阶劳厄带，仅凭零阶劳厄带做物相鉴定有困难，这时就可借助于高阶劳厄带。例如，面心立方点阵的 TiC 的[112]晶带、六角密堆晶体 Mo_2C 的$[1\bar{1}0]$晶带以及体心立方相的[310]晶带的零阶劳厄带都是边长为 1.60 左右的矩形。从零阶劳厄带根本无法鉴别这三种相，但由于这三种相在这种取向时的高阶劳厄带的形状不同(见图 5-10)，只要得到这三种相的高阶劳厄

带,就不难鉴别它们了。

5.3　菊池线分析

5.3.1　菊池线的产生

1928 年 S. Kikuchi 用电子束穿透较厚(大于 0.1 μm)的完整单晶试样时,得到一系列平行的亮、暗线对,他认为,这是电子经过非弹性散射失去较少能量,然后又受到弹性散射所致。这种衍射花样称为菊池衍射花样或菊池线(Kikuchi lines)。

对于厚度大于 1000 Å 的试样,由于入射电子束和试样的非弹性散射的相互作用加强了,使逸出试样的电子的能量(波长)和方向相差很大,在晶体内出现了在空间所有方向上传播的子波,形成均匀的背底强度(中间较亮,旁边较暗)。这些子波在符合布喇格条件的情况下,也可使晶面发生衍射,即发生再次的非相干散射。

设在图 5-11(a)中电子束射入晶体,P 点受到非相干散射,P 点成为球形子波的波源。非相干散射电子的强度和几率均是散射角的函数。在与入射束相同或接近方向上电子高度密集,散射电子强度极大,随着散射角的增大,其强度单调地减少。如果以方向矢的长度示意强度,则从 P 点发出的散射波的强度分布有如图 5-11(a)所示的液滴状,PQ 方向的电子散射强度大于 PR 方向。由 P 点发出的散射波入射到晶体的(hkl)晶面上,其中有一部分(如 PR,PQ)将满足布喇格条件

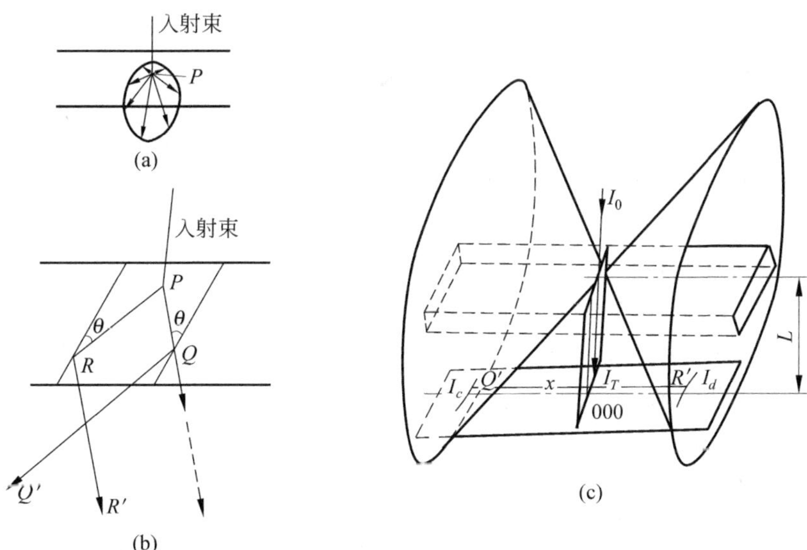

图 5-11　菊池线产生示意图

(a) 非弹性散射电子强度分布示意图;(b),(c) 菊池线产生的几何构图

(在 P,Q处)产生衍射(图 5-11(b))。下面分析由这些布喇格衍射而产生的出射波 RR'和 QQ'的强度。假设 c 为反射系数(即在 P 或 Q 处透射束转换给衍射束的能量分数)且 $c>1/2$,由图 5-11(b)可得

$$I_{RR'} = (I_{PQ} - cI_{PQ}) + cI_{PR} = I_{PQ} - c(I_{PQ} - I_{PR}) < I_{PQ}$$

即出射波 RR'的强度相对于入射波 PQ 是减弱了。同理可得

$$I_{QQ'} = (I_{PR} - cI_{PR}) + cI_{PQ} = I_{PR} + c(I_{PQ} - I_{PR}) > I_{PR}$$

即出射波 QQ'的强度相对于入射波 PR 是增强了。

非相干散射电子相对于(hkl)晶面族所产生的可能的衍射方向一定分布在半顶角为$\left(\frac{\pi}{2}-\theta\right)$的圆锥上,且衍射束与入射束在同一圆锥面上。这两个衍射锥面与 Ewald 球(接近于平面)相截,相截处为两支双曲线,因 θ 值很小,这两支双曲线接近于直线(图 5-11(c))。因为 $I_{PQ}>I_{PR}$,且 $c>1/2$,所以有

$$I_{QQ'} - I_{RR'} = (2c-1)(I_{PQ} - I_{PR}) > 0$$

即总的背底沿着 QQ'增强,沿着 RR'减弱,这样就形成一对菊池线,背底增强的线称为“增强线”,背底减弱的线称为“减弱线”。由于晶体中其他晶面族也可能产生类似的线对,因此形成由许多亮、暗线对构成的菊池线谱。

电子衍射谱斑点是由弹性散射电子的布喇格衍射造成的,菊池线谱是由非弹性散射电子(前进方向改变且损失一部分能量)的布喇格散射造成的。两者都满足布喇格定律,不同的是产生斑点衍射谱的入射电子束有固定的方向,而菊池线是由发散的电子束产生的衍射。

5.3.2 菊池线的几何特征

由图 5-11(c)可知,任一平面的边线如(hkl)平面与底板(或荧光屏)相交于暗线和亮线之间的一半之处,也即 hkl 线对的中线,故菊池线能直观地反映(hkl)面的取向,它将随(hkl)面转动而转动,对晶体的取向非常敏感,菊池花样成为精确测定晶体取向的常用方法(测量精度达到 0.1°)。

下面讨论如何由菊池线对测面间距和晶体取向。设从透射点到所讨论的菊池线对的中线距离为 OM(见图 5-12),从样品与电子束相交处到所讨论的菊池线对的中线距离为 PM,从样品与电子束相交处到所讨论的菊池线对的一条线的距离为 PK_1,从样品与电子束相交处到所讨论的菊池线对的另一条线的距离为

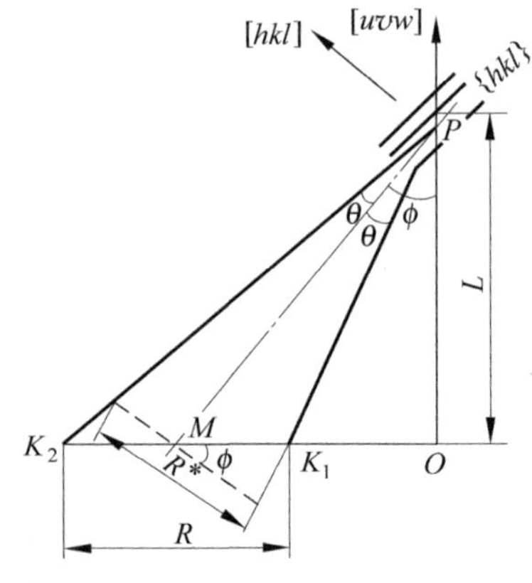

图 5-12 菊池线间距和其他参数的关系

PK_2,(*hkl*)面与透射电子束夹角为ϕ,衍射角为θ,所讨论的菊池线对两线条间距为R,相机长度为L,与PM正交且过所讨论的菊池线对的中线M处的线段与PK_1和PK_2相交,两交点间距为R^*。由图5-12可知

$$\frac{L}{PM} = \cos\phi \tag{5-37}$$

$$\frac{R^*}{2}\Big/PM = \tan\theta \approx \theta \quad (\text{因为衍射角}\ \theta\ \text{很小}) \tag{5-38}$$

由式(5-37)和式(5-38)得

$$R^* = 2\theta L \sec\phi \tag{5-39}$$

又因为

$$\frac{R^*}{2} = \frac{R}{2}\cos\phi \tag{5-40}$$

由式(5-39)和式(5-40)得

$$\theta = \frac{R\cos^2\phi}{2L} \tag{5-41}$$

将布喇格定律$2d\sin\theta=\lambda$改写为

$$\frac{1}{d} = \frac{2\sin\theta}{\lambda} \approx \frac{2\theta}{\lambda} = \frac{R\cos^2\phi}{L\lambda}$$

再利用关系式$OM=L\tan\phi$,可得

$$d = \frac{L\lambda}{R}\sec^2\left[\arctan\frac{OM}{L}\right] \tag{5-42}$$

若从底片上测出某一线对的间距R和线对中点到透射斑点的距离OM值,就可由式(5-42)算出相对应的晶面间距d。

由式(5-42)可见,晶面和入射电子束间的夹角ϕ决定着菊池线对的分布,即晶体取向决定菊池线谱。而*hkl*菊池线对与*hkl*衍射斑点的相对位置又能直接反映晶体的取向,下面讨论几种情况。

(1) $\phi=0$时,即晶面(*hkl*)与入射电子束平行,菊池线对称地出现在中心透射斑点的两侧(菊池线间距$R=L\lambda/d$),分别在*hkl*及$\overline{h}\overline{k}\overline{l}$衍射斑点的一半距离处,而菊池线的中线正好过透射斑点(图5-13(a))。(注意:按照我们的理论推导,这时左右两根菊池线的强度应该一样,即从背景上看不出菊池线,而实际情况并非如此,所以精确解释菊池线要更复杂些,需用动力学理论。)

(2) 当$\phi=\theta$,即晶格严格处于布喇格衍射位置,倒易点*hkl*正好落在反射球上,菊池线正好通过*hkl*单晶衍射斑点,而暗线过000点(透射点),在这种双光束情况下,菊池线的特征不明显,只在000与*hkl*之间存在一个暗的菊池带,这个暗带的两条边线就相当于菊池线的位置(图5-13(b))。

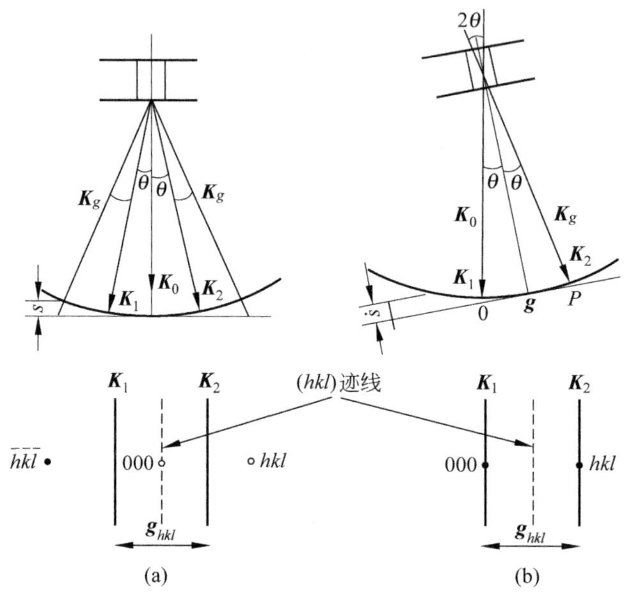

图 5-13　菊池线与衍射斑点的相对位置

(a) $\phi=0$；(b) $\phi=\theta$

(3) 当 ϕ 为其他任何值时，菊池线对任意分布，菊池线对的两条线可在透射点的同一侧，也可位于透射点的异侧。一般来说，菊池线对的两条线相对于透射点是不对称分布的，亮线也不通过相应的衍射斑点。任意 hkl 菊池线对与中心斑点到 hkl 衍射斑点的连线正交，而菊池线对的夹角与对应晶面夹角相等。

菊池线对的中线是(hkl)面的延长线与荧光屏的截线，两条中线的交点即两个对应的晶面所属的晶带轴与荧光屏的截点，称为菊池极，同一晶带的菊池线对的中线交于一点，这是菊池衍射的一个对称中心。如果电子束严格沿[001]方向入射，这时菊池花样的对称中心和单晶的斑点衍射谱的(000)透射斑点重合。

在单晶衍射谱中，只有晶带轴与电子束接近平行的晶带才能产生衍射，因此，一般只有一个晶带的衍射斑点出现在衍射谱中。而在菊池线花样中，对参与衍射的晶带无此限制，因此菊池极也不只一个。与晶带轴对应的菊池线是确定晶带取向的主要根据，虽然一个菊池极就足以确定取向，但精确度不高，如能找到两到三个菊池极就可精确地测定晶体取向(见后面的例子)。

单晶斑点衍射谱对试样取向的改变不敏感，由单晶斑点衍射谱确定取向只能精确到 3°，而菊池线就好像与晶体固定在一起一样，随着晶体的转动可以明显地移动。如果 $L=500$ mm，当晶体旋转 1°，菊池线可移动 8.5 mm，故用菊池线测晶体取向可精确到 0.1°。

衍射斑点和菊池线虽然都是由布喇格衍射产生，但前者的入射束就是原始的入射束，而后者的入射束是原始入射电子束经物质原子的非弹性散射后的电子中对(hkl)来说入射方向满足布喇格条件的部分，因此，同一晶面可以不产生单晶衍射斑点，但可能产生菊池线。

在底片上看到的不同反射的菊池线对，其强度是不同的，这取决于晶体取向、厚度和晶体的完整性。

菊池线的出现与样品的厚度有关，当样品较薄(如厚度小于 0.5 个最大允许厚度)时，一般只出现明锐的单晶斑点；当样品厚度在 0.5～1 个最大允许厚度时，单晶衍射斑点可以与菊池线同时存在(图 5-14)；继续增加样品厚度，电子完全被样品吸收，单晶衍射斑点与菊池线都看不见。样品厚度对衍射谱的影响可参见图 5-15。

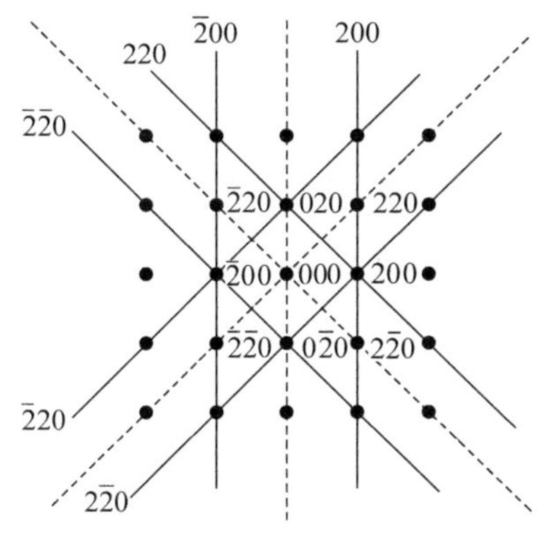

图 5-14 衍射斑点与菊池线同时存在

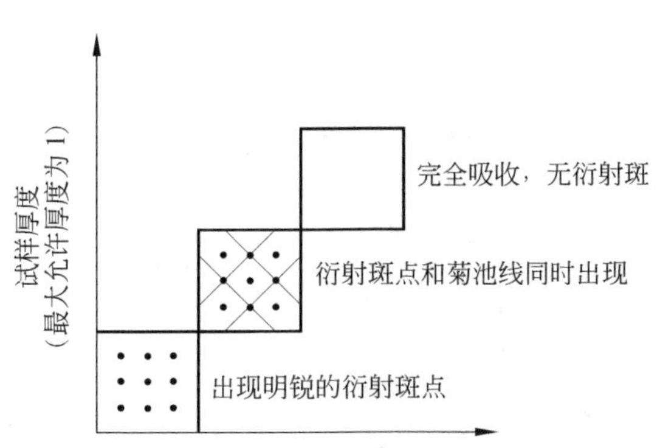

图 5-15 单晶衍射区厚度对衍射图样的影响

5.3.3 菊池线的指标化

当单晶斑点和菊池线同时出现时，可用标定简单衍射谱的方法先对单晶斑点指标化，然后根据菊池线和单晶斑点的相对位置来确定菊池线的指数。

由于 $\boldsymbol{g}_{hkl}$ 总是垂直于菊池线对，从原点作线对的垂直线，该垂直线(或它的延长线)可能穿过一些单晶斑点，则该菊池线对的指数必然是这些斑点的指数之一。在此过程中，应找出 $\phi=0$ 和 $\phi=\theta$ 这两种特殊情况的线对。当 $\phi=0$ 时，菊池线对对称分布于原点两侧，从原点作线对的垂直线，菊池线的指数即为位于从原点到垂足的距离二倍处的单晶斑点的指数。当 $\phi=\theta$ 时，即反射面处于准确布喇格位置，此时暗线通过原点，亮线通过相应的单晶衍射斑点，该单晶斑点指数就是菊池线的指数。

对于不属于上述情况的任意分布的菊池线对，可由测得的线对间距 R 以及透射斑点到线对的距离 OM，根据式(5-42)求得一系列的 d 值，将它们和已知物质的 ASTM 卡片核对，可以大体确定各线对的指数。再根据斑点和菊池线相互角度关系，进一步确定其指数。最后，根据菊池线校正由单晶确定的晶体取向，精确确定 $[uvw]$ 的指数。

5.3.4 菊池花样应用

1. 测定晶体取向

在菊池线谱中往往可以观察到一些菊池线对的中线在某一点相交，这一点称为菊池极(图 5-16)，围绕每个菊池极分布的菊池线对属于同一个晶带。一张菊池线谱可以有多个菊池极。

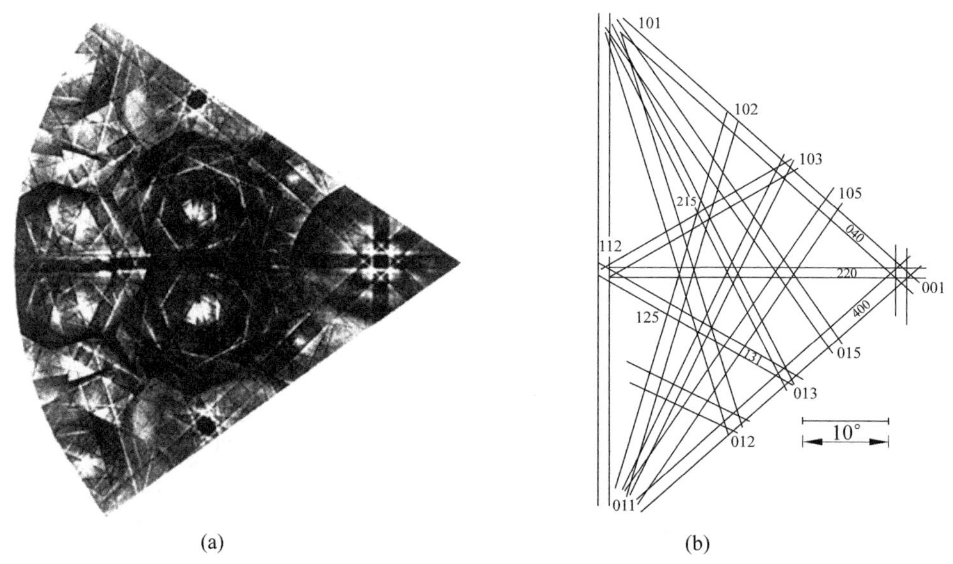

图 5-16 菊池线谱

(a) 菊池线谱中的菊池极；(b) 对应于图(a)的菊池极示意图

利用菊池线测定晶体取向，往往采用三菊池极法，即在底片上找出 3 对独立的菊池线(图 5-17(a))，先确定它们的指数 $h_ik_il_i(i=1,2,3)$，再由此确定它们的中线交点 A,B,C 所代表的晶带轴 $\boldsymbol{H}_i=[u_iv_iw_i](i=1,2,3)$。例如由 $h_1k_1l_1$ 和 $h_2k_2l_2$ 确定的过 B 点的晶带轴，令电子束入射方向为 $\boldsymbol{r}=[uvw]$，则

$$\boldsymbol{H}_i \cdot \boldsymbol{r} = |\boldsymbol{H}_i||\boldsymbol{r}|\cos\phi_i \quad (i=1,2,3)$$

式中 ϕ_i 为晶带轴 $\boldsymbol{H}_i$ 与电子束入射方向 $\boldsymbol{r}$ 之间的夹角(图 5-17(b))。则有

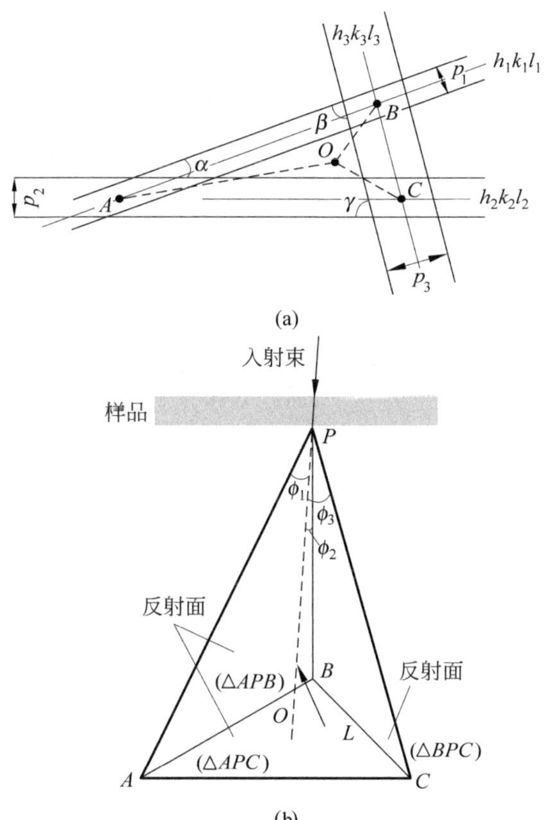

图 5-17　三菊池极法

(a) 采用三菊池极法，即在底片上找出 3 对独立的菊池线；

(b) ϕ_i 为晶带轴 $\boldsymbol{H}_i$ 与电子束入射方向 $\boldsymbol{r}$ 之间的夹角

$$\begin{cases}\phi_1 \approx \tan\phi_1 = OA/L \\ \phi_2 \approx \tan\phi_2 = OB/L \\ \phi_3 \approx \tan\phi_3 = OC/L\end{cases} \tag{5-43}$$

若已知有效相机长度 L，并测得 OA，OB，OC，就可由式(5-43)的三个方程求得 uvw。

例 5.8　图 5-18 是某一面心立方材料三对指数不同的菊池线对，由这三对菊池线的间距 R 以及仪器的相机长度 L，利用 $R\propto\sqrt{N}$ 可确定其中两对的指数属于{311}及{422}，另外一对的指数可能属于{331}或{420}。但由于这一对菊池线与另外两对菊池线的夹角是 19°及 58°，根据立方晶系晶面的夹角计算，只有{420}才能与{311}及{422}有 19.29°和 56.79°的夹角关系。为了确定菊池线对的具体指数，量出从中心到各菊池线对中线所作的垂线间的夹角分别为 161°，123°及 76°。

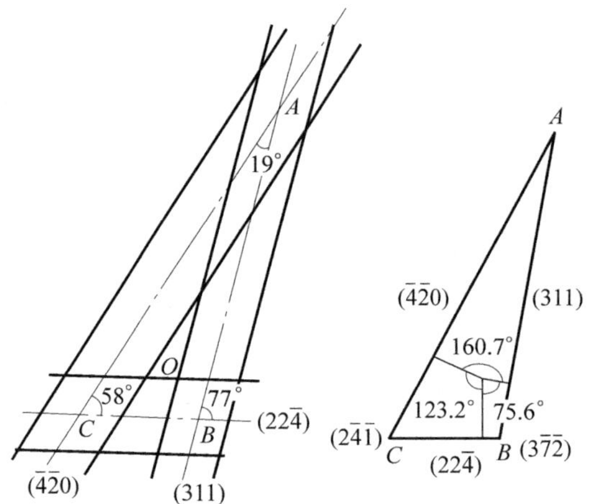

图 5-18　三对不属于一个晶带的菊池线的指数标定

第一对菊池线的指数若定为 311，则{422}中与(311)的夹角为 76°的只能为$(22\bar{4})$或$(2\bar{4}2)$，两者等效。选$(22\bar{4})$，则第三对菊池线只能是$(\bar{4}\,\bar{2}0)$。$(\bar{4}\,\bar{2}0)$与(311)夹角应为 19°，$(\bar{4}\,\bar{2}0)$与$(22\bar{4})$夹角为 58°，与实际夹角值相符，故这样的指数标定是正确的。然后，用晶带定律，计算得相应的晶带轴：

$$[u_1v_1w_1]=[1\bar{2}1](=[311]\times[\bar{4}\,\bar{2}0])$$

$$[u_2v_2w_2]=[2\bar{4}\,\bar{1}](=[\bar{4}\,\bar{2}0]\times[22\bar{4}])$$

$$[u_3v_3w_3]=[3\bar{7}\,\bar{2}](=[22\bar{4}]\times[311])$$

由底片上量得 OA，OB 及 OC，根据 $\phi_1\approx OA/L$，$\phi_2\approx OB/L$，$\phi_3\approx OC/L$ 分别求得 ϕ_1，ϕ_2，ϕ_3。由于

$$\begin{cases}\cos\phi_1=\dfrac{u_1u+v_1v+w_1w}{(u_1^2+v_1^2+w_1^2)^{\frac{1}{2}}\,(u^2+v^2+w^2)^{\frac{1}{2}}}\\[2ex]\cos\phi_2=\dfrac{u_2u+v_2v+w_2w}{(u_2^2+v_2^2+w_2^2)^{\frac{1}{2}}\,(u^2+v^2+w^2)^{\frac{1}{2}}}\\[2ex]\cos\phi_3=\dfrac{u_3u+v_3v+w_3w}{(u_3^2+v_3^2+w_3^2)^{\frac{1}{2}}\,(u^2+v^2+w^2)^{\frac{1}{2}}}\end{cases}$$

令

$$u'=\frac{u}{\sqrt{u^2+v^2+w^2}}$$

$$v'=\frac{v}{\sqrt{u^2+v^2+w^2}}$$

$$w'=\frac{w}{\sqrt{u^2+v^2+w^2}}$$

则

$$\begin{cases}\cos\phi_1 = \dfrac{u_1u' + v_1v' + w_1w'}{\sqrt{u_1^2 + v_1^2 + w_1^2}} \\ \cos\phi_2 = \dfrac{u_2u' + v_2v' + w_2w'}{\sqrt{u_2^2 + v_2^2 + w_2^2}} \\ \cos\phi_3 = \dfrac{u_3u' + v_3v' + w_3w'}{\sqrt{u_3^2 + v_3^2 + w_3^2}}\end{cases}$$

解此方程得 $u'v'w'$，因为 $u':v':w' = u:v:w$，即$[u'v'w']$和$[uvw]$同方向，得出$[u'v'w']$即知$[uvw]$，也即得到了晶体相对于电子束的方向。

2．精确测定试样倾转角

当试样绕垂直于入射束的某轴（它垂直于纸面）倾斜一个微小角度 $\delta\theta$，这时菊池线位置要平移一个 $\boldsymbol{a}$，$\boldsymbol{a}$ 的方向随 $\boldsymbol{s}$ 为正或负而异。菊池线的位移矢量 $\boldsymbol{a}$ 和倾动角 $\delta\theta$ 以及相机长度 L 有如下关系：

$$\delta\theta = \frac{|\boldsymbol{a}|}{L} \tag{5-44}$$

比较倾动前后两张底片上同一对菊池线的位置，可求得 $\boldsymbol{a}$，从而算出 $\delta\theta$ 值。

实际电镜工作中常常用这方法来校正电子显微镜试样倾动台的倾角。倾动台由于加工精度不能保证，其倾角读数误差有时高达 20%，为此，只能在进行试验时，利用试样获得的衍射花样进行校正。测量时应注意倾斜时保持同一视场。同时，为避免倾斜机构的机械不稳定性，操作时总是向同一方向旋转。应尽可能选用清晰的菊池线对。

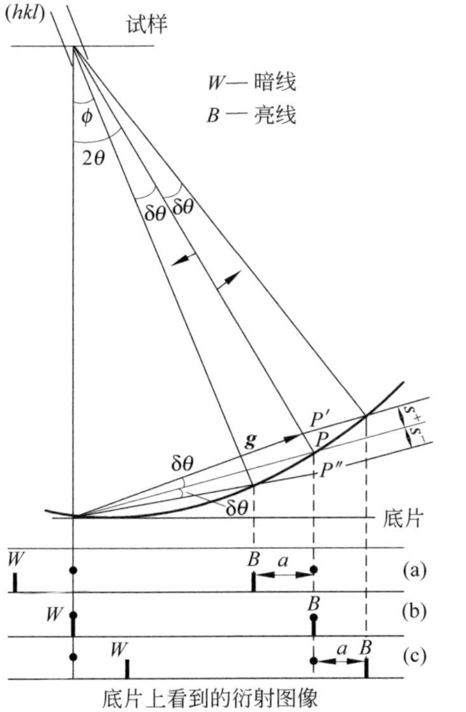

图 5-19　倾转试样对菊池线和斑点位置的影响
(a) 试样倾斜 $\delta\theta\downarrow$，$\boldsymbol{s}<0$；
(b) 试样处于准确反射位置，$\boldsymbol{s}=0$；
(c) 试样倾斜 $\delta\theta\uparrow$，$\boldsymbol{s}>0$

3．s 矢量的测定

$\boldsymbol{s}$ 矢量是某反射(hkl)偏离准确布喇格位置的偏离量，见图 5-19。图中 P 点为准确布喇格位置，P' 点偏离准确布喇格位置一个正 $\boldsymbol{s}$ 矢量，P''点偏离准确布喇格位置一个负 $\boldsymbol{s}$ 矢量。通常定义菊池线位于相应衍射斑点外侧时，$\boldsymbol{s}$ 为正，在斑点内侧[靠(000)方面一侧]时，$\boldsymbol{s}$ 为负。由图 5-19 可见：

$\phi=\theta$ 时，$\boldsymbol{s}=0$，(hkl)处于准确布喇格位置，衍射斑点最强，菊池线的亮线(B 线)正好通过斑点，暗线(W 线)正好通过原点。

ϕ 大于或小于布喇格角 θ 时，(hkl)斑点变弱，但位置基本不变。

$\phi<\theta$ 时，$\boldsymbol{s}$ 为负，亮暗线同时向内平移 a；

$\phi>\theta$ 时，$\boldsymbol{s}$ 为正，亮暗线同时向外平移 a。

由图可知

$$\delta\theta=|\boldsymbol{s}|/|\boldsymbol{g}| \tag{5-45}$$

所以

$$\delta\theta=\frac{|\boldsymbol{a}||\boldsymbol{g}|}{L} \tag{5-46}$$

可见，若反射指数(hkl)已知，即 $|\boldsymbol{g}|=\frac{1}{d_{hkl}}$ 已知，如能从底片上测得它偏离(hkl)斑点的距离(从原点作菊池线的垂线，必经过(hkl)斑点)a，就可求出偏离布喇格衍射位置的偏离矢量 $\boldsymbol{s}$，偏离矢量 $\boldsymbol{s}$ 在薄晶体的电子显微镜衍衬分析中极为有用。

菊池衍射除上述应用外，在确定晶体的对称性及完整性，确定同一样品中两个相的取向关系以及在电子波长和电子束加速电压的标定方面都有其特点。

由于只有厚且完整的晶体才能产生清晰的菊池衍射，故可用菊池线的清晰度和是否消逝来判断晶体的完整程度。

菊池线对的中线是晶面与底片的截线，故菊池线对的分布能直观地反映晶体的对称特性。如六角晶体的[0001]菊池衍射谱显示六次对称性，而立方晶体的[1l1]菊池衍射谱显示三次对称性。

5.4 超点阵结构和长周期结构

5.4.1 超点阵结构

许多合金在高温时，它的成分原子(例如 AB 合金)会随机地占有晶格格点，但温度下降时，这些原子会占据一些特别的格点，这种转变称为有序-无序相变。合金在低温下形成有序的原子排列，这种合金称为有序合金，例如图 5-20 所示结构。

L12 结构类似于面心立方结构，它与面心立方结构的区别在于，在 L12 结构里位于面心上的原子不同于位于角顶上的原子。B2 结构类似于体心立方结构，它与体心立方结构的区别在于，在 B2 结构里位于中心的原子不同于位于角顶上的原子。

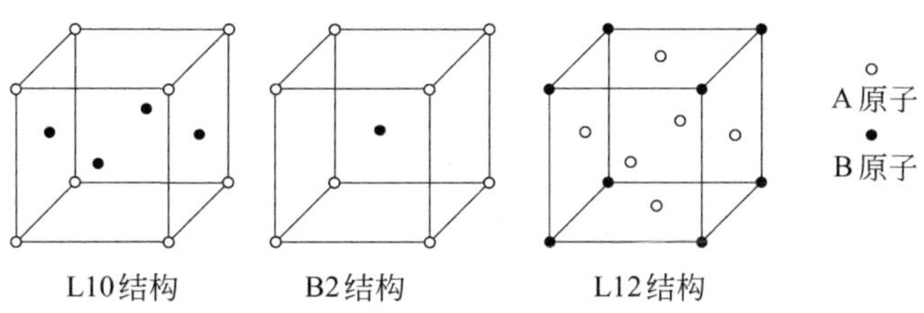

图 5-20　AB 合金原子分布示意图

我们知道结构因子的表达式为

$$F_{hkl}=\sum_{j=1}^{n} f_j \exp 2\pi i(hx_j+ky_j+lz_j)$$

对体心立方结构，由于原胞内所有原子都一样，故所有的 f_j 都一样，故当 $h+k+l$ 为奇数时，F_{hkl} 为零(消光)，当 $h+k+l$ 为偶数时，F_{hkl} 不为零(有衍射)；对面心立方结构，hkl 指数有奇有偶时，有衍射，其他情况消光。

对于 L12 结构和 B2 结构，因为在这些结构的原胞内有两种不同的原子，有两个 f，即 f_A，f_B，故原先对体心立方结构和面心立方结构的结论就不成立了。对面心立方结构的 Ni_3Al 来说，原先对面心立方结构消光的那些晶面(hkl 指数有奇有偶)现在可以产生衍射，我们称由这些晶面产生的衍射为超点阵衍射斑点(superlattice reflection)，而称原先就能产生衍射的晶面产生的衍射为基本衍射斑点(fundamental reflection)。超衍射斑点的强度要比基本衍射斑点弱。同理，对体心立方结构的 NiAl 来说，原先对体心立方结构消光的那些晶面($h+k+l$ 为奇数)现在也可以产生超衍射斑点(见图 5-21)。

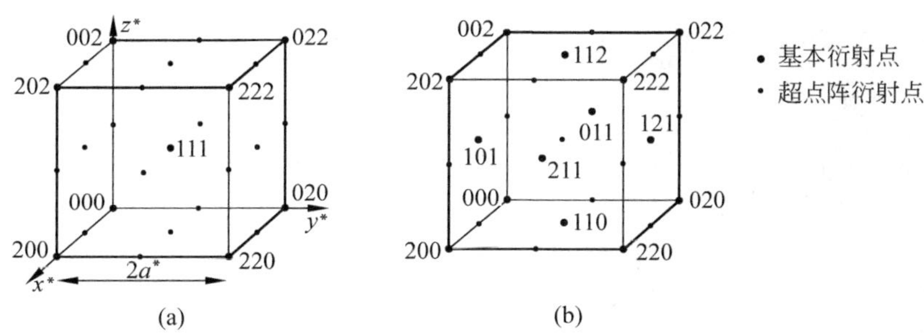

图 5-21　倒易点阵晶格

(a) Ni_3Al；(b) NiAl 结构

5.4.2　长周期结构

在晶体点阵的原来的周期上再叠加一个新的更长的周期，这种结构称为长周期结构(long-period superlattice)。例如，AuCuⅡ结构，在 b 方向上，每隔 5 个

AuCu 单胞就有一个[1/2 0 1/2]位移，这导致周期加大 10 倍，新周期为 $10b$(见图 5-22)。

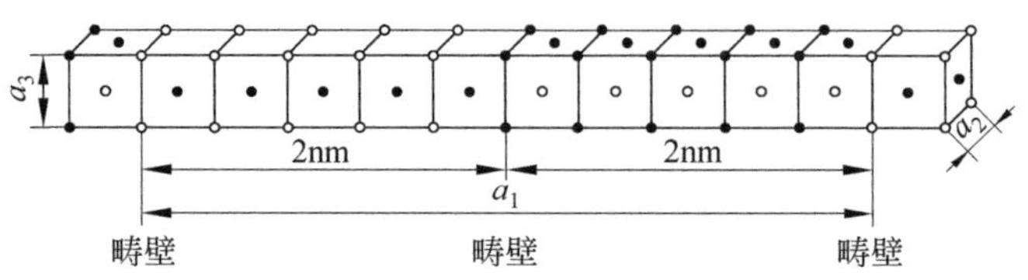

图 5-22　AuCuⅡ长周期结构

长周期结构电子衍射的特征是在基体衍射斑点外，还出现一系列间隔较密，排列成行的衍射斑点。对于正交晶系的晶体，如果它在正空间某一个方向的周期是 a，那它的衍射斑点在这个方向的间距正比于$1/a$；若在这个正交晶系的晶体上叠加 L 个周期，使新的长周期结构的周期变为 La，则该长周期结构的衍射斑点的间距正比于 $1/La$，即衍射斑点间距减小 L 倍。

图 5-23(a)是一个长周期结构，图(a)的结构图中左边第一个方格相当于一个周期，它在 c 方向的周期假定为 c，左边第二个方格是左边第一个方格移动了[0 1/2 1/2]的结果，右边第一个方格与左边第一个方格相同，右边第二个方格与左边第二个方格相同，4 个方格组成一个长周期结构，它在 c 方向的周期为 $4c$。

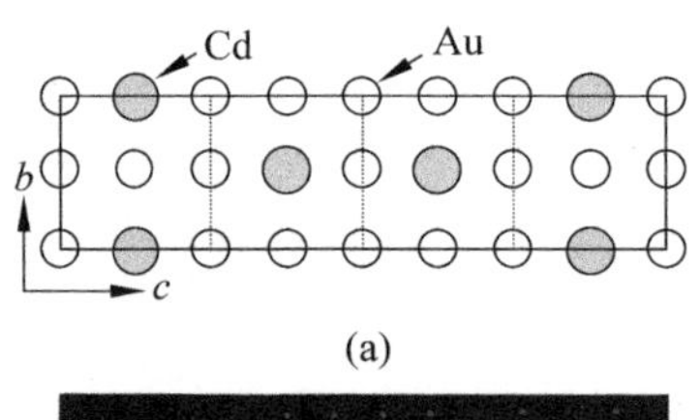

(a)

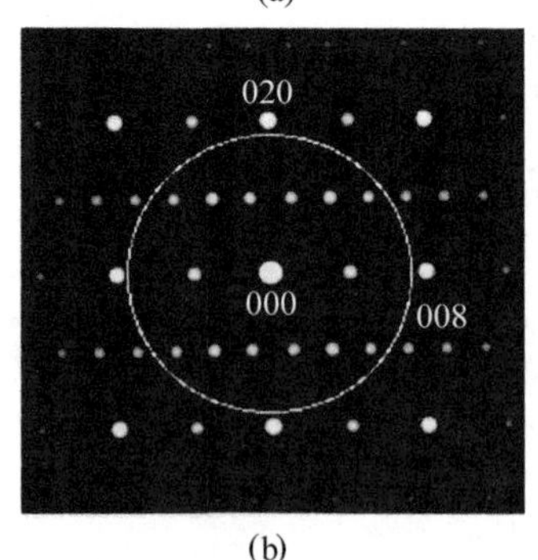

(b)

图 5-23　Au_3Cd 的结构图
(a) 计算机模拟的衍射图；
(b) 衍射图中较亮的衍射点是基本衍射斑点，较暗的衍射点是超点阵衍射斑点

这个结构的计算机模拟的衍射图如图 5-23(b)所示，图中亮的衍射斑点的间距对应于原先的周期 c，而亮点中间一排较暗的点的衍射斑点的间距只有亮的衍射斑点间距的 1/4，它对应于长周期结构的 $4c$ 周期。

AuCuⅡ结构(见图 5-22)可看做是点阵常数 a 加大 10 倍的超点阵结构，也可看做是在晶体点阵的周期上再在 a 方向上叠加一个 10 倍于晶体点阵的长周期结构，但长周期结构的概念比超点阵结构的概念更广泛。

(1) 长周期结构的周期可以变化很大，有时可达原周期的几百倍，长周期结构的周期可以是整数，也可以是非整数。

(2) 超点阵概念常与固溶体有序化联

系在一起，而除了这些由元素的长程有序分布引起的长周期结构外，还有由密排层的长程有序堆垛而成的长周期结构，甚至晶体缺陷的长程分布也可看做是一种长周期结构。

通常长周期结构的周期或点阵常数是其亚结构（即原先的结构）的整数倍，这称为有公度的长周期结构（commensurate structure）。若长周期结构的周期或点阵常数不是其亚结构的整数倍，这称为无公度的长周期结构（incommensurate structure）。

图 5-24 是某一调制结构的示意图，该结构原来的周期是 d，该结构重复 6 次后，再加上一个间隔为 $\delta(\delta<d)$ 的结构，新的长周期结构的周期为 $\Delta=6d+\delta$，它不是 d 的整数倍，故这个长周期结构是一个无公度的长周期结构。

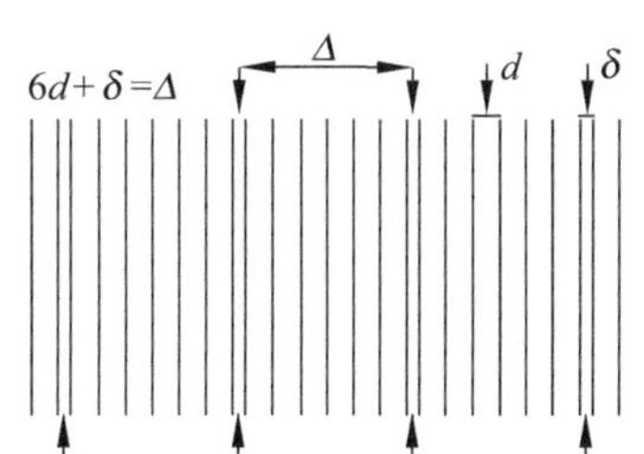

图 5-24　在每 6 层原子面中间插入一个面缺陷，使点阵每隔 6 个原子面扩大 δ，从而构成无公度的长周期结构

图 5-25 给出了两个无公度的长周期结构的例子。图 5-25(a)是 Cu_3Pd 的衍射谱，M 的长度是基体反射基本单元周期 a 的 1/6.8，故这个无公度的长周期结构的周期是 6.8a。图 5-25(b)是高温超导体 $Tl_2Ba_2CaCu_2O_8$ 的衍射谱，沿 c 轴方向超点阵周期是 c 的长度的 2 倍，沿 a 轴方向超点阵周期是 a 的长度的 5.9 倍。这也是一种无公度的长周期结构。

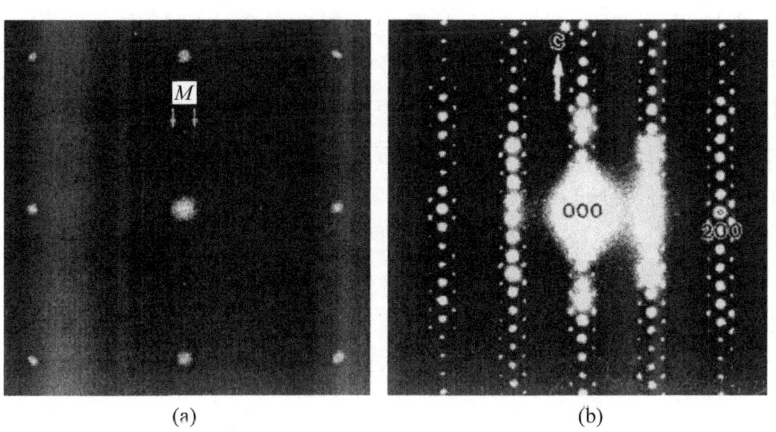

图 5-25　无公度的长周期结构的电子衍射花样

(a) Cu_3Pd；(b) $Tl_2Ba_2CaCu_2O_8$ 无公度的长周期

第6章 透射显微术电子像衬度原理

材料的许多性能是结构敏感的，这些性能和结构中的微观缺陷有关，为了提高材料的性能，就需要理解晶体缺陷的特征组态，这就需要“直接看到”这些缺陷。

自20世纪30年代透射电子显微镜被发明以来，由于当时受制样技术的限制，人们还做不出能让电子束穿透的薄样品，故直至20世纪50年代，透射电子显微镜的作用仍然只限于对物质试样的间接(复型)或半间接(萃取)的表面分析上。但是复型只能观察表面的组织形貌，对揭示材料内部结构是无能为力的，且分辨率较低(200 Å)。从20世纪50年代开始，Hirsh及Bollman等人将透射电子显微镜用于直接观察薄晶体试样，并利用电子衍射效应来成像。不仅显示了材料内部的组织形貌衬度，而且获得许多与材料晶体结构有关的消息(包括点阵类型、位相关系、缺陷组态等)。如果在透射电子显微镜中配备加热、冷却、拉伸等装置，还能进行薄膜的原位动态分析，直接研究材料的相变和形变机理，以及材料内部缺陷的发生、发展、消失的全过程，能更深刻地揭示其微观组织和性能之间的内在联系。目前还鲜有其他的方法可以把微观形貌和结构特征如此有机地联系在一起。

透射电子像的形成取决于入射电子束与材料相互作用，当电子逸出试样下表面时，由于试样对电子束的作用，使得透射电子束强度发生了变化，因而，透射到荧光屏上的强度是不均匀的，这种强度不均匀的电子像称为衬度像。

电子像的衬度(contrast)是指样品的两个相临部分的电子束强度差，设样品的一个部分的电子束强度为I_1，另一个部分的电子束强度为I_2，则电子像的衬度C可表示为

$$C=\frac{I_1-I_2}{I_2}=\frac{\Delta I}{I_2} \tag{6-1}$$

通常，人眼不能观察到衬度小于5%的差别，甚至对区分10%的衬度差别也有困难。如果能把像用数字化的方法记录下来，则可以用电子学方法把衬度增加到人眼能分辨的程度。

下面简要介绍透射电子显微像的几种衬度。质量-厚度衬度(简称质厚衬度，见图6-1)是由于材料的质量厚度差异造成的透射束强度的差异而形成衬度的。衍

射衬度(又称衍衬)是由于试样各部分满足布喇格条件的程度不同以及结构振幅不同而产生的,衍射衬度(图 6-2)主要用于晶体材料,它在透射电子显微镜中用得最多。质厚衬度和衍射衬度都是由于样品不同区域散射能力有差异而形成了电子显微像上透射振幅和强度的变化,质厚衬度和衍射衬度属于振幅程度。另一类衬度是相位程度,当试样很薄(一般在 10 nm 以下),试样相邻晶柱出射的透射振幅的差异不足以区分相邻的两个像点的程度,这时得不到振幅程度。但我们可以利用电子束在试样出口表面上相位不一致,使相位差转换成强度差而形成的衬度,这种衬度称为相位衬度。如果我们让多束相干的电子束干涉成像,可以得到能反映物体真实结构的相位衬度像——高分辨像(图 6-3(a))。高分辨像是一种相干的相位衬度像。另一种相位衬度像是原子序数衬度像(Z contrast image),其衬度正比于原子序数 Z 的平方(图 6-3(b))。原子序数衬度像是非相干的相位衬度像。相位衬度和振幅衬度可以同时存在。当试样厚度大于 10 nm 时,以振幅衬度为主;试样厚度小于 10 nm 时,以相位衬度为主。本章主要介绍振幅衬度,特别是衍射衬度。

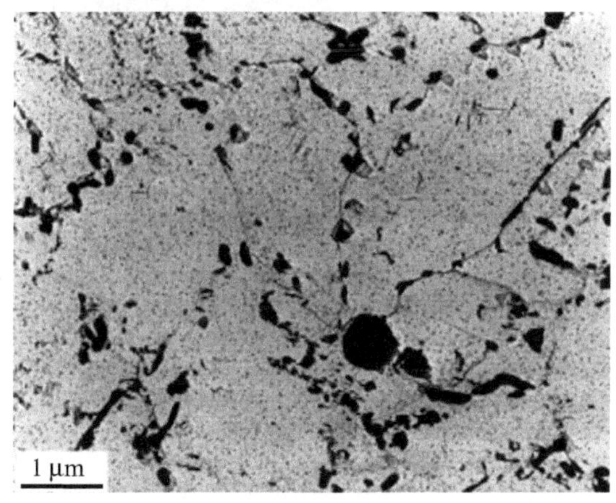

图 6-1　Cr-Mo 钢中一些小析出物的萃取复型样品的质量-厚度衬度像

解释衍射衬度的理论可分为运动学理论和动力学理论。运动学理论可对衍衬成像做出定性的解释,能较好地解释衍衬成像的一般图像。特别是能用于对晶体缺陷的分析,但它对准确满足布喇格条件的情况不适用,且对衍衬像的某些细节也无法解释。动力学理论是一种定量理论,它能很好地解释衍衬成像的细节。本章主要讨论衍射衬度的运动学理论。

电子衍衬像和电子衍射花样是透射电子显微镜从试样中获得的两个重要信息,它涉及全部电子衍射理论,前者关系到电子衍射的强度问题,后者涉及电子衍射的几何学问题。

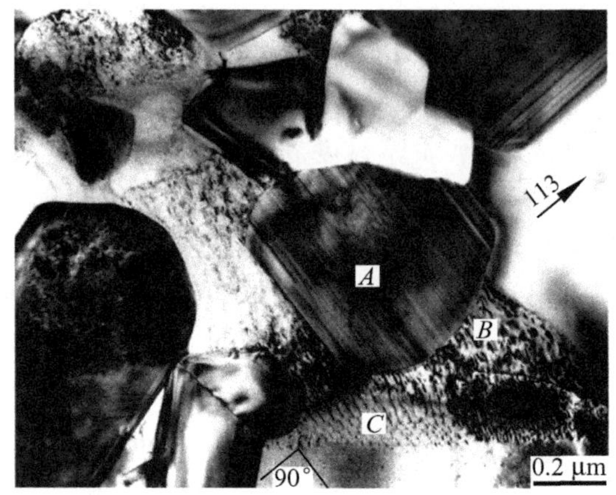

图 6-2　钢的衍射衬度像

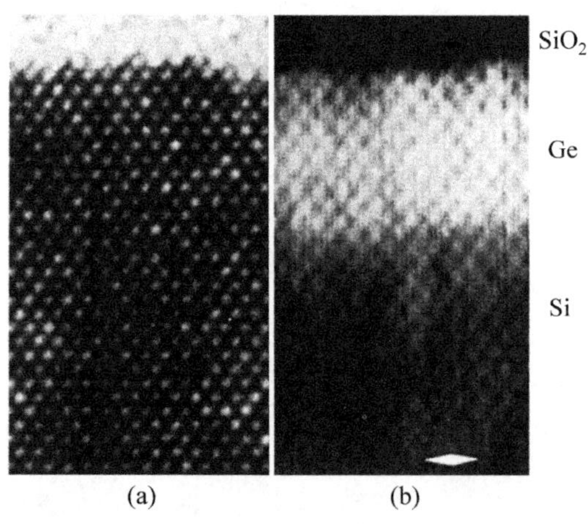

图 6-3　Si/Ge/非晶 SiO_2 的相位衬度像

(a) 高分辨像；(b) 原子序数衬度(Z contrast)像

6.1　质厚衬度

当电子束通过试样时，电子与物质相互作用，产生散射与吸收。由于透射电子显微镜试样很薄，吸收现象可忽略。

质厚衬度的形成主要决定于散射电子的数量。当产生散射时，如散射角大于一定值，一部分散射电子不能通过物镜光阑，使到达荧光屏的电子数减少，由于试样各部分对电子的散射能力不同，使得通过物镜光阑的透射电子数目不同，从而引起电子束的强度差异，形成衬度(图 6-4)。

散射本领大、透射电子数少的样品部分所形成的像要暗些，反之，则亮些。对于非晶样品，入射电子透过样品时碰到的原子数目越多(或样品越厚)，样品原子核库仑电场越强(或原子序数或密度越大)，被散射到物镜光阑外的电子就越多，而通过物镜光阑参与成像的电子强度就越低，即衬度与质量、厚度有关，故这种衬度称为质量-厚度衬度(mass-thickness contrast，简称质厚衬度)。

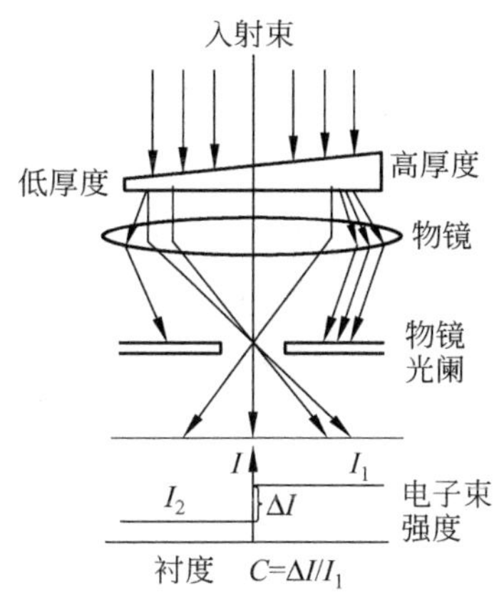

图 6-4　质厚衬度的形成

下面我们推导质厚衬度公式。设单个原子的散射截面(即单位电子流密度的入射电子通过单位厚度的一个散射靶的物质受到的散射几率)为 σ_0，则

$$\sigma_0 = \pi\left(\frac{Ze}{V\theta}\right)^2 \qquad (6\text{-}2)$$

其中，Z 为原子序数，V 是加速电压，e 为电子电荷，θ 为散射角。如果忽略原子间的相互作用，则每立方厘米包含 N 个原子的样品的总散射截面为

$$Q = N\sigma_0 \qquad (6\text{-}3)$$

其中，$N=N_0\,\rho/A$，N_0 为阿伏加德罗常数，ρ 是密度，A 是试样的原子量。

面积为 1 cm^2，厚度为 $\text{d}t$ 的试样的散射截面为

$$\sigma = Q\text{d}t = N_0\,\frac{\rho}{A}\sigma_0\,\text{d}t$$

式中，δ 表示入射电子穿透厚度为 $\text{d}t$ 的试样被散射到物镜光阑外(事实上是某个角度 θ 外)的几率。当入射到 1 cm^2 样品的电子数为 n 时，透过厚度为 $\text{d}t$ 的样品后有 $\text{d}n$ 个电子被散射到物镜光阑外，其电子数减少率为

$$-\frac{\text{d}n}{n} = \sigma = Q\text{d}t \qquad (6\text{-}4)$$

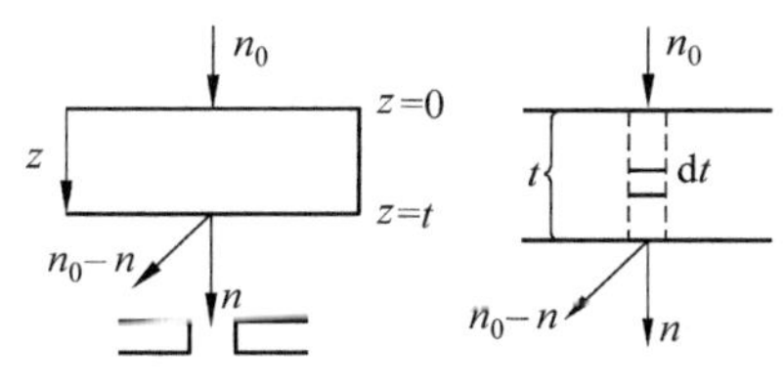

图 6-5　质厚衬度计算的示意图

由于透射电镜试样很薄，可忽略电子吸收。

设在样品的上表面(对应于厚度 $t=0$ 处)入射电子总数为 n_0(见图 6-5)，由于受到厚度为 t 的样品的散射，最后只有 n 个电子透过物镜光阑成像。对式(6-4)两边积分有

$$\int_{n_0}^{n}\frac{\text{d}n}{n} = -\int_0^t Q\text{d}t$$

得

$$n = n_0 \mathrm{e}^{-Qt} = n_0 \mathrm{e}^{-\frac{N_0}{A}\sigma_0 \rho t} \tag{6-5}$$

从而得到电子束强度：

$$I = ne = I_0 \mathrm{e}^{-Qt} = I_0 \mathrm{e}^{-\frac{N_0}{A}\sigma_0 \rho t} \tag{6-6}$$

上式说明，强度为 I_0 的入射电子穿透总散射截面为 Q，厚度为 t 的样品后，透过物镜光阑参与成像的电子束强度 I 随乘积 Qt 的增大而指数衰减。

当 $Qt=1$ 时，成像电子强度为 $I=I_0/\mathrm{e}\approx I_0/3$，定义这时的 t 为临界厚度 Ω，即

$$\Omega = t = 1/Q \tag{6-7}$$

当厚度 t 远远小于临界厚度 Ω 时，绝大部分电子可以透过试样，可以认为试样对电子束是透明的。定义 ρt 为质量厚度，对于成分均匀的样品，参与成像的电子束强度 I 随质量厚度 ρt 的增大而指数衰减。当 $Qt=1$ 时，得到临界质量厚度 $(\rho t)_c$ 如下：

$$(\rho t)_c = \frac{A}{N_0 \sigma_0} = \frac{A}{N_0 \pi}\left(\frac{V\theta}{Ze}\right)^2 \tag{6-8}$$

若 I_1 代表强度为 I_0 的入射电子通过样品 1 区（厚度为 t_1，总散射截面为 Q_1）后参与成像的电子强度，I_2 代表强度为 I_0 的入射电子通过样品 2 区（厚度为 t_2，总散射截面为 Q_2）后参与成像的电子强度，将式(6-6)代入衬度定义式(6-1)得到衬度

$$C = 1 - \mathrm{e}^{-N_0\left(\frac{\sigma_{02}}{A_2}\rho_2 t_2 - \frac{\sigma_{01}}{A_1}\rho_1 t_1\right)} \tag{6-9}$$

由于 TEM 样品的厚度很小，式(6-9)可写成

$$C = N_0\left(\frac{\sigma_{02}}{A_2}\rho_2 t_2 - \frac{\sigma_{01}}{A_1}\rho_1 t_1\right) \tag{6-10}$$

对于一般复型试样（或非晶材料），样品内 σ_0，ρ，A 处处一样，所以衬度

$$C = N_0 \frac{\sigma_0}{A}\rho(t_2 - t_1) = N_A \frac{\sigma_0}{A}\rho \Delta t \tag{6-11}$$

式中 $\Delta t = |t_2 - t_1|$，即衬度主要取决于 Δt，试样相邻部位厚度差 Δt 越大，衬度 C 越大。将式(6-2)代入式(6-9)得

$$C = 1 - \mathrm{e}^{-\frac{\pi N_0 e^2}{V^2\theta^2}\left(\frac{Z_2^2 \rho_2 t_2}{A_2} - \frac{Z_1^2 \rho_2 t_1}{A_1}\right)} \tag{6-12}$$

对于 TEM 试样，由于厚度很小，上式可写成

$$C = \frac{\pi N_0 e^2}{V^2\theta^2}\left(\frac{Z_2^2 \rho_2 t_2}{A_2} - \frac{Z_1^2 \rho_1 t_1}{A_1}\right) \tag{6-13}$$

这个公式告诉我们，衬度与加速电压 V、散射角 θ、原子序数 Z、密度 ρ 和厚度 t 有关。降低电压（对应小的 V），能提高衬度。用大的光阑（对应大的 θ），则衬度小；

用小的光阑(对应小的 θ),则衬度大。实际工作时我们常常用改变光阑的大小来调节衬度。

6.2　衍射衬度

质量-厚度衬度是根据材料不同区域厚度或平均原子序数的不同而形成的衬度,但当薄晶体样品的厚度大致均匀(除了样品穿孔处的边缘部分),平均原子序数也没有太大差别时,薄晶体的不同部位对电子的散射或吸收将大致相同。故这类样品不能利用"质厚衬度"来得到满意的图像反差,必须用衍射衬度(diffraction contrast,简称衍衬)来得到图像。

衍衬是由于晶体试样满足布喇格反射条件程度不同及结构振幅不同而形成的衍射强度的差异而导致的衬度。假设晶体薄膜里有两晶粒 A 和 B(图 6-6),A,B 取向不同,其中 A 与入射束不满足布喇格衍射条件,强度为 I_0 的入射束穿过试样时,A 晶粒不产生衍射,透射束强度 I_A 等于入射束强度,即 $I_A=I_0$;而入射束与 B 颗粒满足布喇格衍射条件,产生衍射,衍射束强度为 I_{hkl},透射束强度 $I_B=I_0-I_{hkl}$。如果用物镜光阑,让透射束通过物镜光阑,而将衍射束挡掉,则在荧光屏上,A 晶粒比 B 晶粒亮,这时得到的像是明场(bright field)像。如果把物镜光阑孔套住某个 hkl 衍射斑,让对应于衍射点 hkl 的电子束 I_{hkl} 通过,而把透射束挡掉,则 B 晶粒比 A 晶粒亮,这时得到的像是暗场(dark field)像。而明场像的衬度特征是跟暗场像互补的(图 6-7),即某个部分在明场像中是亮的,则它在暗场像中是暗的,反之亦然。

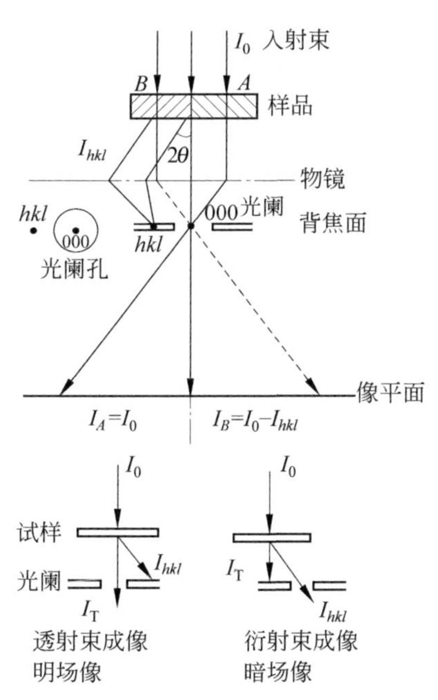

图 6-6　衍射衬度的形成

在衍衬成像中,某一最符合布喇格衍射条件的(hkl)晶面组起十分关键的作用,它直接决定了图像衬度。特别是在暗场像条件下,像的亮度直接等于样品上相应物点在光阑所选定的那个方向上的衍射强度。正因为衍衬像是由衍射强度差别所产生的,所以,衍衬图像是样品内不同部位晶体学特征的直接反映。

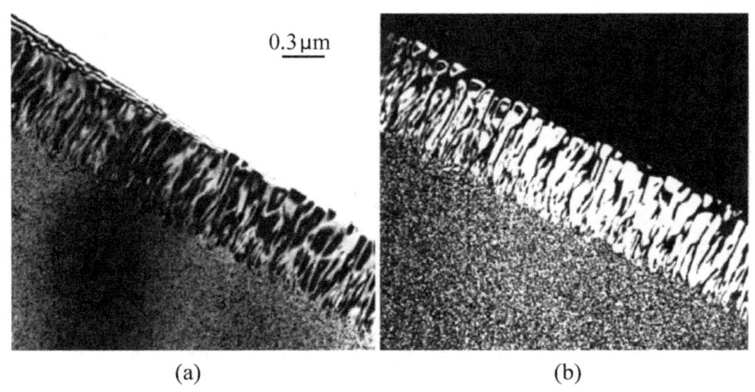

图 6-7　明场像和暗场像是互补的

(a) 明场像；(b) 暗场像

6.3　电子衍衬像的运动学理论

衬度是由于入射电子束与试样相互作用后逸出试样下表面的电子束强度发生变化所造成的，其强度变化的大小与试样内部结构及厚度有关，由于强度的不均匀性而显示出衬度来。计算衬度就是计算穿过试样的电子束的强度。

电子衍衬像的运动学理论是讨论晶体激发产生的衍射强度的简单方法，它的基本假设是：

(1) 采用双束近似处理方法(一束是透射束，一束是衍射束)。假定当电子通过晶体时，只存在一束衍射束且其反射平面接近但不完全处于准确的布喇格位置，即偏离矢量 $\boldsymbol{s}\neq 0$。

(2) 假定衍射束强度比入射束小很多(这假定在入射束波长较短和试样较薄时成立)。

(3) 假定透射束与衍射束无相互作用($\boldsymbol{s}$ 越大，厚度 t 越小，这假定就越成立)。

(4) 假定电子束在晶体内部多次反射及吸收可忽略不记(当试样很薄，电子速度很快时，该假定成立)。

(5) 采用柱体近似方法(如图 6-8 所示)计算衍射强度。

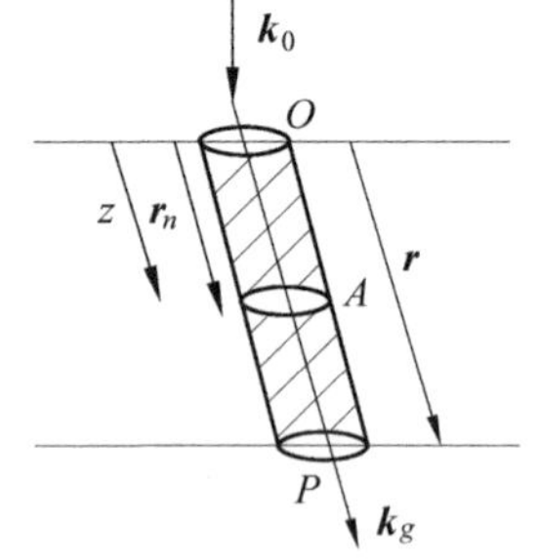

图 6-8　沿衍射束柱体的几何参量

6.3.1　完整晶体的暗场像

完整晶体是指无点、线、面缺陷(如位错、层错、晶界和第二相物质等微观晶体缺陷)的晶体。求完整晶体的暗场像衬度，就是计算衍射束强度 I_D。

下面计算在晶体下表面处 P 点(图 6-8)的衍射强度，将晶体看成是由沿入射电子束方向的一个简单晶胞所组成的，每个晶胞只有一个原子，n 个晶胞叠加在一起组成一个小晶柱，并将每个小晶柱分成平行于晶体表面的若干层，相邻层之间不发生任何作用，这个模型称为柱体近似。P 点的衍射振幅是入射电子束作用在柱体内各层平面上产生振幅的叠加。在离开晶体表面深度为 $\boldsymbol{r}_n$ 的 A 处，每一层原子面对入射电子束振幅的贡献是：

$$\frac{\mathrm{i}n\lambda F_g}{\cos\theta}\mathrm{e}^{-2\pi\mathrm{i}\boldsymbol{K}\cdot\boldsymbol{r}_n}\mathrm{e}^{2\pi\mathrm{i}\boldsymbol{k}_g\cdot\boldsymbol{r}} \tag{6-14}$$

其中，$\boldsymbol{r}_n$ 是原点 O 到晶体 A 点的坐标矢量，$\boldsymbol{r}$ 是原点 O 到晶体 P 点的坐标矢量。$\boldsymbol{K}=\boldsymbol{k}_g-\boldsymbol{k}_0$，它是晶体的衍射矢量，$\boldsymbol{k}_0$ 是入射波波矢，$\boldsymbol{k}_g$ 是衍射波波矢量，当 $\boldsymbol{k}_g-\boldsymbol{k}_0=\boldsymbol{g}$ 时，$\boldsymbol{K}$ 就是倒易矢量 $\boldsymbol{g}$。F_g 是反射 g 的结构因子，是一个单胞的散射振幅。$\frac{\lambda nF_g}{\cos\theta}$ 是单位厚度的散射振幅，n 为单位面积内单胞数目。i 表示衍射束相对于入射束相位改变 $\pi/2$。$\mathrm{e}^{2\pi\mathrm{i}\boldsymbol{k}_g\cdot\boldsymbol{r}}$ 为传递因子，是一常数，在下面的处理中该因子将忽略不计。当衍射方向偏离布喇格条件时 $\boldsymbol{K}=\boldsymbol{k}_g-\boldsymbol{k}_0=\boldsymbol{g}+\boldsymbol{s}$，则

$$\mathrm{e}^{-2\pi\mathrm{i}\boldsymbol{K}\cdot\boldsymbol{r}_n}=\mathrm{e}^{-2\pi\mathrm{i}(\boldsymbol{g}+\boldsymbol{s})\cdot\boldsymbol{r}_n}=\mathrm{e}^{-2\pi\mathrm{i}\boldsymbol{s}\cdot\boldsymbol{r}_n}\mathrm{e}^{-2\pi\mathrm{i}\boldsymbol{g}\cdot\boldsymbol{r}_n}$$

对于完整晶体，$\boldsymbol{g}\cdot\boldsymbol{r}_n$ 为整数，所以 $\mathrm{e}^{-2\pi\mathrm{i}\boldsymbol{g}\cdot\boldsymbol{r}_n}=1$，故 $\mathrm{e}^{-2\pi\mathrm{i}\boldsymbol{K}\cdot\boldsymbol{r}_n}=\mathrm{e}^{-2\pi\mathrm{i}\boldsymbol{s}\cdot\boldsymbol{r}_n}$。

选坐标 z 在 $\boldsymbol{r}$ 方向上，所以 $\mathrm{e}^{-2\pi\mathrm{i}\boldsymbol{s}\cdot\boldsymbol{r}_n}=\mathrm{e}^{-2\pi\mathrm{i}sz}$，假设小柱体内平行原子层平面之间的距离为 a（假定 a 非常小），则 A 处厚度元 $\mathrm{d}z$ 内有 $\mathrm{d}z/a$ 层原子，每一小平面产生的散射振幅为

$$\mathrm{d}A_g=\frac{\mathrm{i}n\lambda F_g}{\cos\theta}\mathrm{e}^{-2\pi\mathrm{i}sz}\frac{\mathrm{d}z}{a}=\frac{\mathrm{i}\lambda F_g}{V_c\cos\theta}\mathrm{e}^{-2\pi\mathrm{i}sz}\mathrm{d}z \tag{6-15}$$

式中 V_c 为单位晶胞体积，定义消光距离

$$\xi_g=\frac{\pi V_c\cos\theta}{\lambda F_g} \tag{6-16}$$

则

$$\mathrm{d}A_g=\frac{\mathrm{i}\pi}{\xi_g}\mathrm{e}^{-2\pi\mathrm{i}sz}\mathrm{d}z \tag{6-17}$$

在 P 点处衍射总振幅应为每个小平面产生的散射振幅的叠加，即 P 点处衍射总振幅

$$A_g=\frac{\mathrm{i}\pi}{\xi_g}\int_0^t\mathrm{e}^{-2\pi\mathrm{i}sz}\mathrm{d}z \tag{6-18}$$

积分可得

$$A_g=\frac{\mathrm{i}\pi}{\xi_g}\frac{\sin\pi st}{\pi s}\mathrm{e}^{-\pi\mathrm{i}st} \tag{6-19}$$

因此，P 点的衍射强度为

$$I_g=A_gA_g^*=\frac{\pi^2}{\xi_g}\frac{\sin^2(\pi st)}{(\pi s)^2} \tag{6-20}$$

上式表明，暗场像强度 I_g 是厚度 t 与偏离矢量 $\boldsymbol{s}$ 的正弦周期函数。

从式(6-20)可以看出,当一束平行电子波进入晶体试样时,开始时($t=0$),衍射波强度为零,透射波强度极大,等于入射波强度。衍射波强度随着电子束进入晶体的深度逐渐增加达到极大值,这时透射波强度达到相应的极小值,两波相位相差 $\pi/2$(见图 6-9)。因此电子束在晶体中由强变弱,再由弱变强具有周期性,这种由一个极强到下一个极强的深度距离即为前面提到的消光距离 ξ_g,有

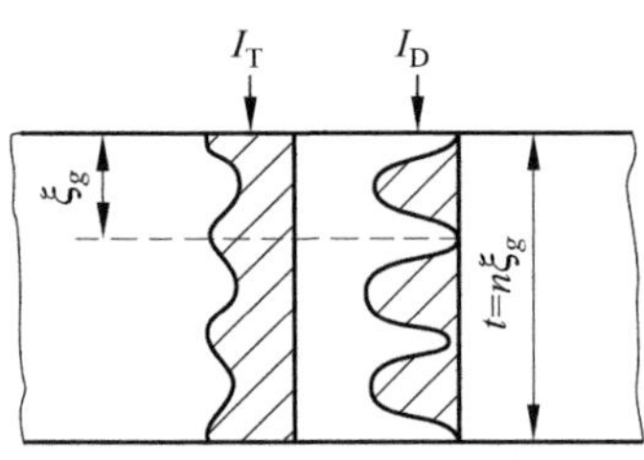

图 6-9 透射波及衍射波在晶体中周期性变化

$$\xi_g = \frac{\pi V_c \cos\theta}{\lambda F_g}$$

因为 θ 很小,$\cos\theta \approx 1$,所以

$$\xi_g = \frac{\pi V_c}{\lambda F_g} \tag{6-21}$$

下面举例说明 ξ_g 的求法。面心立方金属银在 100 kV 加速电压下获得衍衬像,该衍衬像是由孔洞形成的等厚干涉条纹。从选区电子衍射花样上得知操作反射 g 为 200,试求消光距离 ξ_g。

解 (1) 求 V_c $V_c = a^3 = (4.089\ \text{Å})^3 = 68.36\ \text{Å}^3$,其中 $a=4.089\ \text{Å}$ 是银的点阵常数。

(2) 求 F_g 在面心立方中,每一单胞有 4 个原子,在 000,1/2 1/2 0,1/2 0 1/2,0 1/2 1/2 处,

$$F_g = \sum_{j=1}^{n} f_j(e) e^{2\pi i \boldsymbol{g}\cdot \boldsymbol{r}_j} = \sum_{j=1}^{n} f_j(e) \exp\{2\pi i(hk_j + ky_j + lz_j)\}$$
$$= f(e)e^{2\pi i 0} + f(e)e^{2\pi i\left(\frac{h+k}{2}\right)} + f(e)e^{2\pi i\left(\frac{k+l}{2}\right)} + f(e)e^{2\pi i\left(\frac{h+l}{2}\right)}$$

对 $g=200$ 反射,$h=2, k=l=0, F_{200}=f(e)(1+1+1+1)=4f(e)$。$f(e)$ 为电子的原子散射因子。

(3) 求 $f(e)$ 根据 $\sin\theta/\lambda$ 可查出 $f(e)$,对本例,$\frac{\sin\theta}{\lambda}=\frac{1}{2d_{200}}=0.245\ \text{Å}^{-1}$,由图 6-10(或查附录 C),查出 $f(e)=5.41\ \text{Å}$,则 $F_g=4f(e)=21.64\ \text{Å}$。

(4) 求 ξ_g 当 $V=100$ kV 时,$\lambda=0.037\ \text{Å}$,

$$\xi_g = \xi_{200} = \frac{\pi V_c}{\lambda F_g} = \frac{3.14 \times 68.36}{0.037 \times 21.64} = 268\ \text{Å}$$

以上算出的消光距离 ξ_g 仅适用于 $\boldsymbol{s}=0$ 的情况,原则上 ξ_g 是动力学理论中的一个物理量,对有限的 $\boldsymbol{s}$,需要用有效消光距离 ξ_{geff}(它小于 ξ_g)代替 ξ_g,

$$\xi_{geff} = \frac{\xi_g}{\sqrt{1+s^2\xi_g^2}} = \frac{1}{\sqrt{s^2+\frac{1}{\xi_g^2}}}$$

ξ_g 的精确度一般很难优于 $\pm 10\%$。

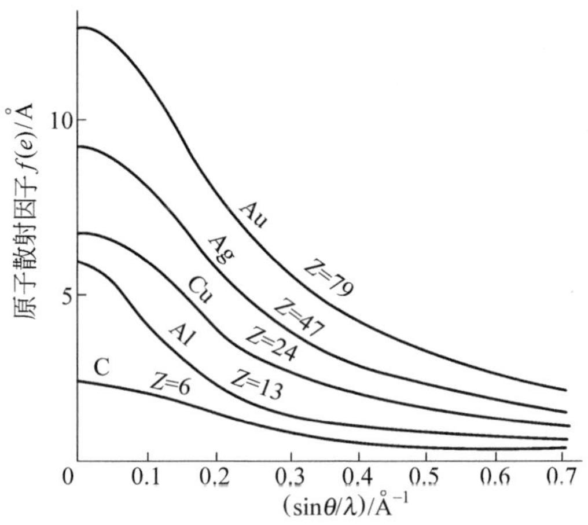

图 6-10　碳、铝、铜、银、金的散射因子 $f(e)$ 与 $\frac{\sin\theta}{\lambda}$ 的关系

下面对暗场像的强度 I_g（见式(6-20)）进行讨论。

（1）等厚消光（衍射强度随样品厚度的变化）

如果晶体保持在确定的位向，偏离矢量往往保持恒定，这时式(6-20)可写成

$$I_g = \frac{1}{(s\xi_g)^2}\sin^2\pi t \tag{6-22}$$

显然，当 s 为常数时，衍射强度 I_g 随样品厚度 t 的变化发生周期性振荡(图 6-11)，振荡周期为 $t_g=1/s$。当 $t_g=n/s$(n 为正整数)时，衍射强度 $I_g=0$，这称为等厚消光，它对应于暗条纹；而当 $t_g=\left(n+\frac{1}{2}\right)\Big/s$ 时，衍射强度最大，$I_{g\max}=\frac{1}{(s\xi_g)^2}$，它对应于亮条纹。

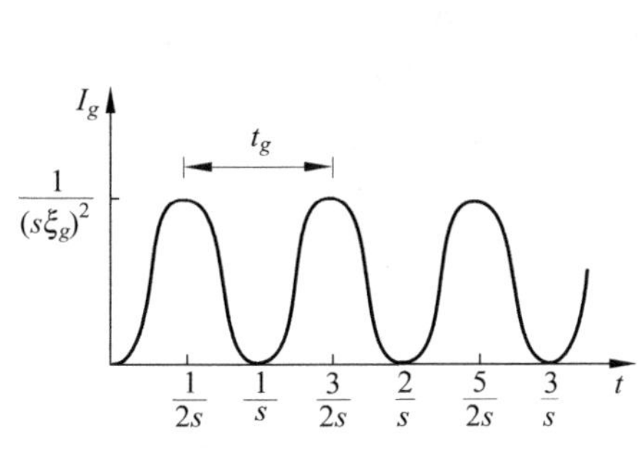

图 6-11　衍射强度 I_g 随晶体厚度的变化

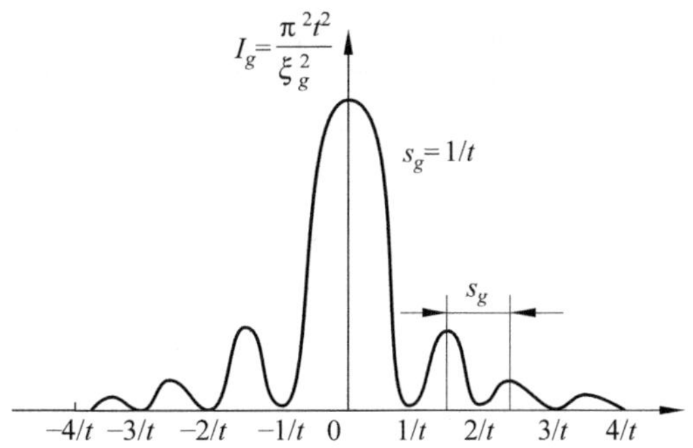

图 6-12　衍射强度 I_g 随偏移矢量 s 值的变化

（2）等倾消光（衍射强度随偏移矢量的变化）

将式(6-20)改写成：

$$I_g = \frac{(\pi t)^2}{\xi_g^2}\,\frac{\sin^2\pi t}{(\pi t)^2}$$

因为厚度 $t=$ 常数，故 I_g 随偏移矢量 s 而变，其变化规律如图 6-12 所示。可见，当 $s=0,\pm\frac{3}{2t},\pm\frac{5}{2t},\cdots$ 时，I_g 有极大值，当 $s=0$ 时，衍射强度最大，有

$$I_{g\max}=\frac{(\pi t)^2}{\xi_g^2}$$

而当 $s=\pm\frac{n}{t}$，$n=1,2,3,\cdots$ 时，衍射强度 $I_g=0$。这称为等倾消光，相应的条纹称为等倾条纹。由于 $s=\pm\frac{3}{2t}$ 时的二次衍射强度峰已经很小，可以把 $\pm\frac{1}{t}$ 范围看做是偏离布喇格条件后能产生衍射强度的界限。它对应于倒易杆的长度，即 $s=\frac{2}{t}$。由此可见，晶体越薄（t 越小），倒易杆越长。

下面具体讨论对应于等厚消光、等倾消光的衍衬像。

(1) 等厚条纹

考虑晶体薄膜中有一孔洞（图 6-13(a)），孔洞边缘沿晶体厚度呈楔形变化。明场下，透射束呈周期性变化，相应于不同厚度的下表面处呈现明暗相间的衬度条纹，暗条纹相当于透射强度极小，衍射强度极大，条纹间距正好对应于消光距离 ξ_g（后面会讨论），条纹宽度与楔形斜度有关系。图 6-13(b) 就是不锈钢（薄晶体试样）的等厚消光轮廓像。对孔洞边缘的分析也可应用于晶体中倾斜界面（图 6-14）的分析，实际晶体内部的晶界、亚晶界、孪晶界和层错等都相当于倾斜界面。

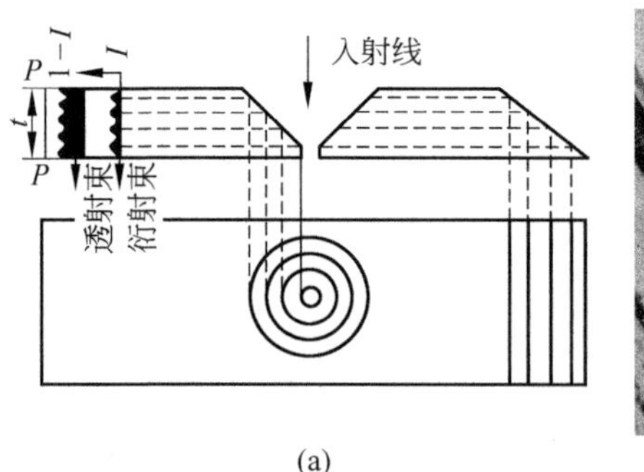

(a)

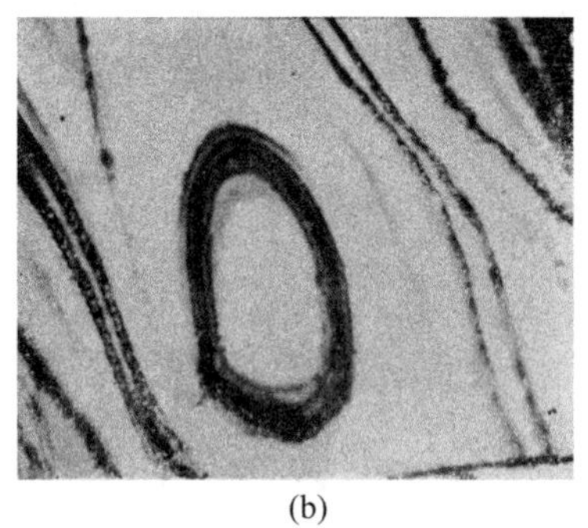

(b)

图 6-13 等厚消光

(a) 孔洞边缘处楔形引起的衬底条纹示意图；(b) 不锈钢中圆形缺陷引起的等厚消光轮廓线

可用等厚消光轮廓像来测薄晶体试样的厚度。方法如下：

① 从衍衬像中测出条纹数目 n；

② 从衍射谱中求得相应操作反射 $\boldsymbol{g}$，求出消光距离 $\xi_g=\frac{\pi V_c}{\lambda F_g}$；

③ 由公式 $t=n\xi_g$ 算出薄晶体试样厚度 t。

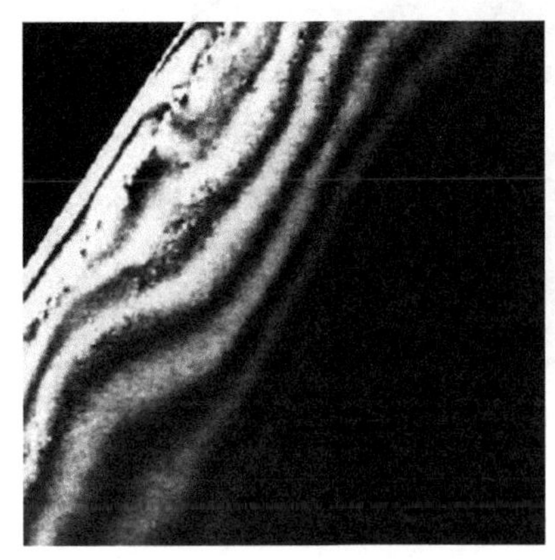

图 6-14　等厚条纹

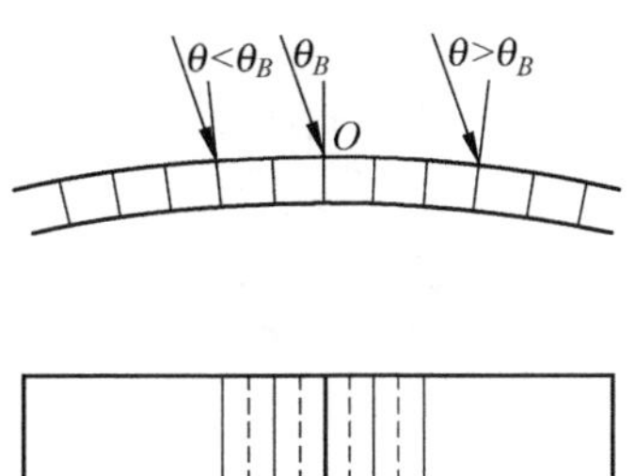

图 6-15　等倾条纹形成示意图

(2) 等倾消光轮廓线

如果没有缺陷的薄晶体稍加弯曲，则在衍衬图像上可出现弯曲消光条件，即等倾条纹。在图 6-15 中，如果样品上 O 处衍射晶面的取向精确满足布喇格条件(θ 等于布喇格衍射角，$\boldsymbol{s}=0$)，由于样品弯曲，在 O 点两侧该晶面向相反方向转动，$\boldsymbol{s}$ 的符号相反，且 $\boldsymbol{s}$ 的大小随距 O 点的距离增大而增大，由式(6-22)可知，当 $\boldsymbol{s}=0$ 时 I_g 取最大值。因此衍衬图像中对应于 $\boldsymbol{s}=0$ 处，将出现亮条纹(暗场像)或暗条纹(明场像)。在其两侧对应于 $I_g=0\left(\boldsymbol{s}=\pm\dfrac{1}{t}\right)$ 处将出现暗条纹(暗场像)。在两侧 I_g 取极大值以及 $I_g=0$ 的位置，还会相继出现亮、暗相同的条纹，同一条纹相对应的样品位置的衍射晶面的取向是相同的($\boldsymbol{s}$ 相同)。即相对于入射束的倾角是相同的，故这种条纹称为等倾条纹。实际上，等倾条纹是由于样品弹性弯曲变形而引起的，故也称为弯曲消光条纹。

由于薄晶体样品在一个观察视场中弯曲程度很小，$\boldsymbol{s}$ 值大都在 $0\sim\pm\dfrac{3}{2t}$ 范围内，且随 $|\boldsymbol{s}|$ 增大衍射峰值迅速衰减，因此条纹数目不会很多。在一般情况下，只能观察到 $\boldsymbol{s}=0$ 处的条纹。

如果样品变形状态比较复杂，那么等倾条纹可没有对称的特征，可能出现相互交叉的等倾条纹(图 6-16)。有时样品受电子束的照射后，由于温度升高而变形，或者样品稍加倾转，甚至在试样不动的情况下，可观察到等倾条纹在荧光屏上发生大幅度扫动，这是因为样品的温度变化或倾斜导致样品在 $\boldsymbol{s}=0$ 的位置发生改变，故等倾条纹出现的位置也随之而变。而等厚干涉条纹当试样不动时，无甚变化(缺陷也是如此)。这一点也因此被用来鉴别等倾消光轮廓和正常缺陷的衍射效应。

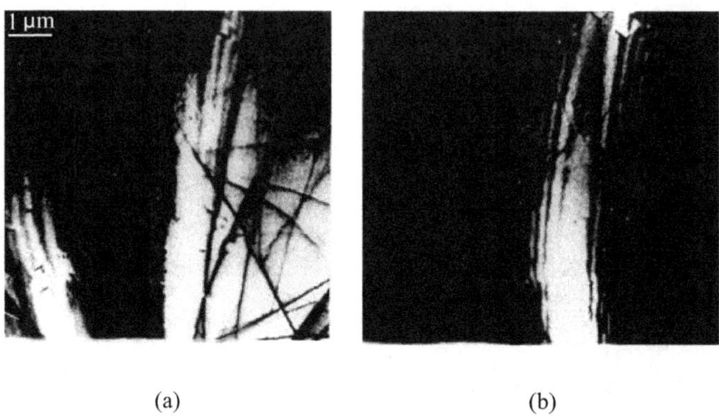

(a) (b)

图 6-16 不锈钢样品中弯曲区域的等倾消光条纹
(a) 明场像；(b) 暗场像

6.3.2 完整晶体的明场像

明场像由透射波决定，根据能量守恒原理，透射波强度 I_T 为

$$I_T = I_0 - I_D$$

即明场像与暗场像是互补的，这是双束近似的结果(实际情况并非如此)。当一束平行电子波进入晶体试样时，开始 I_T 极大，等于入射波强度 I_0，而 I_D 随电子束进入晶体的深度逐渐增加达到极大值，而透射波 I_T 达到相应的极小值，二波相差 $\pi/2$。电子束在晶体中由强变弱，再由弱变到强，具有周期性，这种由强到强的深度距离即为消光距离(extinction distance)$\xi_g=\dfrac{\pi V_c\cos\theta}{\lambda F_g}$。因为透射电镜中 θ 很小，$\cos\theta\approx 1$，所以

$$\xi_g = \frac{\pi V_c}{\lambda F_g}$$

我们已经知道，对于理想晶体，我们只能在厚度不一样处看到等厚条纹和在样品弯曲处看到等倾条纹。但我们更关心的是晶体里的缺陷，我们希望知道晶体缺陷引起的衬度相对理想晶体的衬度是如何变化的。事实上我们采用衍射衬度来观察晶体里的缺陷，观察的就是这个衬度的相对变化，即缺陷的衍射衬度像是缺陷引起的衬度相对理想晶体的衬度的变化，而不一定是缺陷本身的像。

6.3.3 不完整晶体的衍衬像的运动学理论

对完整晶体，由于晶面在各处满足布喇格条件，这时样品各处的衍射强度都一样，不显示衬度的差别(除了等厚消光轮廓线、等倾消光轮廓线，无其他衬度)，即我们得不到很多有用的信息。而实际晶体是不完整的，这不完整性会造成衍射衬度

有差别。

晶体的不完整性可由以下原因引起：

(1) 由取向关系改变引起(例如：晶界、孪晶界、沉淀物与基体界面)。

(2) 晶体缺陷引起的弹性位移(例如：点、线、面、体缺陷)。

(3) 相变引起的不完整性。

(4) 成分改变而组织不变，如 Spinodals。

(5) 组织改变而成分不变，如马氏体相变。

(6) 相界面(共格、半共格、非共格)。

由于不完整性晶体的存在，改变了完整晶体中原子正常排列状况，使得晶体中某一区域的原子偏离了原来正常位置而产生晶格畸变。晶格畸变使缺陷处晶面与电子束相对方向发生了变化，使得晶面取向不同于完整晶体的取向，于是在有缺陷区域和无缺陷区域满足布喇格条件的程度不一样，造成了衍射强度有差异，从而产生了衬度。根据这种衬度效应，可以判断晶体内存在什么缺陷。

对不完整晶体的暗场像，可采用与完整晶体相似的处理方法，其衍射振幅

$$A_D = \frac{\mathrm{i}\pi}{\xi_g}\mathrm{e}^{-2\pi\mathrm{i}\boldsymbol{K}\cdot\boldsymbol{r}_n} = \frac{\mathrm{i}\pi}{\xi_g}\mathrm{e}^{-2\pi\mathrm{i}(\boldsymbol{g}+\boldsymbol{s})\cdot(\boldsymbol{r}+\boldsymbol{R}_n)} \tag{6-23}$$

式中 $\boldsymbol{K}=\boldsymbol{g}+\boldsymbol{s}$，$\boldsymbol{r}_n'=\boldsymbol{r}_n+\boldsymbol{R}_n$，$\boldsymbol{R}_n$是单胞离开其正常位置 $\boldsymbol{r}_n$ 的偏离矢量(与不完整性有关)。因为 $\boldsymbol{g}\cdot\boldsymbol{r}_n$是整数，$\mathrm{e}^{-2\pi\mathrm{i}\boldsymbol{g}\cdot\boldsymbol{r}_n}=1$，$\boldsymbol{s}\cdot\boldsymbol{R}_n$ 很小，$\mathrm{e}^{-2\pi\mathrm{i}\boldsymbol{s}\cdot\boldsymbol{R}_n}$可忽略，则

$$A_D \approx \frac{\mathrm{i}\pi}{\xi_g}\mathrm{e}^{-2\pi\mathrm{i}\boldsymbol{g}\cdot\boldsymbol{R}_n}\mathrm{e}^{-2\pi\mathrm{i}\boldsymbol{s}\cdot\boldsymbol{r}_n} = \frac{\mathrm{i}\pi}{\xi_g}\mathrm{e}^{-2\pi\mathrm{i}\boldsymbol{g}\cdot\boldsymbol{R}}\mathrm{e}^{-2\pi\mathrm{i}sz} \tag{6-24}$$

式中 $\boldsymbol{R}$ 为在晶体深 z 处单胞的位移，z 的方向与 $\boldsymbol{s}$ 相同。仍然采用柱体近似，并用积分代替求和，当试样厚度为 t，则在晶体下表面逸出的散射波振幅是

$$A_D = \frac{\mathrm{i}\pi}{\xi_g}\int_0^t \mathrm{e}^{-2\pi\mathrm{i}\boldsymbol{g}\cdot\boldsymbol{R}}\mathrm{e}^{-2\pi\mathrm{i}sz}\,\mathrm{d}z \tag{6-25}$$

式中，$\mathrm{e}^{-2\pi\mathrm{i}\boldsymbol{g}\cdot\boldsymbol{R}}$为不完整性引入的相位因子，称为附加相位因子。可将附加相位因子改写成 $\mathrm{e}^{-2\pi\mathrm{i}\boldsymbol{g}\cdot\boldsymbol{R}}=\mathrm{e}^{-\mathrm{i}\alpha}$，其中 $\alpha=2\pi\boldsymbol{g}\cdot\boldsymbol{R}=2\pi n$，$n=\boldsymbol{g}\cdot\boldsymbol{R}$，$n$ 可为整数、零或分数。不同的晶体缺陷引起晶体畸变程度不同，即 $\boldsymbol{R}$ 不同，因而相位差 α 不同，产生的衍射振幅 A_D不同，从而衍衬像也就不同。

下面讨论附加相位因子的几种特殊情况。

当 $\boldsymbol{g}\cdot\boldsymbol{R}$=整数或 0 时，附加相位因子 $\mathrm{e}^{-\mathrm{i}\alpha}=1$，有缺陷晶体的衍射振幅 A_D与完整晶体的衍射振幅完全一样，即衍衬像没有不同，故缺陷不可见。$\boldsymbol{g}\cdot\boldsymbol{R}=n$($n$ 为整数或 0 时)是缺陷不可见的判据(invisibility criterion)，也是缺陷晶体学定量分析的重要依据和出发点。

如 $\boldsymbol{g}\cdot\boldsymbol{R}\neq$整数，附加相位因子 $\mathrm{e}^{-\mathrm{i}\alpha}$不为 1，则有缺陷晶体的衍射振幅 A_D与完整晶体的衍射振幅不同，缺陷可见。

当 $\boldsymbol{g}//\boldsymbol{R}$ 时，$\boldsymbol{g}\cdot\boldsymbol{R}$ 有最大值，此时有最大的衬度。

当 $\boldsymbol{g}\perp\boldsymbol{R}$ 时，$\boldsymbol{g}\cdot\boldsymbol{R}=0$，附加相位因子 $e^{-i\alpha}=1$，缺陷不可见。

下面我们用运动学原理，由 $\boldsymbol{g}\cdot\boldsymbol{R}$ 的情况来说明常见的几种缺陷衍衬像。

6.4 几种晶体缺陷的衍衬像

6.4.1 层错

层错(stacking fault)是晶体中原子正常堆垛遭到破坏时产生的一种面缺陷。下面我们用面心立方(fcc)中的层错为例子。在 fcc{111}中，正常堆垛次序为：…*ABCABC*…。层错形成有两种机制：一种是在正常堆垛次序中抽掉一层晶面，例如抽掉一层 *B* 层，这时原子排列次序为…*ABCACABC*…，这种层错称为抽出型层错；另一种是在正常堆垛次序中插入一层晶面，例如在 *A* 层后插入一层 *C* 层，这时原子排列次序为…*ABCACBCABC*…，这种层错称为插入型层错。

由于层错的存在破坏了原子近邻关系，产生了一个因畸变而造成的位移矢量 $\boldsymbol{R}$，fcc{111}面层错位移矢量 $\boldsymbol{R}=\frac{1}{6}<112>$，或者 $\pm\frac{1}{3}<111>$。层错引起的相位差分别为

$$\alpha = 2\pi\boldsymbol{g}\cdot\boldsymbol{R} = 2\pi(hkl)\cdot\frac{1}{6}<112>=\frac{\pi}{3}(h+k+2l)$$

$$\alpha = 2\pi\boldsymbol{g}\cdot\boldsymbol{R} = 2\pi(hkl)\cdot\pm\frac{1}{3}<111>=\pm\frac{2\pi}{3}(h+k+l)$$

在 fcc 中 hkl 为全奇或全偶时才有布喇格衍射，因此，α 只可能取 $\pm 2n\pi$ 或 $\pm 2/3n\pi$(n 为整数)。

当 $\alpha=\pm 2n\pi$ 时，附加相位因子 $\exp(-i\alpha)=1$，层错不显示衬度；

当 $\alpha=\pm 2/3n\pi$ 时，附加相位因子 $\exp(-i\alpha)\neq 1$，层错可观察。

因此，在 fcc 中，只有选择合适的操作反射 $\boldsymbol{g}_{hkl}$，使附加相位因子 $\alpha=\pm 2/3n\pi$，才能观察到层错。所以在透射电镜中看不见层错，并不表示层错不存在，可能是由于所选择的 $\boldsymbol{g}_{hkl}$ 不合适，使得层错不显示衬度。

下面简单说明层错在晶体中处于不同方位时所显示出的不同的衬度。

(1) 倾斜于晶体表面的层错

图 6-17 是层错面与晶体膜面倾斜相交的情况，这时在衍衬像上反映出的衬度与完整楔形晶体所显示的等厚条纹相似，如图 6-18 所示。当改变入射条件，变换操作反射 $\boldsymbol{g}$ 时，晶体下表面的衍射强度将发生变化。在特定条件下，当样品很薄，且小于一个消光距离时，对于原子序数小的金属(如铝、锰、铜等)将

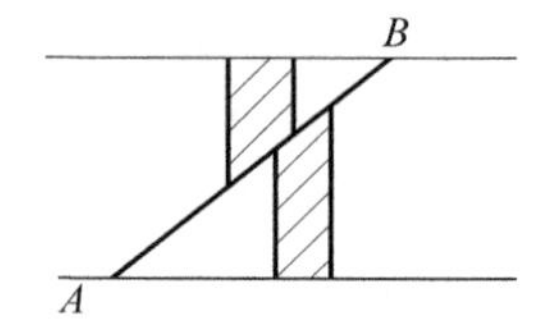

图 6-17 倾斜于晶体表面的层错的示意图

不显示条纹衬度。

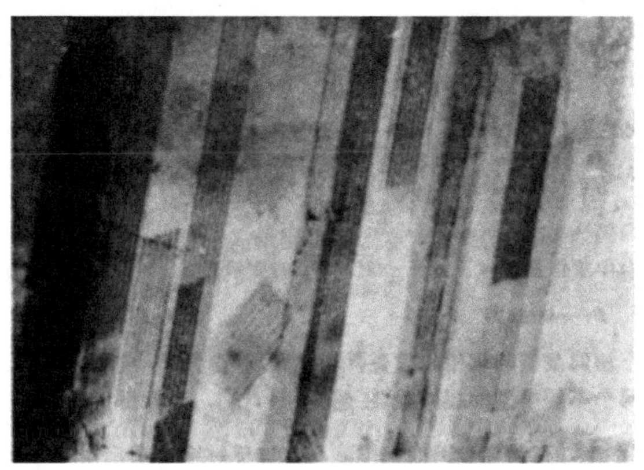

图 6-18　40Mn2Cr4V 钢中的层错

（2）平行于晶体表面的层错

当层错面 AB 平行于晶体膜面时（图 6-19），层错面上下两部分的晶体为完整晶体，这时具有层错 AB 的晶体部分 1 与完整晶体 2 区域的衍射振幅不同，显示出来的衬度是整个层错区域和完整区域的衍射强度的差异。若入射电子束方向正好与膜面垂直，则层错区域本身不产生衬度，因此在图像上看到的是均匀的衬度效应，即在均匀的背景上或呈现一条均匀的宽度为 AB 的暗带，或呈现一条均匀的宽度为 AB 的亮带，出现暗带还是亮带取决于二区域衍射强度的差异，层错平行于膜面的情况和衬度大小受晶体厚度及所处晶体深度的影响。若层错正处于某消光距离上，这时观察不到层错。

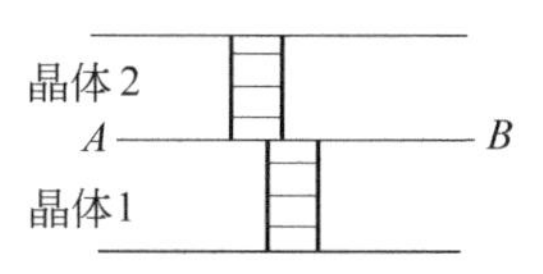

图 6-19　平行于晶体表面的层错的示意图

（3）层错与试样表面垂直

这时层错是不可见的。

（4）重叠层错

以面心立方{111}层错为例，在晶体较厚的情况下，相邻{111}面上如果都存在层错，则可以形成重叠层错，重叠层错的衍衬图像可从附加相位加以判断。若重叠层错合成相位移为 0 或 $2n\pi$，则衬度消失，前者如两个相反符号的层错的叠加，后者如三个相同符号的层错叠加。具体而言，如果一个层错相位角为 $\alpha=-120°$，另一个层错相位角为 $\alpha=+120°$，则合成的 $\alpha=0$，衬度不出现；如果三个层错重叠在一起，则总的相位角为 360°或 $2n\pi$，此时也无衬度出现。所以以上两种情况都看不见层错。原则上讲，当相位因子之和$\alpha=0$ 或 $2n\pi$ 时，重叠层错不出现衬度，但如果重叠层错之间有一段距离，则所观察的衬度就不完全相同了。如图 6-20(a)所示，两个相同类型的层错重叠，且靠得较近时，相位因子相加$\frac{-2\pi}{3}+\frac{-2\pi}{3}=\frac{-4\pi}{3}=\frac{+2\pi}{3}-2\pi$，第一个干涉条纹在层错重叠处改变衬度。如果三个相同类型的层错相重叠，相位因子为 2π 或 0，则不产生衬度(图 6-20(b))。当两个不同类型的层错重叠(图 6-20(c))，且靠得很近时，$\alpha=\frac{-2\pi}{3}+\frac{2\pi}{3}=0$，也无衬度产生。图 6-21 给出了一个由于存在重叠层错而使得在某些部位层错条纹不可见的例子。

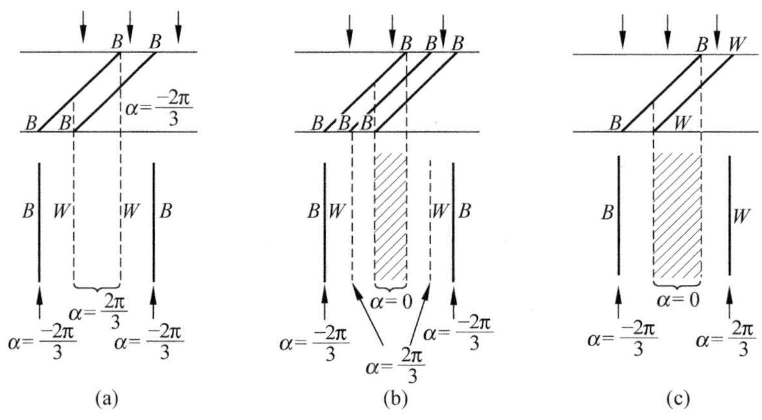

图 6-20 面心立方晶体中重叠层错 $\alpha=\pm\frac{2\pi}{3}$时，不同衬度示意图

总之附加相位因子 $\alpha=2\pi \boldsymbol{g}\cdot\boldsymbol{R}$ 是影响层错衬度的关键，对同一类型的层错，$\boldsymbol{R}$ 一定，选择不同的操作反射 $\boldsymbol{g}_{hkl}$(可改变)，可得到不同的衬度。另外，层错衬度是晶体厚度 t 和缺陷所处的深度 z 的函数，α 不仅与 $\boldsymbol{g}_{hkl}$ 有关，也与 $\boldsymbol{R}$ 有关。从分析层错排列条纹的颜色(可亮也可暗)，还可推断层错类型(抽出/插入形)，决定层错的倾斜状态(图 6-22)，具体见相关文献。

6.4.2 位错

位错(dislocation)是一种线缺陷，处于位错附近的原子偏离正常位置而发生畸变，缺陷周围应变场的变化引入的附加因子 $\alpha=2\pi \boldsymbol{g}\cdot\boldsymbol{R}$ 是偏离矢量 $\boldsymbol{R}$ 的连续函数，而层错引入的附加因子则是突然变化的。利用透射电镜观察位错具有独特的优点，它不仅能证实位错的存在，而且能直观地反映位错的起源、增殖、扩展及其相互作用。

位错有两种类型：

(1) 刃位错(edge dislocation)，其位错线与柏格斯矢量(Burgers vector) $\boldsymbol{b}$ 垂直。

(2) 螺位错(screw dislocation)，螺位错位错线与柏格斯矢量 $\boldsymbol{b}$ 平行。

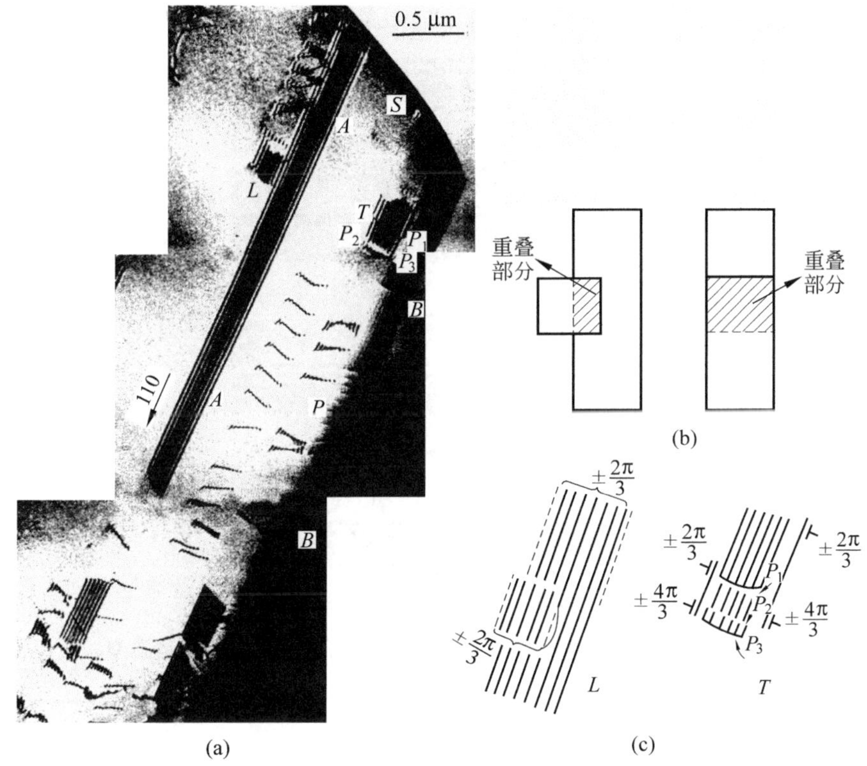

图 6-21　不锈钢中的重叠层错

单纯的刃位错或螺位错都是直线型的，实际上大部分位错是混合型位错，形状为曲线型。在透射电子显微镜观察中，柏格斯矢量 $\boldsymbol{b}$（简称为柏氏矢量）是判断位错组态的重要依据。下面讨论刃位错和螺位错的衍射衬度像的形成机制。

1. 螺位错

图 6-23 是螺位错 EF 在晶体滑移面 $ABCD$ 上的示意图。先考虑最简单的情况，假设一螺位错平行于晶体表面，距离上下晶面分别为 z_1 与 z_2（图 6-24），当忽略表面效应，晶体中位移可用矢量 $\boldsymbol{R}$ 表示，图中不同的 ϕ 角对应不同的 z 值。当 ϕ 角转 2π 弧度时，螺位错的畸变量正好是一个柏格斯矢量 $\boldsymbol{b}$，因此 $R:b=\phi:2\pi$，可以得到偏离矢量：

$$\boldsymbol{R}=\frac{\phi}{2\pi}\boldsymbol{b}=\frac{\arctan\left(\dfrac{z}{x}\right)}{2\pi}\boldsymbol{b}$$

式中 x 表示螺位错线到完整晶柱 PP' 的距离。图中 MM' 表示经过变形后的晶柱，而

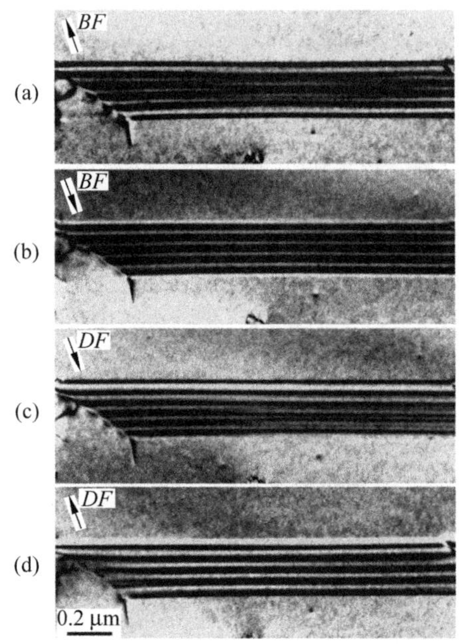

图 6-22 从层错排列条纹的颜色(可亮也可暗),可推断层错类型

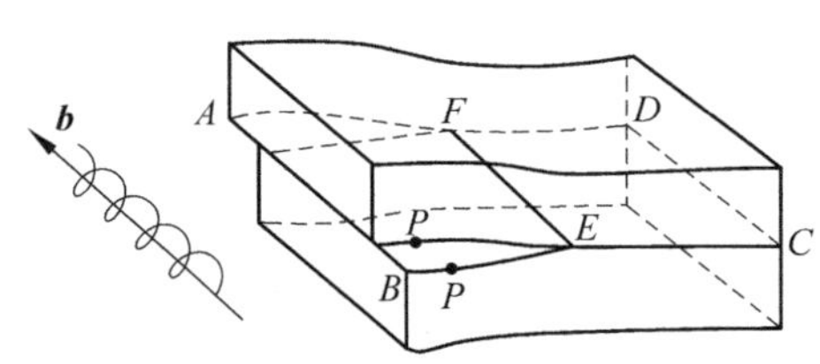

图 6-23 晶体中螺位错的示意图

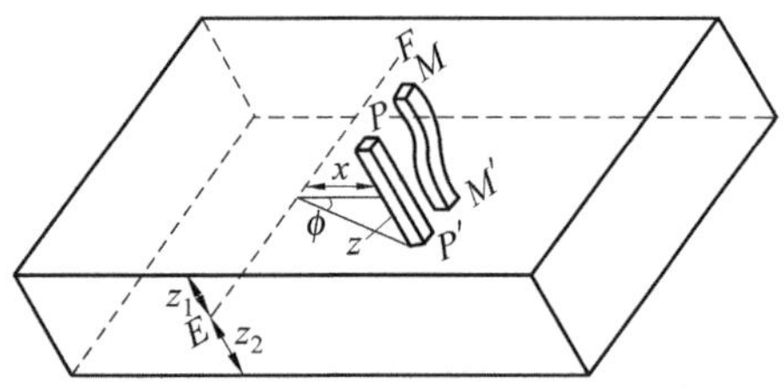

图 6-24 晶体中平行膜面的螺位错 EF

$$\alpha = 2\pi \boldsymbol{g} \cdot \boldsymbol{R} = \boldsymbol{g} \cdot \boldsymbol{b} \arctan\left(\frac{z}{x}\right) = n \arctan\left(\frac{z}{x}\right)$$

式中 $n=\boldsymbol{g} \cdot \boldsymbol{b}$,为一整数。当 $\boldsymbol{g} \cdot \boldsymbol{b}=0$ 即 $\boldsymbol{g} \perp \boldsymbol{b}$ 时,$n=0$,$\alpha=0$,从而附加相位因子为 1,即位错不可见。若 $\boldsymbol{g} \cdot \boldsymbol{b} \neq 0$,则 $\alpha \neq 0$,则晶体下表面的衍射振幅为

$$A_D = \frac{\mathrm{i}\pi}{\xi_g}\int_0^t \mathrm{e}^{-\mathrm{i}n\arctan\left(\frac{z}{x}\right)} \mathrm{e}^{-2\pi \mathrm{i}sz} \mathrm{d}z$$

从而产生衍射衬度变化,即有位错的地方的衍射衬度与旁边完整的晶体的衍射衬度不同,故位错可见。从式中可见 n 与 x 的变化会引起 A_D的变化,对位错像的衬度有影响。

注意:位错衍衬像中心与位错线并不重合,它总是在实际的位错线的旁边。当 $\boldsymbol{s}$ 为正时,位错衍衬像中心在 x 为负值的一边(如图 6-25 所示),当 $\boldsymbol{s}$ 为负时,位错衍衬像中心在 x 为正值的一边。位错衍衬像中心偏离位错线的距离相当于位错

衍衬像半宽度 Δx，而 $\Delta x \sim \left(\frac{1}{s\pi}\right)$，且数值随偏离矢量 $\boldsymbol{s}$ 的减小而加大。

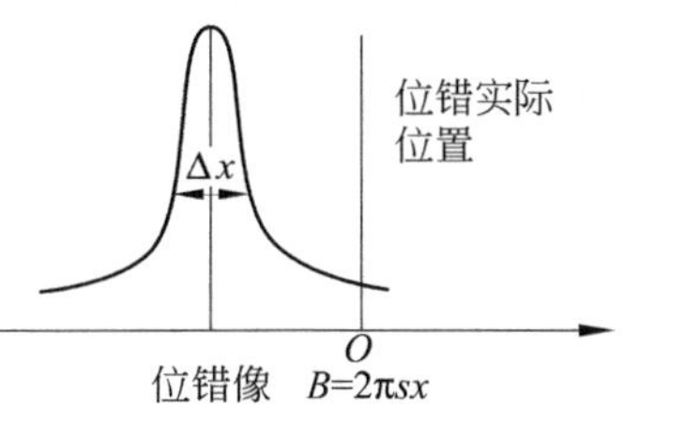

图 6-25　位错衍衬像中心与位错线不重合

2. 刃位错

刃位错线与柏氏矢量相互垂直，相应的位移矢量有两个，一个是平行于柏氏矢量的分量 $\boldsymbol{R}_1$，一个是垂直于滑移面的分量 $\boldsymbol{R}_2$。而平行于位错线的分量 $\boldsymbol{R}_3=0$。这里我们定性地讨论刃位错衬度的产生及其特征。设 hkl 是由位错线 D 引起的、局部畸变的一组晶面(图 6-26)，并以它作为操作反射用于成像。若该晶面与布喇格条件的偏离矢量为 $\boldsymbol{s}_0$，并假设 $\boldsymbol{s}_0>0$，则在远离位错 D 的区域(例如 A 和 C 位置，相当于理想晶体)的衍射强度为 I(即暗场像中的背景强度)，位错引起它附近晶面的局部转动，意味着在此应变场范围内，(hkl)晶面存在着实际的附加偏差 $\boldsymbol{s}'$。离位错越远，$\boldsymbol{s}'$越小。在位错线的右侧，假定 $\boldsymbol{s}'>0$，在其左侧 $\boldsymbol{s}'<0$。于是，在右侧区域内(例如 B 位置)，晶面的总偏差 $\boldsymbol{s}_0+\boldsymbol{s}'>\boldsymbol{s}_0$，使衍射衬度 $I_B<I$；而在左侧，由于 $\boldsymbol{s}'$与 $\boldsymbol{s}_0$ 符号相反，总偏差 $\boldsymbol{s}_0+\boldsymbol{s}'<\boldsymbol{s}_0$，且在某个位置(例如 D'处)恰好 $\boldsymbol{s}_0+$

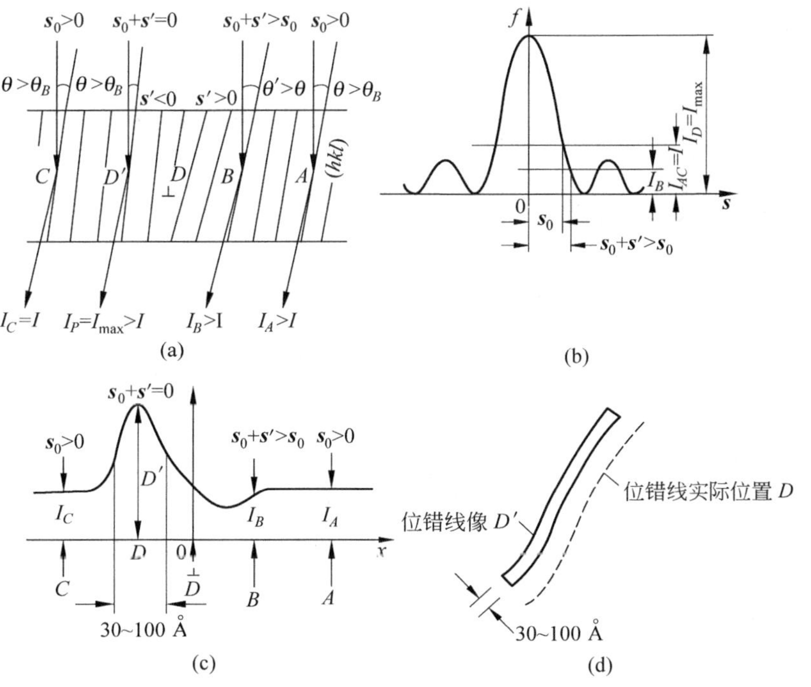

图 6-26　刃位错衬度的产生及其特性

$s'=0$,衍射强度满足 $I'_D=I_{max}$,这样在偏离位错线实际位置的左侧,将产生位错线的像(暗场像中为亮线,明场像为暗线)。如果衍射晶面的原始偏离矢量 $s_0<0$,则位错线的像将出现在其实际位置的另一侧。

层错的衍衬像是平行的直线条纹,而位错的衍衬像主要是线条(往往不是直线),如图 6-27 所示。位错线像总是出现在实际位置的一侧或另一侧,而且,由于附加的偏差 s' 随离开位错中心的距离而逐渐变化,使位错线的像总是有一定的宽度(一般为 3～10 nm 左右),位错线像偏离实际位置的距离与像的宽度在同一数量级范围内。刃位错的宽度为螺位错的两倍。

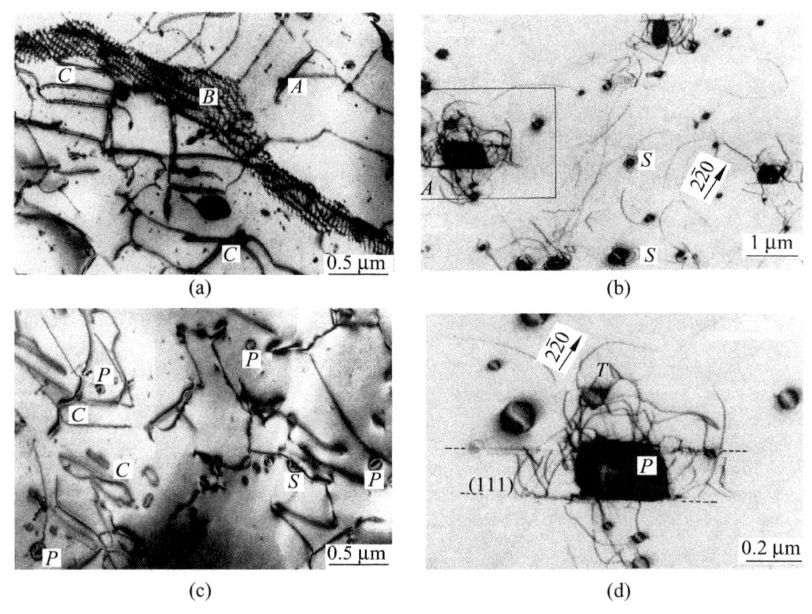

图 6-27　位错线

位错衍衬像不是位错本身,位错像的大小、相似性都可能与位错本身不相同,它的形成往往由于样品的情况、摄照条件以及位错在样品内所处的位置不同而发生很大的差异。

在透射电镜下观察薄晶体,不是所有的位错线都是可见的,$\boldsymbol{g}\cdot\boldsymbol{b}=0$ 是位错不可见判据,对螺位错完全适用。但对于刃位错,即使 $\boldsymbol{g}\cdot\boldsymbol{b}=0$,有时也显示出弱的衬度像。只有当柏氏矢量及位错线都平行于膜面,即位错是在垂直于入射电子束的滑移面上,位错才不可见。也就是说同时满足 $\boldsymbol{g}\cdot\boldsymbol{b}=0$ 和 $\boldsymbol{g}\cdot(\boldsymbol{b}\times\boldsymbol{u})=0$ 时,位错才不可见(这里 $\boldsymbol{u}$ 是沿位错线正方向的单位矢量)。

6.4.3　第二相粒子

第二相粒子所产生的衬度是一个比较复杂的问题，因为它们和许多因素有关，例如：粒子的形状、在膜内的深度、晶体结构、取向、化学成分以及与晶体之间的应变量大小和基体点阵错排程度等。此外，界面附近还可能存在浓度和缺陷梯度。一般来说，第二相粒子通过两种方式产生衬度。

(1) 沉淀物衬度：穿过粒子的晶体柱内衍射波的振幅和相位方式变化，叫做沉淀物衬度。沉淀物衬度包括结构因数衬度、虚点阵衬度、位移条纹衬度、水纹衬度、界面条纹衬度、取向衬度。

(2) 基体衬度：第二相粒子的存在引起周围基体点阵方式局部的畸变，这类似于位错衬度的来源，也是一种应变场衬度，叫做基体衬度。沉淀物衬度效应总是存在的，而基体衬度则不一定存在，通常只有粒子与基体之间有共格关系(部分和完全)，又有错配度的情况下才会出现。

下面讨论基体衬度。在合金中，第二相粒子以共格沉淀或夹杂物的形式存在。由于基体点阵常数与第二相粒子点阵常数不相同，破坏了晶体中原子的正常排列，使得第二相粒子与附近基体发生畸变。不论是在共格或非共格的情况下，第二相都会引起特征衬度效应，根据这种衬度效应，可以判断沉淀物及夹杂物的有关信息。设基体各向同性，夹杂物为球形，则位移是径向的，可以表示为

$$R = \varepsilon r_0^3/r^2, \quad r \geqslant r_0$$

$$R = \varepsilon r, \quad r \leqslant r_0$$

公式中 r 为畸变区任一点 O 至球心距离，r_0 为夹杂物半径；ε 为弹性应变场参量，它与夹杂物和基体之间错配度有关，$\varepsilon=\frac{2}{3}\delta$，$\delta$ 为错配度。

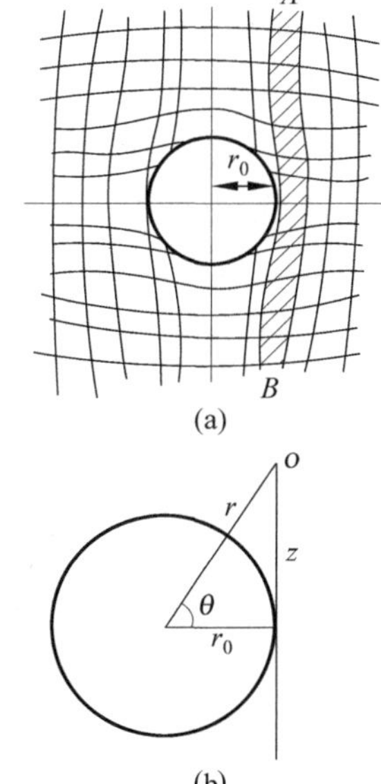

图 6-28　球形夹杂物对附近晶体引起畸变示意图

对如图 6-28 的球形共格粒子，粒子周围基体中晶格弯曲成弓形，产生缺陷矢量 $\boldsymbol{R}$，凡通过粒子中心的晶面都没有发生畸变(如通过图中圆心的水平和垂直两个晶面)。如用这些晶面不畸变的晶面作衍射面，则这些晶面不存在 $\boldsymbol{R}$，从而不出现缺陷衬度。球形共格沉淀物的明场像中，粒子分裂成两瓣，中间是个无衬度的线状亮区，操作矢量 $\boldsymbol{g}$ 正好和这条无衬度线垂直。图 6-29 说明了这一效应。

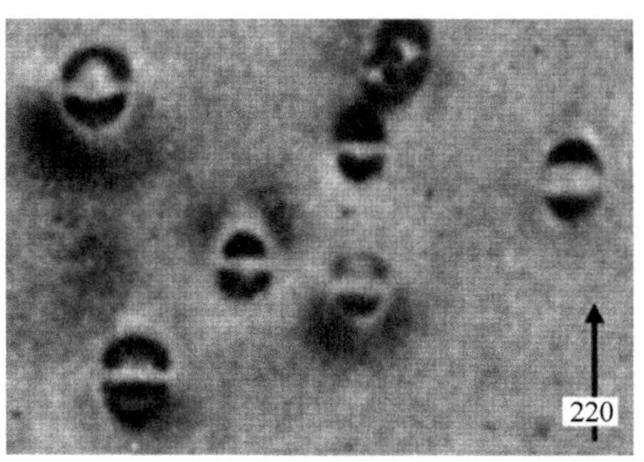

图 6-29 球形夹杂物的衍衬像

6.4.4 小角晶界和大角晶界

(1) 小角晶界

小角晶界指取向差甚小的两相邻晶体的界面，从像衬角度来说，两晶体可能是有相同的操作反射 $\boldsymbol{g}$，但有不同的偏离矢量 $\boldsymbol{s}$。按取向分，小角晶界可分为倾转晶界和扭转晶界两种。

(2) 倾转晶界

图 6-30(a)是倾转晶界理想化的几何示意图。实际上，这个区域在由失配造成的高应变的作用下，将发生弛豫，形成一系列间距为 D 的刃位错(图 6-30(b))，所以其衍衬像是在条纹的背底上又夹有许多近似等间距的位错线(图 6-31)。

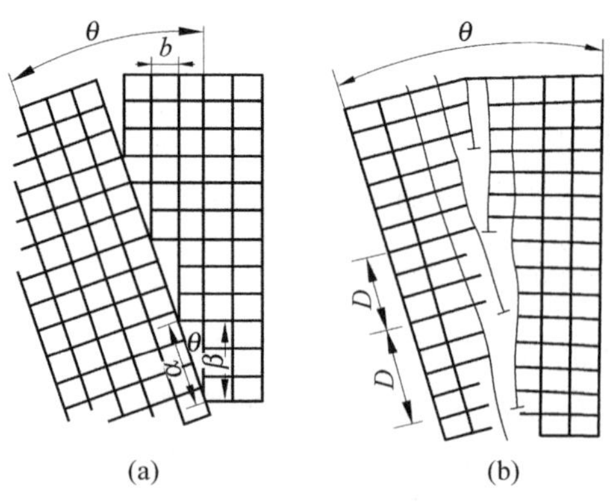

图 6-30 小角度倾转晶界几何模型

(3) 扭转晶界

图 6-32 是扭转晶界形成的几何示意图。图 6-32(a)表示一块单晶沿一个面

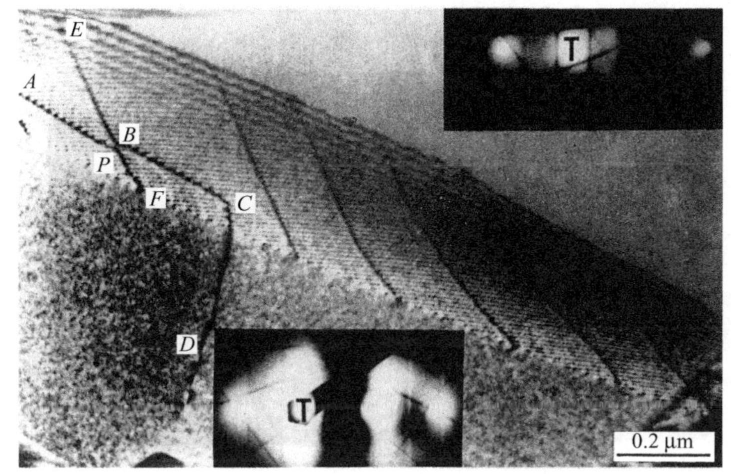

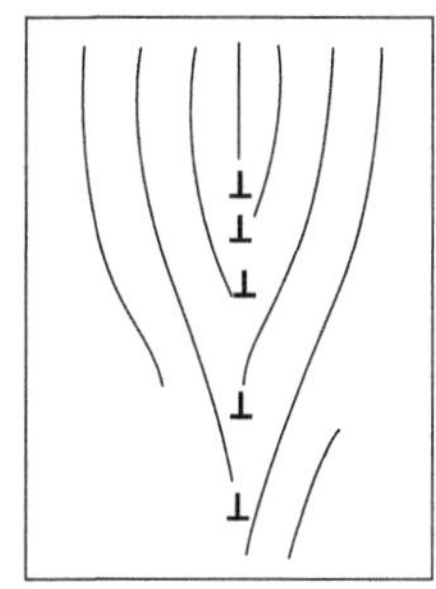

图 6-31　小角度倾转晶界的衍衬像

切开，成晶体上下两部分，然后两者相对中心轴旋转一个很小的角度 θ，从而形成图 6-32(b)所示的扭转晶界。图 6-32(c)是扭转晶界上原子排列状态图，可以看出扭转晶界实际上是由交叉的螺位错组成。图 6-33 是扭转晶界的衍衬像，从图中可以看到螺位错组成的网络。

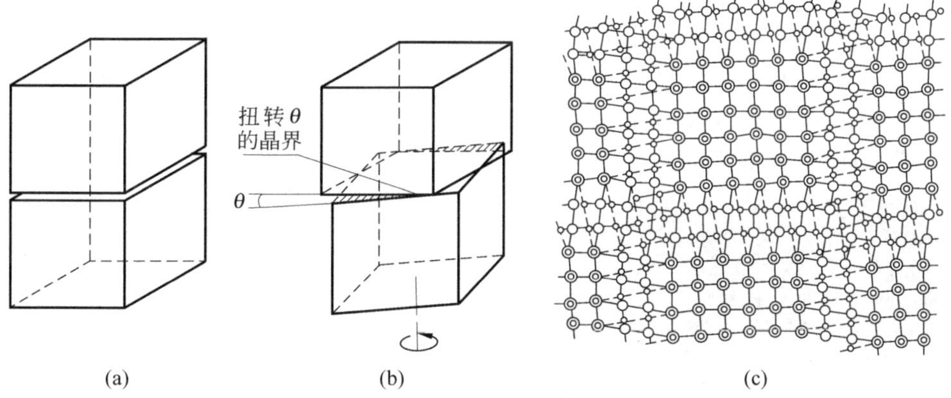

图 6-32　扭转晶界形成几何示意图

(4) 大角晶界

通常是晶界一侧处于反射位置，另一侧不处于反射位置，因此，入射电子遇到的是相当于楔型晶体，大角晶界显示的衬度是明暗相间的条纹(见图 6-33，B)。

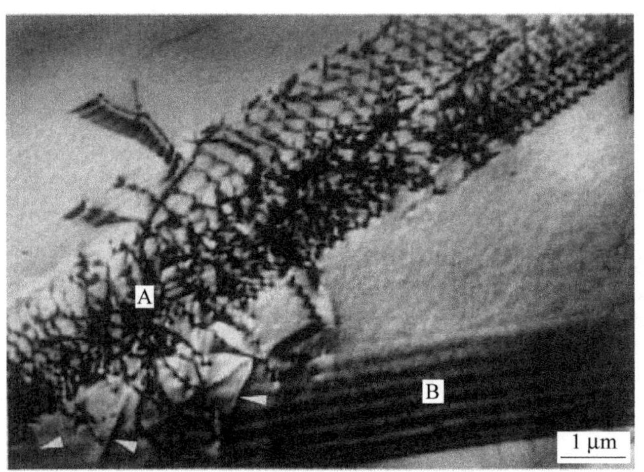

图 6-33　7.0%Al-Ni 合金中的扭转晶界和大角晶界

A 为扭转晶界,B 为大角晶界;箭头所指为界面位错

6.5　衍衬分析中几个主要参数的测定

6.5.1　磁转角的测定

在对材料进行综合分析时,往往要同时拍摄形貌及电子衍射图谱以测定取向关系,由于拍形貌像及电子衍射谱是在不同的中间镜电流下进行的,因此,二者之间存在一个相对偏转角(又称磁转角)ϕ。同时晶体试样、衍射花样和显微镜图像上三者的 $\boldsymbol{g}$ 方向并不一致,而试样又与放大图像之间相差 180°,故标定显微图像中晶体学取向时,应取 $180°+\phi$(衍射花样与试样相差 $180°+\phi$)。

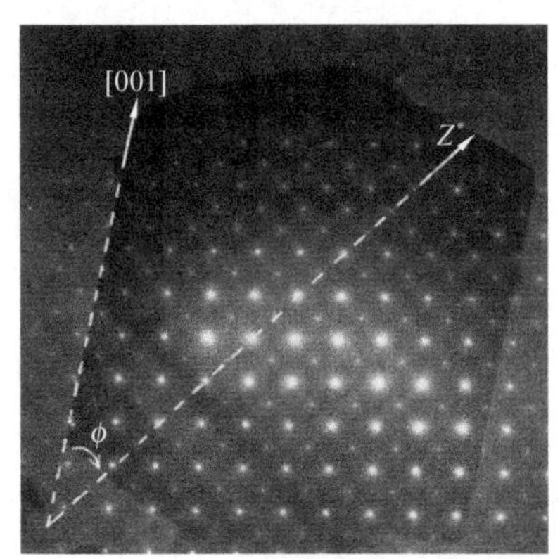

图 6-34　MoO_3 形貌像直边和衍射谱[100]方向之间的夹角

校正方法:是利用具有特征几何外形的单晶试样,在同一张底片上连续拍下显微图像和衍射花样,依据已知单晶试样外部形貌形态特征、晶体学取向与衍射花样之间的关系,测定磁转角 ϕ。常用的单晶试样为 MoO_3,它的形态具有长薄片状特征,法线为[001]方向,直边为[100]。MoO_3 样品是用烟雾沉积法制备,MoO_3形貌像直边和衍射谱[100]方向之间的夹角即为所测得的磁转角 ϕ(图 6-34)。校正时要对每一个放大倍数和相机长度 L 做磁转角 ϕ 校正,因为磁转角 ϕ 随放大倍数和相机长度 L 的改变而变。表 6-1 就是利用

MoO_3样品在 Philip CM200 透射电镜下做的磁转角 ϕ 校正，表格中的 C 表示顺时针旋转，A 表示逆时针旋转。

表 6-1　样品磁转角校正表

放大倍数(1000×)	L=1.9 m	L=1.0 m
11.5	62°(C)	49°(C)
15	56°(C)	43°(C)
20	44°(C)	31°(C)
27.5	18°(C)	5°(C)
38	1°(C)	12°(A)
50	6°(C)	7°(A)
66	15°(C)	2°(C)
88	3°(C)	10°(A)

6.5.2　柏格斯矢量的测定

柏格斯矢量 $\boldsymbol{b}$ 是描述位错基本特性的一个重要参量，在衍衬分析中测定 $\boldsymbol{b}$ 具有重要的意义。

根据位错不可见判据 $\boldsymbol{g}\cdot\boldsymbol{b}=0$ 可以确定 $\boldsymbol{b}$。这判据对螺位错适用，但对于刃位错不太适用。对螺位错，可根据晶体试样的取向 $\boldsymbol{g}$ 以及可能出现的柏氏矢量来确定 $\boldsymbol{b}$。在具体测量中，找出操作反射 $\boldsymbol{g}$ 是测定 $\boldsymbol{b}$ 的前提，一般来说，$\boldsymbol{g}$ 是衍射谱中的强衍射斑点。测定 $\boldsymbol{b}$ 的步骤如下：

(1) 明场下观察某位错，拍下此明场像。

(2) 倾动试样，使该位错消失，再拍下此时的明场像。

(3) 使试样保持不动，做原来有位错部位的电子衍射谱，衍射谱上出现强衍射斑点即为 $\boldsymbol{g}_1$($\boldsymbol{g}_1\cdot\boldsymbol{b}=0$)。

(4) 再将试样倾动一小角，如明场下该位错仍然不出现，拍下相应的电子衍射谱，标定出$\boldsymbol{g}_2$($\boldsymbol{g}_2\cdot\boldsymbol{b}=0$)。因为 $\boldsymbol{b}\perp\boldsymbol{g}_1$，$\boldsymbol{b}\perp\boldsymbol{g}_2$，所以 $\boldsymbol{b}//\boldsymbol{g}_1\times\boldsymbol{g}_2$，即 $\boldsymbol{b}$ 的方向由$\boldsymbol{g}_1\times\boldsymbol{g}_2$ 决定。

下面用确定面心立方晶体中的位错的柏格斯矢量 $\boldsymbol{b}$ 来举例说明。

假设在面心立方(111)面上有一个位错，已知面心立方晶体中，点阵初基矢量为$\frac{a}{2}\langle 110\rangle$，而且以$\langle 110\rangle$为 $\boldsymbol{b}$ 的位错是稳定的，初步判断位错的可能的 $\boldsymbol{b}$ 为$\frac{a}{2}\langle 110\rangle$类型。表 6-2 中列出了三个{111}反射面与$\frac{1}{2}\langle 110\rangle$及它们的 $\boldsymbol{g}\cdot\boldsymbol{b}$ 的值。由表中可以清楚看出，依据这三个反射面，很容易确定柏格斯矢量。例如，

表 6-2　面心立方中 $\boldsymbol{g}\cdot\boldsymbol{b}$ 的值

$\boldsymbol{b}$ \ $\boldsymbol{g}\cdot\boldsymbol{b}$	$\boldsymbol{g}$		
	$[1\bar{1}1]$	$[\bar{1}11]$	$[11\bar{1}]$
$\frac{1}{2}[110]$	0	0	1
$\frac{1}{2}[101]$	1	0	0
$\frac{1}{2}[011]$	0	1	0
$\frac{1}{2}[1\bar{1}0]$	1	$\bar{1}$	0
$\frac{1}{2}[10\bar{1}]$	0	$\bar{1}$	1
$\frac{1}{2}[0\bar{1}1]$	1	0	$\bar{1}$

当操作反射 $\boldsymbol{g}=\bar{1}11$ 及 $11\bar{1}$ 时，若位错可见，而在 $\boldsymbol{g}=1\bar{1}1$ 时，位错不可见，根据位错 $\boldsymbol{g}\cdot\boldsymbol{b}=0$ 不可见判据，由表 6-2 查得 $\boldsymbol{b}=\frac{1}{2}[10\bar{1}]$。测量方法的具体步骤如下：图 6-35 是纯 Al 中的某些位错，图(a)是明场下(020)反射面观察到的 D,E 两位错，先拍下此照片，然后连续倾动试样，当操作为(200)及$(11\bar{1})$时，D,E 两位错先后消失，拍下 D,E 两位错先后消失时的照片(b)，(c)。表 6-3 中列出 $\boldsymbol{g}_2\cdot\boldsymbol{b}$ 数值，(020)反射时，$\boldsymbol{g}_2\cdot\boldsymbol{b}=1$，位错可见，(200)及$(11\bar{1})$反射时 $\boldsymbol{g}_2\cdot\boldsymbol{b}=0$，位错不可见，因此 $\boldsymbol{b}=\frac{1}{2}[011]$。

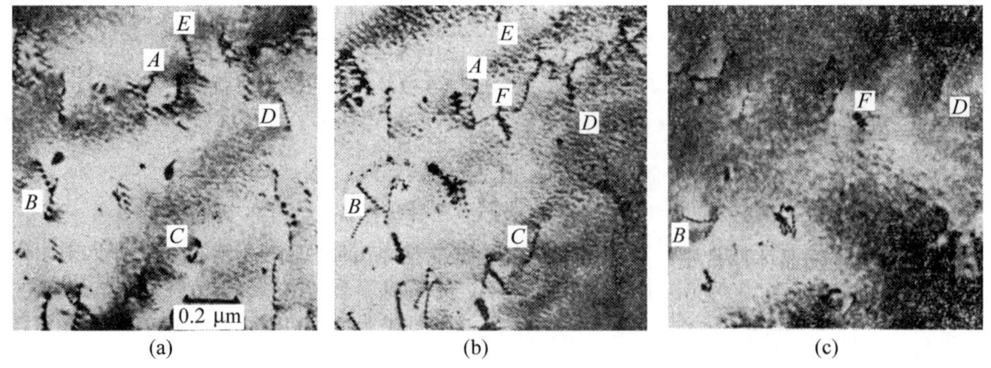

图 6-35　Al 薄晶体中同一区域在不同反射下的位错衬度

(a) (020)；(b) (200)；(c) $(11\bar{1})$

表 6-3　Al 中有关 $\boldsymbol{g}\cdot\boldsymbol{b}$ 的值

$\boldsymbol{b}$ \ $\boldsymbol{g}\cdot\boldsymbol{b}$	$\boldsymbol{g}$		
	[020]	[200]	$[11\bar{1}]$
$\frac{1}{2}[110]$	1	1	1
$\frac{1}{2}[101]$	0	1	0
$\frac{1}{2}[011]$	1	0	0

6.6　波纹图

在透射电镜中，通过对试样的二次衍射产生波纹图（图 6-36），可间接分辨晶格，不仅能显示晶体点阵的周期性，还能显示位错、层错等晶体缺陷。在单晶基底上的外延生长、合金中基体与析出相以及层状晶体的错排等常常呈现出波纹图。

波纹图的成像是二次衍射的结果（图 6-37）。当入射电子束在一个晶体中产生强衍射束 $\boldsymbol{K}_1(h_1k_1l_1)$，它可成为二次衍射的射线源，当它进入第二个晶体后产生二次衍射束 $\boldsymbol{K}_2$。它可以用反射球与倒易点阵关系来描述。在图 6-38 中，$\boldsymbol{g}_1$ 是第一个晶体中的倒易矢量，$\boldsymbol{g}_2$ 是第二个晶体中的倒易矢量，它们合成的新倒易矢量是 $\boldsymbol{g}=\boldsymbol{g}_1+\boldsymbol{g}_2$，根据 $\boldsymbol{g}_1$，$\boldsymbol{g}_2$ 大小不同和取向不同，可产生三种波纹图。透射束 $\boldsymbol{K}_0$ 与二次衍射束 $\boldsymbol{K}_2$ 相互干涉产生的干涉条纹便是波纹图，波纹与 $\boldsymbol{g}$ 正交，间距为 D，$D=1/g$。根据 $\boldsymbol{g}_1$，$\boldsymbol{g}_2$ 大小和取向的不同，可以产生三种波纹图。

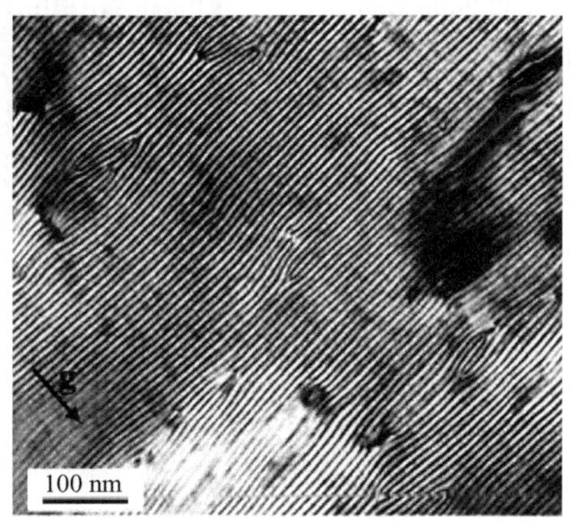

图 6-36　波纹图揭示在 GaAs 衬底上生长的 CoCa 膜中存在位错

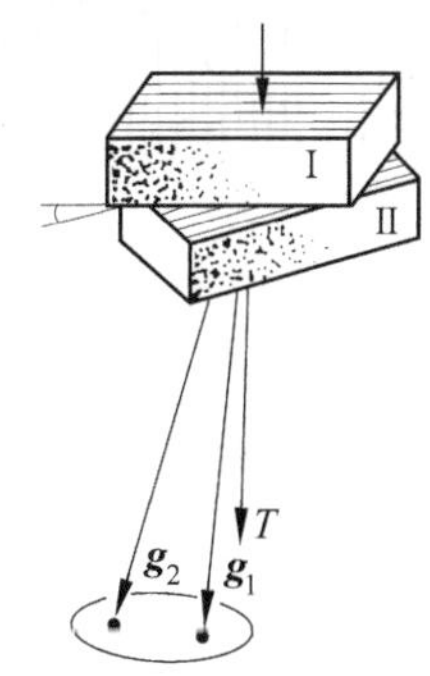

图 6-37　波纹图的形成

1. 平行波纹图

两个晶体面间距不同而取向相同的点阵平面平行重叠，此时 $\boldsymbol{g}_1\neq\boldsymbol{g}_2$，旋转角

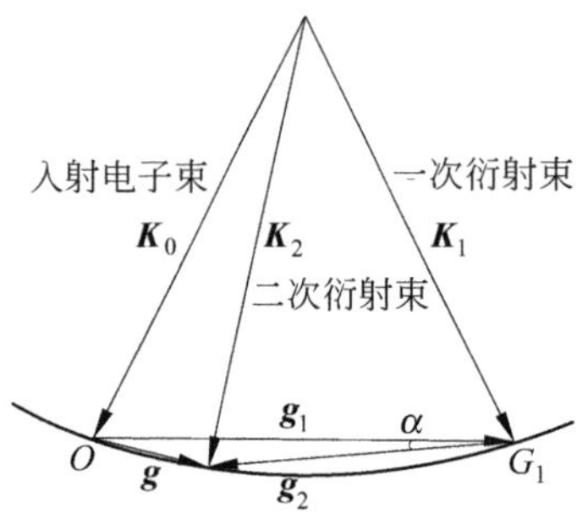

图 6-38　二次衍射产生波纹图的反射球构图

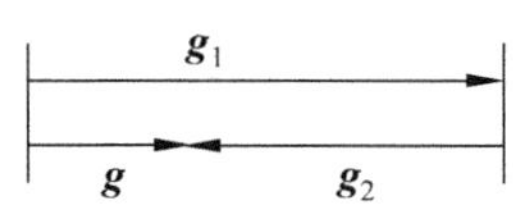

图 6-39　平行波纹图的情况

$\alpha=0$，$\boldsymbol{g}_1$，$\boldsymbol{g}_2$ 及 $\boldsymbol{g}$ 在同一直线上（图 6-39）。在这种情况下，获得的波纹图条纹间距为

$$D=\frac{1}{|\boldsymbol{g}|}=\frac{1}{|\boldsymbol{g}_1+\boldsymbol{g}_2|}=\frac{1}{|g_2-g_1|}=\frac{1}{\left|\dfrac{1}{d_2}-\dfrac{1}{d_1}\right|}=\frac{d_1d_2}{|d_1-d_2|}$$

图 6-40 是平行波纹图的示意图，平行波纹图的走向与原来的晶体平行，但面间距变大了，对 d_2 来说放大了 $\dfrac{d_1}{|d_1-d_2|}$ 倍，对 d_1 来说放大了 $\dfrac{d_2}{|d_1-d_2|}$ 倍。

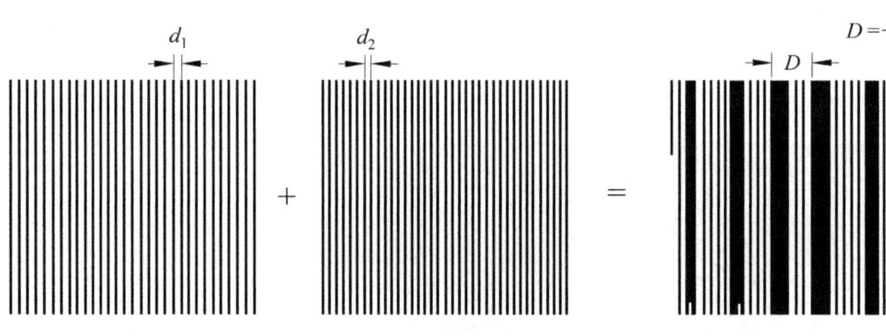

图 6-40　平行波纹图的示意图

2. 旋转波纹图

具有相同晶面间距的晶体重叠在一起，$|\boldsymbol{g}_1|=|\boldsymbol{g}_2|$，二者之间相差一个不大的旋转角 α（α 很小），由图 6-41 可得

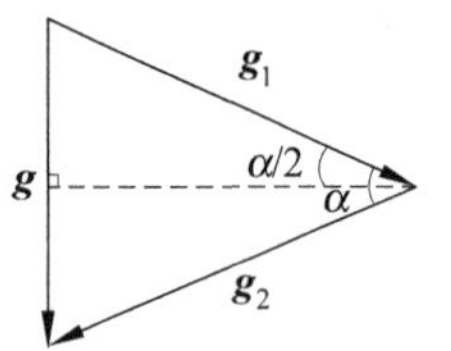

图 6-41　旋转波纹图的情况

$$\frac{|\boldsymbol{g}|}{2}=|\boldsymbol{g}_1|\sin\frac{\alpha}{2}$$

从而知旋转波纹图条纹间距为

$$D=\frac{1}{|\boldsymbol{g}|}=\frac{1}{2|\boldsymbol{g}_1|\sin\dfrac{\alpha}{2}}=\frac{d_1}{2\sin\dfrac{\alpha}{2}}\approx\frac{d_1}{\alpha}$$

即面间距放大了$\frac{1}{\alpha}$倍。旋转波纹图具有放大的功能，它的放大倍数为$\frac{1}{\alpha}$，两个晶体的取向差越小，放大倍数越大。图 6-42 是旋转波纹图的示意图，注意旋转波纹的走向与原晶格垂直。

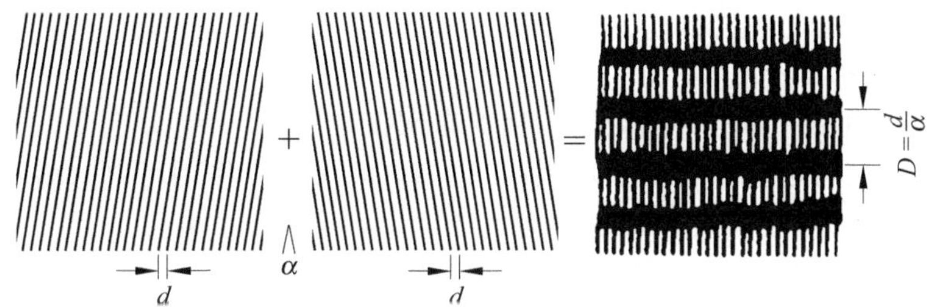

图 6-42　旋转波纹图的示意图

3. 混合波纹图

两个晶体的 $\boldsymbol{g}_1 \neq \boldsymbol{g}_2$，同时取向也有差异，则有

$$g^2 = g_1^2 + g_2^2 - 2g_1 g_2 \cos\alpha$$

若 α 较小，则混合波纹图条纹间距为

$$D = \frac{d_1 d_2}{\sqrt{(d_1 - d_2)^2 + d_1 d_2 \alpha^2}}$$

混合波纹图的示意图如图 6-43(c)所示。

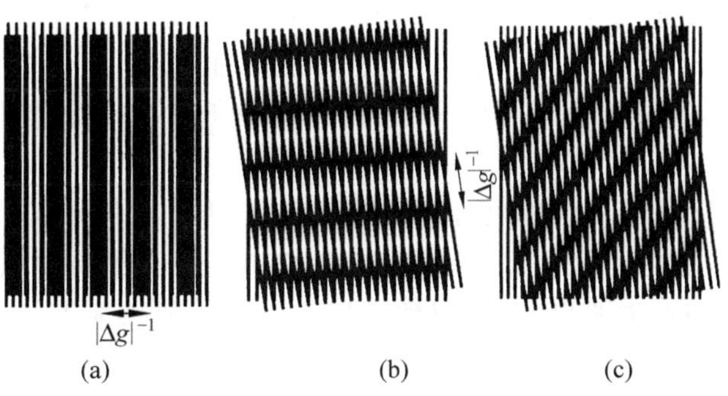

图 6-43　三种波纹图的比较

(a) 平行波纹图；(b) 旋转波纹图；(c) 混合波纹图

4. 波纹图的应用

波纹图可被用来解释与基体具有相同晶体结构的有序和共格沉淀相所形成的图像(相当于平行波纹图)以及相同面间距的亚晶粒间界(相当于旋转波纹图)。波纹图还可被用来精确测定点阵间距(因为间距放大了)，特别是当沉淀相与基体的点阵参数非常接近，且由于太薄而不能获得衍射斑点时，借助波纹图测量，可获得

满意的结果。由于高分辨电子显微术可以分辨晶体的点阵像,故用波纹图来精确测定点阵间距已很少用。

6.7 衍衬运动学理论的局限性

衍衬运动学理论假设:

(1) 试样的反射面不严格处于精确的布喇格位置,即 $s \neq 0$;

(2) 衍射束与透射束相比强度很小,它们之间的相互作用可以忽略不计;

(3) 试样较薄,吸收效应可以忽略不计。

在此基础上,求得在完整晶体下表面处的衍射强度

$$I_g = |A_g|^2 \approx \frac{\pi^2}{\xi_g^2} \frac{\sin^2(\pi st)}{(\pi s)^2}$$

当 $s=0$ 时,上式变为

$$I_g = |A_g|^2 \approx \frac{(\pi t)^2}{\xi_g^2}$$

即衍射束强度随试样厚度 t 的平方增大而增大,当 t 很大时,I_g 可能超过入射电子强度 I_0,这显然是不合理的,即衍衬运动学理论有缺陷。根据能量守恒原理,$\frac{(\pi t)^2}{\xi_g^2}$ 不可能大于入射束强度 I_0,若我们假设入射束强度 $I_0=1$,则由能量守恒原理:$\frac{(\pi t)^2}{\xi_g^2} \leqslant 1$,即 $t \leqslant \left(\frac{\xi_g}{\pi} \sim \frac{\xi_g}{3}\right)$。对于加速电压为 100 kV 的电子来说,一般材料低反射指数的消光距离 ξ_g 为 150~500 Å,故若要把衍衬运动学理论用在 $s=0$ 的情况,晶体厚度 t 必须小于 100 Å。而事实上,在电镜中所用的薄晶体厚度在几百 Å 甚至更厚一些(通常为 $10\xi_g$ 厚)。

我们知道由衍衬运动学理论可得出等厚条纹间距为 $1/s$,当 s 趋向 0 时,条纹间距趋向无穷大,这也不合理,因为实际上条纹间距是一个有限值。另外,电子衍射强度 I_g 往往可与透射强度相比,以致常发生二次衍射效应及透射束与衍射束之间的相互作用。还有由于吸收出现的反常衬度效应等衍衬像的细节等,这些都是运动学理论无法处理的,因此必须发展衍射衬度的动力学理论。

6.8 电子衍衬像的动力学理论

要想深入地认识电子衍射衬度现象,必须借助于电子衍衬的动力学理论。但是电子衍衬的动力学理论的数学推导较繁琐,物理图像也较抽象,这里只介绍一些基本概念。为了处理简单,仅考虑双束近似的情况,也就是说晶体内只有一个强衍射束和一个透射束,在它们之间不断交换能量,保持动态平衡。根据动力学理论,

在晶体内透射束和衍射束的强度是交替变化的，而不是像在运动学情况下，透射束不断减弱，衍射束一直在加强。

6.8.1　完整晶体的衍衬像的动力学理论

设透射束振幅为 ϕ_0，衍射束振幅为 ϕ_g，则 ϕ_0，ϕ_g 随深度的变化可表示为

$$\begin{cases} \dfrac{d\phi_0}{dz} = \dfrac{\pi i}{\xi_0}\phi_0 + \dfrac{\pi i}{\xi_g}\phi_g \exp(2\pi isz) \\ \dfrac{d\phi_g}{dz} = \dfrac{\pi i}{\xi_0}\phi_g + \dfrac{\pi i}{\xi_g}\phi_0 \exp(-2\pi isz) \end{cases} \tag{6-26}$$

式中 ξ_0 是 $\boldsymbol{g}=0$ 时的消光距离。式(6-26)中第一个方程描述透射波振幅在小柱体单元 dz 中的变化(见图 6-44)，这种变化部分是由于透射波向前散射，部分是由于衍射波的布喇格散射。式(6-26)中的第二个方程也可作类似的解释，式(6-26)本身就反映了两种波的交互作用。

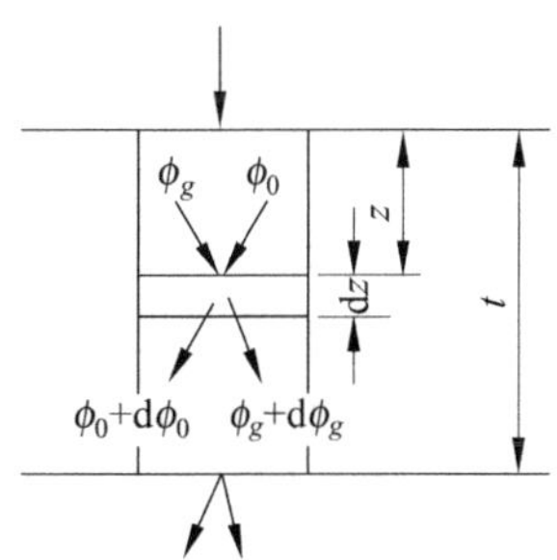

图 6-44　衍衬运动学理论推导时所用模型

令

$$\begin{cases} \phi_0' = \phi_0 \exp(-i\pi z/\xi_0) \\ \phi_g' = \phi_g \exp(2\pi isz - i\pi z/\xi_0) \end{cases} \tag{6-27}$$

将其代入式(6-26)得

$$\begin{cases} \dfrac{d\phi_0'}{dz} = \dfrac{i\pi}{\xi_g}\phi_g' \\ \dfrac{d\phi_g'}{dz} = \dfrac{i\pi}{\xi_g}\phi_0' + 2\pi is\phi_g' \end{cases} \tag{6-28}$$

对式(6-28)中的第一式两边求导 $\dfrac{d}{dz}$，再将第二式代入得

$$\frac{d^2\phi_0'}{dz^2} - 2\pi is\frac{d\phi_0'}{dz} + \frac{\pi^2}{\xi_g^2}\phi_0' = 0 \tag{6-29}$$

利用边界条件，可以解方程(6-29)，考虑到在样品的上表面 $\phi_0'(0)=1$，$\phi_g'(0)=0$，于是得到(在公式中已经省去了“′”符号)

$$\begin{cases} I_g = \left(\dfrac{\pi}{\xi_g}\right)^2 \dfrac{\sin^2(\pi t s_{\text{eff}})}{(\pi s_{\text{eff}})^2} \\ I_0 = 1 - \left(\dfrac{\pi}{\xi_g}\right)^2 \dfrac{\sin^2(\pi t s_{\text{eff}})}{(\pi s_{\text{eff}})^2} = 1 - I_g \end{cases} \tag{6-30}$$

式中

$$s_{\text{eff}} = \sqrt{s^2 + \frac{1}{\xi_g^2}} \tag{6-31}$$

为有效偏离矢量。与运动学公式相比，惟一的不同是在式(6-30)里用s_{eff}代替了s，由于式(6-30)与式(6-20)形式相同，可知衍衬运动学理论关于等厚和等倾的定性结论在衍衬动力学理论中仍然有效。

下面对式(6-30)和式(6-31)进行讨论：

(1) 当$s \gg \frac{1}{\xi_g}$时，$s_{eff} \approx s$，$I_g = \left(\frac{\pi}{\xi_g}\right)^2 \frac{\sin^2(\pi st)}{(\pi s)^2}$，动力学的公式退化为运动学公式，也就是说运动学理论是动力学理论的一个特例(偏离矢量s很大时的情况)。

(2) 动力学理论得出的等厚条纹间距为

$$\frac{1}{s_{eff}} = \frac{1}{\sqrt{s^2 + \frac{1}{\xi_g^2}}}$$

当$s=0$时，$\frac{1}{s_{eff}} = \xi_g \neq 0$，这是合理的。而由运动学理论，当$s=0$，条纹间距$1/s$为无穷大，运动学理论改进了动力学理论中不合理的部分。

定义有效消光距离为

$$\xi_{eff} = \frac{1}{s_{eff}} = \frac{\xi_g}{\sqrt{1+(s\xi_g)^2}} \tag{6-32}$$

有效消光距离ξ_{eff}与消光距离ξ_g差一个因子，当$s=0$时，两者一样。

当$s=0$时，有效偏离矢量

$$s_{eff} = \sqrt{s^2 + \frac{1}{\xi_g^2}} = \frac{1}{\xi_g}$$

从而

$$I_g = \left(\frac{\pi}{\xi_g}\right)^2 \frac{\sin^2(\pi t s_{eff})}{(\pi s_{eff})^2} = \sin^2\left(\frac{\pi t}{\xi_g}\right) \leqslant 1$$

即在动力学理论中，衍射束强度不会大于入射束强度，这是合理的。即运动学理论改进了动力学理论中的另一个不合理的部分。

可以解出

$$\begin{cases} \phi_0'(Z) = \left[\cos\left(\frac{\pi z}{\xi_g}\sqrt{1+\omega^2}\right) - \frac{i\omega}{\sqrt{1+\omega^2}}\sin\left(\frac{\pi z}{\xi_g}\sqrt{1+\omega^2}\right)\right]e^{\pi isz} \\ \phi_g'(Z) = \left[\frac{i\sin\left(\frac{\pi z}{\xi_g}\sqrt{1+\omega^2}\right)}{\sqrt{1+\omega^2}}\right] = \left(\frac{i\pi}{\xi_g}\right)\frac{\sin(\pi z s_{eff})}{\pi s_{eff}}e^{\pi isz} \end{cases} \tag{6-33}$$

式中$\omega=\xi_g s$为一无量纲的参数，是动力学条件下表示偏离反射条件的偏离参数。由式(6-33)可知

$$I_0 + I_g = |\phi_0|^2 + |\phi_g|^2 = 1$$

即明场像、暗场像的强度是互补的，如用 s 代替

$$s_{\mathrm{eff}}=\sqrt{s^2+\frac{1}{\xi_g^2}}$$

则式(6-33)的第二式变成

$$\phi'_g=\frac{\mathrm{i}\pi}{\xi_g}\frac{\sin(\pi ts)}{\pi s}\tag{6-34}$$

这和衍衬运动学方程的结果类似。

下面我们对由运动学理论得到的结论进行讨论：

(1) 根据动力学理论的式(6-13)，当 $s=0$ 时，$\frac{1}{s_{\mathrm{eff}}}-\xi_g\neq 0$；

(2) 按照动力学理论，倒易点附近的衍射分布是：

$$I_g=\frac{\pi^2}{\xi_g^2}\frac{\sin^2(\pi ts_{\mathrm{eff}})}{(\pi s_{\mathrm{eff}})^2}$$

它的形状如图 6-45(b)所示，可见当 s 趋向 0 时，I_g 不一定有极大值，其强度分布曲线的细节也不同于运动学理论得到的结果(见图 6-45(a))。

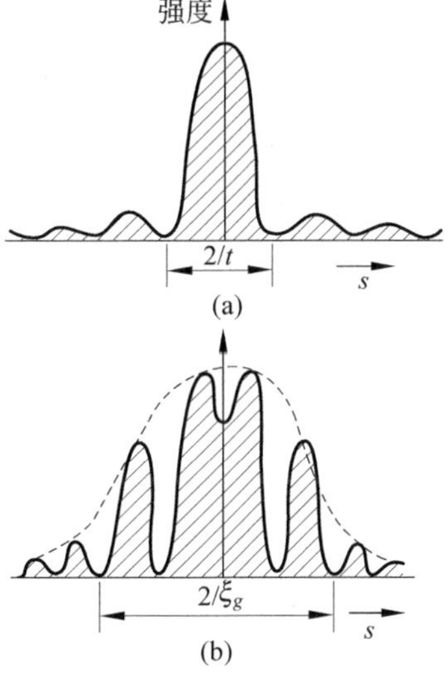

图 6-45　围绕倒易点的强度分布
(a) 根据运动学理论；(b) 根据动力学理论

6.8.2　不完整晶体的衍衬像的动力学理论

衍衬的动力学理论也可以推广应用到晶体缺陷研究中，与衍衬运动学理论一样，在柱体近似中引入位移矢量 $\boldsymbol{R}$，这时，只要在式(6-29)中作如下代换：

$$s\rightarrow s+\frac{\mathrm{d}}{\mathrm{d}z}(\boldsymbol{g}\cdot\boldsymbol{R})\tag{6-35}$$

于是方程(6-26)变成

$$\begin{cases}\dfrac{\mathrm{d}\phi_0}{\mathrm{d}z}=\dfrac{\pi\mathrm{i}}{\xi_0}\phi_0+\dfrac{\pi\mathrm{i}}{\xi_g}\phi_g\exp(2\pi\mathrm{i}sz+2\pi\mathrm{i}\boldsymbol{g}\cdot\boldsymbol{R})\\ \dfrac{\mathrm{d}\phi_g}{\mathrm{d}z}=\dfrac{\mathrm{i}\pi}{\xi_g}\phi_0\exp(-2\pi\mathrm{i}sz-2\pi\mathrm{i}\boldsymbol{g}\cdot\boldsymbol{R})+\dfrac{\mathrm{i}\pi}{\xi_0}\phi_g\end{cases}\tag{6-36}$$

令

$$\begin{cases}\mathrm{d}\phi'_0-\phi_0(z)\exp(-\mathrm{i}\pi z/\xi_0)\\ \phi'_g=\phi_g(z)\exp(2\pi\mathrm{i}sz-\pi\mathrm{i}z/\xi_0)\end{cases}\tag{6-37}$$

则式(6-36)变成

$$
\begin{cases}
\dfrac{\mathrm{d}\phi'_0}{\mathrm{d}z} = \dfrac{\pi \mathrm{i}}{\xi_g}\phi'_g \\
\dfrac{\mathrm{d}\phi'_g}{\mathrm{d}z} = \dfrac{\pi \mathrm{i}}{\xi_g}\phi'_0 + 2\pi \mathrm{i}\left(s + \boldsymbol{g} \cdot \dfrac{\mathrm{d}\boldsymbol{R}}{\mathrm{d}z}\right)\phi'_g
\end{cases}
\tag{6-38}
$$

式(6-38)必须采用数值解法，有兴趣的读者可参阅有关文献。式(6-38)的第二式表示缺陷应变场以$\boldsymbol{g} \cdot \dfrac{\mathrm{d}\boldsymbol{R}}{\mathrm{d}z}$形式对衍射振幅变化$\dfrac{\mathrm{d}\phi'_g}{\mathrm{d}z}$施加影响，也就是说，由于缺陷的存在，使反射平面局部发生旋转，从而使偏离矢量由 $\boldsymbol{s}$ 变成$\boldsymbol{s} + \boldsymbol{g} \cdot \dfrac{\mathrm{d}\boldsymbol{R}}{\mathrm{d}z}$，因此可以认为缺陷处局部衍射强度的增加，是由于反射平面的局部旋转，以致缺陷处较其他处要更接近 $\boldsymbol{s}=0$ 的条件，局部增加了布喇格衍射强度，从而使缺陷显示出来。

另外，动力学理论可处理衍衬像的许多精细结构(与反常吸收有关)。

第7章 扫描电子显微镜

7.1 扫描电子显微镜的发展简史

扫描电子显微镜(scanning electron microscope,简称扫描电镜/SEM)的基本组成是透镜系统、电子枪系统、电子收集系统和观察记录系统,以及相关的电子系统。现在公认扫描电镜的概念最早是由德国的Knoll在1935年提出来的,1938年Von Ardenne在透射电镜上加了个扫描线圈做出了扫描透射显微镜(STEM)。第一台能观察厚样品的扫描电镜是Zworykin制作的,它的分辨率为50 nm左右。英国剑桥大学的Oatley和他的学生McMullan也制作了他们的第一台扫描电镜,到1952年他们的扫描电镜的分辨率达到了50 nm。到1955年扫描电镜的研究才取得较显著的突破,成像质量有明显提高,并在1959年制成了第一台分辨率为10 nm的扫描电镜。第一台商业制造的扫描电镜是Cambridge Scientific Instruments公司在1965年制造的Mark Ⅰ“Steroscan”。Crewe将场发射电子枪用于扫描电镜,使得分辨率大大提高。1978年做出了第一台具有可变气压的商业制造的扫描电镜,到1987年样品腔的气压已可达到2700 Pa(20 Torr)。目前扫描电镜的发展方向是采用场发射枪的高分辨扫描电镜和可变气压的环境扫描电镜(也称可变压扫描电镜)。目前的高分辨扫描电镜可以达到1~2 nm,目前,最好的高分辨扫描电镜已具有0.4 nm的分辨率。还可以在扫描电镜里做STEM。现代的环境扫描电镜可在气压为4000 Pa(30 Torr)时仍保持2 nm的分辨率。

由于扫描电镜的景深远比光学显微镜大,可以用它进行显微断口分析,且样品不必复制,可直接观察,非常方便。另外,扫描电镜的样品室的空间很大,可以装入很多探测器。因此,目前的扫描电镜已不仅仅是只用于形貌观察,它可以与许多其他分析仪器组合在一起,使人们能在一台仪器中进行形貌、微区成分和晶体结构等多种微观组织结构信息的同时分析,如果再采用可变气压样品腔,还可以在扫描电镜下做加热、冷却、加气、加液等各种实验,扫描电镜的功能大大扩展。这也是为什么扫描电镜得到如此普遍应用的原因之一。

7.2 扫描电镜的基本结构与原理

7.2.1 基本原理

图 7-1 是扫描电镜的工作原理示意图。由电子枪发出的电子束经过栅极静电聚焦后成为 ϕ50 μm 的点光源，然后在加速电压(1～30 kV)作用下，经两三个透镜组成的电子光学系统，电子束被会聚成几十埃大小聚焦到样品表面。在末级透镜上有扫描线圈，它的功能是使电子束在样品表面扫描。由于高能电子束与试样物质的相互作用，产生各种信号(二次电子、背散射电子、吸收电子、X 射线、俄歇电子、阴极荧光等)，这些信号被相应的接收器接收，经放大器放大后送到显像管(CRT)的栅极上，调制显像管的亮度。由于扫描线圈的电流与显像管的相应偏转电流同步，因此试样表面任意点的发射信号与显像管荧光屏上的亮度一一对应。也就是说，电子束打到试样上一点时，在显像管荧光屏上就出现一个亮点。而我们所要观察的试样在一定区域的特征，则是采用扫描电镜的逐点成像的图像分解法显示出来的。试样表面由于形貌不同，对应于许多不相同的单元(称为像元)，它们在电子束轰击后，能发出为数不等的二次电子、背散射电子等信号，依次从各像元检出信号，再一一传送出去。传送的顺序是从左上方开始到右下方，依次一行一行地传送像元，直至传送完一幅或一帧图像。采用这种图像分解法，就可以用一套线路传送整个试样表面的不同信息。为了按照规定的顺序检测和传送各像元处的信息，就必须把聚得很细的电子束在试样表面做逐点逐行的运动，也就是光栅状扫描。

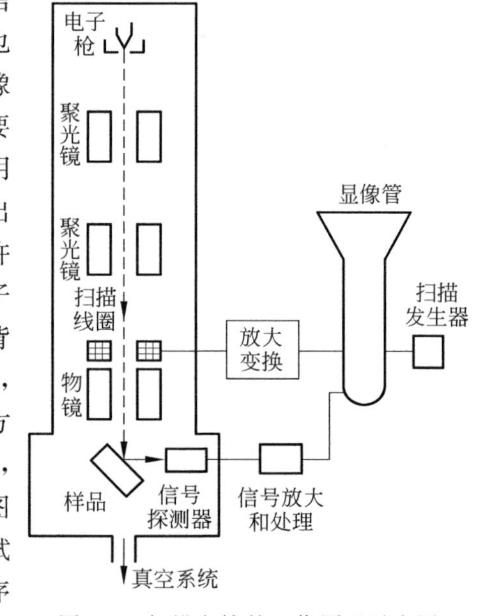

图 7-1 扫描电镜的工作原理示意图

7.2.2 扫描电镜的工作方式

在扫描电镜中，用来成像的信号主要是二次电子，其次是背散射电子和吸收电子。用于分析成分的信号主要是 X 射线和背散射电子，阴极发光和俄歇电子也有一定的用处。下面分别介绍这几种信号。

1. 二次电子

二次电子从表面 5～10 nm 层内发射出来，能量为 0～50 eV。二次电子对表面状态非常敏感，能非常有效地反映试样表面的形貌。由于二次电子来自试样的表面层，入射电子还来不及被多次散射，因此产生二次电子的面积主要与入射电子束的束斑大小有关(图 7-2)。束斑越细，产生二次电子的面积越小，故二次电子的空间分辨率较高，一般可达 3～6 nm。若采用场发射枪，空间分辨率甚至可达到 0.4～2 nm。二次电子的产额随原子序数的变化不如背散射电子那么明显，也即二次电子对原子序数的变化不敏感。二次电子的产额主要决定于试样的表面形貌，故二次电子主要用于形貌观察。

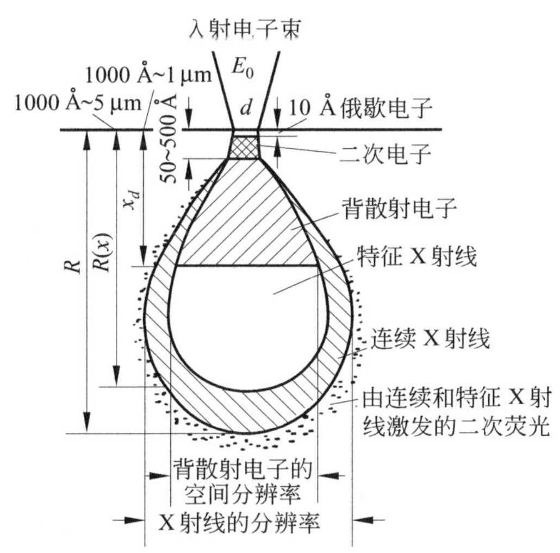

图 7-2　电子束在试样中的散射示意图

2. 背散射电子

背散射电子是入射电子在试样中受到原子核卢瑟福散射而形成的大角度散射的电子。背散射电子一般是从试样 0.1～1 μm 深处发射出来的电子，能量接近入射电子的能量。由于入射电子进入试样较深，入射电子已被散射开，因此背散射电子来自于比二次电子更大的区域，故背散射电子像的分辨率比较低，一般为 50～200 nm。若采用场发射枪，背散射电子成像分辨率可达 6 nm。背散射电子的优点是它对试样的原子序数变化敏感，它的产额随原子序数的增加而增加，适于观察成分的空间分布。背散射电子的成像衬度主要与试样的原子序数有关，与表面形貌也有一定的关系。由于背散射电子来自于试样的较深处，故背散射电子像能反映试样离表面较深处的情况。

但对于薄样品，例如在透射电镜下做扫描透射像(STEM)，背散射电子成像分辨率也可达到 6～10 nm。

3. 吸收电子

入射电子中的一部分电子与试样作用后，能量损失殆尽，无法逃逸出试样表面，这部分电子就是吸收电子。若在试样和地之间接上一个高灵敏度的电流表，就可以测得试样对地的信号，这个信号是由吸收电子提供的。假定入射电子的电流强度为 i_0，背散射电子流强度为 i_b，二次电子流强度为 i_s，则吸收电子产生的电流强度为 $i_a=i_0-(i_b+i_s)$。由此可见，逸出表面的背散射电子和二次电子数量越少，吸收电子信号强度越大。若把吸收电子信号调制成图像，则它的衬度恰好与二次电子和背散射电子图像衬度相反。

由于不同原子序数部位的二次电子产额基本上是相同的，所以产生背散射电子较多的部位（原子序数大）其吸收电子的数量就较少，反之亦然。因此，吸收电子也能产生原子序数衬度，吸收电子像的分辨率主要受到信号信噪比的限制，一般为 0.1～1 μm。

4. 特征 X 射线

当样品原子内层电子被入射电子激发或电离时，会在内层电子处产生一个空缺，原子就会处于能量较高的激发状态，此时外层电子将向内层跃迁以填补内层电子的空缺，从而释放出具有一定的特征能量的特征 X 射线。

特征 X 射线是从试样 0.5～5 μm 深处发出的，它的波长与原子序数之间满足莫塞莱定律：

$$\lambda=\frac{1}{(Z-\sigma)^2},\quad \sigma\text{是常数}$$

不同的波长 λ 对应于不同的原子序数 Z。根据这个特征能量，可以知道在所分析的区域存在什么元素。能谱仪（EDS）就是利用这个原理来做试样的成分分析的。

5. 俄歇电子

俄歇电子从试样表面几个原子层的厚度发出（约 1 nm），它的能量一般为 1000 eV。由于俄歇电子能给出材料表面的信息，故俄歇电子常用于表面成分分析。用俄歇电子进行分析的仪器称为俄歇电子谱仪（AES），俄歇电子谱仪需要在超高真空（UHV）下工作，它在扫描电镜中用得不多。

7.2.3 扫描电镜的结构

扫描电镜可以分为电子光学系统、信号收集处理系统、图像显示和记录系统、真空系统、电源及控制系统五个部分，图 7-3 是扫描电镜的外形，图 7-4 是扫描电镜的构造原理示意图。下面分别介绍扫描电镜的主要部分。由于扫描电镜的有些部分与透射电镜类似，我们重点介绍与透射电镜的不同处。

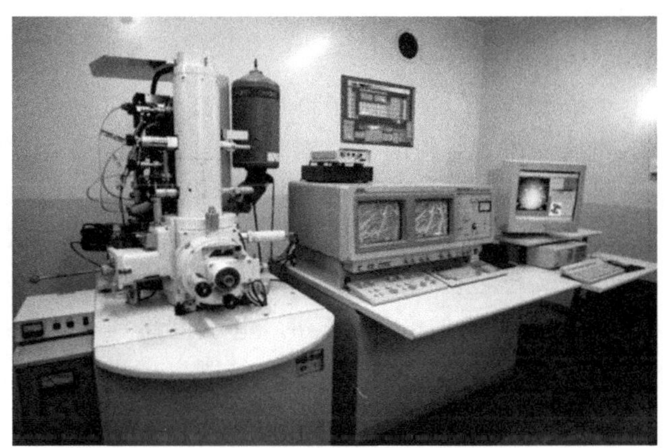

图 7-3　JSM-6301F 场发射扫描电子显微镜

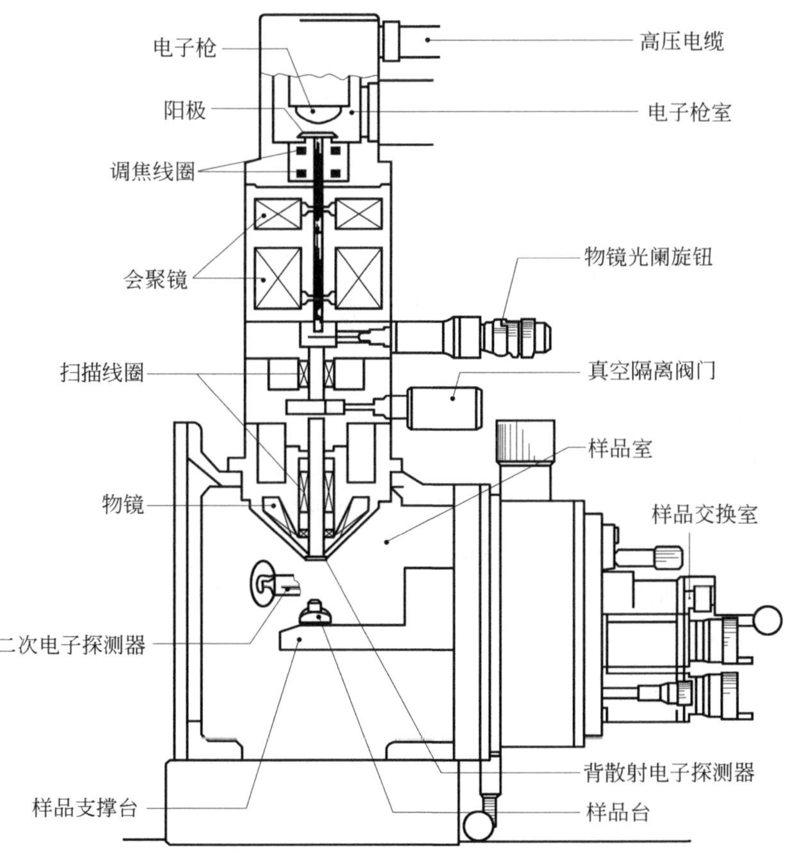

图 7-4　JSM-6301F 场发射扫描电镜的结构

1. 电子光学系统

(1) 电子枪

扫描电镜的电子枪与透射电镜的电子枪相似,都是为了提供电子源,但两者使用的电压是完全不同的。透射电镜的分辨率与电子波长有关,波长越短(对应的电压越高),分辨率越高,故透射电镜的电压一般都使用 100～300 kV,甚至 400 kV,1000 kV。而扫描电镜的分辨率与电子波长关系不大,与电子在试样上的最小扫描范围有关。电子束斑越小,电子在试样上的最小扫描范围就越小,分辨率就越高,但还必须保证在使用足够小的电子束斑时,电子束还具有足够的强度,故通常扫描电镜的工作电压为 1～30 kV。场发射电子枪既可提供足够小的束斑,又有很高的强度,是扫描电镜的理想的电子源,它在高分辨扫描电镜中有广泛的应用。

(2) 电磁透镜

扫描电镜中的各电磁透镜都不作为成像透镜用,而是作为会聚透镜用,它们的功能是把电子枪的束斑逐级聚焦缩小,使原来直径为 50 μm 的束斑(如果使用普通钨灯丝电子枪的话)缩小成一个只有几个纳米大小的细小斑点。这个缩小的过程需要几个透镜来完成,通常采用三个聚光镜,前两个是强磁透镜,负责把电子束斑缩小,而第三个透镜比较特殊(习惯上称其为物镜),它的功能是在试样室和透镜之间留有尽可能大的空间,以便装入各种信号探测器。物镜大多采用上下极靴不同孔径不对称的磁透镜,主要是为了不影响对二次电子的收集。另外物镜中要有一定的空间用于容纳扫描线圈和消像散器。这些电磁透镜可以把普通热阴极电子枪的电子束束斑缩小到 6 nm 左右,若采用六硼化镧和场发射枪,电子束束斑还可进一步减小。

(3) 扫描线圈

扫描线圈是扫描电镜中必不可少的部件,它的作用是使电子束偏转,并在试样表面做有规律的扫描。这个扫描线圈与显示系统中的显像管的扫描线圈由同一个锯齿波发射器控制,两者严格同步。扫描线圈通常采用磁偏转式,大多位于最后两个透镜之间,也有的放在末级透镜的物空间内。SEM 的放大倍数 $M=l/L$,其中 l 为荧光屏长度(它是固定的),L 为电子束在试样上扫过的长度。放大倍数 M 是由调节扫描线圈的电流来改变的,电流小,电子束偏转小,在试样上移动的距离小(L 小),M 就大,反之,M 就小。一般 SEM 的放大倍数在 10 万～50 万倍,而且放大倍数是连续可调的。

图 7-5 给出了电子束在样品表面进行扫描的两种方式。进行形貌分析时都采用光栅扫描方式(图 7-5(a)),当电子束进入上偏转线圈时,方向发生转折,随后又由下偏转线圈使它的方向发生第二次转折。发生二次偏转的电子束通过末级透镜射到试样表面。在电子束偏转的同时还带有一个逐行扫描动作,电子束在上下偏转线圈的作用下,在试样表面扫描出方形区域,相应地在显像管的荧光屏上也扫描

出成比例的图像。试样上各点受到电子束轰击时发出的信号可由信号探测器接收,并通过显示系统在显像管荧光屏上按强度显示出来。如果电子束经上偏转线圈后未经下偏转线圈改变方向,直接由末级透镜折射到入射点位置,这种扫描方式称为角光栅扫描或摇摆扫描(图7-5(b)),它用于电子通道花样分析。

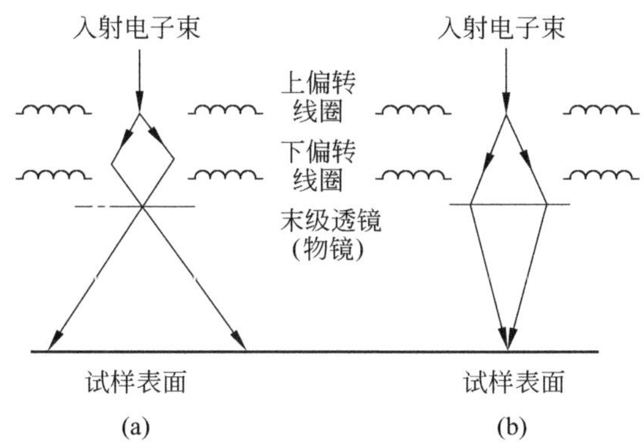

图7-5 扫描电镜中电子束在样品表面进行的两种扫描方式

(a) 光栅扫描;(b) 角光栅扫描

(4) 样品室

扫描电镜的样品室(图7-6)除了放置样品外,还要安置信号探测器。所有的信号探测器都在样品室之内或周围,因为有些信号的收集与几何方位有关,故样品室在设计时要考虑如何对各类信号检测有利,还要考虑同时收集几种信号的可能性。故样品室的设计是非常讲究的。

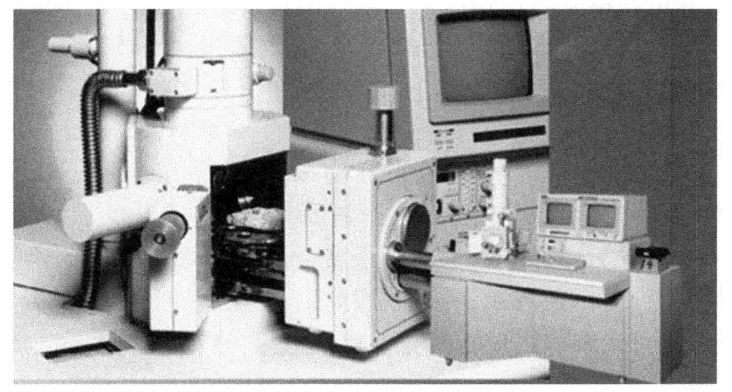

图7-6 扫描电镜的样品室

样品室中最主要部件之一是样品台,它应该能够容纳大的试样(大于100 mm),还要能进行三维空间的移动、倾斜(90°～100°)和转动(360°),活动范围很大，又要精度高、振动小。样品台的运动可以用手动操作，也可用计算机控制，样品台在三维空间的移动精度可达到 1 μm。

2. 信号收集和显示系统

(1) 二次电子和背散射电子收集器

它由闪烁器、光电管、光电倍增管和前置放大器组成，其结构如图 7-7 所示。从试样出来的电子，经过一个金属纱网进入一个柱形筒中，当金属圆筒加 +250 V 电压时，能接收背散射电子。试样产生的二次电子(或背散射电子)由这电压加速，并被收集到闪烁体上。当电子打到闪烁体上，产生电子，而光子将通过没有吸收的光电管传送到光电倍增管的光电阴极 *A* 上。

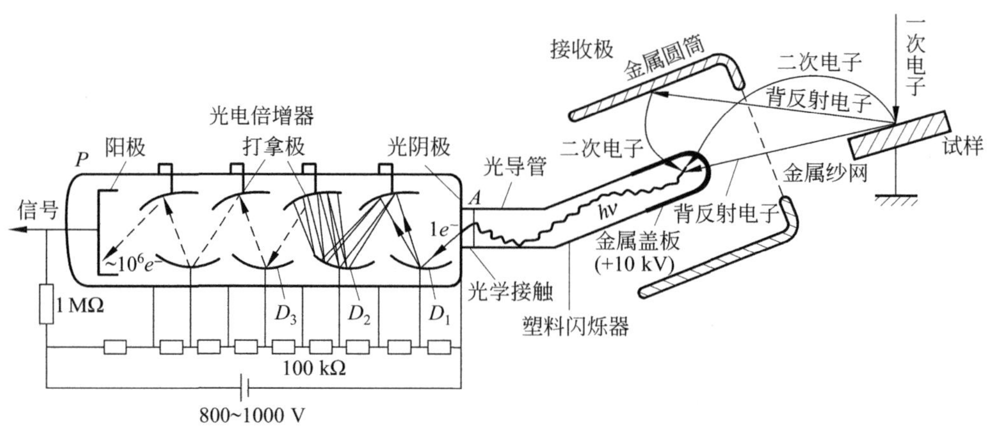

图 7-7 二次电子和被反射电子收集器示意图

光电倍增管的功能是将微弱的信号进行第一级放大。光电阴极上涂有铯的化合物，当电子射到它上面，即可产生光电子。光电阴极 *A* 和阳极 *B* 之间有 800～1000 V 电压，它使光电子向阳极移动。在阴极和阳极之间有许多起聚焦作用，同时能使光电子倍增的电极(称为打拿极)，一般有 10 个打拿极($D_1 \sim D_{10}$)，递次加上相等的电压(约 80～150 V)。这些打拿极一般是由 Cu-S-Cs，Ag-Cs_2O-Cs，Ag-Mg等材料制成，当光电子轰击到这些材料上，就会产生多于一个的二次电子(一般为 3～6 个电子)。这样，电子逐渐倍增。当改变打拿极上的电压，使信号放大至微安数量级，再送至前置放大器，放大成为有足够功率的输出信号，再送到视频放大器，而后可直接调制阴极射线管的栅极电位，这样就得到了一幅图像。

(2) 吸收电子检测器

试样不直接接地，而与一个高灵敏的微电流放大器相连，它可检测出 10^{-6}～10^{-12} A 这样小的电流，而吸收电流信号一般为 10^{-7}～10^{-9} A，故该电流放大器可以检测出被试样吸收的电子，从而得到所要的吸收电流图像。该放大器以后的接收装置都和二次电子的检测一样。

(3) 显示系统

从检测器收集到的信号,最终被送到阴极射线管(CRT)上成放大像。该阴极射线管的扫描线圈与镜筒中的控制电子束扫描的扫描线圈是由同一个锯齿波发射器控制,两者严格同步。显示装置一般有两个显示屏,一个用于观察,另一个供记录用(照相)。CRT 扫描一帧图像通常可选用 0.2,0.5(s),…的扫描速度,最快可以是电视(TV)扫描速度。它采用长余辉显像管。这种 CRT 的分辨率一般为 10 cm×10 cm 的荧光屏上有 500 条线,这对人眼的观察是足够了。用于照相记录的 CRT 管是短余辉显像管,它的分辨率较高,在 10 cm×10 cm 的荧光屏上有 800～1000 条线。在观察时为便于调焦,尽可能采用快的扫描速度,而拍照时为了得到高分辨率的图像,要尽可能采用慢的扫描速度(50～100 s)。显示系统还配有照相机,可将显示屏上的像记录下来。现代的扫描电镜可将图像用数字形式输出。

(4) X 射线检测器

它有两个输出方式:一种是分光谱仪(简称波谱仪),另一种为能量色散谱仪(简称能谱仪)。波谱仪精度高,但检测速度慢,而能谱仪检测速度快,但精度不如波谱仪,对一般的分析能谱仪已是足够了。大部分扫描电镜都配有能谱仪。我们将在第 8 章详细讨论波谱仪和能谱仪。

3. 真空系统和电子系统

为了保证扫描电镜的电子光学系统正常工作,扫描电镜的镜筒内要有 $1.33\times10^{-2}\sim1.33\times10^{-3}$ Pa 的真空度。另外扫描电子显微镜还有一套电子系统以提供电压控制和系统控制。

7.3　扫描电镜像的衬度形成原理

扫描电镜像的衬度来源有三个方面:①试样本身性质(表面凸凹不平、成分差别、位向差异、表面电位分布);②信号本身性质(二次电子、背散射电子、吸收电子);③对信号的人工处理。

7.3.1　二次电子发射规律及其成像衬度

1. 二次电子产生的规律

(1) 二次电子产额与入射电子束能量的关系

设 δ 为二次电子的产额,即每个入射的电子(称为初始电子)所能激发出的二次电子的数量($\delta=I_S/I_P$,其中 I_S 是激发出的二次电子流,I_P 是初始电子流),δ 与入射电子束能量的关系如图 7-8 所示。对大多数材料来说,这条曲线有相同的形式,该曲线的特点是:当入射电子能量低时,δ 随电子束能量 E 的增加而增加;而当电子束能量高时,δ 随能量的增加而逐渐降低。在某一个能量 E_{max},二次电子的产额最大。金属材料的 E_{max} 大致为 100～800 eV，绝缘体的 E_{max} 大致为 2000 eV。二次电子产额与入射电子能量的关系出现极大值。可这样理解这种现象，随着入射电子束能量增加，激发出的二次电子束自然增加，但入射电子进入试样的平均深度也在增加，故激发出的二次电子向外逃逸也越来越困难，因而入射束的能量大于 E_{max} 后，反而会使激发出的二次电子数目减少。

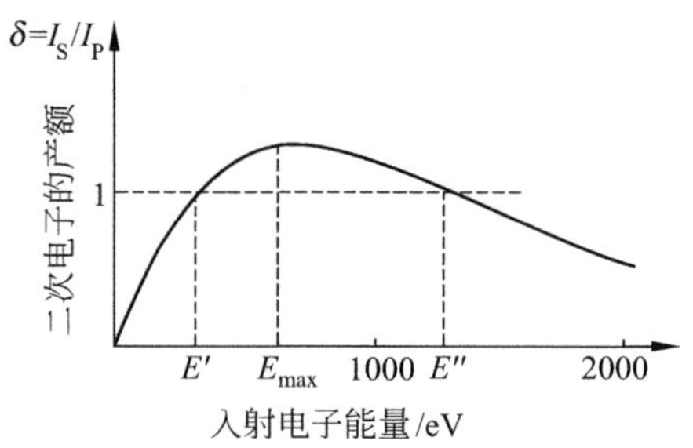

图 7-8　二次电子产额与入射电子能量的关系

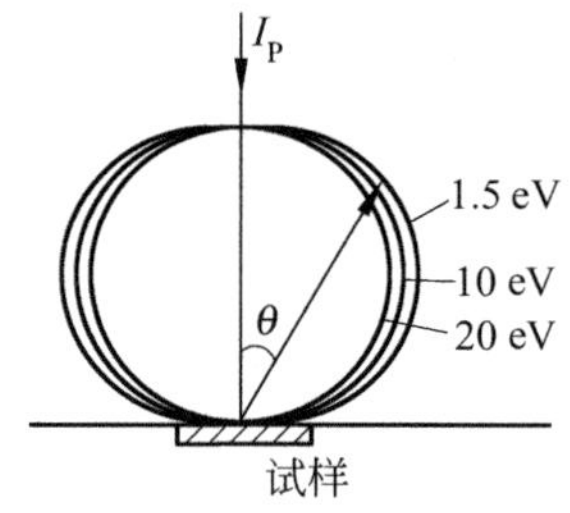

图 7-9　发射电子的角分布随电子能量的变化

(2) 发射二次电子的角分布

有人对三组能量分别为 1.5 eV，10 eV 和 20 eV 的二次电子进行了测量(见图 7-9)，发现每组二次电子都按余弦规律分布，而与试样晶体结构无关。这是因为沿垂直于试样表面方向逸出时，二次电子所经的路径最短，被吸收的可能性最小，故数量最多。所以，在实际工作中将二次电子探测器正对着试样的表面法线方向上，可以得到最大的二次电子信号。

(3) 二次电子产额 δ 与入射电子束角度的关系

设 α 为入射电子束与试样表面法线之间的夹角，对光滑试样表面，当初始电子束能大于 1 kV 时，二次电子的产额 $\delta \propto \frac{1}{\cos \alpha}$(当初始电子束能低于 1 kV 时，并且样品表面的粗糙度比电子束直径还小，入射角对二次电子的产额没有影响)。α 愈大时，入射电子越靠近试样表面层。从图 7-10 可以看出 $\alpha_2 > \alpha_1$，入射电子束②的路径比入射电子束①更靠近试样表面，就有较多的二次电子跑出试样表面。要得到强的二次电子信号，往往要倾动试样，也就是改变入射电子束的角度(改变 α)，使之有更多的二次电子激发出来。

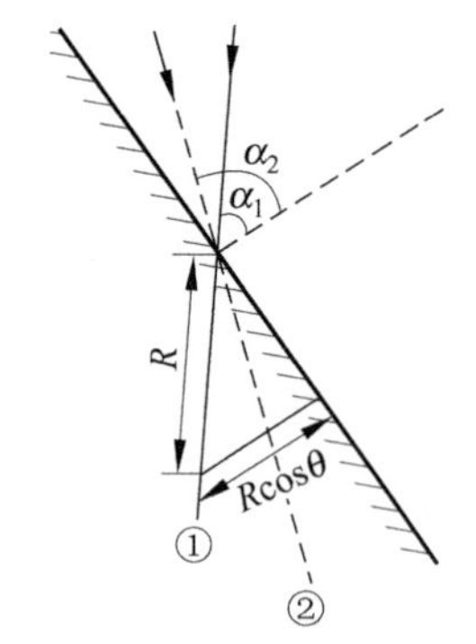

图 7-10　入射角与二次电子发射的影响

一般入射电子束与二次电子探测器之间的夹角为 90°或稍大些，当倾动试样时，电子束的入射角与二次电子的收集角也同时改变，故必须同时考虑这两个角度的影响。为了得到一个好的二次电子图像，不仅要考虑信号的强弱，还要考虑全聚焦情况和表面阴影，所以通常电子束相对于试样表面的入射角选在45°左右。

2. 二次电子像的衬度

(1) 形貌衬度

对扫描电镜而言，入射电子的方向是固定的，但由于试样表面有凹凸，导致电子束对试样表面不同处的入射角的不同。如图7-11(a)和(b)所示，试样中A,B两平面的入射角α是不同的，由二次电子的发射规律知道，入射角α越大，二次电子产额δ越高。在扫描电镜中，二次电子探测器的位置是固定的，故试样表面不同取向的小平面相对于探测器的收集角也不同，发射出的二次电子数量不同，图像上的亮度也不同。例如，A区的入射角比B区大，发射的二次电子要多。另外，探测器相对于A区方位也比B区更有利，即A区的信号比B区的信号大，所以图像上A区要比B区亮。

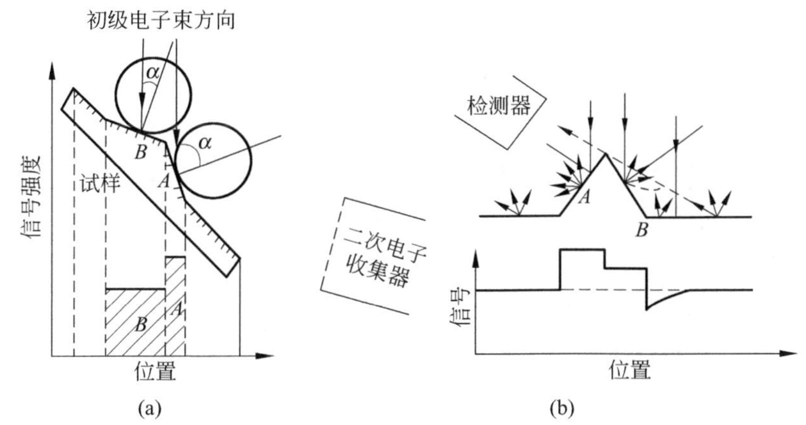

图7-11 表面形貌引起的衬度

由于二次电子能量较低，所以二次电子探测器前边的收集极常加有一定的正电场。它使得二次电子可沿着弯曲的路径而到达探测器，这样背对探测器的表面所发出的二次电子，也可以到达探测器。这就是二次电子像没有尖锐的阴影，显示出较柔和的立体衬度的原因。

图7-12为实际样品中二次电子被激发的一些典型例子。可以看出，凸出的尖棱、小粒子以及比较陡的斜面处，二次电子产额较多，在荧光屏上这一部位就亮一些；平面上二次电子的产额较小，亮度较低；在深的凹槽部虽然也能产生较多的二次电子，但这些二次电子不易被探测器收集到，因此槽底的衬度显得较暗。

图7-13是一典型的扫描电镜二次电子像，显示材料的表面形貌。

(2) 原子序数差异造成的衬度

如图7-14所示，二次电子的产额随原子序数Z的变化不如背散射电子产额随原子序数变化那样明显。当原子序数Z大于20时，二次电子的产额基本上不随

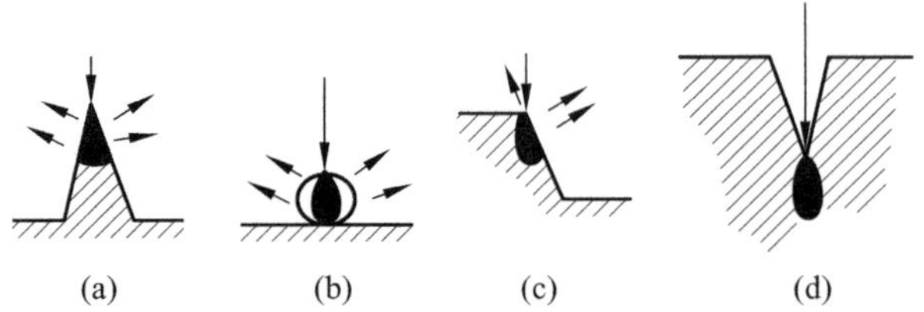

图 7-12　实际样品中二次电子的激发过程示意图

(a) 凸出尖端；(b) 小颗粒；(c) 侧面；(d) 凹槽

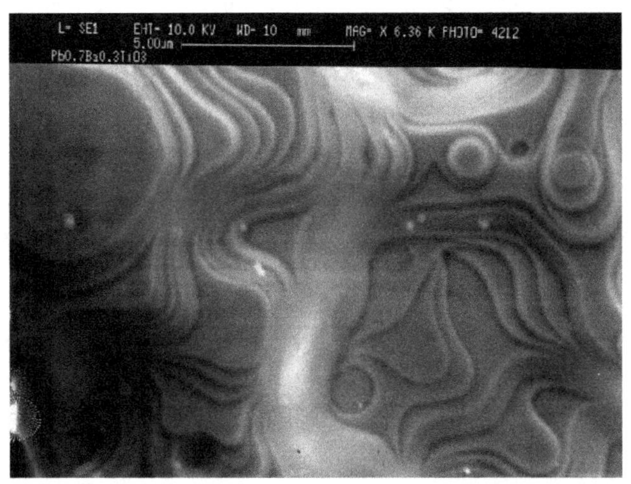

图 7-13　扫描电镜二次电子像

原子序数变化，只有 Z 小的元素的二次电子产额与试样的组成成分有关，故二次电子衬度像一般不被用来观察试样成分的变化，而被用来观察表面形貌的变化。

(3) 电压差造成的衬度

试样表面若有电位分布的差异，会影响二次电子的发射。二次电子在正电位区逸出较困难，而在负电位区逸出就容易，故正电位区发射的二次电子少，在图像上显得暗，而负电位区发射二次电子多，在图像上就显得亮，这就形成了电压衬度(通常电位差为十分之几伏特时才能看出电压衬度的变化)。另外，试样表面的几何形貌也会影响电压衬度，如试样表面起伏太大，会减弱图像上由于电位差引起的衬度变化。故观察电压衬度，试样表面要平

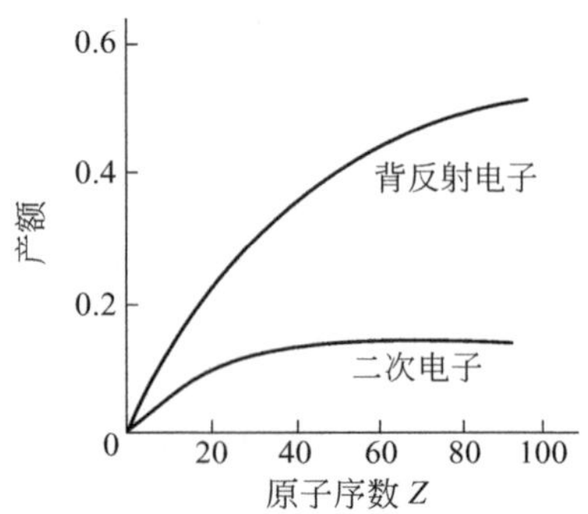

图 7-14　背散射电子差额与原子序数 Z 的关系

整。图 7-15 给出了集成电路板上的电压衬度像的例子。

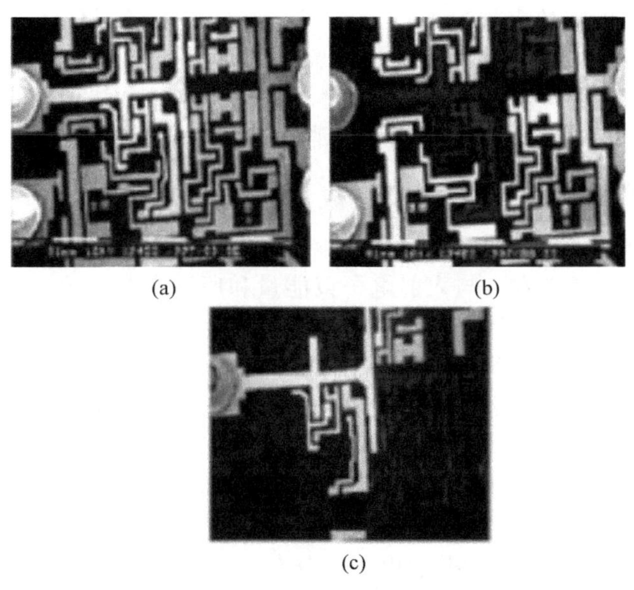

图 7-15　集成电路板上的电压衬度像
(a) 没有电压的像；(b) 加上偏压的像；(c) 图像(a)与图像(b)的差

(4) 荷电(充电)现象

对导体而言，入射电子束感应产生的电荷将通过试样接地而导走，故试样没有电荷的累积(charging)。但非导体上多余的电荷就不能导走，产生局部充电现象，使二次电子像产生过强的衬度，即那些部位的像变得很亮(见图 7-16)。

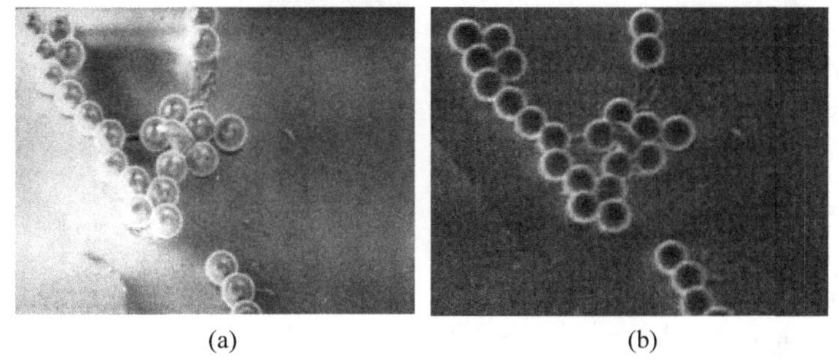

图 7 16　聚合物球在荷电(a)和无荷电(b)时的图像

导电材料和非导电材料主要区别之一是它们的二次电子最大产额 δ_{max} 是不同的，导电材料的 δ_{max} 为 0.6～1.7，而非导电材料的 δ_{max} 为 1～20，且随电阻的增加产额也随之增加。因此，为了消除荷电现象，要在非导电材料表面喷涂一层导电物质(如碳、金等，涂层厚度一般为 10～100 nm)。喷涂层要与试样台保持良好的电接触，以使在非导电材料试样表面累积的电荷，能通过该导电层与试样台上的地线接通，将电荷导走，消除荷电现象。

导电涂层虽然可以去除充电现象，但它也掩盖了试样表面的真实形貌。现在做扫描电镜工作，能够不喷涂就不做喷涂。解决荷电的办法通常采用降低工作电压的方法，一般电压低于 1.5 kV 就可以消除充电现象。

7.3.2 背散射电子发射规律及其成像衬度

1. 背散射电子的发射规律

(1) 背散射电子系数 η 与入射电子束能量和原子序数的关系

η 是背散射电子的系数，表示一个初始电子能产生一个能量大于 50 eV，而小于初始能量的电子的几率。背散射系数 η 随靶的原子序数 Z 的增加而增加(图 7-17)。而入射电子束能对 η 的影响很小，对低原子序数的试样($Z<47$)，η 随入射电子能量的增加而逐渐降低；而对 Ag($Z=47$)，η 与束能的变化基本无关；对于高原子序数的试样，η 随能量增加而缓慢增加。

(2) 入射电子方向对背散射电子系数的影响

当电子束垂直入射时，背散射电子的分布近似余弦规律，发射的方向是随机的(图 7-18(a))；当电子束倾斜入射时，背散射电子的角分布呈一个向前的棒形(见图 7-18(b)，(c))。随着入射角 α 的增加，背散射电子数也相应增加。当入射角接近掠射角时，背反射系数接近于 1。

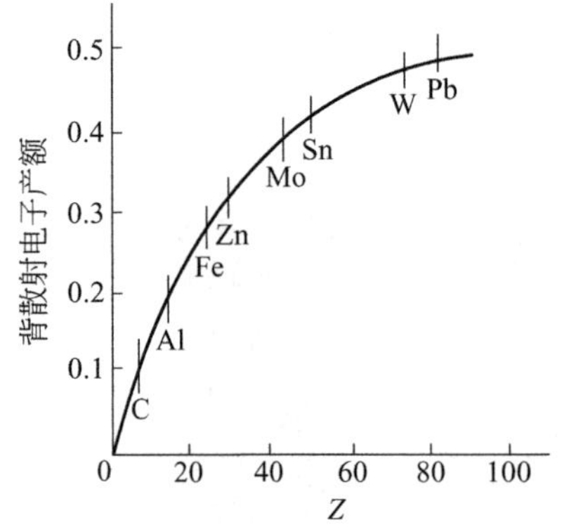

图 7-17 原子序数和背散射电子产额的关系

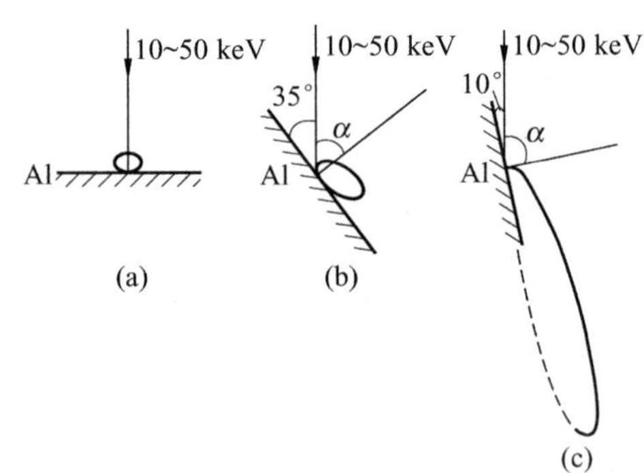

图 7-18 电子束倾斜入射时，背散射电子的角分布

2. 背散射电子成分的衬度

由图 7-17 知道，在原子序数 $Z<40$ 的范围内，背散射电子的产额对原子序数十分敏感。故在进行分析时，从试样上原子序数较高的区域中可得到比从原子序数较低区域更多的背散射电子，也就是说原子序数较高的部位要比原子序数较低的部位亮，这就是背散射电子的原子序数衬度的原理。因此我们可以利用原子序

数造成的衬度变化对金属和合金进行定性的成分分析，试样中重元素区域对应于图像上的亮区，而轻元素区域则对应暗区。在进行高精度的分析时，必须先对亮区进行标定，这样才能获得满意的结果。

与二次电子相比，背散射电子的能量较高。背散射电子的轨迹是直线，能进入探测器的背散射电子仅限于朝着探测器方向呈直线轨迹的背散射电子，即收集到的是从反射台到探测器所张的立体角内的背散射电子，不在立体角范围内的就接收不到，因而背散射电子像有明显阴影，阴影部分的细节由于太暗可能看不清楚(图7-19)。

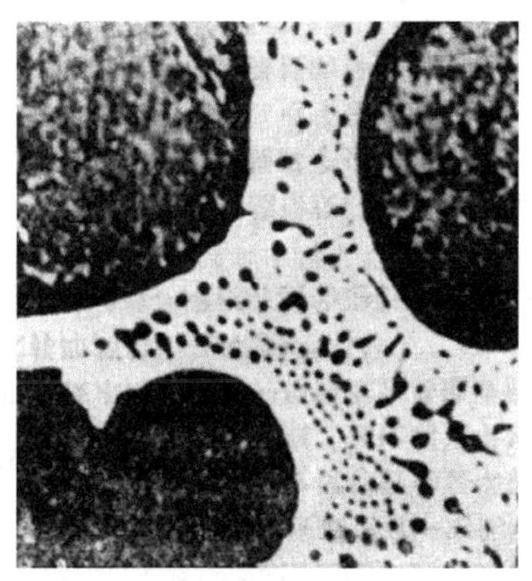

图7-19 Ag—Cu合金的扫描电镜照片，1200×
背散射电子像，白色为Ag，黑色为Cu

而用二次电子信号作形貌分析时，可在探测器收集栅上加一正电压(250～500 V)来吸引能量较低的二次电子，使得它们可以弧形路线进入探测器。这样在试样表面某些背向探测器或凹坑等部位上逸出的二次电子也能对成像有贡献，故二次电子形貌像层次(景深)增加，细节清楚。

利用背散射电子的原子序数衬度来分析晶界上或晶粒内部不同种类的析出相是十分有效的。因为析出相成分不同，激发出的背散射电子数量也不同。这样我们就可从背散射电子像的亮度的差别，再根据我们对试样的了解，定性地判断析出物的类型。

我们已经知道，二次电子像主要是对形貌敏感，背散射电子像主要对成分敏感，但二次电子像中也会有背散射电子的影响，而背散射电子像中也常常伴随有二次电子的影响。因此二次电子像的衬度，既与试样表面形貌有关又与试样成分有关。只有利用单纯的背散射电子，才能把两种衬度分开。采用的方法如下：可以采用一对探测器收集试样同一部分的背散射电子，然后将两个探测器收集到的信号输入计算机处理，可分别得到放大的形貌信号和成分信号(见图7-20)。

图7-20中A和B表示一对探测器，如对一成分不均匀但表面抛光平整的样品做成分分析，A，B探测器收集到的信号大小是相同的，把A和B的信号相加，得

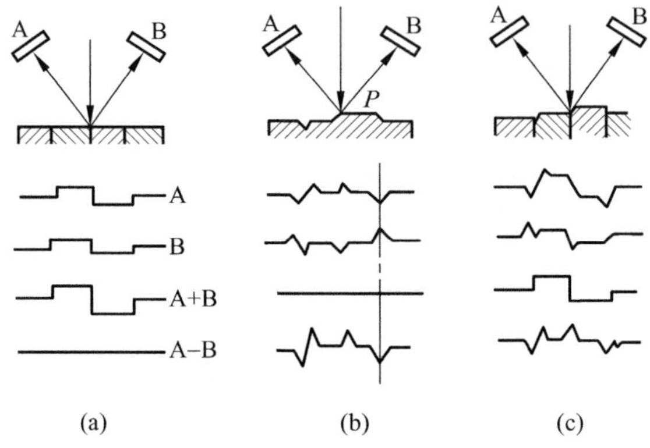

图 7-20 信号加减处理示意图

(a) 成分有差别,形貌无差别;(b) 成分无差别,形貌有差别;(c) 成分、形貌都有差别

到的是信号放大一倍的成分像;把 A 和 B 的信号相减,则成一条水平线,表示抛光表面的形貌像(图 7-20(a))。若分析一有均一成分表面有起伏的试样的 P 点,P 位于探测器 A 的正面,A 收集到的信号较强,而 P 是背对探测器 B,B 收集到较弱的信号。把 A 和 B 的信号相加,二者正好抵消,这就是成分像;若把 A 和 B 二者相减,信号放大就成了成分像(见图 7-20(b))。如果待分析的样品成分既不均匀,表面又不光滑,将 A,B 信号相加得成分像,相减得形貌像(见图 7-20(c))。

用背散射电子进行成分分析时,为了避免相貌衬度对原子序数衬度的干扰,要对被分析试样进行表面抛光。而用二次电子像进行表面形貌分析时,则要很好地保护好原始的表面。

7.3.3 吸收电子像和它的衬度

扫描电镜中各种电流的关系可以写成

$$I_I = I_S + I_B + I_A + I_T$$

其中,I_I是入射电子电流强度,I_S是二次电子的电流强度,I_B是背散射电子的电流强度,I_A是吸收电流强度,I_T是透射电子的强度。扫描电镜的试样一般是块状试样,即试样较厚,这时透射电子的电流强度可忽略不计,$I_T=0$。在一定的实验条件下,入射电子的电流强度 I_I是一定的,所以有

$$I_I = I_S + I_B + I_A = \text{常数}$$

即有

$$I_A = I_I - (I_S + I_B) = \text{常数} - (I_S + I_B)$$

所以吸收电流 I_A的大小,决定于 I_S和 I_B。I_S,I_B大时,I_A就小,反之,I_A就大,也就是说,吸收电子像是与二次电子像和背散射电子像的衬度互补的。因此,背散射电子像上的亮区在吸收电子像上必定是暗区。图 7-21(a),(b)是 Ag—Cu 合金的背

散射电子像和吸收电子像,可明显地看出它们的衬度是互补的。因为吸收电子像与二次电子像和背散射电子像互补,故它也能用来显示试样表面元素的分布和表面形貌,但它的分辨率较差,只有0.1～1 μm,但对于试样裂缝内部的观察,吸收电子像是有利的。

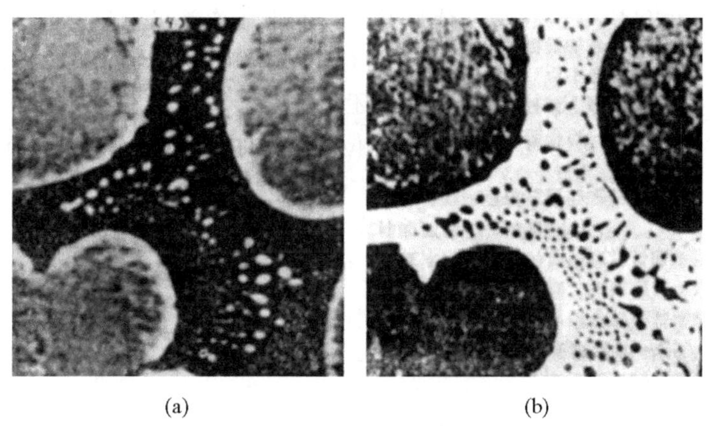

(a) (b)

图 7-21 Ag—Cu 合金的扫描电镜背散射电子像与吸收电子像的比较,1200×
(a) 吸收电子像,白色为 Cu,黑色为 Ag; (b) 背散射电子像,白色为 Ag,黑色为 Cu

7.3.4 扫描透射电子像

如果试样适当的薄,入射电子照射时会有一部分电子透过试样,其中既有弹性散射电子,也有非弹性散射电子,其能量大小取决于试样的性质和厚度。这部分透射电子可以用来成像,也就是通常所说的扫描透射像(STEM 像)。

STEM 像基本上不受色差的影响,像的质量要比一般透射电镜像好,若用电子能量分析器,选择某个能量 E_0 的弹性散射电子成像,像的质量更佳。由于能量损失 ΔE 与试样成分有关,所以非弹性散射电子像,即特征能量损失电子像,也可用来显示试样中不同元素的分布。

STEM 像通常是在 TEM 上取得,因为它要求样品要薄。现在的超高分辨扫描电镜,为了提高分辨率,采用了可将样品放入物镜内的样品台(In-lens sample holder)。这种样品台只能使用厚度为几毫米的薄样品,这种扫描电镜可以做 STEM 像。为区别于通常在 TEM 上做的 STEM,这种在扫描电镜上做的 STEM 称为 STEM-in-SEM。

7.3.5 阴极荧光像

有些物质在高能电子束轰击下会发荧光,其发光能力常与这些物质中存在激活剂有关。这些激活剂可以是基体物质中浓度较低的杂质原子,也可以是物质中由于非化学比产生的某种过剩元素或晶格空位一类的缺陷。换句话说，有些物质在电子轰击下自身会发光，有些物质要借助于杂质原子活化后才能发光。其波长既与杂质原子有关，也与基体物质有关，因此，当入射束轰击试样时，用显微镜观察试样发光颜色或用分光仪对所发射的光谱作波长分析，就可鉴别出基体物质和所含物质。用光电倍增管接收这些信号并用它们来成像就可以显示杂质及其晶体缺陷分布情况。现代的扫描电镜有些就配有阴极荧光谱仪（CL 谱），人们就可以在扫描电镜下观察所研究试样是整体发光还是只在某些部位发光。如不同部位发光是不一样的，CL 谱就可分析各个不同部位发光的波长和强度。例如研究 ZnO 纳米线的发光，可以研究是在纳米线的根部发光，还是头部发光，还是中间部分发光，各部分发光的波长有何不同，等等。扫描电镜上配置的 CL 谱对研究发光材料和半导体材料非常有用，对地质学的研究也很有用，如研究锆石。

7.4 扫描电镜分辨率和放大倍数

影响扫描电镜分辨率的因素有三个：①电子束的实际直径；②电子束在试样中的散射；③信号噪声比。下面我们分别进行讨论。

7.4.1 电子束直径对分辨率的影响

在扫描电镜的三个透镜作用下，从电子枪出来的电子束被缩小到直径为 d_0、张角为 α 的电子束。考虑到末级透镜的球差、色差、衍射差等原因，照射到试样上的实际电子束直径为 d，它比 d_0 要大。根据 Smith 近似式，d 可以写为

$$d^2 = d_0^2 + d_s^2 + d_c^2 + d_f^2 \tag{7-1}$$

式中，$d_s = \frac{1}{2}C_s\alpha^3$ 是透镜球差所引起的电子束的漫散圆直径，C_s 是球差系数；$d_c = C_c\alpha\frac{\Delta V_0}{V_0}$ 是色差引起的电子束的漫散圆直径，C_c 是色差系数，$\frac{\Delta V_0}{V_0}$ 是加速电压的相对变化；$d_f = 1.22\times10^{-10}\frac{\sqrt{150}}{\alpha V_0}$ 是衍射效应造成的电子束漫散圆直径，V_0 为加速电压。

在扫描电镜的工作条件下，$d_s \gg d_c$，$d_s \gg d_f$，所以

$$d^2 = d_0^2 + d_s^2 = d_0^2 + \frac{1}{2}C_s\alpha^3 \tag{7-2}$$

即照射到试样上的实际电子束的直径 d 的大小主要取决于 d_0 和 α 值。

对电子探针（将在第 8 章介绍）来说，除了考虑 d_0 和 α 外，还要考虑电子束流 I_p 的影响，根据 Langmuir 方程

$$I_p = \left(\frac{eJ_k}{kT}V_0\right)\frac{\pi^2}{4}d_0^2\alpha^2 \tag{7-3}$$

式中，J_k是灯丝发射电流密度，V_0是电子枪阴极的加速电压，k 是玻尔兹曼常数。

从式(7-2)和式(7-3)可知，当 d_0，α 变小时，d 变小，电子束照射到试样上发射电子的范围变小，也即分辨率提高了。但随着 d_0的变小，使得束流 I_p也变小。当 d 缩小到一定程度时，束流强度太低，不能从试样表面激发出足够的信号。这时相对来说噪声的作用就显得突出了，难以检测出试样两点之间所发射出的二次电子之差，从而影响成像和分辨率。

故理想的电子束是不仅要尺寸小，还要求束流大。场发射枪就具有这个特点，场发射枪的电子束斑比热电子发射束斑要小 500～5000 倍，而束流强度要大 1000 倍，故场发射枪是高性能扫描电镜的理想电子源，高分辨扫描电镜都使用场发射电子枪。

7.4.2　电子受试样散射对分辨率的影响

电子束进入试样后，受到试样对电子的散射，从而电子束直径变宽，降低了分辨率，这种散射效应取决于加速电压的大小和试样本身的性质。要了解二次电子在试样内什么范围产生，可以先将试样内散射电子的复杂轨迹简单近似为有限直线，然后用蒙特卡罗模拟的方法求出各电子的轨迹，从而算出二次电子发射的范围。由于二次电子能量很低，计算结果表明二次电子只在表面下 10 nm 左右深度范围内才可能从表面逸出。在这样的深度范围内，二次电子还来不及扩展，这时的截面比入射的电子束直径略大几个纳米，所以二次电子像的分辨率可高达几个纳米(对热电子发射枪来说，二次电子分辨率可达到 3～6 nm；若使用场发射枪，二次电子分辨率可达到 0.4～1.5 nm)。加速电压越高，入射电子在试样中的扩散范围越大，结果使得从比电子束截面大得多的范围内发射出二次电子。高加速电压对分辨率不利，加速电压过高还会使精细结构不鲜明，边缘效应过大，破坏了图像的衬度。对导电试样，加速电压一般选用 30 kV；对非导电试样，加速电压一般选用 1～3 kV。

入射电子束进入样品较深部位时，向横向扩展的范围变大。从这个范围中激发出来的背散射电子能量很高，它们可以从样品的较深部位处逸出表面，横向扩展后的作用体积的大小就是背散射电子的成像单元。从图 7-2 可见，背散射电子的作用体积的宽度约为 50～200 nm，故背散射电子的分辨率为 50～200 nm。

入射电子还可在样品更深的部位激发出特征 X 射线(它被用于做 X 射线谱仪分析，将在第 8 章详细介绍)，X 射线的作用体积比背散射电子的作用体积还大，大约为 0.1～1 μm。

俄歇电子的能量很低，且平均自由程很短，只能在试样的浅表面层(0.5～2 nm 深)逸出。这时入射电子束横向扩展很小，故俄歇电子的分辨率很高，可以达到 5～10 nm 的分辨率。

7.4.3 信号噪声比对分辨率的影响

信号噪声比也是影响扫描电镜分辨率的一个重要因素。在扫描电镜中，噪声来源于两个方面。

(1) 电噪声

它主要来源于放大器、电路等，可以通过改进电路设计、提高元件质量，把电噪声降低到最小的程度。

(2) 统计涨落噪声

它来源于进入到探测器中的电子信号本身的统计涨落，这是本征的、不可消除的。下面我们讨论统计涨落噪声，以及它对分辨率的影响。

设进入探测器的信号电流为 I_s，构成一幅扫描电镜像的像元数目为 N，扫描一帧图像的时间为 τ，则贡献给每个像元信号的电子数为

$$n_s = \frac{I_s \tau}{Ne} \tag{7-4}$$

式中，e 为电子电荷。

根据统计涨落理论，信号的统计涨落理论噪声为 $\sqrt{n_s}$，信噪比 P 为

$$P = \frac{n_s}{\sqrt{n_s}} = \sqrt{n_s} \tag{7-5}$$

Rose 的理论指出，若有两个区域，一个的亮度(或强度)为 S，另一个的亮度为 $S+\Delta S$。作为一个经验事实，人眼要能区分这两个区域，试样处的信噪比 P 必须大于 5 倍的 $S/\Delta S$，即 $\sqrt{n_s} \geqslant 5S/\Delta S$。根据经验，为了得到一幅清晰的扫描图像，往往要求 $P \geqslant 100$，也就是 $n_s \geqslant 10^4$。

将式(7-4)代入式(7-5)，得

$$P = \sqrt{\frac{I_s \tau}{Ne}} \tag{7-6}$$

由式(7-6)可以看出，要提高信噪比 P，可以采取以下措施：

(1) 提高 I_s：因为探测器接收到的信号 I_s 是与电子束流 I_p 成正比的，故可采用较大的电子束流来提高 I_s。提高电子束流有两个途径，一方面可增大束斑来增加束电流，但束斑增大会导致图像分辨率下降，这是我们不希望的；另一方面可改用强电子源，如用 LaB_6 的电子枪或场发射枪可达到提高 I_p 的目的。

(2) 采用长的帧扫描时间 τ：但由于电路稳定度的限制，τ 不能太长，目前扫描最慢速度约为 100 s。

(3) 减少像元数目，但这样会降低图像的清晰度。

故提高信噪比的有效途径是提高电子束亮度或适当延长帧扫描时间。

7.4.4 扫描电镜的放大倍数

扫描电镜的放大倍数 M 的定义为：在显像管中电子束在荧光屏上最大扫描距离和电子束在试样上最大扫描距离的比值，即

$$M=\frac{l}{L} \tag{7-7}$$

式中，l 为荧光屏长度，L 是电子束在试样上扫过的长度。因为荧光屏长度 l 是固定不变的，只要调节电子束在试样上的扫描长度 L 就可改变放大倍数 M 的大小。这是通过调节扫描线圈上的电流来进行的。减少扫描线圈的电流，电子束偏转的角度小，在试样上移动的距离变小，使放大倍数增加。反之，增大扫描线圈上的电流，放大倍数就变大。当改变工作距离时，还应对扫描线圈上的电流进行补偿，以保证正确的放大倍数。

放大倍数与分辨率应保持一定的关系，扫描电镜才能充分发挥作用。在一定的放大倍数下，在图像上实际能分开的最近两点的能力，即分辨率，还受肉眼分辨能力限制。如果实际观察的放大倍数不变，则为了保证足够的信噪比，有时采用较低的仪器分辨率反而会改善图像的清晰度。例如，人眼的最大分辨率为 0.1 mm，采用的观察放大倍数为 M，则仪器的分辨率满足如下条件就足够了：

$$Q\leqslant\frac{0.1}{M}(\mathrm{mm})$$

在不同的观察放大倍数下，所允许的仪器最低分辨率如表 7-1 所示。

表 7-1　放大倍数与最低分辨率的关系

放大倍数	仪器最低分辨率/nm	放大倍数	仪器最低分辨率/nm
20×	优于 5000	10 000×	优于 10
100×	优于 1000	50 000×	优于 2
500×	优于 200	100 000×	优于 1
1000×	优于 100	200 000×	优于 0.5
5000×	优于 20		

从表 7-1 中的数据可以看出，盲目地使用高的放大倍数，并不一定能提高仪器实际的分辨能力。对于使用热钨丝发射电子枪的扫描电镜来说，它的最高分辨能力不优于 3 nm。如果在这种仪器上使用 50 000 倍的放大倍数，是没有意义的。

7.5 扫描电镜的性能特点

1. 分辨率

在扫描电镜的各种信号中，二次电子像具有最高的分辨率，一般扫描电镜的分

辨率就是指二次电子像的分辨率。使用热钨丝发射电子枪的扫描电镜的分辨率目前一般是 30～60 Å，采用场发射枪的扫描电镜的分辨率一般是 10～20 Å，顶级的超高分辨率扫描电镜的分辨率为 4～6 Å。2005 年场发射超高分辨率扫描显微镜的分辨率已达 4 Å，已接近透射电镜的水平（1～3 Å）。扫描电镜的分辨率大大优于普通光学显微镜的分辨率的极限水平（2000 Å）。

2. 放大倍数

扫描电镜的放大倍数可从十倍到几十万倍连续可调，而光学显微镜和透射电镜的放大倍数都不是连续可调的。扫描电镜既可工作在低倍又可工作在高倍，而光学显微镜只能在低倍率下工作，透射电镜只能在高倍率下工作。在实际工作中，经常希望有一个从宏观到微观，从低倍到高倍的观察过程。例如，对断口的分析，往往在低倍下先观察断口的全貌，寻找断裂缝，对断裂过程有一个粗略且全面的了解，然后再在高倍下观察感兴趣的细节特征。在扫描电镜问世前，这样高低倍连续观察是很烦的，要采用立体显微镜、光学显微镜和透射电镜配合起来观察，这样观察不在一个仪器上，很难保证同一视场能理想地重复。扫描电镜问世后，断口分析的整个分析工作在一台扫描电镜上就可顺利完成。目前断口分析几乎是扫描电镜的“专利”的工作。

3. 景深

扫描电镜的末级透镜（物镜）采用小孔视角、长焦距，所以可获得很大的景深。扫描电镜的景深比一般光学显微镜大 100～500 倍，比透射电镜大 10 倍左右。扫描电镜的景深 D 可粗略地用下式估计：

$$D = \frac{0.2}{\alpha M}\ (\mathrm{mm}) \tag{7-8}$$

式中，α 是电子束的张角，M 是扫描电镜的放大倍数。由公式可见，放大倍数越小，景深越大。表 7-2 给出了在一般情况下扫描电镜的景深的典型数据。

表 7-2　扫描电镜的景深的典型数据

放大倍数	图像宽度/μm	景深/μm	
		α=2 mrad	α=10 mrad
10×	10 000	10 000	2000
50×	2000	2000	400
100×	1000	1000	200
500×	200	200	40
1000×	100	100	20
10 000×	10	10	2
100 000×	1	1	0.2

图 7-22 是用扫描电镜在低倍下观察手表内部机芯的情况。可见在这样低的倍数下，景深很大。由于景深大，扫描电镜图像的三维立体感强。对断口试样，只有景深大才能有效地观察，而光学显微镜往往因为景深不足无法胜任。由于断口试样粗糙，做复型易产生假象，所以用透镜电镜观察也有一定的困难。

图 7-22 手表机芯的低倍扫描电镜像(10×)有很大的景深

4. 试样制备

扫描电镜采用块状的样品，制备样品远比透射电镜容易，通常只要能把样品放入样品台即可进行观察。扫描电镜的样品台可大到一百多毫米，高度允许几十毫米，故不仅可做小样品，也可做大样品。扫描电镜样品制备的关键是让样品导电，故对导电样品，不需对样品做特殊处理；对非导电样品，只要在试样上喷涂一层导电物质(通常为金或碳)即可进行观察，这比起光学显微镜和透射电镜的样品制备要简单得多。近年来已发展了一种可变压扫描电镜(LV-SEM)/环境扫描电镜(ESEM)，在这种电镜上，即使是非导电样品，不喷涂也可进行扫描电镜观察。另外，对有些喷涂后会遮挡表面特征的样品，可以不喷涂，采用低压模式直接进行观察。要指出的是，对于断口分析，一定要对断口进行保护，最好是看新鲜的断口，以免因为时间长了，断口表面变化了(如氧化、碳化等)。

5. 信号处理

由于扫描电镜成像过程是时间的函数，可以方便地进行图像信息处理，改进成像质量，这是光学显微镜和透射电镜较难以实现的。

6. 综合分析能力

现代的扫描电镜都配有 X 射线能谱仪，有些还配有 X 射线波谱仪、阴极荧光谱仪(CL 谱仪)，这些谱仪可用来做成分分析、光学分析，还可配有背散射电子衍射谱仪(EBSD)，以便对块体材料做晶体结构和晶体取向分析。这样，一台仪器就可以做形貌、微区成分和晶体结构分析等不同种类的分析。若采用环境扫描模式，还可在低真空、有水汽的环境下做扫描电镜观察，甚至做拉伸、加温、冷冻、喷气、喷液等实验。这种环境扫描电镜相当于一个小型实验室。

7.6 背散射电子衍射分析

众所周知，测定材料的晶体结构及晶体取向的传统方法是X射线衍射和透射电镜中的电子衍射。X射线衍射可获得材料晶体结构及取向的宏观统计信息，但它不能将这些信息与材料的微观组织形貌与成分相对应；而透射电镜可做电子衍射和电子衍衬像，可以把材料微观组织形貌的观察和晶体结构与取向分析相结合，甚至再利用能谱仪，还可得到材料成分信息。但透射电镜得到的信息往往是微区的、局域的，无法得到宏观统计信息（除非材料是均匀的）。这两种分析方法各有所长，相辅相成。能否将两者的优点结合起来，既可得到微观的晶体结构与取向信息，又能获得宏观的统计信息呢？20世纪80年代发展起来的背散射电子衍射(electron backscattering diffraction，简称EBSD)技术就具有这个特点。目前EBSD技术已成为研究材料形变、回复和再结晶过程的一个非常有效的手段，特别是在微区结构分析方面已发展成为一种新的方法。

7.6.1 背散射电子衍射的实验条件与工作原理

背散射电子衍射仪可作为扫描电镜（或电子探针）的附件，其基本构成有（见图7-23）：一个高灵敏度的CCD相机，一套用于电子束外部扫描控制、信号采集、衍射花样自动识别标定的数据采集软件，以及用于数据处理和分析的应用软件。背散射电子衍射仪工作时，电子束可选择定点、线扫描和面扫描三种方法，为了获得足够高的背散射衍射强度，样品表面相对于X射线束需要大角度倾斜（如70°），参见图7-24。

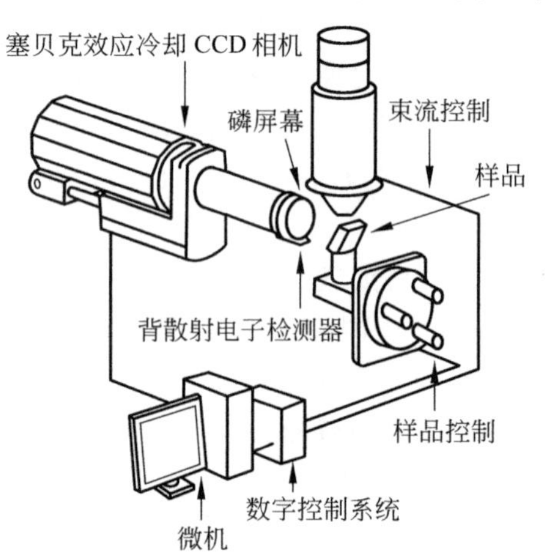

图7-23 背散射电子衍射仪的结构

背散射电子衍射仪的工作原理如下：电子束与样品相互作用产生背散射电子，其中一部分背散射电子入射到某些晶面，因满足布喇格衍射条件发生弹性相干散射（即菊池衍射）。这部分产生菊池衍射的背散射电子逸出样品表面，出射到放置在CCD相机前端的荧光屏上，形成背散射电子衍射花样(electron backscattering diffraction pattern，简称EBSP)。EBSP

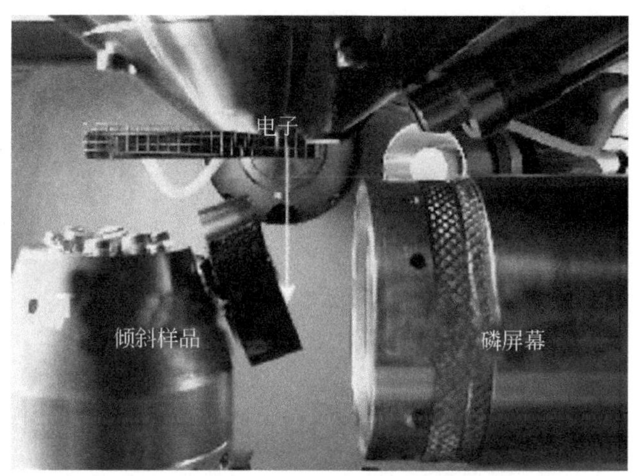

图 7-24　样品表面相对于 X 射线束大角度倾斜

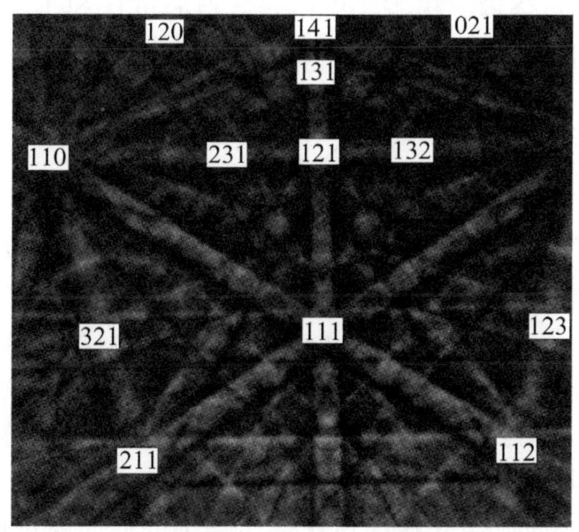

图 7-25　单晶硅背散射电子衍射花样的标定结果

被 CCD 相机摄下，并由数据采集系统扣除背底并经 Hough 变换，自动识别进行谱线标定，图 7-25 就是单晶硅背散射电子衍射花样的标定结果。当电子束在样品某一区域进行面扫描时，数据采集系统自动采集，标定样品每一分析点的衍射花样，从而获得各点的晶体结构以及晶体取向等晶体学信息（见图 7-26）。

EBSD 技术是一种显微组织与晶体学分析相结合的图像分析技术，因其成像依赖于晶体的取向，故也称其为取向成像显微术（OIM）。从一张取向成像的组织形貌图像中，不仅能获得晶粒、亚晶粒和相的形状、尺寸及分布的信息，还可获得晶体结构、晶粒取向、相邻晶粒取向等晶体学信息。另外，还可利用极图、反极图和取向分布函数，显示晶粒的取向及其分布。此外，还可分别显示不同取向晶粒的形状

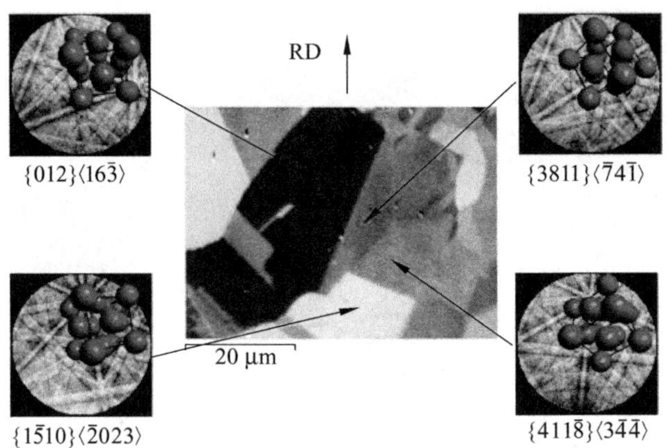

图 7-26 EBSD 各点的分析及其衍射花样

及尺寸分布、晶粒间的取向差的分布信息。

EBSD 技术的空间分辨率优于 100 nm(最高的可达到 10 nm 数量级),它还具有分析精度高、检测速度快、样品制备简单等特点,近 10 年来其应用范围不断扩大。

7.6.2 背散射电子衍射的应用

EBSD 技术的应用主要有:①织构分析;②晶粒间取向差分析;③物相鉴定及相含量测定;④晶粒尺寸测定;⑤应变分析。下面分别对它们进行介绍。

1. 织构分析

EBSD 技术可利用极图和反极图对织构进行定性分析,及分析材料中是否有织构存在或出现的织构类型,利用取向分布函数对织构进行定量分析,即显示不同织构成分所对应的晶粒形态、尺寸及分布。

图 7-27 是利用取向成像获得的奥氏体不锈钢的取向衬度图,它清晰地显示晶体晶粒的形状和大小。图中不同的颜色代表不同的晶粒取向,这张取向衬度图可以直观地显示晶粒的取向,但还不能揭示晶粒取向分布的规律。要全面地反映取向的分布,就需要将所有晶粒的取向表示在极图和反极图中。当材料中不存在织构时,晶粒取向是任意的,{hkl}的极点均匀分布在极图上,如果材料中有某种织构,则{hkl}的极点将集中分布在一定范围内。由图 7-28 所示的极图和反极图,可定性判定材料中的织构类型,及其相对理想取向的偏离程度。

如果材料中同时有几种织构成分存在,可利用晶粒取向计算取向分布函数,得到 ODF 截面图(见图 7-29)。对这些图进行定量分析,可获得各织构成分所占的比例,还可显示不同织构成分所对应的晶粒大小及其分布。

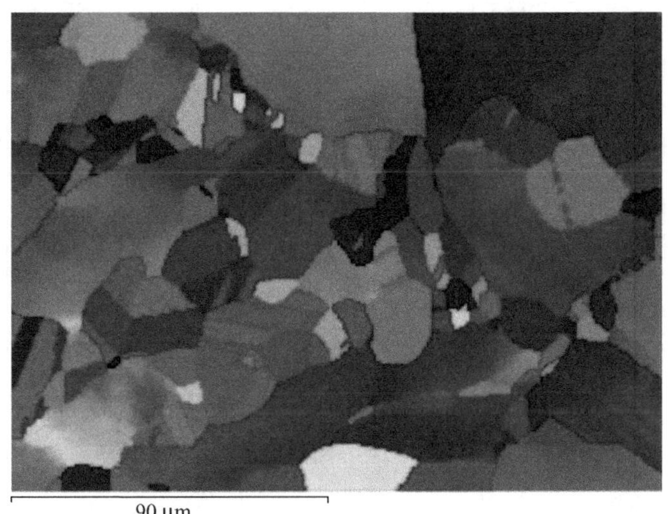

图 7-27　奥氏体不锈钢的晶体取向衬度图

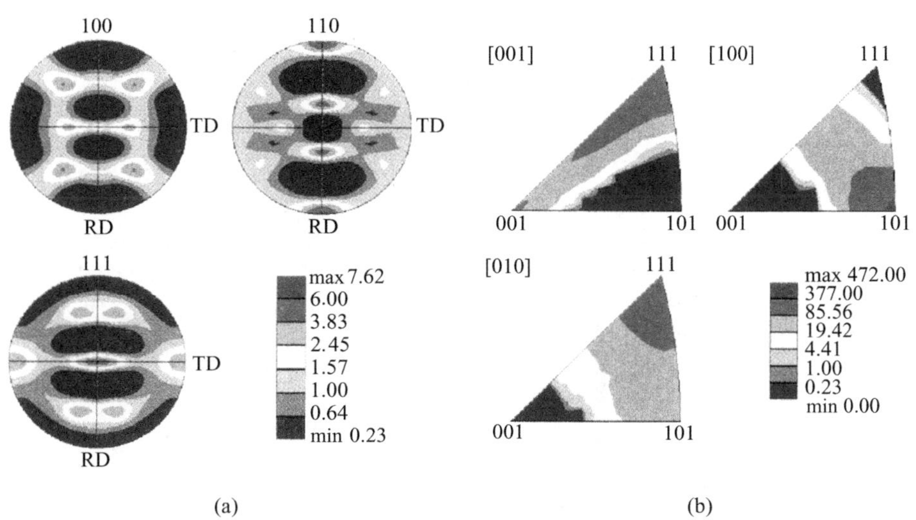

图 7-28　极图(a)和反极图(b)

2. 晶粒间取向差分析

EBSD 技术可以测定样品上每一点的晶体取向，做出取向衬度图。在取向衬度图上任选一直线，就可得到与此直线相交的晶界两侧的取向差及沿此直线的变化。同样，也可获得样品中某一感兴趣区域内相邻晶粒间取向差的统计分布，即不同角度的取向差的比例及其分布规律，如图 7-30 所示。

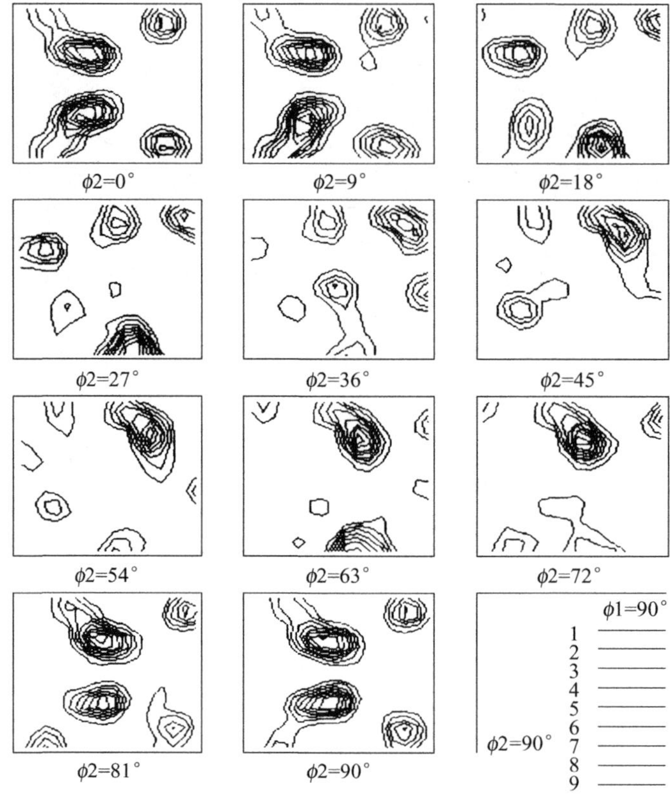

图 7-29 *ODF* 截面图

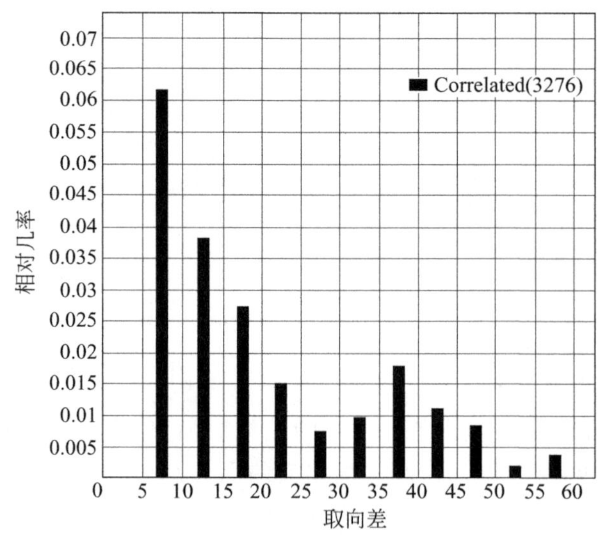

图 7-30 取向差统计分布图

3. 物相鉴定及相含量测定

不同的物相具有不同的晶体结构，它们的 EBSP 也必定存在差别。根据这些 EBSP 的特征及其标定结果可确定其物相，特别是在化学成分相似的物相鉴定方面，EBSD 技术有明显的优势，如 M_7C_3 和 M_3C 的鉴别、铁素体和奥氏体的区分、赤铁矿、磁铁矿和方铁矿的识别等。图 7-31 给出了利用 EBSP 鉴别 Ni_xS_y 的例子。

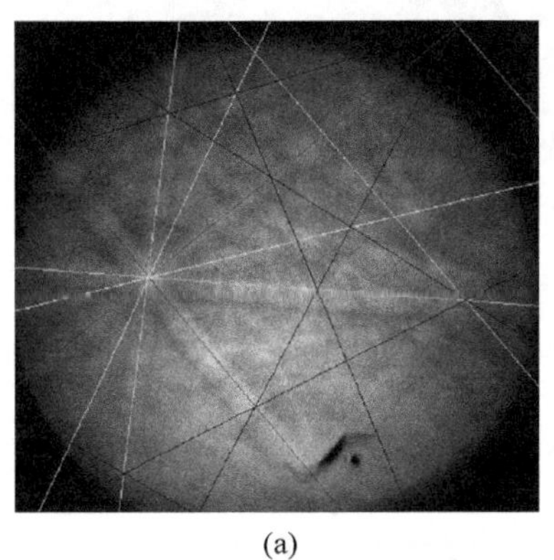

(a)

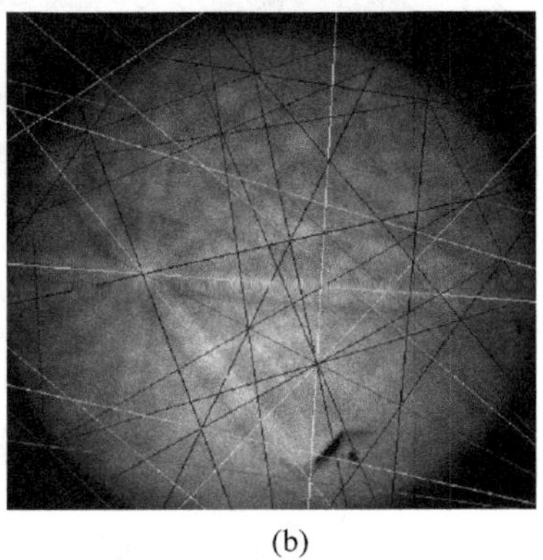

(b)

图 7-31　利用 EBSP 鉴别 Ni_xS_y

(a) 立方 Ni_xS_y；(b) 正交 Ni_xS_y

取向成像技术还可选择物相成像，在图像中清晰地显示相的分布，还可利用图像处理功能方便地算出各相的相对含量。

4. 晶粒尺寸测定

传统的晶粒尺寸测量方法依赖于显微组织中界面的观察，而显微组织通常是用合适的腐蚀剂来显露的。如果腐蚀剂选择不当或侵蚀程度控制不好，一些界面不能显现出来，这会给准确测量晶粒尺寸带来困难。EBSD 技术除了可用取向成像来显示组织形貌外，还可选择晶界、亚晶界和相界成像，在清晰地显示晶粒、亚晶粒和第二相形貌的同时，在图像中很容易区分各类界面(见图 7-32)，因此，EBSD 技术是测量晶粒尺寸的理想工具。

5. 应变分析

晶体的缺陷密度是影响背散射电子衍射花样中菊池线清晰程度的主要因素，菊池线的清晰程度随缺陷密度增大而下降，也就是说，如果所采集的菊池线模糊不清，说明晶体在分析点处存在较大的应变。因此，根据菊池线的清晰程度可定性地分析应变的大小。EBSD 技术可自动计算菊池线的质量(清晰程度)，并可根据菊池线的质量来成像，图 7-33 就是用菊池线质量形成的图像，图中亮的区域应变较小，较暗的区域应变较大，利用这一方法可鉴别部分再结晶组织中的再结晶晶粒。

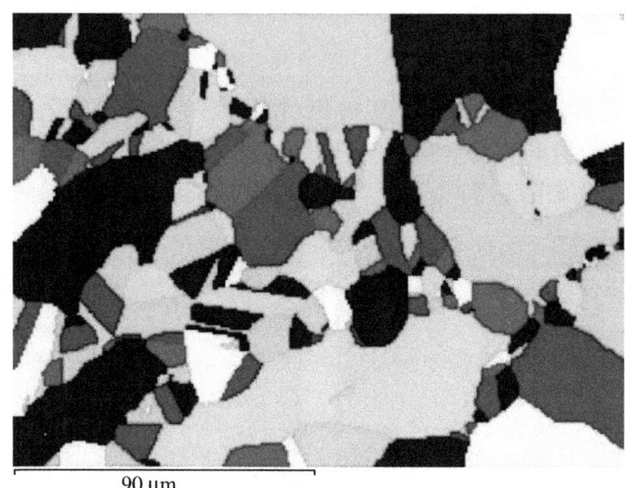

图 7-32　利用晶粒取向差绘制的晶粒形貌图，可以很容易区分各类界面

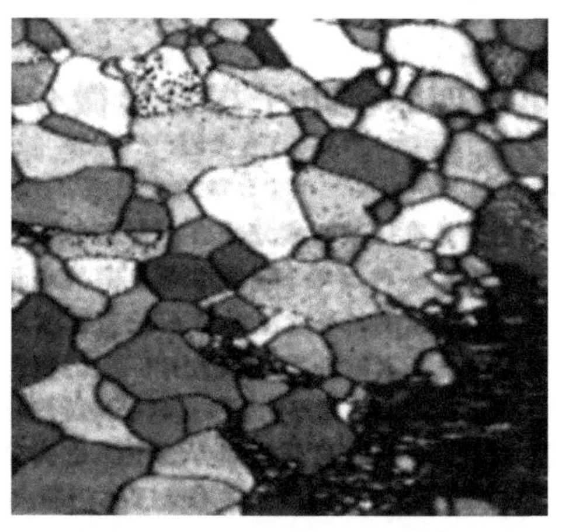

图 7-33　利用菊池线质量绘制的形貌图

7.7　可变气压/环境扫描电镜

尽管扫描电镜的功能很多，但由于扫描电镜所能观察的样品仅限于能导电的样品和不挥发（不能含水）的样品，通常为了满足这两个条件，人们对不导电样品采取蒸镀导电薄层的办法，对含水的样品要采取先脱水的办法或冷冻的办法。这样，人们就无法观察到样品自然、真实的形状，如不能直接观察生命样品，不能直接观察水泥的凝固过程。解决这个问题的关键是因为扫描电镜内保持了 10^{-3} Pa（10^{-5} Torr）的高真空，若能把真空降到 10～2500 Pa（0.1～20 Torr），人们就可在

扫描电镜下观察含水的样品，但水分仍会挥发。若能把真空维持在 2700 Pa(这是水在 22℃下的饱和蒸气压)以上，则样品在样品腔里就能保持水分，不存在挥发的问题了(参见水的相图，图 7-34)。可变气压扫描电镜(VPSEM)和环境扫描电镜(ESEM)就是为了解决传统扫描电镜需要高真空而研制的。

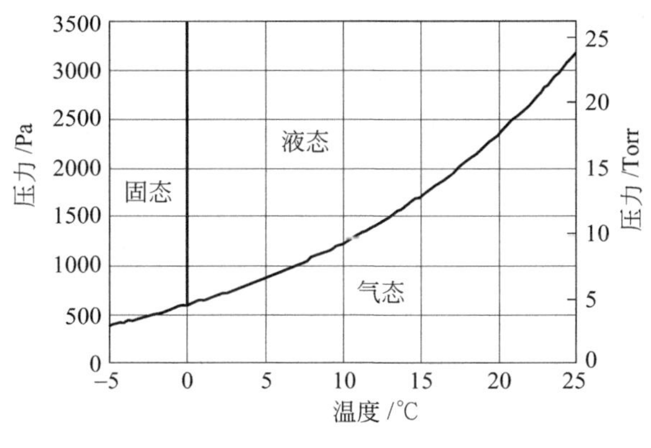

图 7-34　水的相图

1970 年 W. C. Lane 制作了特殊的 SEM 样品杯，观察了液体表面，并注意到了电子束与气体相互作用产生气体放大现象。V. N. E. Robinson 使用了先进的光阑技术改进了日本电子公司的 JEM2 扫描电镜，获得了约 1 Torr 的样品室气压。随后日本电子公司在这个基础上，于 1978 年生产了商用的低真空扫描电镜(GEOSM)。1979 年 Moncrieff 在用扫描电镜研究生物样品时，把气体注入到样品室，提出了电子电离气体分子，气体正离子飘向样品表面，与样品表面负电荷中和的理论。G. D. Danilatos 设计了多压差光阑，它可以精确控制样品室真空度，使其达到 20 Torr 以上，还发明了在各种气体环境下使用的二次电子探测器，他与 Electro Scan 公司合作，在 1987 年造出了世界上第一台真空度达到 2700 Pa 的环境扫描显微镜(Environment Scanning Electron Microscope，简称 ESEM)。他也因此被公认为 ESEM 的发明人。

7.7.1　可变气压/环境扫描电镜的工作原理

通常的扫描电镜不能在低真空下工作，这是因为电子束在低真空下被强烈散射，使得电子的平均自由程大大减少，以致不能工作。表 7-3 给出了电子在氧气里的平均自由程(MFP)。

由表 7-3 可见在 10 Torr 气压时，电子只走了 1.4 mm 就损失殆尽了。解决的办法是把形成电子束及电子束在其中被聚焦的那部分镜筒真空(10^{-5} Torr)与样品腔的低真空(10^0 Torr)分隔开，让电子大部分时间在镜筒内的高真空下运动。只在快要射到样品表面时，才进入低真空，这样可以解决因为低真空而造成的电子平均自由程大大下降的困难。但电子必须从高真空部分进入低真空部分，两者之间应有一开口(光阑)，以便电子穿过，这个光阑必须具有分隔不同真空的作用，且光阑两边的真空可以相差几个数量级。Danilatos 设计了多压差光阑，它保证在狭小的空间内获得从 10 Torr 到 10^{-5} Torr 的真空梯度，且能保证有足够的电子束流从大孔径的压差光阑通过。采用压差光阑的环境或可变气压 SEM 的结构如图 7-35 所示，这种扫描电镜与传统的 SEM 的区别在于真空系统做了特别的设计，以便镜筒部分和样品腔部分使用非常不同的真空。

表 7-3　电子在氧气里的平均自由程(MFP)

压强/Torr	压强/Pa	平均自由程
10^{-6}	10^{-4}	10 km
1	133	1.4 cm
10	1330	1.4 mm
50	6650	0.28 mm

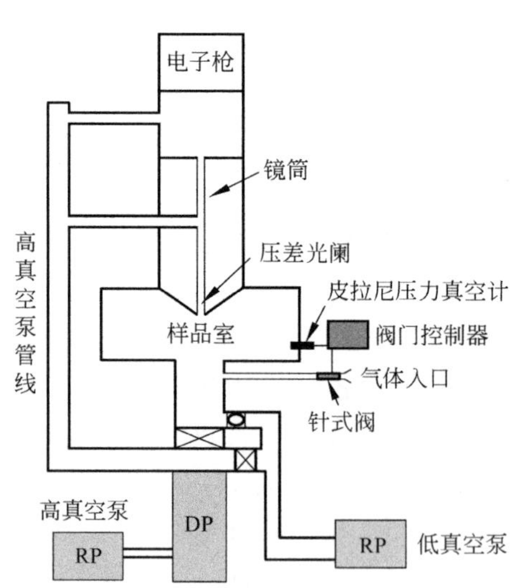

图 7-35　可变气压/环境扫描电镜的构造示意图

我们知道二次电子探测器和背散射电子是放置在样品腔内的，现在样品腔的真空度很差，这两个探测器能否正常工作呢？研究表明背散射电子探测器受到的影响不大，但二次电子探测器受到较大的影响，分辨率大大降低。为此，人们设计了一种能在低气压下工作的气体环境探测器(ESED 或 GSED)，它们能在低气压下仍保证较高的二次电子分辨率。

综上所述，可变气压/环境扫描电镜与传统扫描电镜的主要不同在于：①使用了特殊的真空设计；②使用了可在低气压下使用的二次电子探测器。

在可变气压/环境扫描电镜中存在一定的气体对高分辨率是个不利的因素，但它能克服荷电的问题。这是因为电子与气体相互作用会产生离子，这些离子会改变样品的电荷平衡，如果存在足够的离子，样品的荷电（带负电）就会被这些带正电的离子中和，使荷电现象不再发生。在实际工作中，若获得的绝缘体的图像有荷电现象，操作者只要通过一定的装置，向样品腔中提供足够的气体就可解决荷电问题。

7.7.2　可变气压/环境扫描电镜的分类与应用

通常一台扫描电镜可在 10～2500 Pa(0.1～20 Torr)的真空下工作，这台电镜就称为可变气压/环境扫描电镜。这里又可根据气压的高低将这类电镜分为两个不同类别。

(1) 环境扫描电镜(ESEM)

这个名字是 FEI(Philips/Electronscan)公司的专利商标，它特指真空度能达到2700 Pa和使用特殊气体环境探测器的扫描电镜。

(2) 可变气压扫描电镜(VPSEM)

这类电镜有时也称低压扫描电镜(LVSEM)，主要指非 FEI 公司生产的可变气压扫描电镜，通常这类电镜的真空度在 266 Pa 左右，且可能不一定使用特殊的气体环境探测器。

目前，市场上常见的商用可变气压 SEM 主要有以下几个品牌：

① FEI 公司的 Quanta (FEG)系列

样品室真空：1～4000 Pa；

分辨率：在 30 kV 低真空模式下优于 20 nm。

图 7-36 是 FEI Quanta 200 FEG 环境扫描电镜的外形。

② JEOL 公司的 LC 系列(6460 LV，使用钨灯丝)

样品室真空：1～720 Pa；

分辨率：在 30 kV 低真空模式下为 40 nm。

③ Zeiss 公司的 XVO 系列(EVO 60，使用 LaB_6)

样品室真空：1～3000 Pa；

分辨率：在 30 kV 下可达 4.5 nm。

我们要指出，这些可变气压/环境扫描电镜往往也能在正常的高真空度下工作，这时的分辨率要好于低真空度下的分辨率。可变气压/环境扫描电镜是扫描电镜发展的一个趋势(另一趋势是发展高分辨扫描电镜)，目前这类电镜已占扫描电

图 7-36 FEI Quanta 200 FEG 环境扫描电镜

镜市场的 50%。

可变气压/环境扫描电镜的主要应用有：

(1) 可观察含液体的样品

生物试样含水，以前用传统的扫描电镜观察，要先做脱水处理或做冷冻，这些过程有时会使样品变形，现在用可变气压/环境扫描电镜进行观察，就可在样品的自然状态下观察。

还有以前不能观察的液态的样品，如油漆，现在就可观察。图 7-37(a)是用传统的扫描电镜观察油漆的结果，图像质量不佳，而图 7-37(b)是用 ESEM 观察的结果，清晰度大大改善。

(2) 可直接观察绝缘体

由于可变气压/环境扫描电镜没有荷电问题，可不必镀导电层，直接观察样品，这样就避免了由于喷涂导电薄层而对观察样品带来的干扰。

(3) 可观察会放气的样品、会挥发的样品、会吸收的样品

以前扫描电镜不能观察放气的样品，因为样品若放气，会破坏样品腔的真空度，而在可变气压/环境扫描电镜中，样品放出的气体可通过调节气阀的抽气速率，将样品腔的真空保持在允许的低真空环境下。同理，可以观察会挥发的样品，例如可观察水泥的水化、硬化过程，观察油墨在纸上的吸收过程。

(4) 可观察一些物理化学反应过程

在可变气压/环境扫描电镜中可以保留一定的气体，也可保持一定的湿度，这就可人为地调节充入的气体、充入的液体、样品腔内的温度，以便观察样品的氧化

(a)

(b)

图 7-37　油漆的扫描电镜观察
(a) 传统 SEM 观察结果；(b) VPSEM 观察结果

过程、金属的生锈过程等物理化学过程。

(5) 可观察多孔物质

用传统的扫描电镜观察孔时，由于孔壁的荷电导致孔内的电子不容易跑出孔外，孔内总是显示为暗的。而用环境扫描电镜观察，由于没有荷电且因为样品腔内的气体的作用，孔的顶部反而比表面要亮，有利于观察孔内的状态。图 7-38 给出了镍合金中的深孔观察的例子，图 7-38(a)是用传统的背散射电子成的像，孔内是暗的，而用环境扫描电镜的气体环境探测器(GSED)成的二次电子像，就能清楚地显示孔的底部(图 7-38(b))。

(6) 可在高温下观察

气体环境探测器(ESED/GSED)可在高温下工作，故环境扫描电镜可在高达 1500 ℃下工作，这样就可观察样品的相变过程。

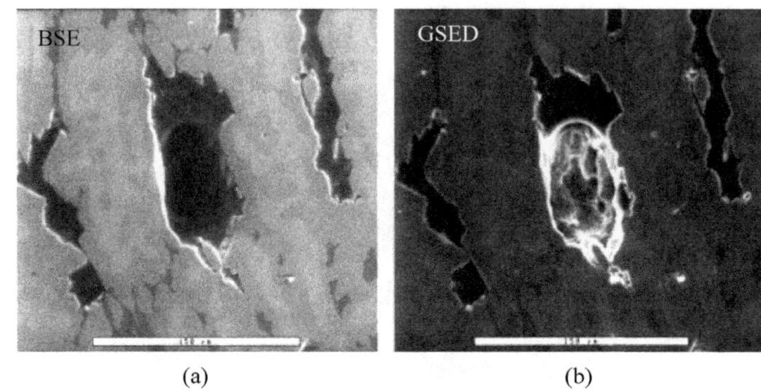

(a) (b)

图 7-38 镍合金中的深孔像

(a) 用传统的背散射电子成的像；(b) 用气体环境探测器(GSED)成的像

7.8 金属材料的几种典型断口的扫描电镜分析

扫描电镜主要用于看块状材料的表面形貌和对样品表面进行化学成分分析。若是观察断口的形貌，则要很好地保护断口，不要损坏断口(对非导电材料要喷涂金或碳让其导电，否则，电荷积累在表面无法观察)。

不同材料有不同的性质，这些性质会反映在断口的形貌上，根据断裂面的形貌，可观察材料的晶界(小角或大角)有无范性形变，塑性如何。下面我们介绍金属材料的几种典型断口。

金属材料的典型断口如下。

1. 解理断裂

解理断裂是指材料在正应力作用下沿一定的结晶学面发生分离，这一定的结晶学面称为解理断裂。一般呈脆性特征，很少塑性变形，宏观上为结晶状。解理断裂通常发生在体心立方和密排六方点阵的金属和合金中。

金属和合金的解理断裂常常不是沿一个晶面，而是沿很多晶面，即沿着一族相互平行，位于不同高度的晶面以不连续方式裂开。在不同高度解理面之间存在有台阶，在解理裂纹的扩展过程中，众多台阶因裂纹前沿的移动而汇成“河流花样”(图 7-39)。

金属和合金点阵只有在一个晶粒范围内才连续，所以较平的解理面只能在一个晶粒内出现，并以此反映出晶粒尺寸。当解理裂纹穿过小角晶界时，河流花样连续变化(见图 7-40)。当解理裂纹穿过大角晶界时，河流花样呈不连续变化(见图 7-41)。解理断口上的另一特征，是具有“舌状”花样(见图 7-42)，它是由于体心

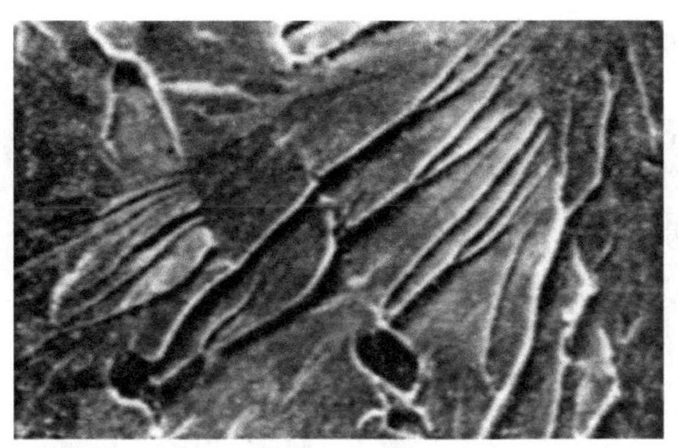

图 7-39　河流花样，500×

立方晶体沿着孪晶晶面产生二次解理所致。

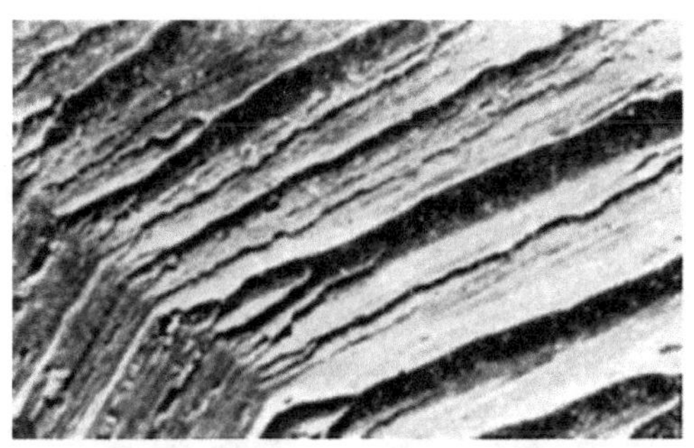

图 7-40　小角晶界处河流花样呈现连续性，250×

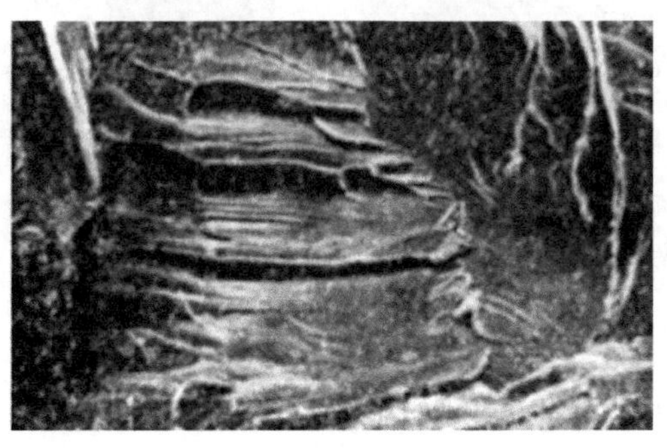

图 7-41　扭转晶界处河流花样呈现不连续状，500×

2. 准解理断裂

常出现在回火马氏体钢中，从宏观上看比较平整，基本无塑性变形，呈脆性状态。它的形貌特征：在解理面上有大量短而弯曲的撕裂棱线、点状裂纹源、由解理面中部向四周放射的“河流”花样，准解理面稍有凹陷及二次裂纹(见图 7-43)。

图 7-42 舌状花样,2000×

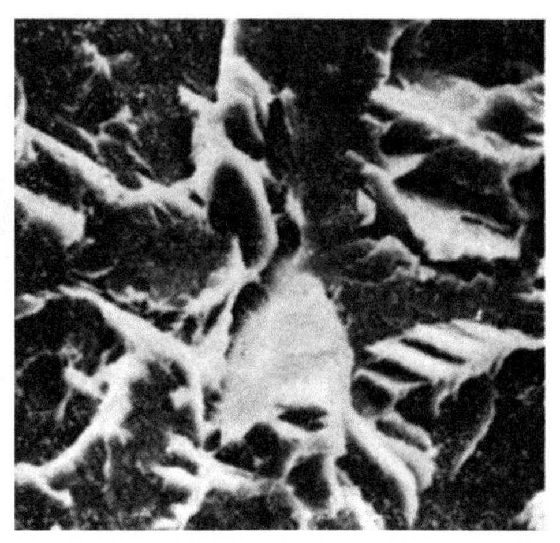

图 7-43 准解理断口,1000×

3. 韧窝断裂(延性断口)

主要发生在断裂前已有大量宏观范性形变的材料,断裂为延性特征。韧窝的形状主要取决于所受的应力状态。一般出现三种不同类型的韧窝,即等轴韧窝(图 7-44)、剪切韧窝(图 7-45)、撕裂韧窝。韧窝的数量取决于微孔的数目(以及夹杂物与第二相粒子的数量)。韧窝的尺寸与材料的塑性有关(韧窝大、塑性好;韧窝小,塑性差)。

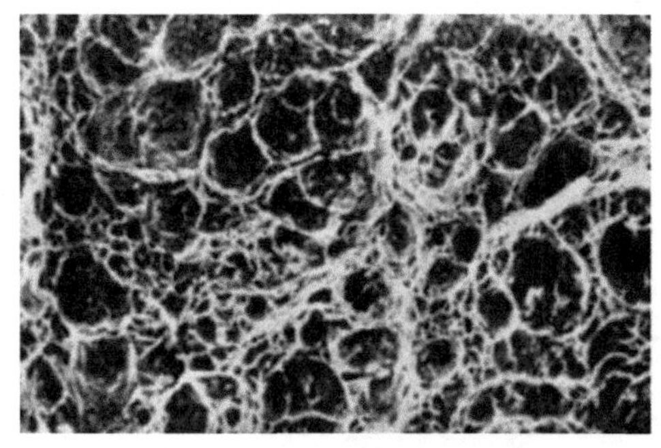

图 7-44 等轴韧窝,500×

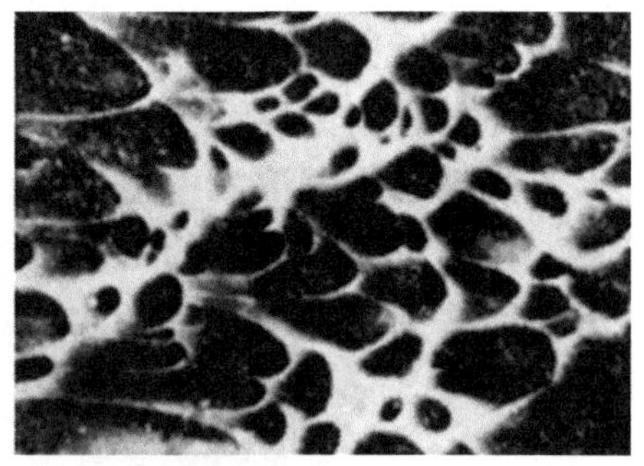

图 7-45 剪切韧窝,500×

只在断口发现韧窝,不能简单地判断它是韧性断裂(因为在脆性断口的微观区域上,偶尔也可形成韧窝断裂形态),只有在大量的区域发现韧窝形态才能断定是延性断裂。

4. 沿晶断裂

沿晶断裂是由于外部环境或内部析出相、夹杂物和元素在晶界上偏析使晶界弱化而引起的,呈脆性断裂。特征为冰糖状断口(图 7-46)。

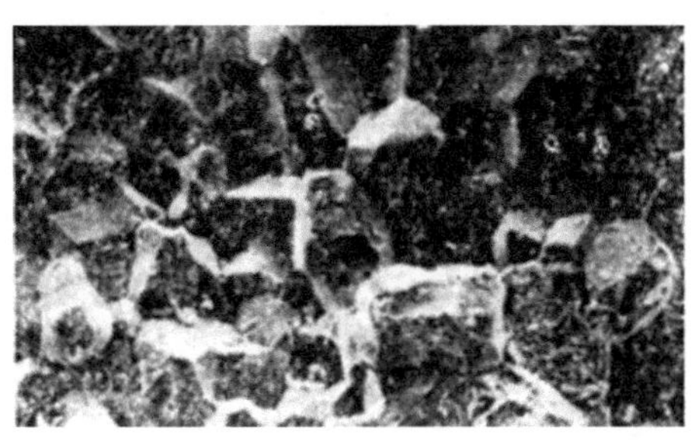

图 7-46　沿晶断口,100×

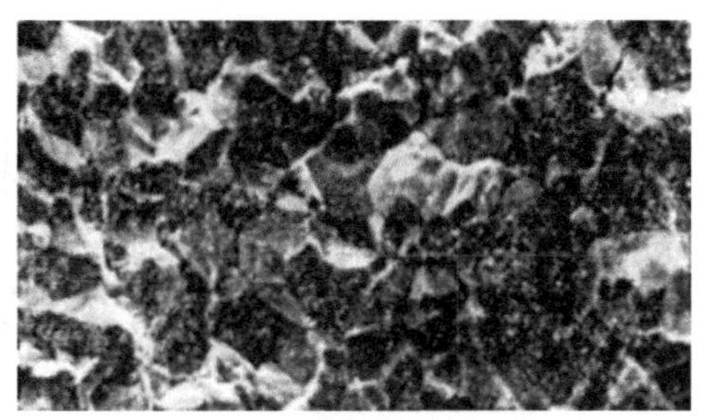

图 7-47　氢脆沿晶断口,500×

应力腐蚀和氢脆在很多材料中也能引起沿晶断裂发生。

应力腐蚀是金属在弱腐蚀介质和小应力(拉应力)作用下产生的破坏方式,它可以使材料产生沿晶断裂,也可以产生穿晶断裂,这由合金类型、介质种类、应力大小、温度高低而定。

氢脆是由于氢扩散到钢中而造成的一种脆性断裂。断口形貌可以是穿晶断口,也可以是沿晶断口(图 7-47)。

5. 疲劳断裂

疲劳断裂是在交变载荷下多次循环后发生的断裂。疲劳断裂的宏观特征是有疲劳弧线和疲劳沟线。疲劳断裂的微观特征是有疲劳带(见图 7-48),有时还有轮胎花样。

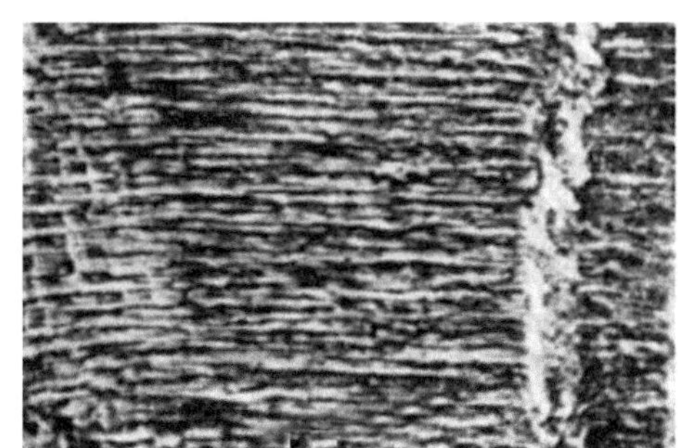

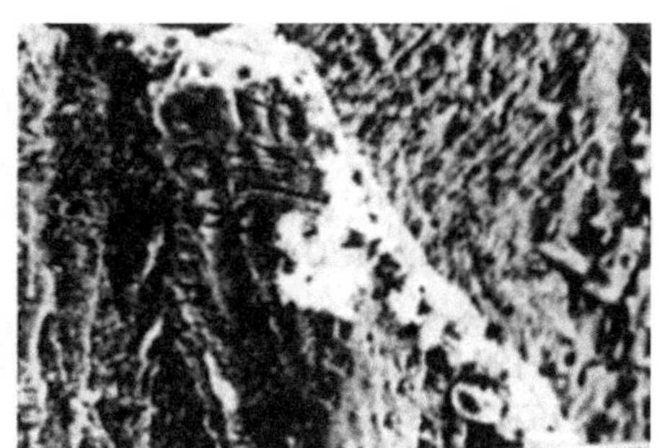

图 7-48　铜的疲劳条带

第8章 电子探针显微分析仪和微分析

电子探针显微分析仪(Electron Probe Microanalyser,简称电子探针或EPMA)是一种微区成分分析的仪器,它利用被聚焦到1 μm以下的高能电子束激发试样,再经X射线波谱仪或X射线能谱仪分析从试样产生的特征X射线的波长和强度,从而定性或定量地绘出体积仅为几立方微米(甚至更小)的微小区域的化学成分。

电子探针技术是在电子光学和X射线光谱学的基础上发展起来的,Hiller在20世纪40年代首先提出了电子探针的设想,Castaing对该设想加以完善,第一台电子探针就是在一台电子显微镜上加一个X射线谱仪和一台金相显微镜拼凑成的,第一台商品电子探针在1956年问世。目前电子探针已和扫描电镜技术结合起来,一台扫描电镜配上X射线能谱仪(EDS)就构成了一台简易的"电子探针"。要求分析精确度更高的,就需要在扫描电镜上再加上X射线波谱仪(WDS),EDS负责定性分析,WDS负责定量分析。专用的电子探针显微分析仪(EPMA)与扫描电镜加波谱仪/能谱仪类似,主要不同之处在于EPMA一般配有一台能谱仪、几台波谱仪以及一个专用的光学显微镜。

8.1 电子探针的结构与工作原理

电子探针主要由三部分组成,即枪体、谱仪和信息记录显示,如图8-1所示。下面分别介绍这三个部分。

8.1.1 枪体

枪体由电子光学系统、试样室、光学显微镜以及真空系统组成。

1. 电子光学系统

现代的电子探针一般都具有扫描电镜的功能,能够做二次电子像,故电子探针的电子显微系统与扫描电镜的电子光学部分基本相同,也由电子枪、聚光镜、物镜、扫描线圈、光阑、消像散器等组成。下面只介绍与扫描电镜不同的部分。电子探针

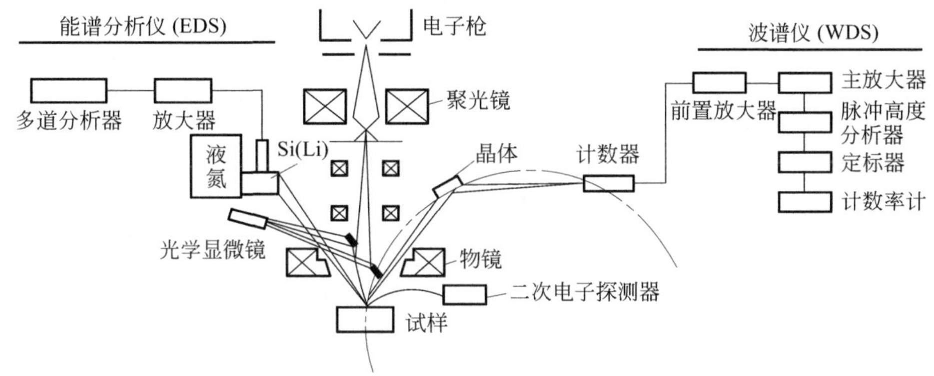

图 8-1 包括能谱仪和波谱仪的"电子探针"示意图

为了要激发出足够的X射线,要求具有足够的电流密度且能在表面聚焦的高能电子束,故电子枪一般加有5～50 kV的高电压,电子探针中的物镜要求有较小的像差,较大的工作距离,以保证X射线出射角大,扫描范围宽,探测效率高。

2. 光学显微镜

它的主要作用是选定试样表面上的分析区域,通过样品移动装置把要分析的部位置于光学显微镜的十字丝交叉点上,这时分析点也就被调整到X射线波谱仪(WDS)的正确位置(罗兰圆)上。另外,光学显微镜还可利用某些材料的阴极荧光效应观察电子束斑的大小、亮度、聚焦情况,等等。光学显微镜一般采用同轴显微镜,它的光轴和电子光学系统的光轴重合,这种显微镜可以在电子束轰击试样的同时观察试样,它的物镜是反射型的,放大倍数为200～400倍,焦深在1 μm左右。为了观察矿物和薄膜试样,光学显微镜上还可以附加偏光和透射装置。

3. 试样室和真空系统

电子探针的试样室与扫描电镜类似,具有一套能使试样做X,Y,Z方向移动、绕Z轴转动的移动装置,移动精度为1 μm。为了操作方便,还安装有不同速度的马达带动的试样移动装置,可用计算机来控制试样的移动。

电子探针的电子光学系统连同波谱仪(WDS)都要求在10^{-4}～10^{-5} Torr的真空下工作。

8.1.2 谱仪和信息记录部分

谱仪是把不同波长(或能量)的X射线分开的装置,目前有两种方法。

(1) 波长色散法:它是利用晶体转到一定的角度来衍射某种波长的X射线。通过读出晶体不同的衍射角来求出X射线波长,从而确定试样所含的元素。采用波长色散法的谱仪称为波长色散谱仪(Wavelength-dispersive Spectrometer,简称波谱仪或WDS)。

(2) 能量色散法：它直接将探测器接收到的信号加以放大并进行脉冲幅度分析，通过选择不同脉冲幅度以确定入射 X 射线的能量，从而区分不同能量的 X 射线。采用能量色散法的仪器称为能量色散谱仪(Energy-dispersive Spectrometer，简称能谱仪或 EDS)。

谱仪是电子探针区别于普通的扫描电镜的重要地方，我们将在后面对其进行详细介绍。

电子探针的信息记录部分与扫描电镜类似。

图 8-2 是一台日本电子的 JEOL JXA-8900 电子探针的外形，这台仪器有 5 个波谱仪和 1 个能谱仪，它可探测的元素为元素周期表上从铍至铀之间的元素，它还具有做二次电子像的功能，二次电子像的分辨率为 6 nm。

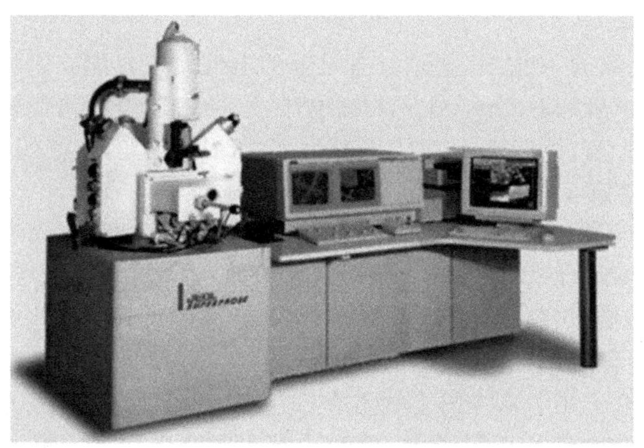

图 8-2　日本电子的 JXA-8900 电子探针显微分析仪

8.2 波谱仪

波谱仪(WDS)采用波长色散方法来分析元素。波谱仪利用一块已知晶面间距的单晶体(分光晶体)，通过实验测得衍射角 θ，再根据布喇格公式 $2d\sin\theta = n\lambda$ 算出 X 射线的波长，从而决定材料中存在什么元素。波谱仪主要由分光晶体和 X 射线探测器组成。

1. 分光晶体及弯晶的聚焦作用

从试样的作用体积中激发出来的 X 射线具有某种特征波长，它们都以点光源的形式向四周发散。对一个特征波长的 X 射线来说，只有从某些特定的入射方向进入晶体时，才可能满足布喇格方程，得到较强的衍射束。图 8-3 给出了不同波长的 X 射线以不同的入射方向入射时产生的衍射束的情况。若我们在面向衍射束的方向安置接收器，就可记录下不同波长的 X 射线。图中右方的平面晶体称为分光晶体，它可以使样品作用体积内不同波长的 X 射线分散并展示出来。但这种平面分光晶体收集单波长 X 射线的效率非常低。

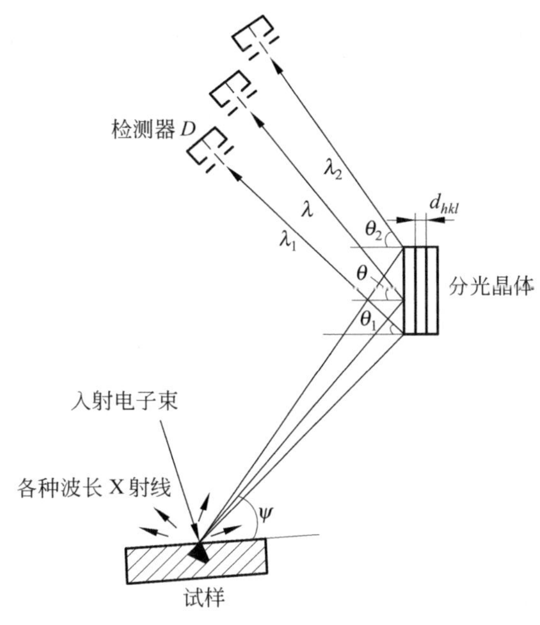

图 8-3　分光晶体

如果我们把平面分光晶体作适当的弯曲，做成弯的分光晶体（简称弯晶），并使 X 射线源、弯晶表面和检测器窗口位于同一个圆（称为罗兰圆）上，就可以达到使衍射束聚焦的目的。这时，整个分光晶体只收集一种波长的 X 射线，使这种单波长的 X 射线的衍射强度大大提高。

用弯晶聚焦 X 射线有两种方法。一种称为约翰型半聚焦方式，如图 8-4(a)所

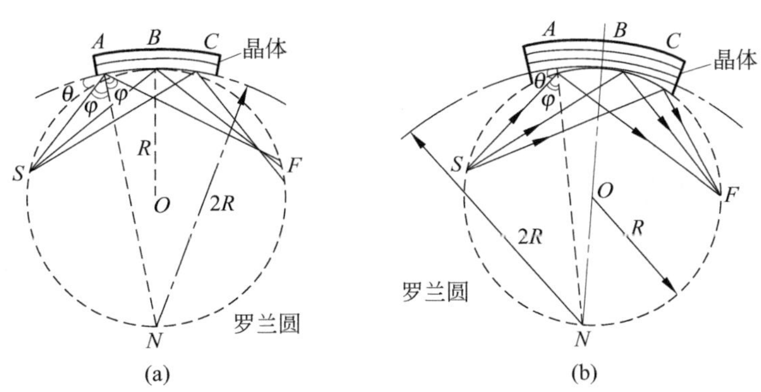

图 8-4　约翰型半聚焦原理图(a)和全聚焦原理图(b)

示。一块平的分光晶体被弯曲成半径为 $2R$ 的弧(R 是罗兰圆的半径，该晶体称为弯晶)。当某一波长 λ 的 X 射线自光源 S 射到该晶体表面上任意点 A，B,C 时,与各点处的晶面法线成 φ 的入射角(注意这儿 θ 为衍射角,衍射角与入射角的关系满足 $\theta=\frac{\pi}{2}-\varphi$),将会在与晶面法线成 φ 角的方向上衍射,聚焦在 F 点附近。因 A,B,C 三点不全在聚焦圆(罗兰圆)周上,故衍射的发散光束也不恰好集中在 F 点。因此,这种方法是一种近似聚焦法,故称为半聚焦法。另一种聚焦方式称为约翰逊型全聚焦方式,如图 8-4(b)所示,先将弯晶面磨成曲率半径为 $2R$,再将其弯曲成曲率半径为 R 的弧,这样,从光源 S 点射至晶体表面 A,B,C 三点的衍射束将完全聚焦在 F 点,故这个方法称为全聚焦法。

2. 波谱仪的形式

在利用弯晶做成的反射式谱仪中,光源 S 点就是电子束轰击试样的微小区域,在 F 点放置探测器收集从弯晶衍射的 X 射线。在谱仪中光源 S 点是不动的,只是改变晶体和探测器的位置,让它们满足布喇格衍射定律规定的角度关系。根据晶体和探测器的运动方式,可将波谱仪分为回转式和直进式两种。

回转式波谱仪如图 8-5 所示,罗兰圆的中心 O 固定,晶体和探测器在圆周上以 1∶2 的角速度运动来满足布喇格公式。这种谱仪结构简单,但是 X 射线出射方向变化很大,故 X 射线的出射窗口要开得很大,要影响不平表面的分析结果,故这种结构的谱仪用的不多。

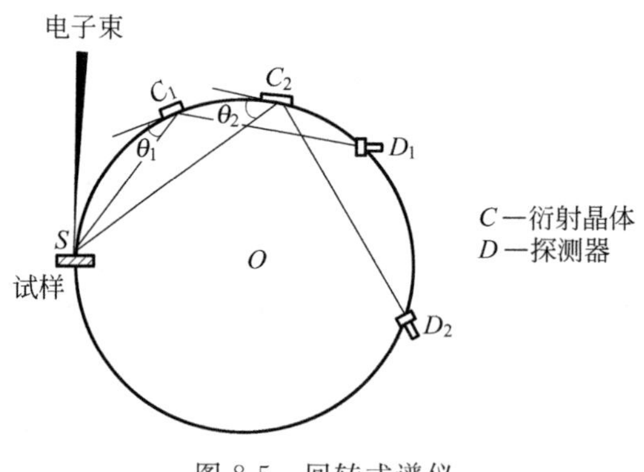

图 8-5 回转式谱仪

直进式全聚焦谱仪如图 8-6 所示,晶体从光源 S 向外沿一直线移动,并通过自转来改变 θ 角。聚焦圆的中心 O 在以 S 为中心、R 为半径的圆周上运动。探测器沿着一个四叶玫瑰线的一叶运动,其运动的轨迹方程为 $\rho=2r\sin 2\theta$,这里 ρ 为离光源的距离。这种谱仪结构复杂,但优点是 X 射线照射晶体的方向是固定的,因此,这种谱仪用的最多。

下面我们介绍在直进式全聚焦谱仪中,X 射线的波长是如何确定的。从图 8-6 可知:

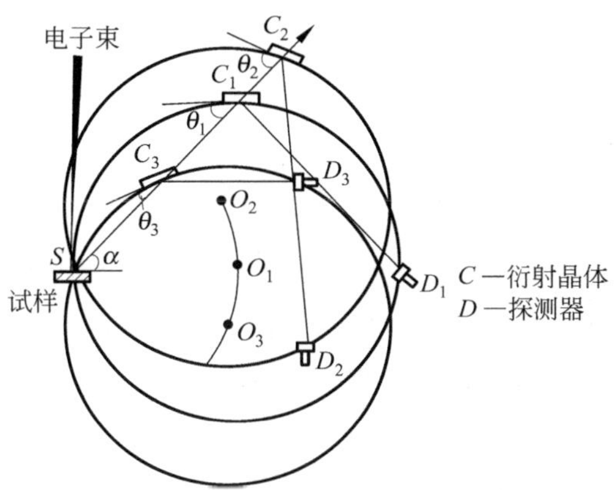

图 8-6 直进式谱仪

$$SC_1 = C_1D_1 = 2R\sin\theta_1$$
$$SC_2 = C_2D_2 = 2R\sin\theta_2$$

即晶体与光源之间的距离 l(在图 8-6 中即为 SC_1 或 SC_2)总是等于 $2R\sin\theta$,将 $l=2R\sin\theta$ 代入布喇格公式得

$$\lambda = \frac{d}{nR}l \tag{8-1}$$

当谱仪的罗兰圆半径 R 晶体确定后,$\frac{d}{nR}$是一常数,记为

$$K = \frac{d}{nR} \tag{8-2}$$

则由式(8-1)和式(8-2)有

$$\lambda = Kl \tag{8-3}$$

可见在直进式谱仪中,晶体和光源的距离 l 直接与波长 λ 成正比,即 X 射线波长 λ 可直接用 l 来表示。

由布喇格衍射公式 $2d\sin\theta=n\lambda$,考虑一级衍射 $n=1$,有

$$\lambda = 2d\sin\theta \leqslant 2d$$

即 X 射线的波长 λ 只能小于 $2d$。显然对于不同波长的 X 射线需要选用与其波长相当的分光晶体。要在对应所有元素的波长范围内工作,只靠一块分光晶体是不够的,需要有许多不同 d 值的分光晶体,常用的分光晶体如表 8-1 所示。

表 8-1 常用的分光晶体

常用晶体	供衍射的晶面	$2d$/Å	适用波段/Å
LiF	(200)	4.0627	0.8～3.8
SiO_2(石英)	$(10\bar{1}1)$	6.6846	1.1～6.3
RAP	(001)	26.121	2.0～18.3

续表

常用晶体	供衍射的晶面	$2d$/Å	适用波段/Å
PET	(002)	8.74	1.4～8.3
KAP	$(10\bar{1}0)$	26.632	4.5～25.4
TAP	$(10\bar{1}0)$	25.9	6.1～18.3
硬脂酸铅	—	100.8	17～94

对于直进式波谱仪，分光晶体直线运动时，检测器能在几个位置上接收到衍射束，表明试样被激发的体积内存在着相应的几种元素，衍射束的强度大小和元素含量成正比。

在一台电子探针中，一般在试样两侧可安放 3～6 个波谱仪，这样就可同时进行三四种元素的分析。图 8-7(a)给出了波谱仪的外形(见图中镜筒后右方的仪器)，图 8-7(b)给出了直进式全聚焦波谱仪的内部结构。

(a)

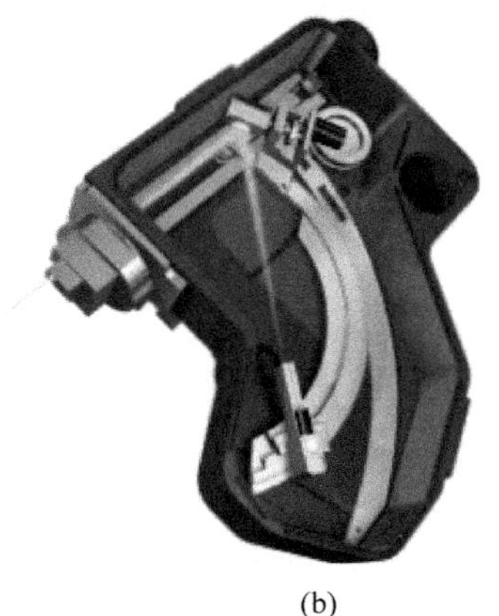

(b)

图 8-7　波谱仪

(a) 波谱仪的外形(见图中镜筒后右方的仪器)；(b) 直进式全聚焦波谱仪的内部结构

3. 信息记录和显示系统

电子探针的 X 射线记录和显示装置的方框图如图 8-8 所示。从分光晶体衍射的 X 射线由正比计数器接收，正比计数器是一个能把接收到的 X 射线信号转换为电信号的仪器，它的放大倍数为 10^4，输出电压为 1 mV 左右。从计数器输出的电压经过前置放大器和主放大器，放大成 0～10 V 左右的电压脉冲信号，这个信号再送到脉冲高度分析器和计数率计。计数率计与一个表头相连指示出单位时间内脉冲的平均数，这个电压还可以送到显像管配合扫描装置得到 X 射线扫描像。在定量分析时，定标器能准确地记录在任意选定时间内的脉冲总数，时间受计时器的控制。记录到的计数可以直接显示也可通过其他装置(如打印机、X-Y 记录仪)输出。

波谱仪具有很高的能量分辨率(2～20 eV)，但分析速度慢(几十分钟)。

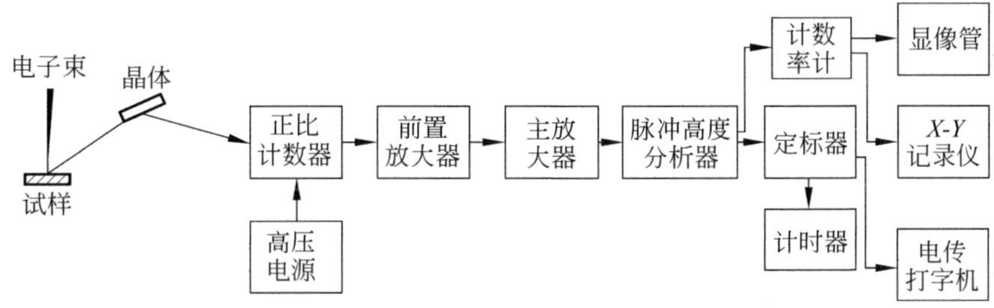

图 8-8　电子探针中 X 射线记录和显示装置方框图

8.3　能谱仪

能谱仪是一些电子仪器，它的组成如图 8-9 所示。能谱仪中的主要部分是半导体探测器（即图 8-9 中的 Si(Li)探测器）和多道脉冲高度分析器。能谱仪是利用 X 光量子的能量不同来进行元素分析的。X 光量子由锂漂移探测器（又称 Si(Li)探测器）接收后给出电脉冲信号，该信号的幅度随 X 光量子的能量不同而不同。这个脉冲信号再经放大器放大整形后送入多道脉冲高度分析器，在那里，根据一种元素的 X 光量子有其特定能量而区分 X 光量子的能量和数目。例如，每个铁 K_αX 光量子的能量为 6.40 eV，每个铜 K_αX 光量子能量为 8.02 eV。X 光量子的数目是作为测量样品中铁元素或铜元素的相对百分含量用的。多道脉冲高度分析器根据 X 光量子的能量和数目，将 X 光量子的数目按能量展开，显示在显像管上，如图 8-10 所示，图中横坐标是 X 光量子的能量，纵坐标是相对于某种能量的 X 光量子的数目。由于我们知道各种元素的 X 光量子的特征能量，也即知道某种元素应该在哪个位置出现，再根据各个峰的高度，就知道各个元素的相对强度。

下面分别介绍能谱仪中的主要组成部分。

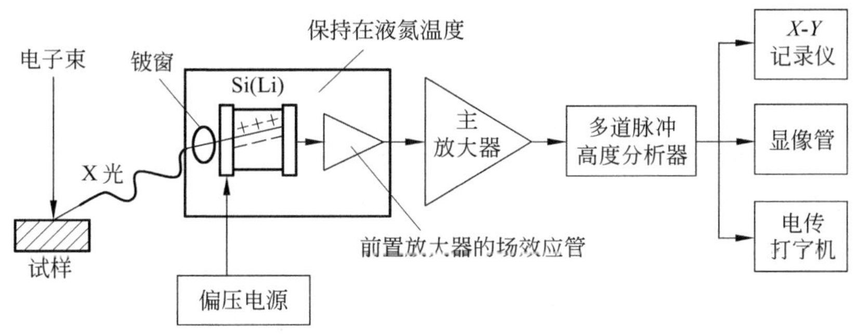

图 8-9　能谱仪方框图

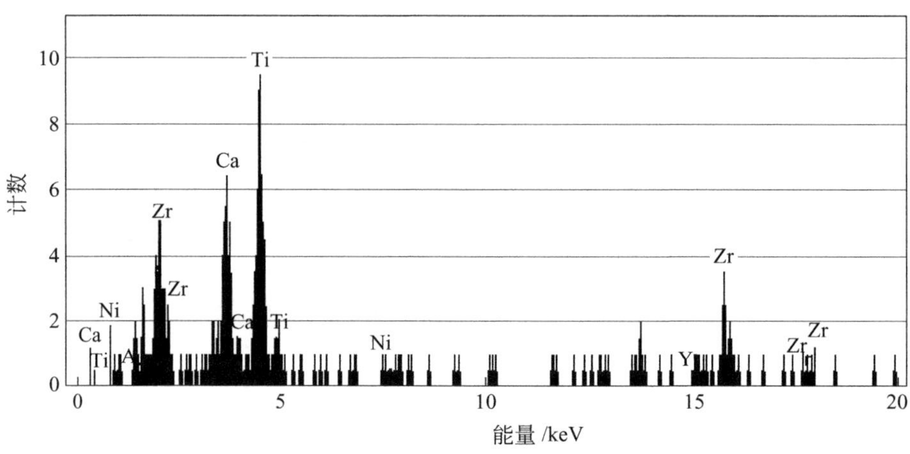

图 8-10　某材料的能谱图

1. 半导体探测器

半导体探测器的主要作用是把接收到的 X 光量子变成电脉冲信号，其脉冲幅度正比于 X 光量子的能量。目前使用的半导体探测器主要有两种：锂漂移硅 Si(Li)探测器和超纯锗探测器，下面只介绍锂漂移硅探测器。

Si(Li)探测器的结构如图 8-11 所示。它是一个特殊的半导体二极管，有一个厚度约为 3 mm 的中性区Ⅰ，X 光量子在Ⅰ区能够全部被吸收，将能量转化为电子-空穴对。当 X 光量子照射Ⅰ区时产生电子-空穴对，而在 p-n 结内的电场的作用下，把电子移向 n 区，空穴移向 p 区。在二极管加反向偏压时就可以收集电子-空穴对的电荷，形成电脉冲。为了保证良好的电接触，在二极管后表面都喷上了厚度约为 200 μm 的金膜。为了防止高能背散射电子直接进入探测器而引起噪声，在探测器前方有一个通常厚度为 8 μm 的铍窗。这种探测器可测的元素范围为元素周期表上从钠($Z=11$)到铀($Z=92$)的元素。如果要测轻元素，就不能用铍窗，而要用超薄窗或不用窗口。这种探测器能测元素周期表上从铍($Z=4$)到铀的元素。目前几乎所有的 Si(Li)探测器都能测从铍到铀的元素。

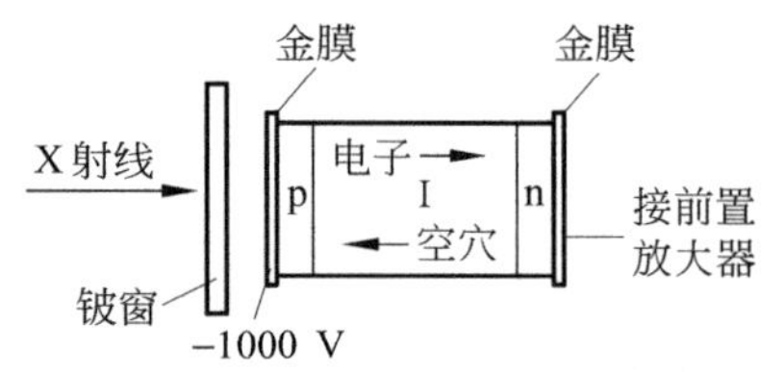

图 8-11　Si(Li)探测器示意图

从试样发出的 X 光量子，穿过窗口和金膜，进入到 Si(Li)晶体后，经历了一系列的随机过程，主要的物理过程是电离 K 层电子和其他内层电子，形成光电子，同时在 K 层和其他内层留下空穴，而弛豫的产物有俄歇电子和 Si 的特征 X 光(SiK_α)。大量的电离电子和俄歇电子一起直接激发大量的价电子越过禁带进入导带，形成大量导电带电子和满带空穴，也就是形成电子-空穴对。而这些电子-空穴对数目正比于入射光量子的能量。计算表明，在 Si(Li)中产生一个电子-空穴对所

需的平均能量 ε 大于 3.8 eV，这样，能量为 E 的 X 光量子在硅晶体内产生的电子-空穴对的数目为

$$n = E/\varepsilon \tag{8-4}$$

电子-空穴对的寿命很短，只有 10^{-8} s。为了防止它们复合，在探测器金膜上加一1 kV 的偏压，让载流子迅速地到达探测器的两端，这样形成了电荷的流动，产生的总电荷等于

$$Q = ne = Ee/\varepsilon \tag{8-5}$$

这里 e 是电子的电荷。

为了防止锂在硅里的再漂移或沉积以及减少噪声，Si(Li)探头要求始终保持在液氮温度下。为了防止周围气氛对硅表面的污染，Si(Li)探头必须放置在 10^{-6} Torr 的真空室内。图 8-12(a)是 Si(Li)探头的外形，图 8-12(b)是 Si(Li)探头的内部结构。

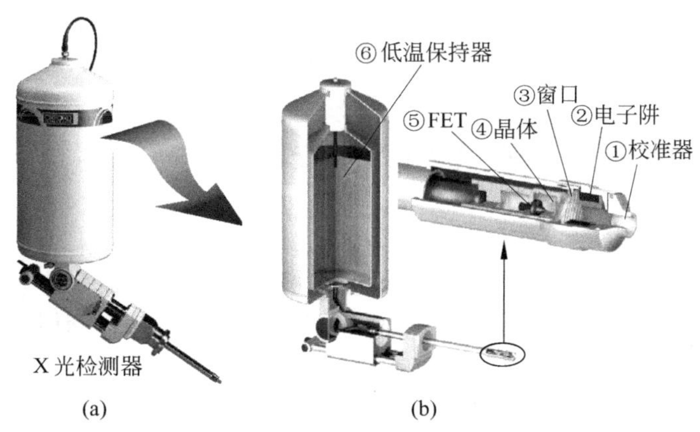

图 8-12 Si(Li)探头的外形(a)和内部结构(b)

2. 前置放大器和主放大器

从式(8-5)可以看出，Q 值是一个很小的量，以铁 K_α 为例，Fe 的 K_α 线的能量为 6.4 keV，探测器捕获一个 FeK_α X 光量子，可产生大约 1684 个电子-空穴对，相当于 2.7×10^{-16} C 电荷。这些电荷在 1 pF 电容 C_f 上造成的电压脉冲为

$$V = Q/C_f = 0.27\ \text{mV}$$

这是一个很小的信号，因此需要放大。

前置放大器的作用就是将从探测器收集来的脉冲电荷积分成电压信号，并初步放大。前置放大器的增益的选择要求能保证输出的电压信号幅值正比于电子-空穴对的数目，从而保证正比于入射 X 光量子的能量。另外，前置放大器的信噪比要大，故前置放大器采用场效应管，并始终保持在液氮温度下。

主放大器的作用是将前置放大器输出的电压信号继续放大并整形。主放大器的增益是可调的。它决定入射光量子和脉冲高度之间的对应关系。

3. 多道脉冲高度分析器

多道脉冲高度分析器的作用是把从主放大器送出来的脉冲，按其高度分成若干挡。脉冲幅度相近的编在同一挡内进行累计，这相当于把 X 光量子能量接近的放在一起计数。每个挡称为一道，每个道都编上号，称为道址。道址号是按 X 光量子能量大小编排的，X 光量子能量低的对应道址小，X 光量子能量大的对应的道址大，道址和能量之间存在对应关系。每一道都有一定的宽度，称为道宽。常用的 X 光量子能量范围为 0～20.48 keV。如果总道数为 1024 道，那么每个道址的道宽，也即对应的电子能量范围是 20 eV。

多道脉冲高度分析器还包含有存储器、显示器和其他输出设备。存储器负责把输入的脉冲分别记在相应的道址中，并进行累计。多道分析器测完一个谱后，可以用显像管或打印机显示出如图 8-10 所示的谱线。

能谱仪的能量分辨率为 115～133 eV，不如波谱仪高，但分析速度快，做一个分析只需几十秒到几分钟。能谱仪不仅能用在电子探针和扫描电镜上，还能用在透射电镜上，可以说能谱仪是使用最广泛的微分析工具之一。

8.4 能谱仪和波谱仪的比较

1. 分辨率

能谱仪的能量分辨率为 115～133 eV，波谱仪的能量分辨率为 2～20 eV，波谱仪的分辨率比能谱仪要大一个数量级。在材料分析中，有许多峰用能谱仪分析时，它们重合为一个峰(见表 8-2)。

表 8-2 能谱分析仪中常见的重叠峰

S K_α—Mo L_α—Pb M_α	Si K_α—W M_α—Ta M_α—Rb L_α
Na K_α—Zn L_α	Al K_α—Br L_α
Ni L_α—La M_α	Y L_α—Os M_α
Zr L_α—Pt M_α—P K_α—Ir M_α	O K_α—V L_α
Nb L_α—Hg M_α	Mn L_α—Fe L_α—F K_α

这是因为这些峰之间的能量间隔小于能谱仪的最小分辨率，故能谱仪无法分辨它们，而波谱仪的最小分辨率比能谱仪要好一个数量级，能谱仪无法分辨的峰，波谱仪有可能分辨。图 8-13 给出了一个例子，Si K_α峰和 W M_α峰在能谱仪下无法分辨，而波谱仪可以很容易地将两者分开。

2. 最好探测精度

表 8-3 给出了能谱仪(EDS)和波谱仪(WDS)探测精度的比较。从表中可见，波谱仪的探测精度要比能谱仪高一个数量级，目前能谱仪的最好探测精度是 0.01%，而波谱仪最好的探测精度是 0.001%。

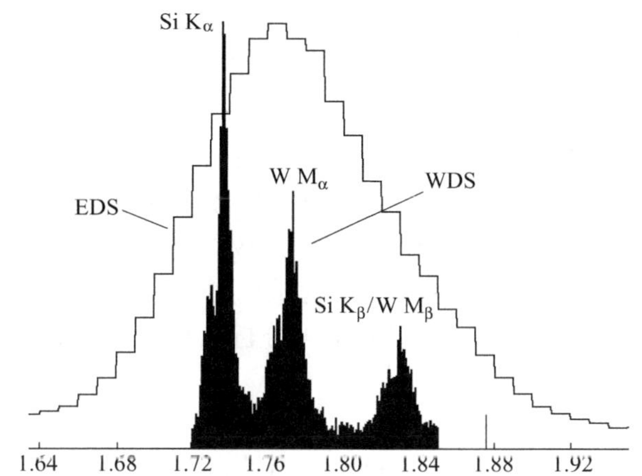

图 8-13　Si K_α 峰和 W M_α 峰在能谱仪(EDS)下无法分辨，而波谱仪(WDS)可以很容易地将两者分开

表 8-3　能谱仪(EDS)和波谱仪(WDS)探测精度比较

	EDS		WDS	
	测量值（质量分数）	标准偏差（质量分数）	测量值（质量分数）	标准偏差（质量分数）
Mo	0.629	0.11	0.533	0.01
Ta	7.03	0.48	7.136	0.078
W	6.393	0.55	6.585	0.077
Re	3.264	0.443	3.099	0.05

3. 探测效率

由于 Si(Li)探测器对 X 射线发射源所张的立体角远大于波谱仪所张的立体角，所以前者可接收到更多的 X 光。其次，由于半导体探测器直接计数接收 X 光量子，而波谱仪上的正比计数器只计数由分光晶体衍射过来的 X 光量子，因此能谱仪的探测效率远远大于波谱仪，能谱仪的计数率可达几万脉冲/10^{-9} A·s，而波谱仪只有几十到几百脉冲/10^{-9} A·s。

能谱仪可以在一次测量中同时测定试样中所有元素的光量子(即用的是并行方法)，故分析速度快，做一个能谱分析只要一到几分钟，而波谱仪只能一个元素一个元素地测定波长(即用的是串行方法)，故分析速度慢，做一个波谱分析要几十分钟或几个小时。

4. 分析元素的范围

波谱仪可以测量 $_4$Be～$_{92}$U 之间的所有元素，而 Si(Li)探测器若使用铍窗口，限制了超轻元素 X 光的测量，就只能分析 $_{11}$Na～$_{92}$U 之间的所有元素。若 Si(Li)探测器使用超薄窗口或不用窗口则可分析$_4$Be～$_{92}$U 之间的所有元素，现在的

Si(Li)探测器一般都是新型的，都可测量 $_{4}$Be～$_{92}$U 之间的所有元素，与波谱仪的元素分析范围一样。

5. 分析区域的大小

分析区域的大小主要取决于入射电子与试样相互作用区域的大小，对于块状试样，这个分析区域大约是 1 μm 左右，能谱仪和波谱仪的分析区域的大小接近(若电子探针使用大电流，粗电子束做 WDS，则 WDS 的分析区域可能会比较大一些)。而能谱仪还可用在透射电镜上分析薄试样，这使得分析区域的大小可接近电子束斑的大小，也就是说 EDS 在 TEM 上可分析几到几十个纳米大小的区域。

6. 设备维护与样品制备

能谱仪需要使用液氮，波谱仪则不需要。波谱仪需要试样表面平行度很好，要表面光滑，而能谱仪则没有这要求。能谱仪与波谱仪的其他比较可参见表 8-4。

表 8-4 能谱仪(EDS)与波谱仪(WDS)的比较

	EDS	WDS
探测效率	高(并行)	低(串行)
峰值分辨率	差(133 eV)，谱峰重叠	好(5 eV)，谱峰分离
分析元素范围	$_{4}$Be～$_{92}$U(老仪器 $_{11}$Na～$_{92}$U)	$_{4}$Be～$_{92}$U
最好探测精度	0.01%	0.001%
定性分析	快(约 1 min)	慢(约 30 min)
定量分析	差	好
设备维护	难，需液氮	容易(不需液氮)
样品制备	无严格要求，可分析不平样品	要求平行度较好，表面光滑
分析区域大小	SEM：约 1 μm；TEM：几纳米	约 1 μm
多元素同时分析	容易	难
用于 TEM	能	不能

综上所述，能谱仪有接收效率高等许多优点，已在扫描电镜和透射电镜上得到广泛应用，但能谱仪的分析精度不高，故要对材料进行精确分析，还是要用波谱仪。现代的电子探针或有些扫描电镜，同时配有能谱仪和波谱仪，可以将这两种谱仪联合使用，先用能谱仪对试样进行快速检测，然后再用波谱仪进行检测，这样效率可大大提高。

8.5 X 射线谱仪的应用

X 射线谱仪的应用是对材料中的微小区域进行化学成分分析，这就是微分析(microanalysis)。只分析试样由哪些化学成分组成称为定性分析，而求出每种元素占的总量百分数(也就是浓度)的分析称为定量分析。进行微分析前要根据所选用的仪器和实验目的制备试样，然后用光学显微镜对试样进行充分的观察，最好能在要分析部位附近用刻划仪或显微硬度仪打上记号，或摄取光学显微镜照片。试样放入电子探针后，一般先做定性分析，以确定有哪些元素，然后再根据需要做定量分析。

8.5.1　试样的制备

1. 试样要求导电

非导体在电子束的轰击下会产生电子的聚集而形成一个负电场，这个负电场对以后入射的电子起排斥作用，使得进入试样的电子减少，因而影响 X 射线的强度，这个现象称为荷电(charging)。这个负电场还会造成电子束在试样表面跳动使分析的部位不准。另外，非导体导热性差，分析的区域有被电子束烧毁的危险。因此，对不导电的试样要镀金或碳等导电层。

2. 表面处理

用波谱仪做分析时，检测 X 射线是在与表面成一定角度的方向进行的，如果试样表面凹凸不平，有可能阻挡掉一部分 X 射线，造成测量到的 X 射线强度降低。因此，对定性分析来说，试样按金相或岩相样品制备。如果做定量分析，试样要求很平。

能谱仪由于接受的立体角大，可以定性分析凹凸不平的表面，故不必做表面处理。

8.5.2　分析方法

电子探针的基本分析方法有点分析、线扫描分析和面分析三种，下面分别介绍。

1. 点分析

将电子束固定在所要分析的点上，用手动或马达带动来改变波谱仪中的分光晶体和计数器的相对位置，就可以接收到此点内的不同元素的 X 射线。若是用能谱仪做分析，只要用电子束固定轰击试样上的分析点，几分钟后就可得到分析区内存在的所有元素的谱线。点分析是最常用的电子探针分析方法。

2. 线扫描分析

线分析是将谱仪设置在测量某一指定波长的位置(例如 $\lambda_{Al}K_{\alpha}$)，用马达带动试样或用偏转线圈使电子束移动，使试样和电子束沿着指定的直线作相对运动，同时记录该元素的 X 射线强度，就得到了某一元素在某一指定的直线上的强度分布曲线，也就是该元素的浓度曲线。图 8-14 所示为铸铁中硫化锰夹杂物的线扫描分析的结果，可以看出，在夹杂物中 S 和 Mn 含量远高于基体。

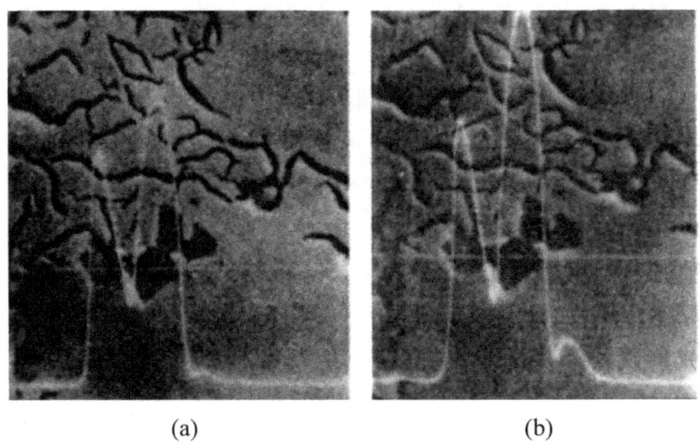

图 8-14　铸铁中硫化锰夹杂的线扫描分析

(a) S 的线分析；(b) Mn 的线分析

3. 面分析(mapping)

把 X 射线谱仪的接收通道固定在测量某一波长的地方(例如 λ_{Si} K_{α})，利用仪器中的扫描装置使电子束在试样某一选定区域(一个面，不是一个点)上扫描，同时，显像管的电子束受同一扫描电路的调制做同步扫描，显像管的亮度由试样给出的信息调制。这样图样上的衬度与试样中相应部位该元素(如 Ti)含量成正比。在图 8-15 中，左上图是电子像，其余 5 张分别是元素 Ti,Zr,Y,Ca,Ni 的面分布像，例如，右上图是 Zr 的分布，亮的部位对应 Zr 多，暗的部位对应 Zr 少。

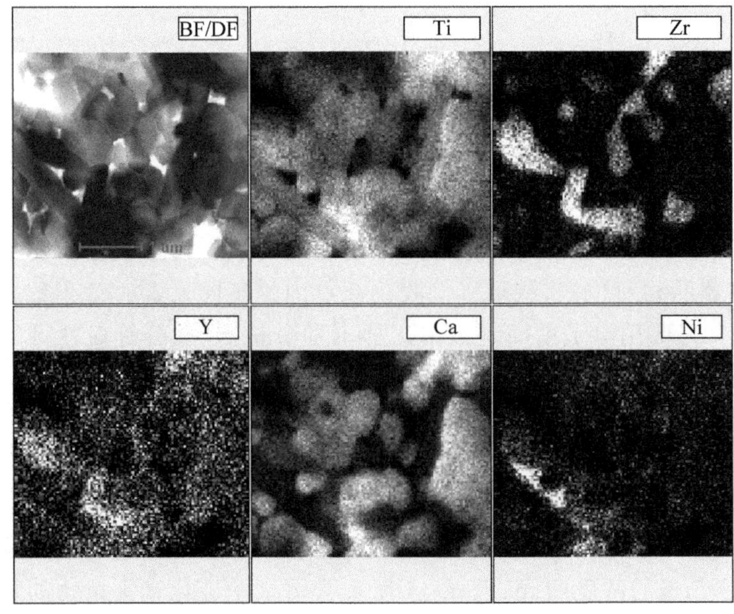

图 8-15　材料的面分布成分分析

在 TEM 下可直接做点分析。若要做线分析，要有特别的扫描装置(STEM)。配有 STEM 加各种谱仪的 TEM 通常叫分析型 TEM(或 AEM)。

8.5.3　电子探针分析的最小区域

电子探针分析的最小区域和激发 X 射线的体积有关，激发初级 K 系 X 射线的深度与广度由电子的能量 $E>E_K$(E_K是 K 层电子临界激发能)的范围决定。不同元素的 E_K不同，故这个范围也不同。不仅如此，对同一元素激发 K，L，M，…系的 X 射线的范围也不同，随 E_K，E_L，E_M依次变小而变大。除初级 X 射线外，还要考虑连续及次级 X 射线的激发范围。X 射线在固体中能穿透的深度远大于电子，例如，铜在能量为 30 keV，直径为 1 μm 的电子束照射下，背散射电子的广度为 2 μm，特征 X 射线的广度为 3 μm，即 X 射线分析的最小区域要大于入射电子束的照射面积，这一点要给予足够的重视，特别是在较小的第二相颗粒和相界/界面附近分析微区成分时，尽管电子束可能小于所要分析的区域，但由于 X 射线的广度要比电子束照射面积大，得到的 EDS 信号有可能是来自所要分析区域外的区域。例如，在分析界面时，尽管电子束是照射在界面的一侧 B，但由于 X 射线的相互作用区域较大，可能会扩展到界面的另一侧 A(如图 8-16(b)所示)，这样就得到了虚假的信号。还有，用 EDS 分析块体材料时，有时我们看不见在所分析的区域下面还有另一种材料，而做 EDS 分析时，尽管电子束照射在 A 材料上，但相互作用区域可能已扩展到 B 材料的范围(见图 8-16(a))，这也会给分析带来假象。

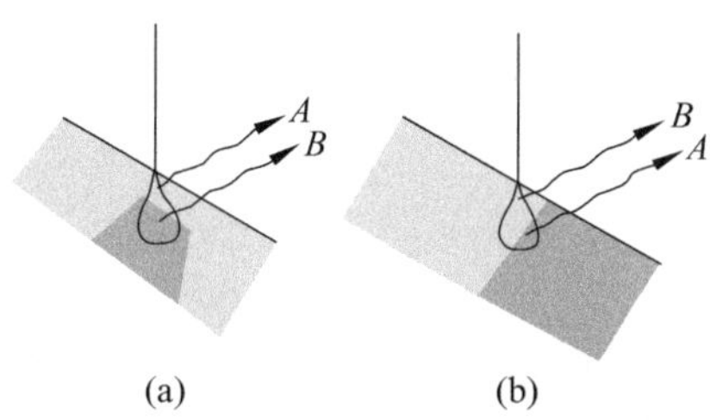

图 8-16　EDS 分析时可能的虚假的信号

另外，样品的厚薄也影响最小分域区域，如图 8-17 所示。对于块材的 EDS 分析，作用区域在 1 μm 的数量级。若使用薄试样，如在 TEM 上做 EDS，由于试样很薄，电子束还来不及扩展到很大，电子就

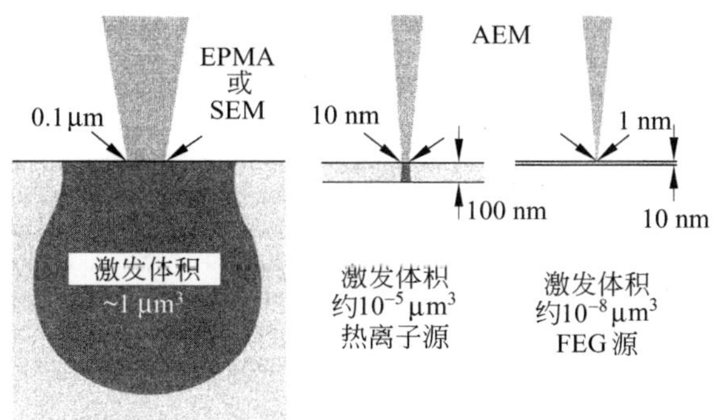

图 8-17　EPMA(体材料)，分析型透射电镜 AEM(薄膜)和场发射分析型透射电镜 FEG-AEM(超薄薄膜)中电子束与样品的作用尺寸

穿过了试样，这样X射线的扩展范围不大，EDS的最小分析范围接近于电子束斑的尺寸，大约在十到几十纳米的数量级。若使用场发射枪，由于电子束斑只有1 nm左右，在FEG-TEM上做EDS，最小区域可小到几个纳米范围。

在实际工作中，我们有时希望把EDS分析范围缩小到0.1 μm以下，如分析微小的沉淀相颗粒及晶界处成分的变化，除适当缩小电子束直径外，还可采取下面措施。

(1) 从基体中把微小的第二相颗粒萃取在碳或 SiO_2 复型上，这样可以消除基体对特征X射线的贡献，分析的最小范围取决于第二相的颗粒度，即使X射线扩展范围大于所要分析的范围。由于我们已知复型构成的"基体"的成分，故它不影响我们的分析。

(2) 要对小区域做EDS分析，尽量使用薄膜试样，如果膜的厚度显著小于电子完全扩散的深度，那么入射电子就会穿透试样而没有显著扩散，分析的最小区域基本上取决于电子束直径。

(3) 当选用低电压时，电子束与试样的相互作用区域大大缩小，故X射线扩展的广度也减小。

应该指出，随着分析区域的变小，X射线强度剧烈下降，用波谱仪进行测量变得越来越困难，此时采用能谱仪更合适。

8.5.4 应用

X射线显微分析对微区、微粒和微量的成分分析具有分析元素范围广、灵敏度高、准确、快速、不损伤样品等优点，可做定性、定量分析。这些优点是其他化学分析方法无可比拟的，因此它在各个领域里得到了广泛的应用。下面简单介绍X射线显微分析在某些领域的应用。

1. 冶金学

金属材料里有大量的微观现象，如析出相、晶界偏析、夹杂物，用X射线显微分析可对它们直接分析，不必把被分析物从基体中取出来。由于金属在电子束轰击下较稳定，非常适合做X射线显微分析。例如：

(1) 测定合金中的相成分；

(2) 测定夹杂物；

(3) 测定元素偏析；

(4) 研究扩散(用线分析方法)；

(5) 测定相分布或元素分布(面分析)；

(6) 研究相平衡图；

(7) 研究氧化和腐蚀现象。

2. 地质学

分析颗粒较细的岩相和结构。

3. 其他领域(半导体、生物、医学)

8.6　X 射线谱仪的定量分析

8.6.1　定量分析的基础

定量分析是以某元素的 X 光强度和该元素在试样中的浓度成正比这一事实为依据的。具体实验步骤是：首先测试样里某元素 A 的某根谱线的强度$[I_{sp}]_A$，然后，在实验条件不变的情况下，将纯的 A 元素的标样移到电子束下，测出这根谱线的强度$[I_{st}]_A$(这里 sp 表示试样，st 表示标样)，这两个强度的比值称为相对 X 光强度，即

$$K_A = \frac{[I_{sp}]_A}{[I_{st}]_A} \tag{8-6}$$

如果把测量的强度比 K_A当作浓度 C_A，即

$$C_A = K_A = \frac{[I_{sp}]_A}{[I_{st}]_A} \tag{8-7}$$

这就是通常的半定量测量公式，它与真实浓度的误差可达 20%。这是因为一个元素的相对 X 光强度 K_A并不是与其浓度 C_A成简单的正比关系。

我们知道，从电子进入试样表面直到我们去接收从试样表面出射的 X 光强度为止，存在着电子在固体中的散射、特征 X 光的激发与吸收、特征 X 光的荧光激发和吸收等一系列复杂的物理过程，这些过程都影响到所测量的 X 光强度，使测得的 X 光强度不等于电子激发所产生的 X 光强度。在定量分析时，必须考虑这些因素。

通常 X 射线强度比 K_A和浓度 C_A可用下式联系起来：

$$C_A = kK_A \tag{8-8}$$

式中，k 为修正系数(也称 k 因子)，

$$k = k_Z k_A k_F \tag{8-9}$$

式中，k_Z为原子序数修正系数，k_A为吸收修正系数，k_F为荧光修正系数。

获得修正系数 k 的方法有两大类。

1. 经验方法

该方法是依靠一套仔细制备的已知其成分的分析标样，根据在标样上实测得到的强度，制作一条工作曲线，或者写出一个强度与浓度的经验方程式，然后将从试样上测得的强度代入，就可得到试样中某元素的浓度。

该方法的优点是工作曲线做好后，用起来很方便，但是要在微米尺度里制备成

分均匀准确的标样,往往不容易做到。

2. 理论方法

这是一个根据X光产生及传播的物理过程制订的修正方法,它是通过理论分析推导出一个联系X光强度和靶极材料组成的关系式,从它求出靶极的成分含量。该方法的优点是只需用几块纯元素做标样就可,缺点是计算繁杂使用不便。因为X光的产生和传播的物理过程还有些环节尚未弄清,在推导理论关系式时,为了便于数学运算,做了种种简化和近似处理,有些数据还不够全和准确,故这种方法有一定的误差,但理论方法是X光谱仪分析修正方法中重要的方法,用的非常普遍。

8.6.2 *ZAF* 修正

在X光谱仪分析中,我们应当对原生X光强度与实验X光强度这两个概念加以区别,原生X光强度是指由电子引起靶极原子电离所产生的X光强度,它不受X光传播过程里发生的物理过程的影响。而实验测得的X光强度是指原生的X光经过传播后,在靶外测得的X光强度,它是在原生X光强度上加上了传播过程中所附加的影响(吸收、荧光)以及接收系统的接收效率调制后的结果。做k因子的修正,目的就是为了从实验X光强度获得原生X光强度。常用的修正称为ZAF修正,其中Z代表原子序数修正,A代表吸收修正,F代表荧光修正。下面简单介绍这三种修正。

1. 原子序数修正

图8-18是不同加速电压的电子作用在不同原子序数的靶极上入射电子在靶体中的分布形态。在轻元素(如Al)中很少有电子从靶体上背散射回来,如果提高加速电压,电子的形成将增加,导致散射范围扩大,但散射区的几何形状基本保持不变,尽管这时背散射电子的能量增大,但背散射电子所占的比例却很少变化。而

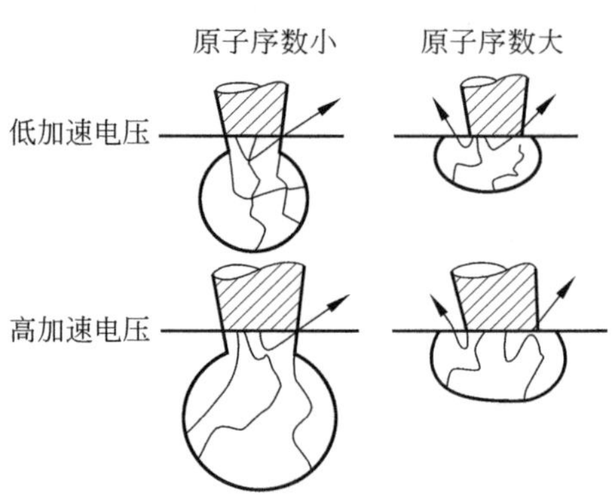

图8-18 入射电子在靶内分布形态随Z和E_0的变化

在重元素(如 Au)中,背散射电子所占比例较多,当提高加速电压时,其分布形态保持不变,仅在散射范围上有所扩大。从图 8-18 中可见电子在固体中达到完全扩散的分布形态不仅与加速电压 E_0 有关,更主要的是取决于试样的原子序数 Z。

由于不同靶极的弹性散射特征不同,背散射的电子数就不同,这些电子过早地离开了靶极没有参与激发 X 光。因此,即使入射电子束强度相同,但由于试样和标样的平均原子序数不同,它们损失的 X 光强度就不相同。我们用往回散射因子表示背散射使 X 光强度减少的倍数,进入靶内的电子在不同的靶极材料里,每走单位路程能量损失不一样,这可用阻止系数 S 来表示。靶极材料的阻止系数不同,原生 X 光强度、激发区的大小形状都不相同。

可见,由于试样的平均原子序数不同,而影响原生 X 光强度,为此引入原子序数修正系数 k_Z:

$$k_Z = \frac{R_{\mathrm{st}}}{R_{\mathrm{sp}}} \cdot \frac{\int_{E_{\mathrm{K}}}^{E_0} [Q_{\mathrm{K}}/S_{\mathrm{st}}]\mathrm{d}E}{\int_{E_{\mathrm{K}}}^{E_0} [Q_{\mathrm{K}}/S_{\mathrm{sp}}]\mathrm{d}E} \tag{8-10}$$

式中,E_0 为电子的初始能量,E_{K} 为某元素 K 壳层的临界电离能,Q_{K} 表示一个能量为 E 的离子在其单位电子路程长度里使 A 元素的 K 壳层产生电离的几率。式中第一个因子反映了靶极对电子的往回散射作用,第二个因子反映了靶极对电子的阻止本领。k_Z 的定量计算取决于 Q_{K},S,R 取什么样的表达式。多年来,不同的修正有不同的表达式,详情可参阅有关书籍。

一般认为,除 Ni—Co 系外,当试样的平均原子序数与标样原子序数差大于 4 就应做原子序数修正。

2. 吸收效应修正

入射电子不仅和靶极表面的原子碰撞产生 X 光,还要深入到靶体内部 1～2 μm 处,这样从靶体内部产生的 X 光在出射过程中必然会受到靶体本身的吸收。因为试样和纯标样所包含元素的种类和含量不同,X 光受到的吸收也不同,这种由于吸收不同而引起的 X 光强度的变化称为吸收效应。

X 光的吸收主要是光电吸收,在这个过程里物质把入射的 X 光量子的能量转化为轨道电子的电离能和电离后的动能。在一般情况下,吸收修正最大。吸收系数 k_A 的表达式为

$$k_A = \frac{f(x_{\mathrm{st}})}{f(x_{\mathrm{sp}})} \tag{8-11}$$

式中,函数 $f(x)$ 与 Z、E_0、E_{K} 等物理量有关。

3. 荧光效应修正

除了电子可在靶体内直接产生 A 元素的 X 射线外,靶体中其他元素的特征 X 射线和靶体所产生的连续 X 射线也都可以激发 A 元素的 X 射线。这种 X 射线称

为荧光射线。

荧光效应的作用与吸收效应相反，它使测得的 X 光强度比 K_A 高于实际浓度 C_A。如果设特征谱荧光强度与电子直接激发的 X 光强度之比为 I_{fA}/I_A，连续谱荧光强度与电子直接激发的 X 光强度之比为 I_{CA}/I_A，则荧光修正系数

$$k_F = \left(1+\frac{I_{CA}}{I_A}\right)_{st} \Big/ \left(1+\frac{I_{fA}}{I_A}+\frac{I_{CA}}{I_A}\right)_{sp} \tag{8-12}$$

经过 ZAF 修正后，求得的浓度 C_A 误差可以缩小到±2%以内。

第9章　其他显微分析方法

由于篇幅限制，本章只简单介绍各种其他显微分析方法的基本原理，重点介绍这些方法的用途。

9.1　高分辨透射电子显微术

高分辨透射电子显微术(high resolution transmission electron microscopy，简称 HRTEM 或 HREM)是相位衬度显微术，它能使大多数晶体材料中的原子列成像。

高分辨率透射电子显微术始于 20 世纪 50 年代，1956 年 Menter 用 TEM 直接拍摄了酞菁铜[(00$\bar{1}$)面间距 12.6 Å]和钛菁铂的晶格像。但当时对高分辨成像的机理不够清楚，且那时 TEM 的分辨率也不高，故在这以后的十几年内，HRTEM 没有得到进一步的发展，仅仅作为鉴定电镜分辨率的一种方法(晶格条纹法)。20 世纪 70 年代初，Ijima 用分辨率为 3.5 Å 的 TEM 拍到了一例复杂氧化物的可直接解释的像，这时 Cowley 和 Moodie 提出的用电子衍射的多片层传播动力学理论来计算电子衍射波振幅与相位的技术也趋于成熟，为解释 HRTEM 像提供了理论基础。

20 世纪 70 和 80 年代，由于电镜技术的不断完善，一般大型 TEM 已能保证 1.44 Å 的晶格分辨率和 2～3 Å 的点分辨率。HRTEM 发展很快，除了能观察反映晶面间距的晶格条纹像外，还拍摄了反映晶体结构中原子或原子团配置情况的结构像。1978 年日本植田夏等人成功地用高分辨技术拍摄了世界上第一张原子像，观察到氯化铜-酞花青染料的分子结构照片(图 9-1)。目前 HRTEM 已是电镜技术中普遍使用的方法，由于 HRTEM 的分辨率已达到了 1～2 Å(若采用球差校正技术，分辨率可达到亚埃尺度)。它在材料微结构的研究，特别是纳米材料的研究上，发挥了很大的作用。

目前生产的 TEM 一般都能做 HRTEM，但这些 TEM 被分成了两类：高分辨型的和分析型的。两者的区别是，高分辨型的 TEM 配备了高分辨物镜极靴和光阑组合，这使得样品台的倾转角很小，从而可获得较小的物镜球差系数；而分析型的 TEM 为了要做各种分析，需要有较大的样品台倾转角，故物镜极靴用得与高分

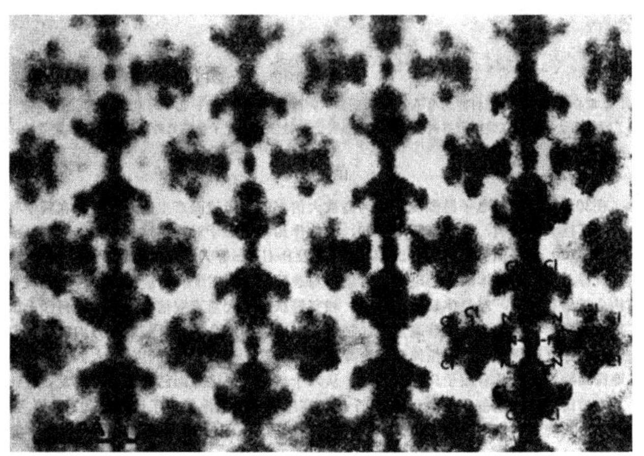

图 9-1　氯化铜-酞花青燃料分子中原子像

辨型的不一样,这就影响了分辨率。一般来说,200 kV 的高分辨型 TEM 的分辨率为 1.9 Å,而 200 kV 的分析型 TEM 的分辨率为 2.3 Å,即使在 2.3 Å 的分辨率下,对大多数材料,拍高分辨像也已足够了。

高分辨像是相位衬度像,是所有参加成像的衍射束与透射束之间因相位差而形成的干涉图像,理论证明在弱相位体近似下高分辨像的衬度 $C(x,y)$ 为

$$C(x,y)=2\sigma V_t(x,y)$$

式中,σ 是相互作用常数,$V_t(x,y)$ 是晶体势 $V(x,y,z)$ 在 z 方向的投影。上式告诉我们高分辨图像衬度和晶体的二维厚度投影电势 $V(x,y)$ 直接相关,也就是说我们在高分辨像上看到的一个点像实际上相当于在 z 方向排列的一列原子在 (x,y) 平面的"投影像"。

要满足弱相位体近似,样品必须非常薄,例如,对于 $Ti_2Nb_{10}O_{27}$ 来说,样品厚度必须小于 6 Å,才满足弱相位体近似。

在高分辨像中,原子是暗的还是亮的呢? Scherzer 的研究表明,当 TEM 的欠焦量 $\Delta f=\left(\frac{4}{3}C_s\lambda\right)^{\frac{1}{2}}$ 时(C_s 为物镜球差系数,λ 为电子波长),HRTEM 像的分辨率最高,可达到 $R=0.66\lambda^{3/4}C_s^{1/4}$ 的分辨率。这时,对于薄晶体,原子一般呈现暗衬度,即原子是暗的。$\Delta f=\frac{4}{3}(C_s\lambda)^{\frac{1}{2}}$,这个条件又称为 Scherzer 欠焦条件,只有当这个条件满足,且满足弱相位体近似时,我们看到的高分辨像才是晶体结构像。

HRTEM 像有两种:

(1) 一维晶格像(一维结构像)

它是使电子束从某一组晶面产生反射而成像的。从一维晶构像可得到该组晶面的配置细节,从而可直接测得晶面间距,观察孪生、晶粒界面和长周期层状晶体

的结构。图 9-2 是 Bi 系超导氧化物的一维结构像，在严格满足布喇格衍射条件下，两条纹之间的距离就是晶面间距。

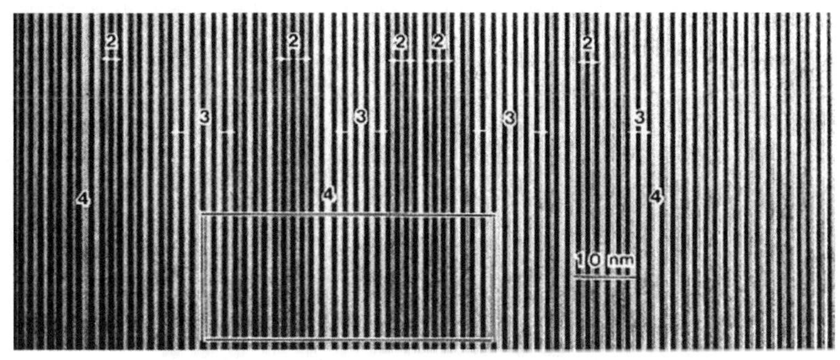

图 9-2　Bi 系超导氧化物的一维结构像

(2) 二维晶格像(二维结构像)

它是采用一个晶带的反射而成像的，要求有一个沿晶带轴的准确入射方向。二维结构像和实际晶体中原子或原子团的配置有很好的对应性，可用来研究位错、晶界等复杂和有畸变的结构。图 9-3(a)给出了尖晶石/橄榄石界面的二维晶格

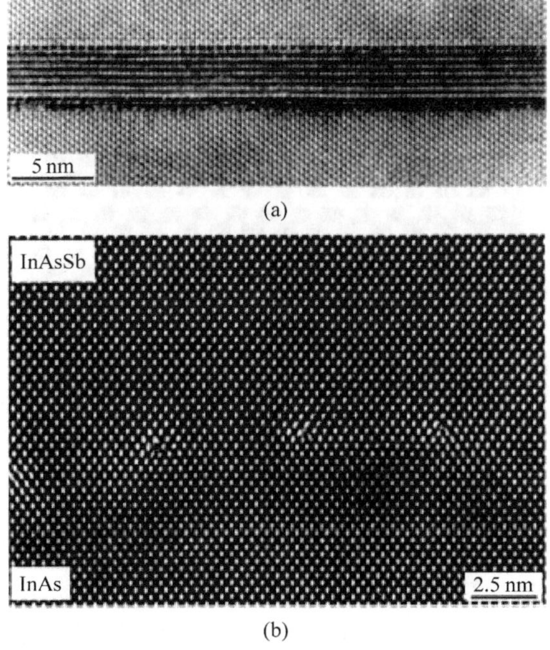

图 9-3　二维晶格像

(a) 尖晶石/橄榄石界面；(b) InAsSb 和 InAs 异质结上的位错

像，从图中可以很清楚地看出界面原子的排列情况，这种像在材料的界面研究中有广泛的应用。图 9-3(b)显示了 InAsSb 和 InAs 异质结的结构，很容易看出在这个材料中存在位错。注意，我们用衍衬像只能看到位错的"反映"，并没有直接看到位错，只能间接地观察位错，而用二维晶格像可以直接看到位错。

随着 HRTEM 技术的发展和电镜本身的进步，人们已可用 HRTEM 直接观察单原子像。图 9-4 就是超导氧化物 $Tl_2Ba_2CuO_6$的结构像，从图中可以看出每个原子列有自己的像(黑点)，图中的插图告诉我们各个黑点对应什么原子。在这张图中，除了氧原子未能显示外(氧原子的观察很困难)，其他 Cu，Tl 和 Ba 原子均已显示出来。

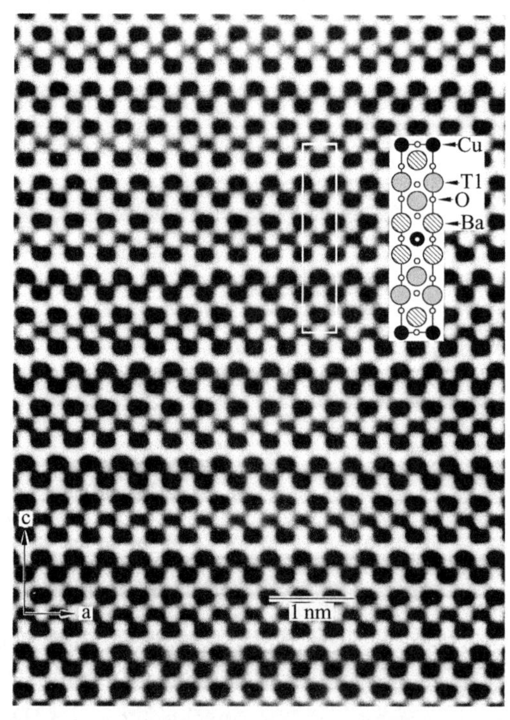

图 9-4　$Tl_2Ba_2CuO_6$超导氧化物的结构像
(拍摄：400kV 电镜、沿[010]入射)
可以看到与插图的模型非常一致

应当指出，只有在弱相位体近似及 Scherzer 欠焦条件下拍摄的 HRTEM 像才能正确反映晶体结构。实际上，弱相位体近似的要求很难满足。当样品厚度超过一定值时，往往使弱相位体近似条件失效，这时，尽管仍可拍摄得到清晰的高分辨像，但 HRTEM 像的衬度与晶体结构的投影已经不是一一对应关系。图 9-5 显示硅单晶[$1\bar{1}0$]入射的 HRTEM 像随厚度的变化，照片中白色背底中的黑点(图 9-5

(b))随着厚度从 6 nm 变到 21 nm 而变成黑色背底上的白点(图 9-5(e)),即出现图像衬度反转。从图中还可看出,随着厚度的改变,像点的分布规律也会改变。不仅厚度会影响 HRTEM 像,欠焦量 Δf 的改变,对图像影响也极大。图 9-6 显示硅单晶[1$\bar{1}$0]入射的 HRTEM 随欠焦量 Δf 的变化情况,可以看出 HRTEM 像随欠焦量的变化而变化,不仅出现衬度反转,像点的分布规律也会改变。

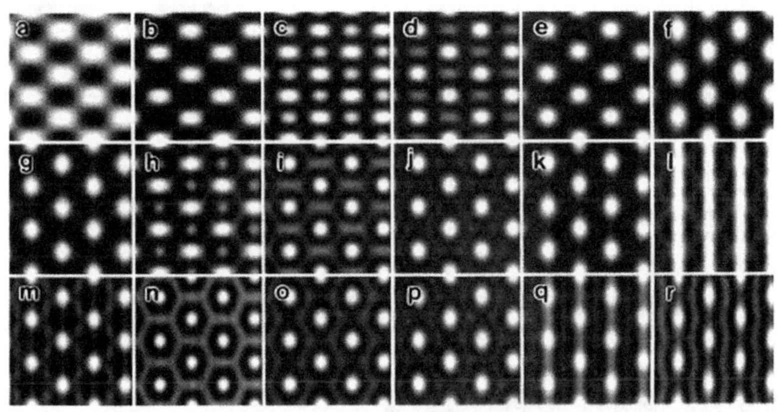

图 9-5　硅单晶[1$\bar{1}$0]入射的高分辨电子显微像随厚度的变化(以 200 kV 电镜、离焦量 65 nm 计算的)

图 a～图 r 对应试样厚度从 1 nm 变到 86 nm(每张图的厚度变化为 5 nm)的 HRTEM 像的变化

从图 9-5 和图 9-6 可见,HRTEM 像可随厚度和欠焦量而改变,故得到一张 HRTEM 像后,不能简单地说这张像对应什么晶体结构,而必须先做计算机模拟计算,就所研究的材料的结构,在不同的厚度与欠焦量下计算 HRTEM 像,得到一系列的 HRTEM 模拟像,将其与实验获得的像相比较,从而确认实验得到的 HRTEM 像中各像点代表什么原子,故对 HRTEM 像的解析一定要慎重。HRTEM 像的计算机模拟对 HRTEM 像的解析起着十分关键的作用,但计算模拟像,必须先搞清楚所研究材料的结构。

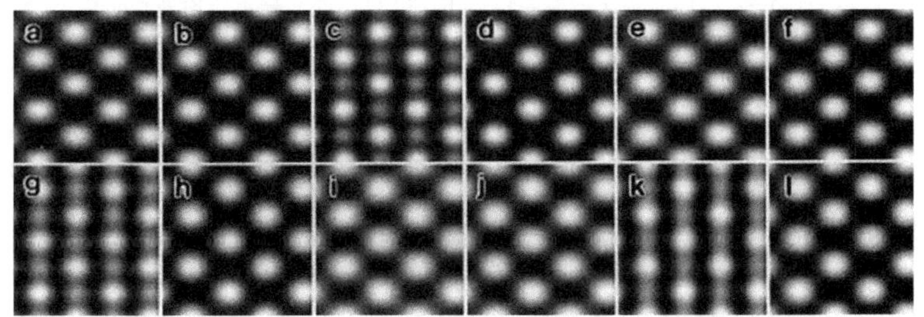

图 9-6　硅单晶[1$\bar{1}$0]入射的高分辨电子显微像随厚度的变化(以 200 kV 电镜、厚度 6 nm 计算的)

图 a～图 l 对应试样的欠焦量从过焦 −20 nm 变到欠焦 90 nm(每张图的欠焦量变化为 10 nm)的 HRTEM 像的变化

9.2 会聚束衍射

选区电子衍射 SAD 是将平行的电子束入射到试样表面上，透射束和衍射束在物镜后焦面形成(000)透射点和(hkl)衍射斑点，在会聚束衍射(convergent beam electron diffraction，简称 CBED)中，入射电子束以足够大(譬如说大于 1 rad≈57.3°)的会聚角，入射到试样表面上。于是，(000)透射束与(hkl)衍射束在物镜的后焦面上形成(000)透射盘和(hkl)衍射盘(图 9-7)。这些透射盘与衍射盘(图 9-8(b))包含着比选区衍射的斑点衍射花样(图 9-8(a))丰富得多的信息。

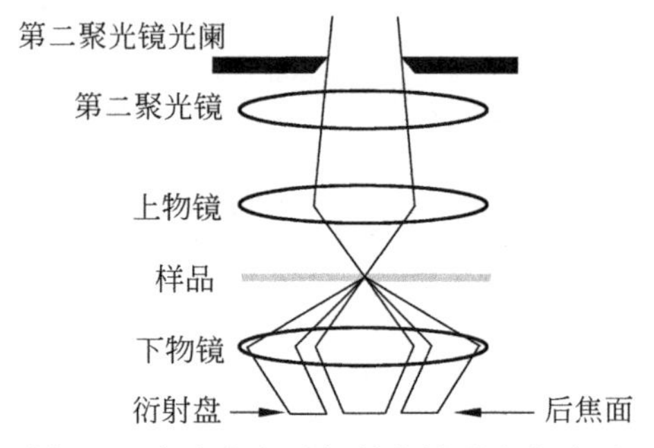

图 9-7 会聚束电子衍射花样形成光路图

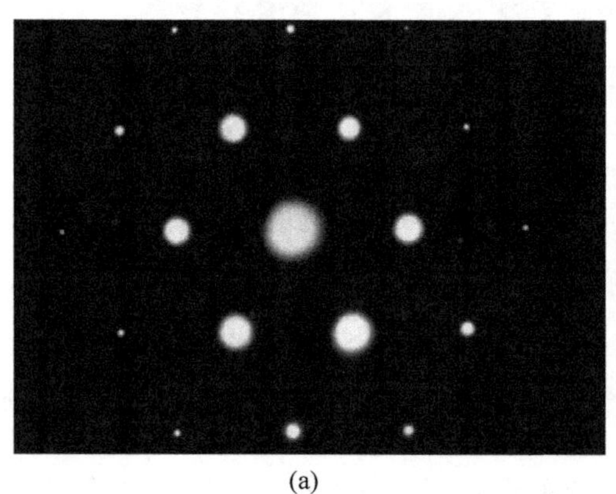
(a)

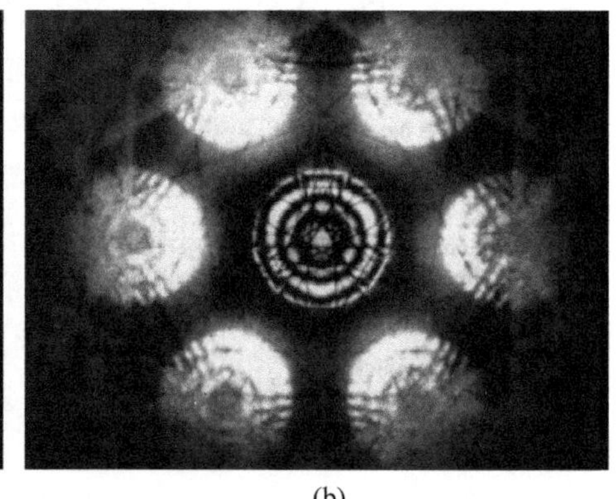
(b)

图 9-8 会聚束衍射花样与选区衍射花样的比较
(a) Si[111]的选区衍射花样；(b) Si[111]的会聚束衍射花样

早在 1939 年，Kossel 和 Molensted 就首次在样品上直径为 30 nm 的微区进行了 CBED 实验。自 1975 年以来，随着仪器设备及实验技术的不断完善，CBED 已成为透射电子显微学中的一个重要分支，在材料的微观表征中得到了广泛的应用。

由于 CBED 是将电子束会聚在样品上，相对于选区电子衍射(SAD)，它有两个优点：

(1) CBED 的花样是从很小的区域得到的，目前在场发射透射电镜(FEG-TEM)上电子束可聚到 1 Å 大小，故 CBED 花样可以从个别的原子柱上获得。对于晶体学上的应用，CBED 花样通常是从几个到几十个纳米大小的区域获得。而选区衍射花样是从大约 0.5～1 μm 的范围获得，CBED 可研究纳米大小区域的晶体学信息。

(2) CBED 花样记录的衍射强度是入射方向的函数,CBED 花样是由衍射盘(disk)组成,每个盘可被划分为许多像元,每个像元对应于一个入射方向,一个盘里包含了许多入射方向的信息。这些信息可被用来决定晶体对称性和定量分析衍射花样。

CBED 的应用主要有:

(1) 测薄膜厚度和消光距离;

(2) 测晶体的晶系与点阵类型、点阵参数;

(3) 测结构因子;

(4) 测晶体对称性(点群、空间群);

(5) 测缺陷的特征参数(层错的位移矢量、位错的柏格斯矢量);

(6) 测应变场;

(7) 定量 CBED 还可测晶体势函数和电子态密度。

图 9-9 显示用 CBED 来确定不锈钢的点群。

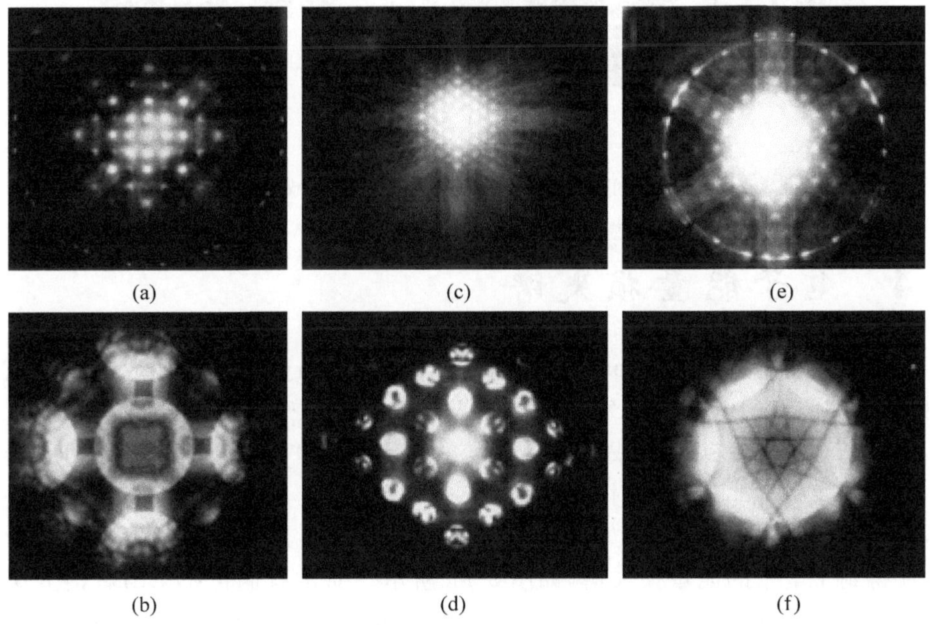

图 9-9 用会聚束衍射来确定不锈钢的点群(a)(b)[100],(c)(d)[110],(e)(f)[111]
在(a),(c),(e)中,低阶劳厄盘显示了全图对称性,在(b),(d),(f)中,高阶劳厄盘显示了明场对称性。

9.3 微衍射

普通电子衍射不能用于太小的区域的原因是由于电子束斑比较大(通常都大于 1 μm),要做 0.5 μm 的衍射,必须用光阑来选定区域(故称为选区衍射)。由于球差的作用，限制了选区衍射的选区大小只能是 0.1～0.5 μm。现代的电镜（特别是场发射电镜）可把电子束斑做得很细，通过特别的透镜组合，照射到样品上的平行电子束束斑的大小为10～50 nm，故做小区域的衍射，不必再用光阑来选区域，可直接用电子束斑选区域（衍射区域的范围比电子束斑的尺度略大些）。这种使用平行光束的微小区域的衍射称为微衍射（nano-area electron diffraction，简称 NED），微衍射的花样与选区衍射一样，衍射花样的标定也一样。图 9-10 是在 MoO_3单晶上做微衍射的结果。图 9-10（b）中箭头所指的白斑部分是电子束照射的部位，这个区域大致为 50 nm 左右，由它产生的微衍射花样如图 9-10（a）所示。

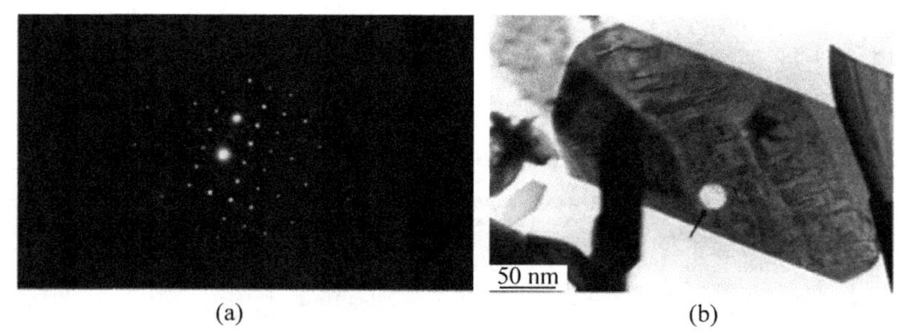

(a) (b)

图 9-10 微衍射

（a）MoO_3单晶的微衍射花样；（b）做微衍射的区域（箭头指处）

9.4 电子能量损失谱

电子能量损失谱（electron energy loss spectrometry，EELS）的原理基于原子中处于不同能级的电子的激发过程。当入射电子与处于某一能级的电子发生碰撞，该电子会被激发到导带或其他未填满的能级上，而入射电子则损失相应的能量，这种现象称为非弹性散射。入射电子穿透样品时，与样品发生非弹性相互作用，电子将损失一部分能量，如果我们对出射的电子按其损失的能量进行统计计数，便得到了电子的能量损失谱，如图 9-11 所示。通常我们可把 EELS 谱分成三个部分，一是零损失峰（zero-loss peak），它包括未经过散射和经过完全弹性散射的透射电子，以及部分能量小于 1 eV 的准弹性散射的透射电子的贡献；二是能量损失小于 50 eV 的区域，称为低能损失区（low-loss peak 或 plasmon peak），这部分主要包括激发等离子振荡和激发晶体内电子的带间跃迁的透射电子；三是高能损失区，其中的电离损失峰（high-loss peak 或 core-loss peak）主要来自激发原子内壳层电子的透射电子的贡献。

EELS 能提供下列信息：

(1) 进行成分分析

EELS 可分析从 1 号元素到 92 号元素，特别是 EELS 对轻元素敏感，而 X 射线能谱 EDS 则对重元素敏感。另外，EELS 谱的能量分辨率(约 1 eV)远远高于 EDS(约 130 eV)。图 9-12 显示了如何用 EELS 分析在 C 膜上的 BN 粒子的化学成分，EELS 谱显示了 B 和 N 的 K 壳层边峰，还在 280 eV 处出现了 C 的微弱的 K 峰。从谱中很容易看出存在 B 和 N。

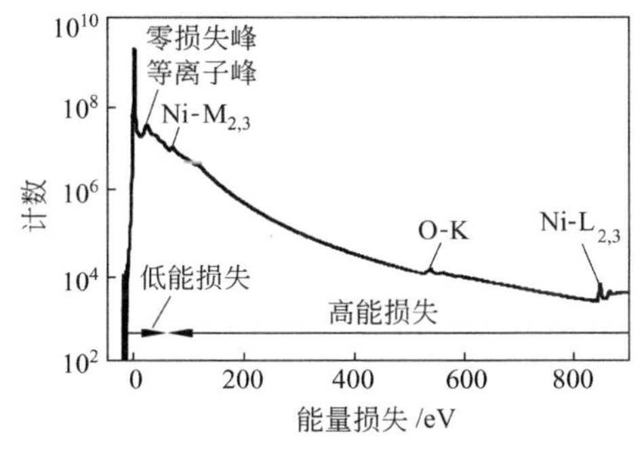

图 9-11　用指数坐标表示 EELS 谱计数强度

零损失峰比低能损失峰要强，而后者又比高能损失区的峰强很多倍。

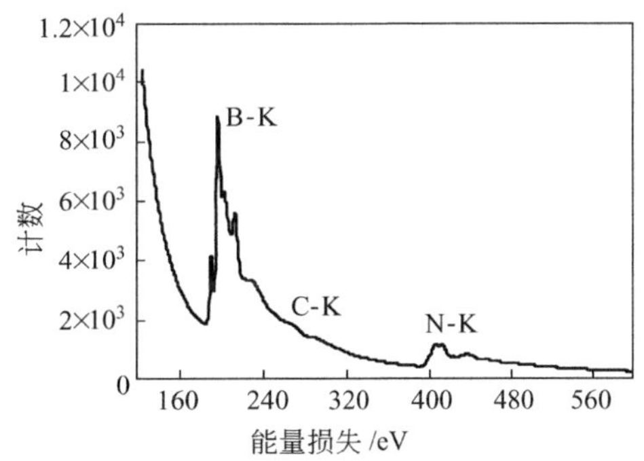

图 9-12　C 膜上 BN 颗粒的 EELS 谱

(2) 能提供化学键态的信息

EELS 谱中的能损近边结构(energy-loss near-edge structure)对晶体结构敏感，这是 EELS 的一个特性，它可作为确认一个化合物的“指纹”。例如石墨、金刚石、无定形碳的成分都是 C，用 EDS 无法区分它们，而这三种物质有完全不同的 EELS 谱(见图 9-13)，很容易用 EELS 区分它们。

(3) 能做价态分析

(4) 提供电子结构(如能带结构、电子态轨道占有数)

(5) 从 EELS 的广延精细结构(EXELFS)可得出径向分布函数(见图 9-14)，从而给出配位原子数及配位距离

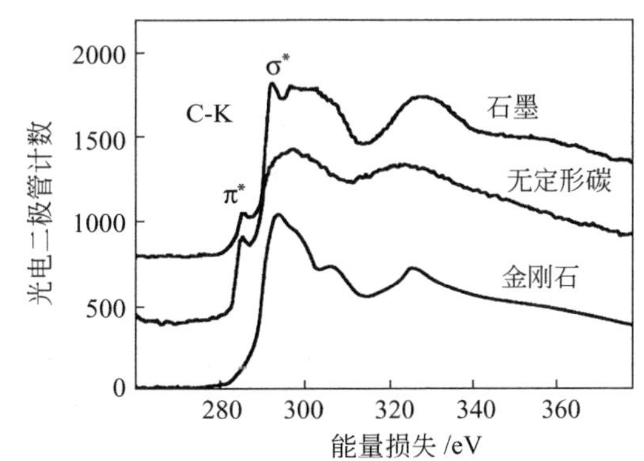

图 9-13　分别从金刚石、碳和石墨中获得的 EELS 谱的碳的 K 壳层边峰，展示了 EELS 对碳相关材料中键合的敏感性

应当指出 EELS 具有很高的空间分辨率，对研究界面结构十分有效，图 9-15 就是一个例子。在 Si/

SiO_2界面每隔几个埃的距离做一个 EELS 谱，仍然可清晰地分辨出它们的不同。

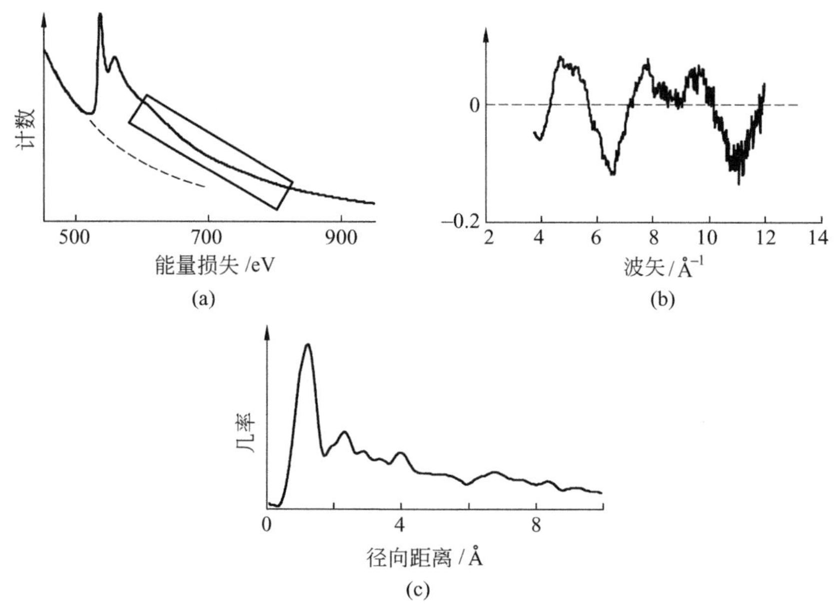

图 9-14 从 EELS 的 EXELFS 得出径向分布函数

(a) EXELFS 调制仅仅在离子峰的峰后选择的区域能够被检测到；(b) 图(a)中方框中的数据在 K 空间作图就显示出振荡的性质；(c) 傅里叶变换将(b)中数据转化成径向分布函数

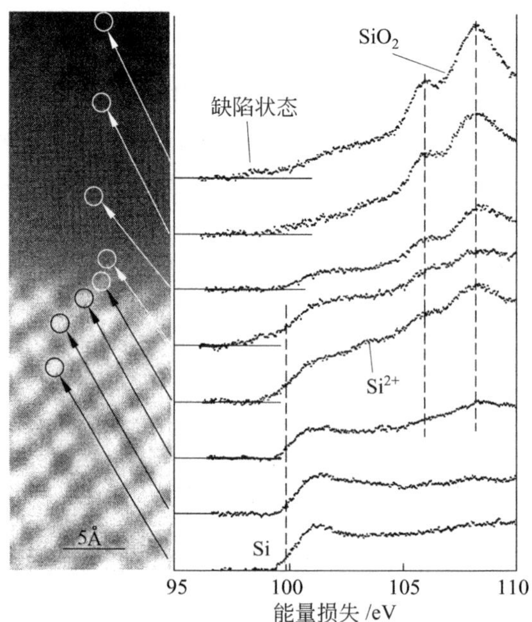

图 9-15 在晶态的 Si 和非晶态的 SiO_2形成的界面，Si 的 $L_{2,3}$峰的 EELS 谱发生了改变

9.5 能量过滤像

能量过滤 TEM 像(简称 EF-TEM 像)是使用能量过滤器得到的由具有特殊能量损失的电子形成的图像(见图 9-16)。用三维数据空间可简单地说明能量选择电子成像,其中 z 轴由电子的能量损失 ΔE 代替,x 和 y 是试样二维成像的实空间坐标。图 9-17 就是一张 EF-TEM 像。显示类金刚石膜-Si 衬底界面处 Si,C 和 O 元素的分布和 C 的键合图。BF 像是 TEM 的明场像,Si-L 图像是用对应 Si 的能量损失在 x,y 平面成像,图中亮的区域表示 Si 多,那个区域是 Si 衬底。C-K 图像表示那块刀状区域主要是 C,还可进一步分析这块富含 C 的区域是由 σ 键合的金刚石组成,还是由石墨或无定形碳组成。用对应 σ 键的能量损失成像,得到了 C-σ 图,这表明这块刀状的区域主要是由 σ 键合的 C 组成,而 C-π 图像表示 π 键合的 C 主要分布在刀状区域的底部和界面区域。另外,由 O-K 图看出界面处富氧。

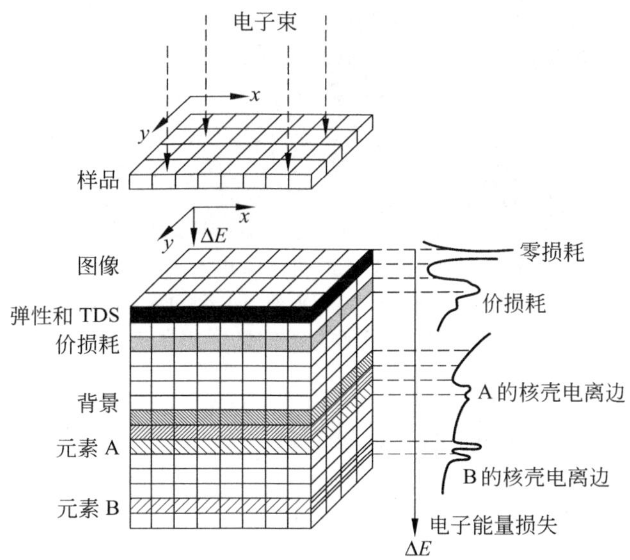

图 9-16　TEM 中展现能量过渡电子成像的示意图

EF-TEM 像与用 EDS 做元素分布图(element mapping)有些类似,但 EF-TEM 具有很高的空间分辨率,且能用元素的不同价态或键合来成像,EF-TEM 含有更丰富的信息。

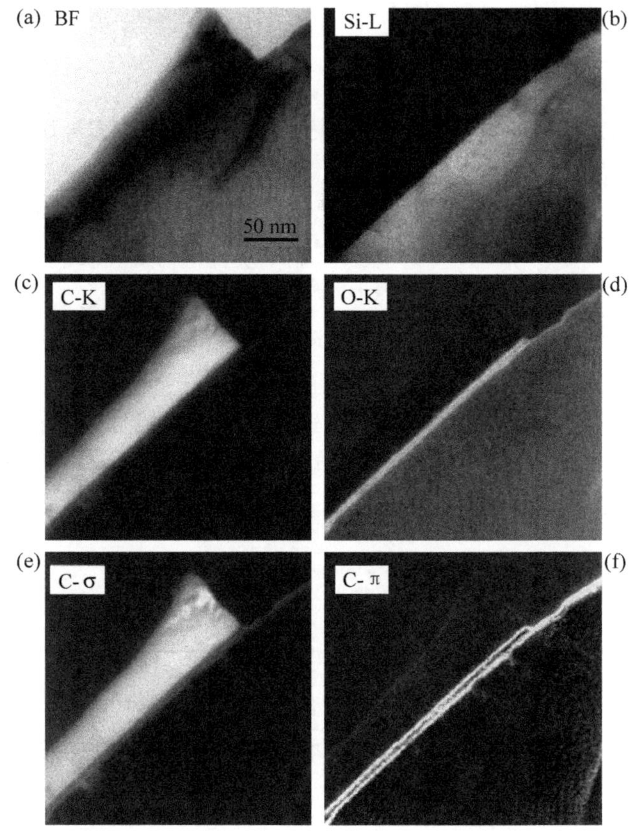

图 9-17 类金刚石膜-Si 衬底界面处 TEM 的明场像和 Si,C 和 O 元素的分布和 C 的键合
(a) TEM 明场像;((b)~(f))类金刚石膜-Si 衬底界面处 Si,C 和 O 元素的分布和 C 的键合图
在界面的富氧非晶层处,显示双层 π 键合的 C,而 C 膜本身以 σ 键为主,表明它具有类金刚石性质

9.6 扫描透射电子显微术

扫描透射电子显微术(scanning transmission electron microscopy,STEM)采用很细的电子束在薄样品上做扫描,在样品的上、下方放置不同的接收器,以接收不同的信号而成像(图 9-18)。在薄样品上方放二次电子探测器和背散射探测器可成二次电子像和背散射电子像,在薄样品下方放环形探测器可接收大角度散射的透射电子,这样成的像称为高角环形暗场(high-angle annular dark field,HAADF)像,它对原子序数的平方敏感,这种像又称 Z 衬度(Z contrast)像。也可用 EELS 接收透射电子成 EELS 谱。STEM 的一个最显著能力就是具有小于 0.2 nm(在 100 keV)和 0.13 nm(在 300 keV)直径的高亮度的电子探针,这通常用场发射枪来提供。STEM 的另一个引人注目的特征是它在探测系统方面有很大的灵

活性，既具有扫描电镜的功能，又有透射电镜的功能。

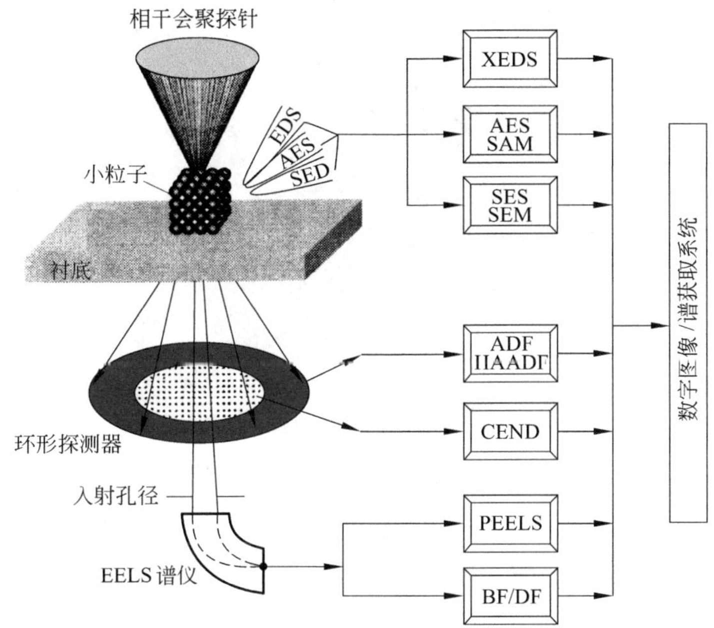

图 9-18　STEM 中成像、衍射和谱模式的示意图

XEDS(X 射线能谱)；AES(俄歇电子谱)和 SAM(扫描俄歇显微镜)；ADF(环形暗场像)和 HAADF(高角环形暗场像)；CEND(相干电子纳衍射)；PEELS(平行电子能量损失谱)；BF(明场)和 DF(暗场像)

有两种类型的 STEM 仪器，即专用的 STEM(称为 dedicated STEM)和 TEM 中的 STEM 附件。其中 dedicated STEM 仪器由英国的 VG 公司独家制造，它具有独特的设计和功能，采用冷场发射枪产生高亮度的亚纳米尺寸的电子束探针。TEM/STEM 中用的电子束探针尺寸一般比 dedicated STEM 仪器的要大得多，而且 STEM 附件的操作不如 dedicated STEM 灵活。

随着电镜技术的发展，现代的场发射透射电镜(FE-TEM)上的 STEM 附件可以与 dedicated STEM 相媲美。STEM 一个很独特的地方就是利用一个环形探测器采集高角度散射电子，以形成高角环形暗场(HAADF)像。HAADF 像是一种相位衬度像，它的分辨率比使用同一透镜的明场扫描透射电子显微像(BFSTEM)或 TEM 图像的分辨率要高，采用 100 keV 电子可获得 0.2 nm 的分辨率，采用 300 keV 电子可获得小于 0.13 nm 的分辨率。HAADF 像的衬度正比于 Z^2，它的原子序数分辨能力大约是 20%。

图 9-19 是 $SrTiO_3$ 中晶界的 HAADF 像，它具有原子级别的空间分辨率，又对元素敏感，而且不像 HRTEM 像，HAADF 像的衬度不依赖于欠焦和样品厚度。由于 HAADF 像的这些优点，它在材料研究特别是界面研究上得到了广泛应用。

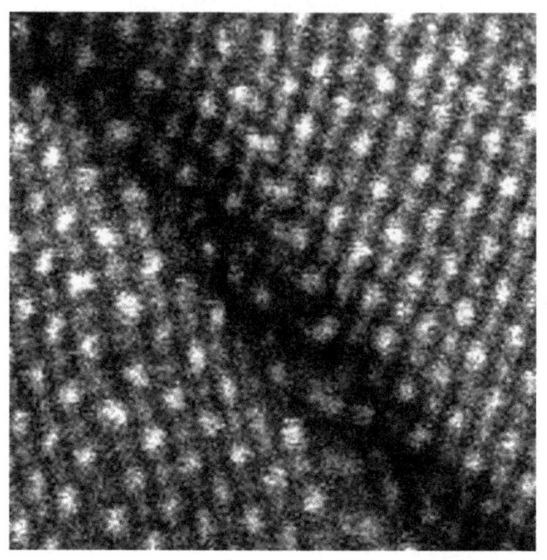

图 9-19　$SrTiO_3$ 中的晶界的 HAADF 像

9.7　扫描探针显微镜

扫描探针显微镜(scanning probe microscope,SPM)是一大类仪器的总称,它包含许多仪器,其中最常用的是扫描隧道显微镜(STM)和原子力显微镜(AFM)。本节重点介绍这两种仪器及它们的应用。

9.7.1　扫描隧道显微镜

扫描隧道显微镜(scanning tunneling microscope,STM)是 Gerd Binning 等人在 1983 年发明的一种新型表面测试分析仪器。STM 具有结构简单,分辨本领高,可以在真空、大气甚至液体环境下工作等特点。STM 的横向分辨率为 0.1 nm,在与样品垂直的 z 方向分辨率可达 0.01 nm。STM 可在实空间原位动态观察样品表面的原子组态,还可直接观察样品表面的物理/化学反应的动态过程及反应中原子的迁移过程。STM 对样品的尺寸形状没有限制,它不破坏样品的表面结构。STM 已成功地用于金属、半导体等材料表面原子结构的研究(但它不能用于绝缘体)。Binning 因发明 STM 而获得 1986 年的诺贝尔物理奖。

图 9-20 是 STM 的工作原理示意图。图中 A 为具有原子尺度的针尖,B 为被分析样品。STM 工作时,在样品和针尖之间加一定电压,当样品与针尖间的距离小于一定值时,由于量子隧道效应,样品和针尖之间会产生隧道电流 I。

STM 工作时,针尖与样品的距离 d 一般为 0.4 nm,此时隧道电流 I 表征样品和针尖电子波函数的重叠程度,它可以表示为

$$I \propto V_b \exp\left(-A\phi^{\frac{1}{2}} d\right) \tag{9-1}$$

式中，V_b 为针尖与样品之间所加的偏压，ϕ 为针尖与样品的平均功函数，A 为常数。在真空条件下，$A \approx 1$。根据量子力学的理论，由式(9-1)可以算出，当距离 d 减少 0.1 nm 时，隧道电流将增加一个数量级，即隧道电流 I 对样品表面的微观起伏非常敏感，这是 STM 为什么能用来观察样品表面的原子级起伏的基础。

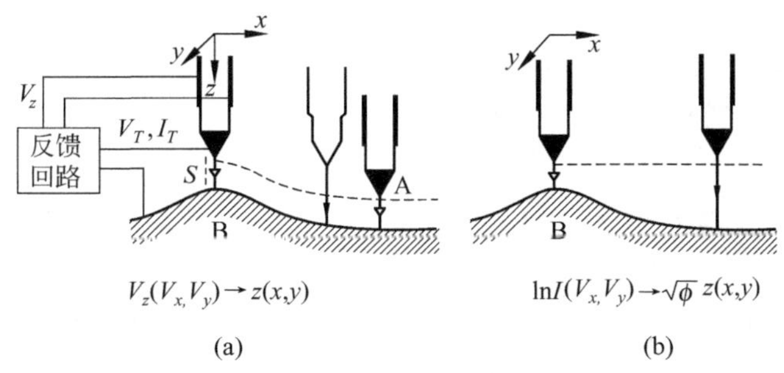

图 9-20　扫描隧道显微镜的工作原理示意图

(a) 恒电流模式；(b) 恒高度模式

根据扫描过程中针尖与样品间相对运动的不同，可将 STM 的工作模式分为恒电流模式和恒高度模式两种。

(1) 恒电流模式

在恒电流模式下，控制样品与针尖间的距离不变(图 9-20(a))，即 d 为常数。当针尖在样品表面扫描时，由于样品表面高低起伏，引起隧道电流变化，此时通过一定的电子反馈系统，驱动针尖随样品的高低变化做升降运动，以确保针尖与样品间的距离 d 保持不变，这时隧道电流

$$I \propto V_b \exp\left(-B\phi^{\frac{1}{2}}\right) \tag{9-2}$$

式中 $B = Ad$ 为一常数。式(9-2)表示，在恒电流模式下隧道电流 I 随功函数 ϕ 的改变而改变，这时隧道电流直接反映了样品表面态密度的分布。在一定的条件下，样品的表面态密度与样品表面的高低起伏程度有关。恒电流模式是 STM 的常用工作模式，适合于观察表面起伏较大的样品。

(2) 恒高度模式

在恒高度模式下，控制针尖在样品表面某一小平面上扫描(图 9-20(b))，随着样品表面高低起伏，隧道电流不断变化，通过记录隧道电流的变化，可得到样品表面的形貌图。恒高度模式不能用于观察表面起伏大于 1 nm 的样品，只适合于观察表面起伏小的样品。在恒高度模式下，STM 可快速扫描，能有效地减少噪声和热漂移对隧道电流信号的干扰，从而获得具有更高分辨率的图像。

STM 的主要技术问题在于精密控制针尖相对于样品的运动，目前，STM 的

针尖运动是采用压电陶瓷控制的。在压电陶瓷上加一定的电压，使得压电陶瓷制成的部件产生变形并驱动针尖运动。目前针尖运动的控制精度已达到0.001 nm。

图 9-21 显示 Si 的(111)面的 STM 像，从图中可以清楚地看出 Si 原子的排列。图 9-22 是在玻璃衬度上沉积的金膜表面的 STM 像，它清楚地显示了 Si 表面的微观起伏。

图 9-21　Si(111)面的 STM 像

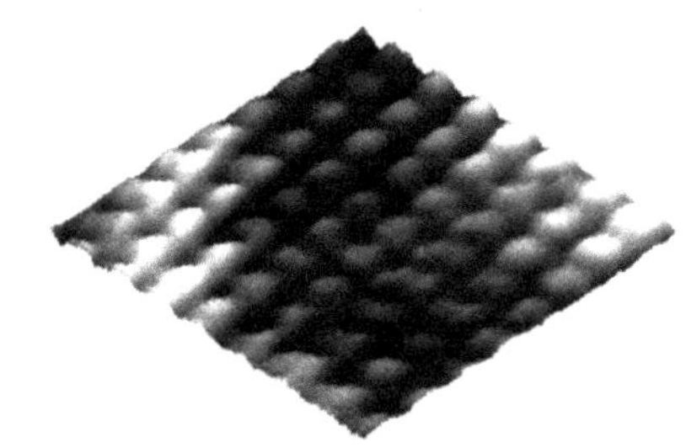

图 9-22　玻璃衬底上沉积的金膜表面的 STM 像

9.7.2　原子力显微镜

1986 年 G. Binning 提出了原子力显微镜(atomic force microscope，AFM)的概念。AFM 克服了 STM 的不足，它可以用于导体、半导体和绝缘体。AFM 利用了 STM 技术，也可测量材料的表面形貌，它的横向分辨率可达 0.15 nm，而纵向分辨可达 0.05 nm。AFM 的最大特点是可以测量表面原子之间的力。AFM 可测量的最小力的量级为 $10^{-14} \sim 10^{-16}$ N。AFM 还可测量表面的弹性、塑性、硬度、粘着力、摩擦力等性质。与 STM 一样，AFM 也可在真空、大气或溶液下工作，也具有仪器结构简单的特点，在材料研究中获得了广泛的应用。

AFM 的原理接近指针轮廓仪(stylus profilometer)，但 AFM 采用 STM 技术，针尖半径接近原子尺寸。图 9-23 是 AFM 的结构原理图，AFM 有两个针尖和两套压电晶体控制机构。图中 B 是 AFM 的针尖；C 是 STM 的针尖；A 是 AFM 的待测样品；D 是微杠杆，它又是 STM 的样品；E 是使微杠杆发生周期振动的调制压电晶体，用于调制隧道结间隙；F 是氟橡胶。

AFM 测量针尖和样品表面之间的原子力的方法如下：先使样品 A 离针尖 B 很远，这时杠杆处于不受力的静止位置；然后使 STM 的针尖 C 靠近杠杆 D，直至观察到隧道结电流 I_{STM}，使 I_{STM} 等于某一个固定值 I_0，并启动 STM 的反馈系统使 I_{STM} 自动保持在 I_0 数值，这时由于 B 处在悬空状态，电流信号噪声很大；然后使

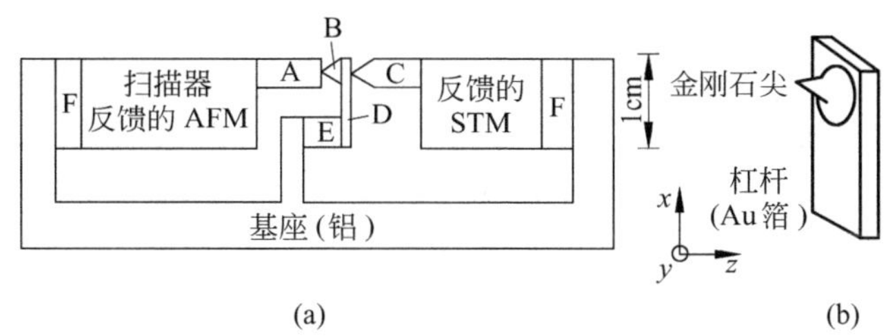

(a)　　　　(b)

图 9-23　AFM 的结构和工作原理图
(a) AFM 的结构原理图；(b) 微杠杆

AFM 样品 A 向针尖 B 靠近，当 B 感受到 A 的原子力时，B 将稳定下来，STM 电流噪声明显减少。设样品表面势能和表面力的变化如图 9-24 所示，样品 A 表面离针尖较远时表面力是负的(表示吸引力)，随着该距离变近，吸引力先增加然后减少直至降为零。当距离继续减少，表面力变为正的(排斥力)，且表面力随距离的减少而迅速增加。如表面力是属于图 9-24 所示的性质，则当样品 A 向针尖 B 靠近时，B 首先感到 A 的吸力，B 将向左倾，STM 电流将减少，STM 的反馈系统将使 STM 针尖向左移动 Δz 距离，以保持 STM 电流不变。从 STM 的 P_z(控制 z 向位移的压电陶瓷)所加电压的变化，可以知道 Δz，再由胡克定律 $F=-S\Delta z$ 求出样品表面对杠杆针尖的吸引力 F(式中 S 是杠杆的弹性系数)。样品继续右移，表面对针尖 B 的吸力增加，当吸引力达到最大值时，杠杆 D 的针尖向左的偏移(从 STM 感觉到 Δz)也达到最大值。样品进一步右移时，表面吸引力减少，位移 Δz 减少，直至样品和针尖 B 的距离相当于 z_0 时，表面力 $F=0$，杠杆回到原先未受力的位置。样品继续右移，针尖 B 感受到的将是排斥力，杠杆 B 将向右移。总之，样品和针尖之间的相对距离可由 AFM 的 P_z 上所加的电压和 STM 的 P_z 所加的电压确定，而表面力的大小与方向则由 STM 的 P_z 所加的电压的变化来确定。这样就得到了针尖 B 的顶端原子感受到的样品表面力(即样品 A 的原子力)随距离变化的曲线。应当指出，以上的分析是在未考虑 STM 针尖和微杠杆之间的原子力的条件下作出的。若考虑这个原子力，AFM 还可测量材料的弹性、塑性、硬度等性质，即 AFM 可用作“纳米压痕器”(nanoindentor)。

利用 AFM 测量样品的形貌或三维轮廓图的方法如下：先使 AFM 针尖工作在排斥力 F_1 状态(参见图 9-24)，这时针尖相对零位向右移动 Δz_1 距离；然后保持 STM 的 P_z 固定不变，并沿 x(和 y)方向移动 AFM 样品；如样品表面凹下，则杠杆向左移动，于是 STM 的电流 I_{STM} 减小，I_{STM} 控制的放大器立刻使 AFM 的 P_z 推动样品向右移动以保持 I_{STM} 不变，即用 I_{STM} 反馈控制 AFM 的 P_z 以保持 I_{STM} 不变。这样，当 AFM 样品相对针尖 B 作(x,y)方向光栅扫描时，记录 AFM 的 P_z 随位置的变化，即可得到样品的表面形貌图。

图 9-25 显示碳纳米管的 AFM 像，它和我们以前看到的 TEM 和 SEM 像不同。AFM 像在垂直于样品表面的 z 方向的分辨率极高，该图在原子分辨率上显示出碳纳米管的圆管状外形，还显示了管壁上的碳原子排布。AFM 还可观察磁性材料的磁畴，图 9-26 显示 $BaFe_{12}O_{19}$ 单晶的 AFM 像，从中可以看出磁畴壁。

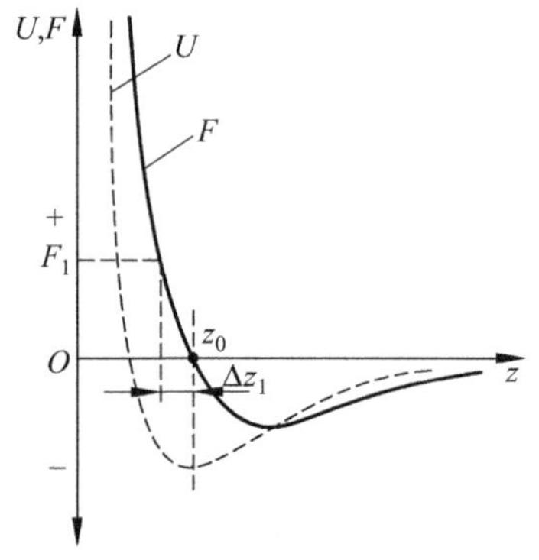

图 9-24　样品表面势能 U 及表面力 F 随表面距离 z 变化的曲线

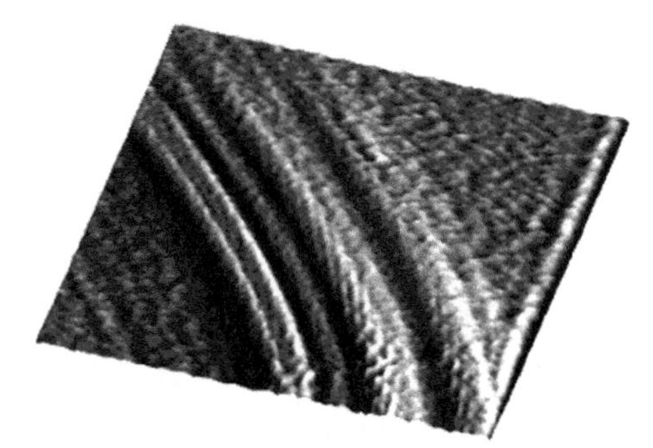

图 9-25　碳纳米管的 AFM 像

在 AFM 中，针尖可作极微小的移动(最小位移为 $10^{-2}\sim10^{-4}$ Å)，这个性质被用来做“纳操作”(nano manipulation)。例如，用针尖拨动表面的原子，让它们改变原先的位置。图 9-27 给出了这样的一个例子，人们在铜(111)表面，用 AFM 技术放上一些铁原子，并让其排列成中文的“原子”两字。

图 9-26　$BaFe_{12}O_{19}$ 单晶上的磁畴壁的 ASM 像

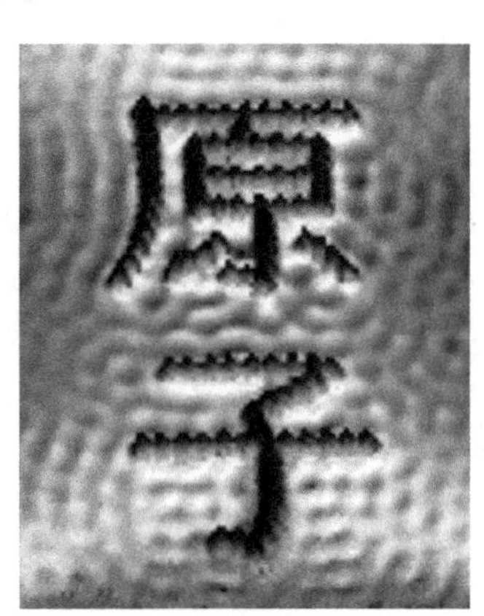

图 9-27　在铜(111)面上用 AFM 将铁原子排成“原子”两字

9.7.3 扫描探针显微镜家族的其他成员

除 STM 和 AFM 外，扫描探针显微镜家族还有许多其他成员：

(1) 磁力显微镜(magnetic force microscope，MFM)

(2) 摩擦力显微镜(lateral force microscope，LFM)

(3) 弹道电子发射显微镜(ballistic electron emission microscope，BEEM)

(4) 扫描离子电导显微镜(scanning ion conductance microscope，SICM)

(5) 扫描光子隧道显微镜(photon scanning tunneling microscope，PSTM)

(6) 扫描近场光学显微镜(scanning near-field optical microscope，SNOM)

(7) 扫描热显微镜(scanning thermal microscope)

这些显微镜都属于 SPM 家族，它们的结构也大体相同，不同之处是在机器的本体上根据功能的需要配上不同的有关装置。通常的 SPM 都会有 STM 和 AFM 两种功能，SPM 由于没有透镜系统，普通的 SPM 也没有真空系统，故结构简单(见图 9-28)，价格也比电子显微镜便宜。这类没有真空装置的 SPM，往往侧重于 AFM 的应用。若要研究材料表面的物理化学性质，一般都需要在超高真空下使用 STM，这类仪器结构比较复杂，价格也比较昂贵(见图 9-29)。

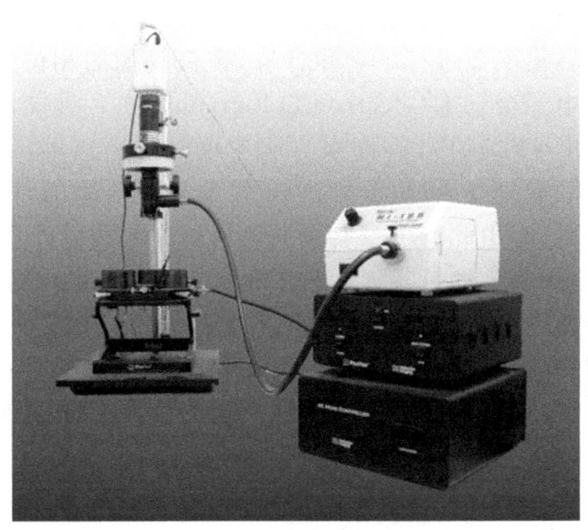

图 9-28 没有真空装置的 SPM

SPM 的工作媒介可以是真空、大气、水、油和电解质等，它的研究对象可以是金属、半导体、绝缘体、固体表面的吸附物、高聚物、生物材料、有机层体系等块状体系的表面。除了表面结构、表面形状和表面重构的基础研究，SPM 还可以用来揭示样品局域的物理性能，例如，用磁力显微镜研究局域磁性能，用摩擦力显微镜研究局域摩擦性能，用局域隧道谱研究电子能谱。总之，近十年来 SPM 的应用快速发展，在很多领域得到了广泛的应用，在纳米科技上的应用上更是如此。

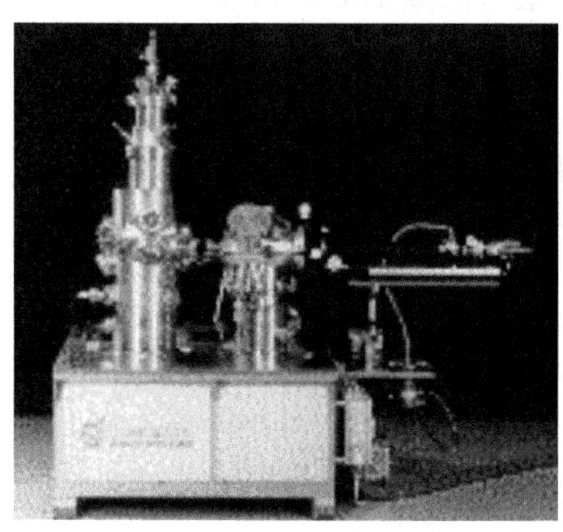

图 9-29 有超高真空装置的 STM

9.8 电子全息术

在传统的 HRTEM 中，出射电子波的相位和振幅的像已经过了非线性混合，并且和相位衬度的转换函数进行了卷积计算，要恢复像的相位和振幅通常是一个相当复杂的过程。电子全息术(electron holography)是一种能恢复真实物体信息的技术。在 TEM 和 STEM 中，有许多方法实现电子全息术，最流行的是离轴全息术。电子全息术的原理是 Gabor 在 1948 年最早提出来的，电子全息术以波的干涉和衍射性质为基础，由此产生没有任何透射畸变的物体的真实像(包括振幅和相位)。光源的高空间相干性是实现全息术的关键，高亮度高相干性电子源(场发射枪)的发展，使得在 TEM 中用电子波得到全息图成为可能。

全息术是利用物体所产生的菲涅耳衍射与相干本底叠加而成的干涉，所得到的全息图并不像物体，但它包含了重现物体所需的全部信息:振幅和相位。全息术成像分两步完成。

第一步形成如图 9-30(a)所示的干涉全息图。从光源处发射一个高空间相干性的电子波，其中一半穿过 TEM 薄样品，而另一半则不穿过 TEM 薄样品，作为基准波被保留(它未与样品作用)。基准波是决定穿过试样的波的相移图像的标准。在透射电镜的中间焦平面处插入一个带正电的双棱镜，使两个电子波相干成为可能。双棱镜使两边相互对着的电子波发生偏转，由于 Aharonov-Bohm 效应，引入一个附加的相移函数，于是形成了一个干涉全息图。

第二步是恢复全息图中的相位(图 9-30(b))，这一过程可用光学方法或数学计算方法完成。在光学重构方法中，用一束激光束照射已记录了样品信息的全息图。由于全息图中存在干涉条纹，透射束将沿垂直于条纹的方向发生衍射，形成两个边带光束和一个中心带光束。边带光束和样品出射面的电子波函数直接相关，它给出了物体的振幅和相位图像。用光学方法对全息图进行重构需要专门的光学仪器和复杂的光路调整，十分不便，现在已基本上不再被电镜工作者采用。一般人们采用数学的方法来重构，它可方便地消除散射背景等噪声对重构像的影响，适合于高精度、高分辨率的要求，是目前普遍采用的方法。

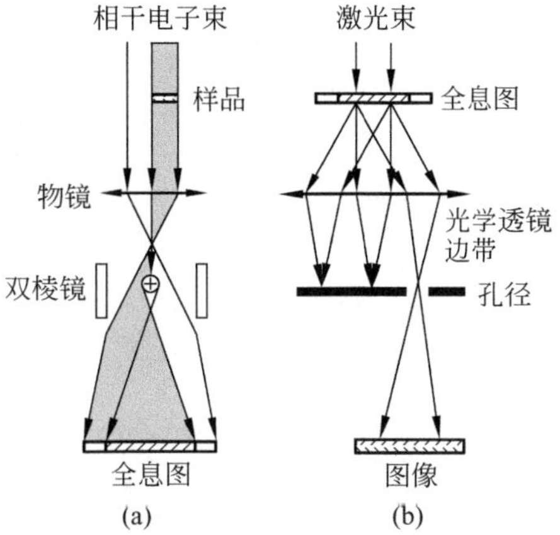

图 9-30　电子全息成像步骤

(a) 利用静电双棱镜在 TEM 中形成离轴电子全息图；
(b) 利用激光衍射获得电子全息重构

重构的电子全息图包括了样品下表面出射电子波的全部信息(振幅和相位)，通过一定的数学处理，可将振幅和相位分离，用它们分别成像得到振幅衬度像和相位衬度像。振幅衬度像与普通的 TEM 明场像相同，而相位衬度像给出了样品下表面出射电子波阵面的形状。图 9-31 给出了这个振幅和相位分离的过程。图(a)是一串磁性纳米晶粒的离轴全息像，图(b)是图(a)的傅里叶变换，它给出了用于对复数的图像波进行重构所需的边带(side band)。图(c)是重构后得到的相位衬度像，而图(d)是重构后得到的振幅衬度像。

下面介绍电子全息术在材料研究中的用途。我们知道材料的内势场分布是决定材料物理性能的重要因素，电子波穿过样品会受到材料内势场的调制，如果受到样品静电场吸引力(排斥力)的作用，样品下表面的出射电子波的相位将比真空中沿同一方向传播的参考电子波的相位超前(落后)。入射电子波若穿过磁性材料，会受到洛伦兹力的作用，出射电子波的相位也会改变。通过对出射电子波相位的测量可以获得有关材料的内势场、磁场等信息。而电子全息术能提供材料的相位信息，故电子全息术是研究材料内势场和磁场分布的有效和高空间分辨的手段。

图 9-32 是场发射碳纳米管的离轴电子全息图观察。图(a)、图(b)和图(c)是碳纳米管在偏压 V_b 分别为 0、70、120 V 时的电子全息图；图(d)、图(e)和图(f)分别对应于图(a)、图(b)和图(c)的相位重构像。相位梯度越大的部分，表示那儿的电场强度越大，从相位梯度可以得到碳纳米管的电场分布。图(f)中相位梯度最大部分，对应于针尖部位 1.22 V/nm 的电场强度。图 9-33 是一个包含 pn 结的 Si 样品的相位衬度图，由图可清晰看出哪儿是 p 型半导体，哪儿是 n 型半导体，可以看出哪儿存在 pn 结。电子全息术在半导体材料研究中很有用。

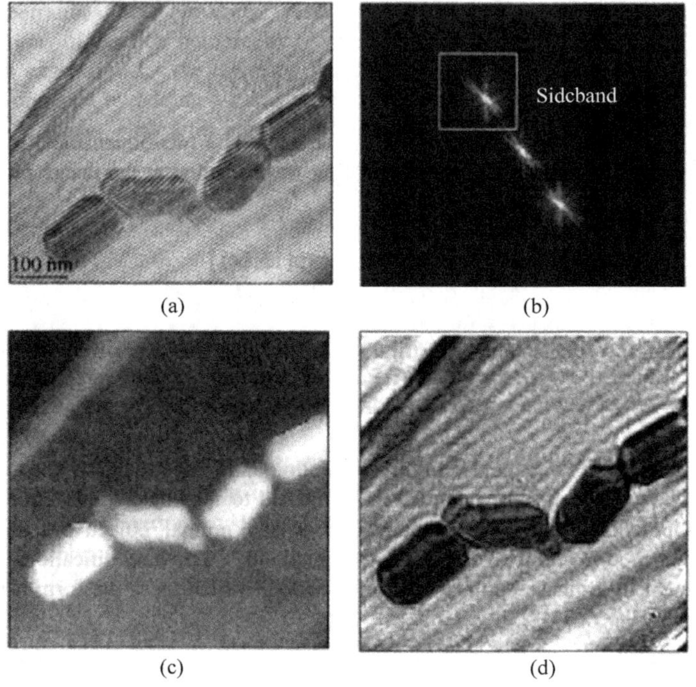

图 9-31 电子全息图的振幅和相位分离过程

(a) 纳米 Fe_3O_4 晶体链的离轴电子全息图；(b) (a)图的傅里叶变换；(c) 重构的相位图；(d) 重构的振幅图

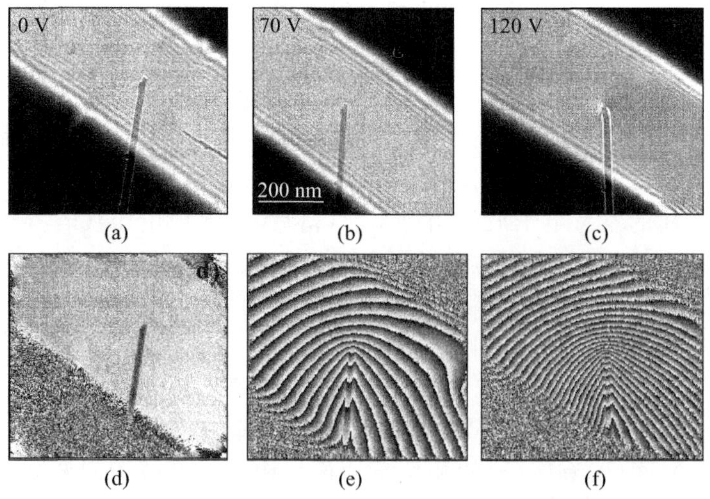

图 9-32 场发射碳纳米管的离轴电子全息图观察

(a)，(b)和(c)碳纳米管在偏压 V_b 分别为 0、70、120 V 时电子全息图；(d)、(e)和(f)分别对应于(a)、(b)和(c)的相位重构像，相位等高线间距为 2π 弧度；(f)中的相位梯度对应于针尖部位 1.22 V/nm 的电场强度

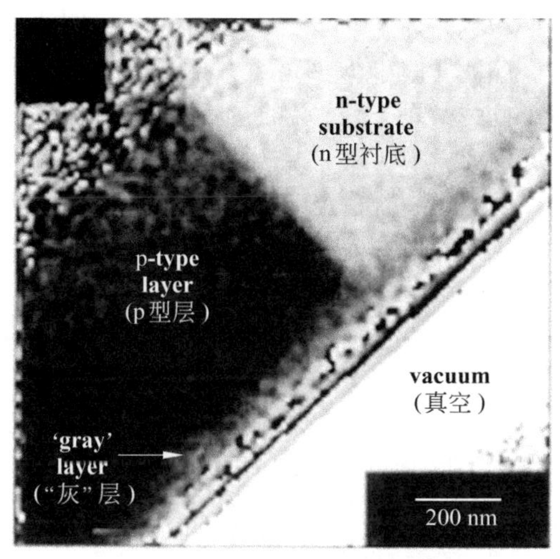

图 9-33　包含一个 pn 结的 Si 样品的相位衬度图

9.9　电子三维重构像

electron tomography 是一种构造三维 TEM 像的方法，它的中文名有各种译法，如电子三维重构像、电子层析成像、电子体层成像、电子 CT 和电子断层扫描等，本书采用电子三维重构像这个词。

电子三维重构像与大家熟悉的医院里常见的 CT 原理类似(CT 的全称是 X-ray computer aided tomography)，也是把按照一定规律拍摄的一系列二维的像重构成一张三维的像。

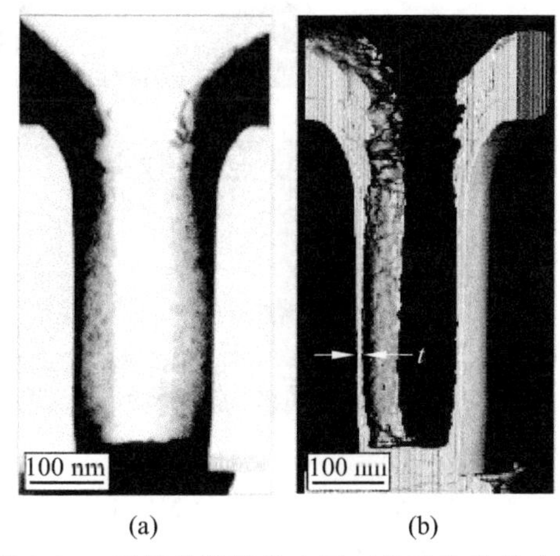

图 9-34　半导体器件的电子三维重构像的应用
(a) 铜的联接体中 Ta/Cu 层的一系列明场倾转相中的一幅二维的 TEM 像；(b) 重构后的三维像，给出了侧壁厚度明确的定量信息以及每一层的粗糙度

电子三维重构像是这样得到的：

(1) 将样品沿某一个倾转轴，每隔一个小角度，拍一张 TEM 像，得到一系列按照一定规律拍摄的二维的像。一般将样品从 $-70°$ 转到 $70°$，拍一系列像(通常拍 100 张像)，这相当于把一个三维的物体沿某个方向投影。每一张 TEM 像对应一张投影像，这些投影像然后按照一个公共的倾转角排列起来。

(2) 通常采用反投影的方法

(back-projection algorithm)将得到的那些二维的投影像重新构成一个三维像。

(3) 这个重构出来的三维像可根据需要用各种方法进行分析/观察，例如，从不同层面观察，从不同角度观察，对特定的局部观察。图 9-34 显示半导体器件中铜的连接的电子三维重构像，图(a)是一系列明场像中的一幅，图(b)是重构得到的三维重构像，从中可以看出侧壁厚度明确的定量信息以及每一层的粗糙度。图 9-35 给出了 $Pt_{10}Ru_2$ 粒子装在 MCM-41 多孔纳米结构中的情况。图(a)是 TEM 明场像，图(b)是用 STEM 做的 HAADF 像，图(c)是三维重构后的立体图像，小红点是 $Pt_{10}Ru_2$ 粒子，白的物质是 MCM-41 的由 SiO_2 构成的基体物质，MCM-41 是一个多孔结构，$Pt_{10}Ru_2$ 填在 MCM-41 的孔道内。图(d)是对图(c)中那个立方体中某一个孔道的着色图，可以看出有两个 $Pt_{10}Ru_2$ 填在这个孔道内。图

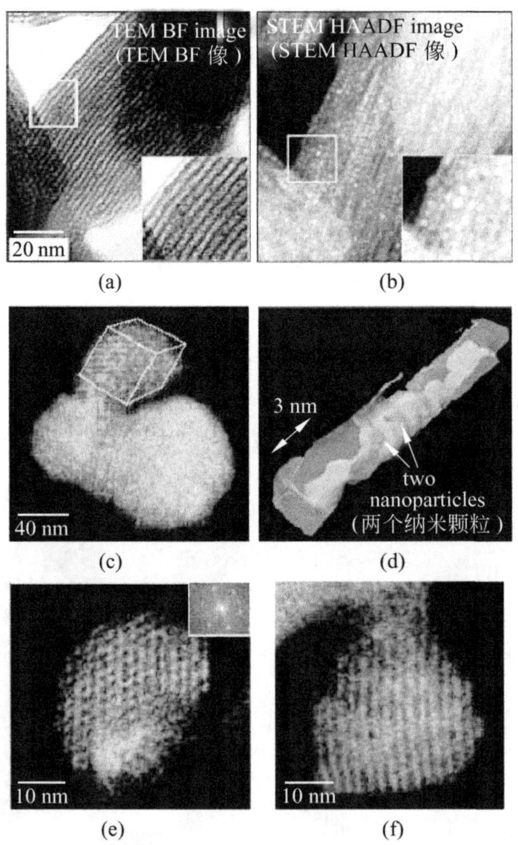

(a) (b) (c) (d) (e) (f)

图 9-35　镶嵌有 $Pt_{10}Ru_2$ 的 MCM-41(由二氧化硅构成)纳米结构的电子三维重构像

(a) 镶嵌有 $Pt_{10}Ru_2$ 的 MCM-41 纳米结构的 TEM 明场像；(b) 同一个区域的 HAADF 像；(c) 同一个样品中另一个区域的三维重构像，红色的是 $Pt_{10}Ru_2$ 颗粒，白色的是二氧化硅(MCM-41 由二氧化硅构成)；(d) 在(c)图中立方体区域中重构图亚区中的一个孔的着色图；(e)，(f) 是在(c)中立方体区域中重构图亚区的两个互相垂直的投影

(e)和图(f)是从两个互相垂直的方向去看图(c)中立方体中的三维重构像的两个投影。

从这两个例子可见电子三维重构像对研究那种从一两张照片不容易搞清楚的复杂结构，如混合物、多孔结构等物质的研究很有帮助。

9.10　原位透射电子显微术

原位透射电子显微术(in-situ TEM)是指用透射电镜直接观察样品的动态性质，如加热引起的样品的相变或变化。原位透射电子显微术在纳米科技中获得了很大的应用，如可以测量纳米管/纳米线的动态力学性能，观察纳米管的电子输运等。本节只简单介绍几个例子(详细可见参考文献[29,30])。

1. 碳纳米管的弯曲模量的测量

王中林研究组发明了一种采用原位透射电子显微术来测量单根碳纳米管的力学性能的技术。先用外加电压对碳纳米管充电，充上的电荷主要集中在碳纳米管伸出去的端部，静电力将使带电的碳纳米管弯曲。加正电使碳纳米管向一个方向弯曲，加负电则使碳纳米管向相反方向弯曲。对碳纳米管加一个在正负方向上不断变化的振荡电压，并改变振荡频率使其等于碳纳米管自身的振荡频率，这时碳纳米管会发生共振(图 9-36)。碳纳米管的自身的振荡频率 ν_i 取决于碳纳米管的直径 D、长度 L、密度 ρ 和碳纳米管的弯曲模量 E_b：

$$\nu_i = \frac{\beta_i^2}{8\pi}\frac{D}{L^2}\sqrt{\frac{E_b}{\rho}}$$

对应于一次谐振和二次谐振的 β 值分别为 1.875 和 4.694。另外，以上的计算中忽略了碳纳米管的内径，并假定碳纳米管是刚性的。由以上公式，通过测量碳纳米管的共振频率 ν_i，可得到碳纳米管的弯曲模量 E_b。用此法测得直径小于 8 nm 的碳纳米管的弯曲模量高达 1.2 TPa，当碳纳米管的直径大于 30 nm，它的弯曲模量为 0.2 TPa。

2. 世界上最小的纳米天平

类似于弹簧秤，如果弹性常数被校准了，则连在弹簧端部的物体的质量可以通过测量弹簧的振动频率得到。这个方法被王中林用于在原位透射电镜上测量连在碳纳米管端部的微小物体的质量。当在碳纳米管的端部上连上一个具有微小质量的小颗粒，例如，如图 9-37 所示，振动频率会比未加这颗粒前要下降许多。通过测量加颗粒后碳纳米管的振动频率，可由式

$$\nu = D^2/16\pi L(3E_b/Lm_{eff})^{1/2}$$

算出小颗粒的质量。当 $D=42$ nm，$E_b=90$ GPa，测出小颗粒的质量为 22 ±6 fg (1 fg$=10^{-15}$ g)。这种技术适合于称量质量在 fg 到 pg(1 pg$=10^{-12}$ g)范围的小颗

粒，这是世界上最灵敏和最小的秤。

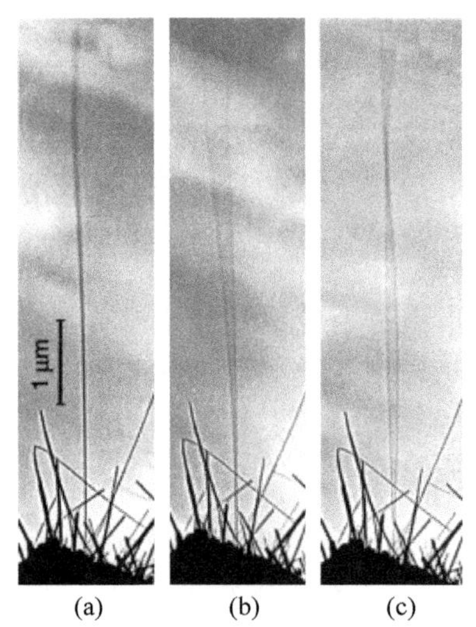

图 9-36　碳纳米管弯曲模量的测量

(a) 热效应引起的碳纳米管振动；(b) 碳纳米管的基本振动(频率=530 kHz)；(c) 碳纳米管的二次谐振(频率=3.01 MHz)，由公式算出碳纳米管弯曲模量 E_b=0.21 TPa

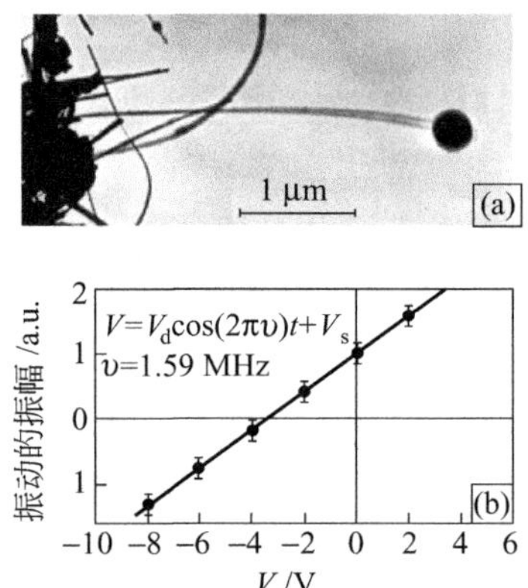

图 9-37　用振动法测量微小质量

(a) 碳纳米管的端部连上一个球形碳颗粒后的谐振；(b) 碳纳米管在谐振时的振动幅度与外加静电偏压的 V_s 关系

做原位透射电子显微术，关键是要能够给电镜试样加电压(通电流)，或给试样加力(使试样变形)，这可以通过设计专用的透射电镜试样杆(sample holder)来实现。这些试样杆不仅可以给试样加上外场(电、力、热等)，还配有测量装置，可以测量试样的某些物性(如电流、电压等)。GATAN 公司就能提供许多用来做原位透射电子显微术的专用试样杆。

9.11　球差校正透射电镜

影响透射电镜(TEM)分辨率的因素很多，对一定的加速电压的 TEM 而言，它的分辨率主要受到物镜球差和电子波相干性的限制。我们知道，在最佳欠焦条件下，TEM 的点分辨率 r 由球差决定：

$$r = \frac{3}{16}C_s^{\frac{1}{4}}\lambda^{\frac{3}{4}}$$

式中 C_s 是物镜的球差系数，λ 是电子波长，要提高分辨率，就要降低电子束波长和减小物镜球差。在目前的电镜制造技术下，提高加速电压可以降低电子束波长，以达到提高分辨率的目的。目前用得最多的电镜是 200 kV TEM，它的分辨率为 0.19 nm；采用 300 kV 电压，分辨率为 0.169 nm；采用 400 kV 电压；分辨率为

0.163 nm；而 1250 kV 的超高压 TEM 的分辨率为 0.1 nm。但高压电镜的价格非常昂贵，由公式可知，通过减小电子束波长（即使用高电压）来提高分辨率是可以的，但 300 kV 以上的 TEM 价格昂贵，人们希望能在 200 kV 下得到高的分辨率，这就有必要采用新的方法来减小球差，以提高分辨率。

早在 1943 年，Scherzer 就提出了用四极-十极电磁系统来校正球差和色差，但实践中实现多极校正器的制作十分困难，直到 1998 年，Heider 等成功地制造出六极校正器系统来补偿 200 kV TEM 的球差。球差校正器（C_s corrector）的成功为提高 TEM 的点分辨率开辟了一条全新的途径。

物镜球差校正可由两组六极电磁透镜来完成（见图 9-36），其原理是：(1) 由第一组六极透镜所产生的非旋转对称的二级像差可被第二组六极透镜补偿；(2) 由于这六极透镜具有的非线性衍射本领，它们也会产生附属的旋转对称三级球差，但这个三级球差系数的符号与物镜球差系数的符号相反，只要施加合适的激励强度（电流）就可完全补偿物镜的球差。在实际应用中，物镜球差校正系统是一置于物镜之后由两组六极电磁透镜及两组附加传递双合圆形透镜组成的消球差物镜系统，如图 9-38 所示。装入这种球差校正系统的 200 kV 的 Philips CM 200 FEG ST 透射电镜的点分辨率由原来的 0.24 nm 提高到了 0.13 nm，分辨率几乎为原来的 2 倍，远高于 400 kV TEM 的分辨率。

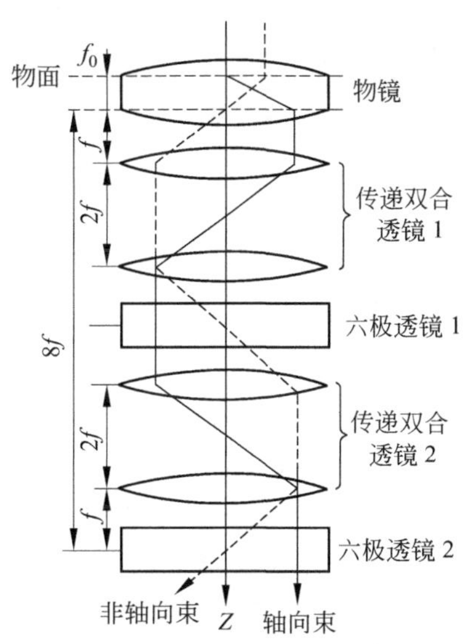

图 9-38　物镜球差校正系统示意图

f_0 为物镜的焦距，f 为传递透镜的焦距

球差校正器不仅可装在物镜后以提高 TEM 的分辨率，也可装在 STEM 的会聚镜后，以提高 STEM 的分辨率。在 VG H501 STEM 上装上球差校正器后，在 100 kV 的电压下，STEM 达到了 0.1 nm 的点分辨率。图 9-39 就是用 VG H501 照的 STEM 像，从图中可见间隔为 1.23 Å 和 1.44 Å 的距离可以被分辨。也可以在一台 TEM 上，在会聚镜下装一个球差校正器，提高 STEM 的分辨率，又在物镜下装一个球差校正器，提高 TEM 的分辨率。牛津大学材料系拥有的球差校正透射电镜 JEM 2200FS 就装有这样的两个球差校正器（见图 9-40）。

装有球差校正器的 TEM 称为球差校正透射电镜（C_s corrected TEM），球差校正 TEM 相比传统的无球差校正的 TEM 有 3 个优点：

(1) 在同样的电压下，球差校正 TEM 比无球差校正 TEM 分辨率提高一倍左右。

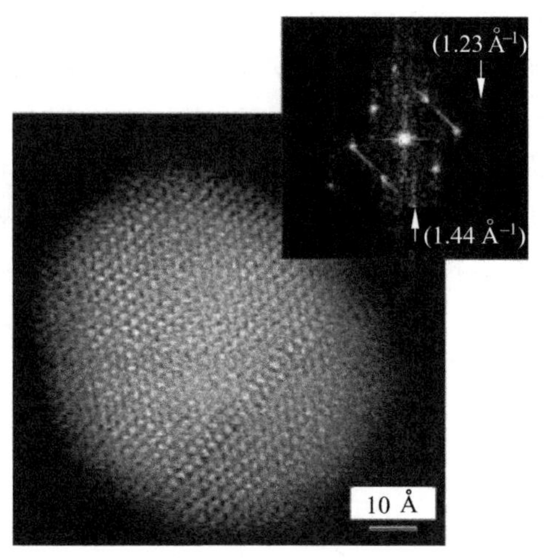

图 9-39　配有球差校正器的 VG HB501 STEM 拍摄的含有层错的金颗粒 STEM 像,该仪器在 100 kV 下达到了 0.1 nm 的点分辨率

图 9-40　牛津大学的 JEM 2200FS 透射电镜,镜筒上闪光的两段就是 CEOS 制造的球差校正器,上面一个用于校正会聚镜的球差(STEM 用),下面一个用于校正物镜的球差(TEM 用)

(2) 球差校正 TEM 的电子束流比无球差校正 TEM 大 10 倍,这对做原子尺度的微区分析十分有利。

(3) 对于无球差校正的 TEM,在不连续的区域(如界面、表面)拍摄的 HRTEM 像存在衬度离位(contrast delocalization)现象,一些细节被衬度模糊的假象所掩盖(如图 9-41 所示)。图 9-41(a)是在采用球差校正前拍摄的在锗薄膜上的金颗粒,可以看见颗粒的边缘由于衬度离位而显得模糊;图 9-41(b)是采用球差校正后拍摄的像,这时金颗粒的图像清晰且边缘整齐,这表示球差校正可大大改善衬度离位效应。

目前,世界上一些电镜厂家也正在抓紧研制和生产球差校正 TEM,如球差校正透射电镜 JEM 2200FS(图 9-40)和球差校正透射电镜 Titan 80-300(图 9-42)。有的球差校正透射电镜采用了模块式结构,用户可根据需要加装球差校正器或单色器,或两者都装,分辨率可达亚埃水平。球差校正技术与单色器技术的结合,还可大大提高电子能量损失谱的能量分辨率,使 EELS 的能量分辨率达到 0.2 eV。球差校正技术和单色器技术的结合,使得透射电镜的探索本领进入了人类以前还未"看见过"的一个更小(深)的层次,相信随着球差校正 TEM 的大量使用,更多更新的物理现象会被揭示出来,人们对自然界的认识也会进一步提高。

目前世界上已有一些先进的电镜实验室装备了球差校正 TEM,球差校正 TEM 已是当前 TEM 发展的热点。

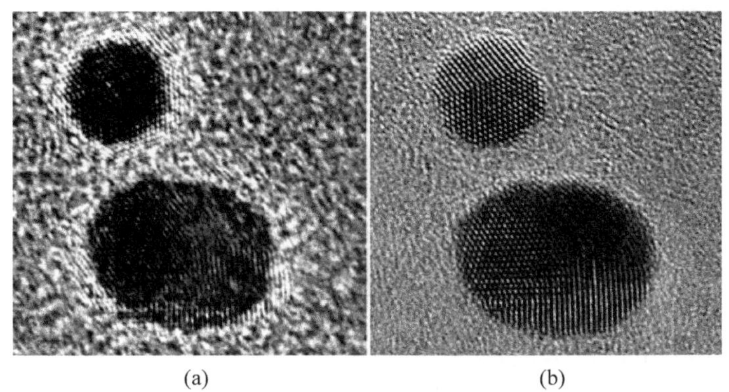

图 9-41　球差校正可大大改善衬度离位效应

(a) 球差校正前拍摄的在锗薄膜上的金颗粒，颗粒的边缘由于衬度离位而显得模糊；(b) 球差校正后拍摄的像，金颗粒的图像清晰且边缘整齐

图 9-42　FEI 制造的球差校正透射电镜 Titan 80-300

实　　验

实验一　透射电镜样品的制备

一、实验目的

没有好的样品就得不出好的电镜实验结果，制备出好的电镜样品是做好电镜实验工作的关键之一。本实验的目的是使学生了解并掌握几种透射电镜常用制样方法。

二、实验要求

(1) 掌握粉末样品的制备方法；

(2) 了解薄膜样品的制备方法；

(3) 了解复型及萃取复型样品的制备方法；

(4) 认识几种样品制备常用设备。

三、透射电镜样品的制备

可供透射电镜观察的材料很多，有金属材料、非金属材料，有小到几十纳米的粉末颗粒，亦有只有几个纳米至几十个纳米厚的薄膜，还有生物等有机材料。只要能将其制成对电子束透明、表面平整、稳定、易于放置、耐电子束轰击、不易挥发、不失真、无放射性、可供观察的样品即可。

由于电子束的穿透能力有限，为了得到较大的磁场强度，物镜的上下极靴距离做得很短，使得透射电镜样品室很小，样品台所能放下的样品一般是 ϕ3 mm，厚度 0.1 mm 左右，而实际观察区域厚度必须小于 100 nm，高分辨像要求样品更薄。

常见透射电镜样品如下。

(1) 粉末样品：纳米颗粒或纳米薄膜材料制成的样品。

(2) 薄膜样品：用金属、陶瓷等非金属材料，即用所要研究的材料本身制成的样品。

(3) 复形、萃取复型样品：用塑料、碳等材料将所要研究的材料的金相表面、断口等表面形貌复制下来，制成样品用于观察，复形样品不是所要研究的材料本身制成的样品。萃取复型样品上有所要研究材料的第二相颗粒。

(4) 横截面样品：多层薄膜等材料的横截面样品。

1. 粉末样品的制备

透射电镜可以观察纳米级的颗粒，大于 1 μm 的颗粒必须经过研磨，成为纳米颗粒后方可用于透射电镜观察。

取少量待观察的粉末颗粒，放入玛瑙研钵中，进一步研碎成更小的颗粒；再将其放入洁净的小烧杯中，加入少量乙醇，放到超声机中振荡 3～5 min，使其成为悬浊液；滴两三滴到微栅或支持膜上，待干燥后收起待用；上机观察后，如发现粉末颗粒太少，还可取下试品，在其上再滴几滴悬浊液即可。

所谓支持膜是在 ϕ3 mm 铜网上做上一层碳或塑料-碳复合膜来承载粉末颗粒。带微孔的支持膜称为微栅。

纳米薄膜材料可以直接放入干净的水中，利用水的表面张力将膜展开，用 200～400 目的铜网捞出，干燥后直接上电镜观察。

2. 薄膜样品的制备

用钼丝切割机或金刚石切片机从大块试样上切取 0.3～0.5 mm 厚的薄片，预减薄到 50 μm 左右，再进行终减薄成为可供电镜观察用的样品。

预减薄的方法分为机械减薄法和化学减薄法两种。

机械减薄法如同磨金相试样，在砂纸上由粗到细将样品两面均匀地磨下去一层，最后磨至 50 μm 左右。这一过程要求用劲均匀，用力不宜过猛、过急，要求样品表面平整、厚度均匀、表面凸凹较小(磨到 $1000^{\#}$ 砂纸或更高)。对那些在应力下易诱发组织和亚结构变化的样品，如铝、铜等材料，为减小应力，最好采用化学减薄法。不同材料选用的化学腐蚀液不同，如对普通碳素钢和合金钢可以采用 $HF : H_2O : H_2O_2 = 1 : 4.5 : 4.5$ 的溶液减薄。300 μm 厚的切片(预先磨去线切割后留下的条纹)大约经过 6 min 能减薄到 50 μm，效果良好。注意要间断减薄、避免升温，适当更换减薄液。减薄后应该用碱溶液适当中和并清洗。

终减薄的目的是在样品中心减薄，直到成一个小孔，在小孔的周围区域，厚度在 100 nm 以下，可供电镜观察，此薄区范围越大越好。目前最常用的两种终减薄方法是双喷电解抛光法和离子减薄法。

双喷电解抛光法：装置如实验图 1-1。将预减薄到 50 μm 左右的薄片，切成 ϕ3 mm 的小圆片，装在双喷电解抛光仪的样品架上。电解液接阴极，样品作为阳极，电极多为不锈钢片、铂丝、铂片。用液氮将电解液降温到适当温度，调整电解液的流速，抛光出一个小孔后即终止减薄，经乙醇溶液反复清洗、干燥后即可置于电镜中观察。该方法的优点是：减薄条件可控制、操作方便、重复性好、制膜时间短、成品率高、节约材料。缺点是：不同材料使用的抛光液、抛光规范不尽相同，这可以根据有关书籍或手册查找。实验表 1-1 列出几个常用的抛光条件，供参考。

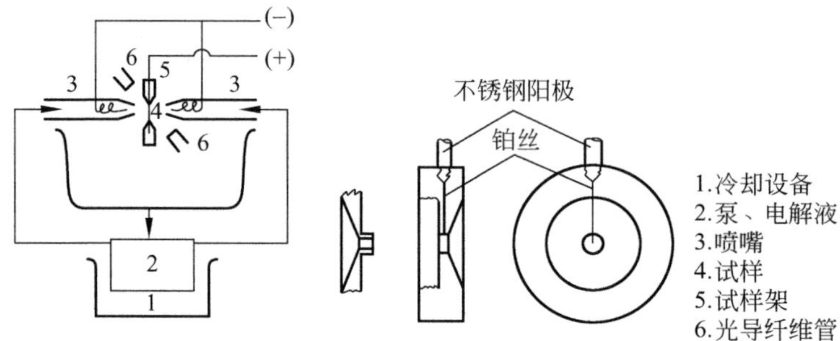

实验图 1-1　双喷电解抛光装置原理和样品夹具示意图

实验表 1-1　金属材料电解抛光条件(摘自 MIP-IA 型操作说明书)

材　　料	电解液及其浓度	电解抛光条件	温　　度
碳钢及低合金钢	高氯酸＋无水乙醇～5%	75～100 V　50～75 mA	−20～−30 ℃
铜及铜合金	高氯酸＋无水乙醇 3%～5%	50～75 V　20～30 mA	−30～−40 ℃
不锈钢	高氯酸＋无水乙醇～5%	75～100 V　30 ～50 mA	−20～−30 ℃
Ni 基合金	高氯酸＋无水乙醇～5% 高氯酸＋无水乙醇～5%	70～100 V　75～100 mA 50～75 V　30～50 mA	−20～−30 ℃

离子减薄法:对于半导体、陶瓷、矿物、有机材料等不导电的材料和一些不宜采用电解抛光法制备的样品多选用离子减薄法来作终减薄。其步骤为:先将预减薄到 20～50 μm 的样品粘贴到 ϕ3 mm 的铜环上,将多余部分切除,装到离子减薄仪的样品支架上。调整离子束与样品之间的角度,真空抽到所需值后,旋转样品,调整电压和氩气束流,产生离子流轰击样品中心。离子束轰击样品表面,导致样品表面被一层层剥离,达到减薄样品的目的。离子减薄仪的减薄速率与样品材料及设置的角度、电压有关。金属、矿物减薄较快,陶瓷、氧化物减薄较慢。角度、电压、束流大小等设置要根据所用设备调整,设备不同这些参数的设置也不同。角度越大、电压越高减薄速度越快。刚开始减薄时电压、角度可用得高一些,待样品减得比较薄后,换成小角度,降低电压,继续减薄,此后要经常观察样品,以防样品穿的孔过大,样品穿孔后再减薄 5～10 min 即可。离子减薄法的特点为:仪器较复杂,价格较贵,减薄时间长。优点是适合各种材料的减薄。

为缩短离子减薄的时间,对硬脆材料预减薄至 100 μm 后,用超声钻将其切割成 ϕ3 mm,在其中心处,用凹坑仪做出一个凹坑,坑底厚度约为 10 μm 左右,再装入离子减薄仪对凹坑处进行离子减薄,这样可以用较短时间获得较好的样品。

3. 横截面样品的制备

横截面样品的制备方法与薄膜样品制备方法大体相同,只是将要做截面观察的样品面对面用胶粘牢、压紧，待胶固化后，切割成 $\phi3$ mm 大小 0.5 mm 厚的薄片，在砂纸上研磨或用凹坑仪凹至 10～50 μm，粘上铜环，再用离子减薄仪减薄。具体步骤如下。

(1) 对粘样品：先将薄膜表面清洗干净。使用 G1 胶（1∶10 比例）对粘样品。两片薄膜样品薄膜面相对对粘，如实验图 1-2(a)所示。

(2) 胶的固化：将粘好的样品用普通的铁制夹纸夹固定，缓慢升温，使得胶尽量均匀分散。至 130℃时停止升温，开始保温（大约 40 min）。同时将剩余粘胶一起升温作为观察参照物，待其颜色转深，表明胶已固化，停止加热。为使样品各部位受热均匀，升温最好在烘箱内进行。

(3) 切片：用低速圆盘踞将粘好的样品切成厚度约为 700 μm 的薄片。切片方向如实验图 1-2(b)所示。

(4) 减薄：将样品用蜡粘于三级样品台上，在可变速转盘上用金刚砂纸进行减薄（也可以手工减薄）。一面磨平之后，取下样品翻面粘贴，再磨另一面。随着样品厚度的减小，依次采用 30 μm，9 μm，6 μm，3 μm 以及 1 μm 的金刚砂纸，配合 200 r/min，180 r/min，150 r/min，20 r/min 和 0 r/min 的转盘转速。最后使用 1 μm 砂纸进行减薄时，可用纸或布在圆盘表面样品前方进行遮挡，防止磨下的颗粒损毁样品表面。至样品透光时，即可停止减薄。此时样品厚度约为 10 μm。

(5) 卸下样品：在培养皿中垫上滤纸，将三极样品台粘有样品的一侧向下放置在滤纸上，加入丙酮浸泡 40 min 后，取出三极样品台，样品自然从三极样品台脱落，留在滤纸上。该过程如实验图 1-2(c)所示。

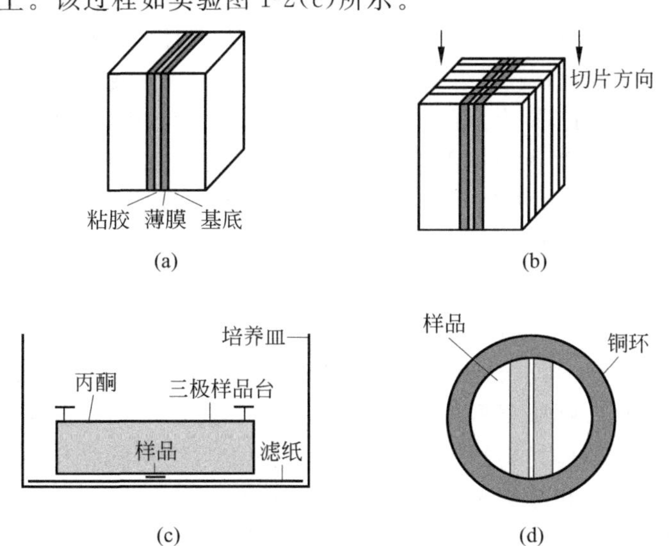

实验图 1-2 截面样品的制备

(a) 对粘样品；(b) 切片；(c) 丙酮浸泡样品直至样品脱落在滤纸上；(d) 粘铜环

(6) 粘铜环：将铜环用真空脂固定在载玻片上，用针尖将配好的1：1环氧树脂胶(AB胶)均匀涂抹于铜环上，注意胶量不能太多。将放有样品的滤纸移到光学显微镜下，在显微镜下将铜环对准样品倒扣上去，如实验图1-2(d)所示。固化后，即可进行离子减薄。

(7) 离子减薄：将样品进行离子减薄，直至打出孔洞。

4. 非导电样品镀碳膜

对于导电性差的材料，制备好透射样品后，要在其表面喷镀一层导电材料(碳膜)。将做好的样品放入真空镀膜仪中，两根高纯碳棒与电极连接，碳棒对接如实验图1-3，抽好真空后，旋转样品，给电极通电，使高纯碳棒尖端蒸发，在样品表面形成一层10 nm左右厚的碳膜。蒸镀时注意观察同时放入蒸镀仪中的白色瓷片的颜色，小瓷片微微变色就表示碳膜厚度已可以，这时马上停止蒸镀。

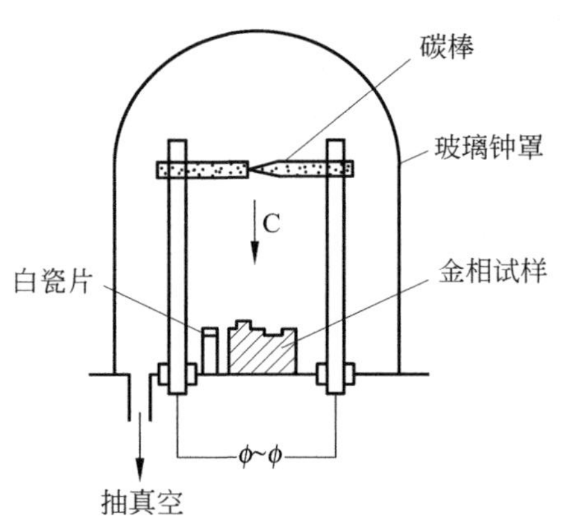

实验图1-3　蒸发喷碳

5. 复型样品的制备

复型样品的制备是用碳、塑料等复型材料将试样表面组织形貌、断口形貌、析出物等复制或萃取下来，用于电镜观察的技术。复型可分为表面复型和萃取复型两种。

表面复型：用塑料、碳等复型材料将金相试样、断口等表面形貌复制下来，制成样品用于透射电镜观察，而非直接观察所要研究的材料本身。随着薄膜技术的发展，目前使用表面复型技术研究材料组织形貌的越来越少，但表面复型技术具有操作简单，不损伤样品表面，视场范围大，可重复等优点，目前仍被应用于大型工件的失效分析(如现场复制工件表面裂纹及周围组织形貌、断口表面析出物等)，用于记录力学性能试验不同阶段样品表面出现的浮凸，研究材料在各种受力条件下的塑性变形等方面。

萃取复型：在金属材料研究中常常会遇到讨论第二相粒子(或夹杂物)对材料性能的影响的问题。萃取复型是利用复型材料(塑料、碳等)在将金属材料表面的凹凸形貌复制下来的同时将第二相粒子也萃取下来。这样制成的样品不仅可以反映材料的组织形貌，还可以获得第二相粒子的结构、大小、形状、成分、分布等第二相粒子本身的信息。萃取复型视场范围大，第二相颗粒与周围复型材料衬度反差大，容易区分，不受基体材料组织结构影响，有利于第二相的结构、成分等分析，因此萃取复型对于第二相分析至今仍是一种好方法。

萃取复型又可分为一次萃取复型和二次萃取复型，制作工序与前面介绍的表面复型基本相同，其目的在于将第二相粒子萃取下来，所用腐蚀剂与金相使用试剂相同。但应注意选择既能够腐蚀且显示基体组织形貌，又不与萃取相发生化学反应，并能保持萃取相的结构、成分、大小等不发生变化的化学试剂，其腐蚀深度也较普通表面复型样品的腐蚀深度要深些。

1）碳一次复型

（1）用常规方法将试样表面抛光、腐蚀，其腐蚀深度较一般金相腐蚀略深。断口最好为新鲜断口（无需腐蚀）。

（2）在真空镀膜仪中将试样表面喷镀一层碳膜，厚度控制在几十到一百纳米（白瓷片为棕色）（实验图 1-4(a)）。

（3）用刀片或针尖将碳膜表面划成 2 mm×2 mm 的小方块。

（4）将试样放到电解液中进行电解（通常与金相使用的电解液相同）。当碳膜的边角翘起或有个别的碳膜脱落时，取出试样并放到无水乙醇溶液中轻轻晃动，使碳膜脱落（实验图 1-4(b)）。

（5）再用无水乙醇或水将碳膜轻轻漂洗 2～3 次，再在溶液中停留几分钟，将电解液彻底清除干净。

（6）用铜网将膜捞出（实验图 1-4(c)），晾干即可。

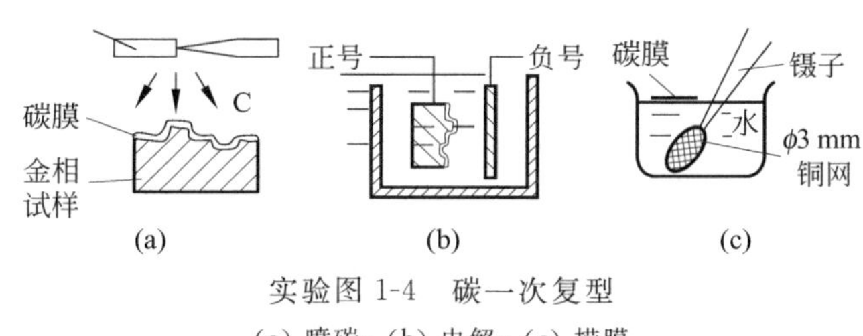

实验图 1-4　碳一次复型

(a) 喷碳；(b) 电解；(c) 捞膜

此方法碳颗粒小（2 nm 左右），分辨率高，导电导热性能好，由于蒸发沉积的碳颗粒在金相试样表面有一定程度的迁移，使得碳膜厚度基本均匀，图像衬度较差，只能看清凹凸的轮廓，而不能区分凹凸浮雕特征。碳一次复型制备方法比较复杂，破坏样品原始表面，不适合大型工件。

2）塑料—碳二次复型

（1）用常规方法将试样表面抛光、腐蚀，其腐蚀深度较一般金相腐蚀略深。

（2）配制好 0.5%，1%，2%，5%几种不同浓度的火棉胶醋酸异戊酯溶液。

（3）取 0.5%的火棉胶溶液均匀地涂于试样表面，用红外灯烤干，依次用同样方法将 1%，2%或 5%的火棉胶溶液涂于试样表面，并烤干（实验图 1-5(a)）。

（4）朝火棉胶面哈口气使其表面潮润，用透明胶带紧贴火棉胶膜面，不能有气泡，小心地将胶带与复型膜一同揭下来，让复型膜面朝上，将胶带固定在载玻片上，并做好标记。用真空镀膜仪在复型膜面上蒸发上 20～30 nm 厚的碳膜（白瓷片变为浅棕色）。为改善复型图像的衬度，增加图像的立体感，也可在蒸发碳膜前投影上一层重金属如铂、铬等来提高图像衬度。所谓投影重金属即把已经制好的一级塑料复型浮雕面朝上，放入真空镀膜仪中，真空度 $10^{-4}\sim10^{-5}$ mmHg，样品不旋转，倾斜一定角度蒸发沉积一层散射能力较大的重金属膜，这样在凸起的浮雕后面，有一重金属粒子沉积不到的地方，形成“影子”，提高图像的衬度和立体感。投影角度为 15°～45°，对于光滑的样品表面投影角度小些，粗糙的样品表面如断口投影角度应选大些(实验图 1-5(b))。

(5) 用剪刀将想要观察部分剪成略小于 ϕ3 mm 铜网的小方块，放入二甲苯溶液中，浸泡 1 小时使胶带与复型膜分离(实验图 1-5(c))。

(6) 用铜网将与胶带分离的复型膜捞到醋酸异戊酯溶液中溶掉火棉胶。

(7) 待火棉胶完全溶解后，用 ϕ3 mm 铜网捞出，晾干(实验图 1-5(d))。

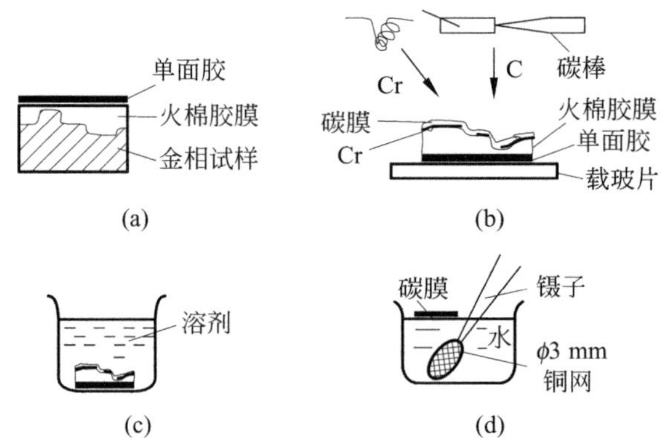

实验图 1-5 塑料—碳二次复型

(a) 复型；(b) 投影重金属、喷碳；(c) 溶膜；(d) 捞膜

塑料—碳二次复型制备过程中不破坏样品原始表面，可反复多次复型，用于观察的碳膜导电导热性能好，在电子束轰击下比较稳定，投影重金属后图像衬度高，有层次和立体感，但分辨率低于碳一次复型；另外使用试剂二甲苯有毒，本实验应在抽风橱中进行。

3) 断口复型

(1) 制备 AC 纸

用 6%醋酸纤维素(俗称 AC 纸)丙酮溶液倒在干净的玻璃板或干净的培养皿中，稍倾斜并转动玻璃板或培养皿使溶液均匀地展开，平铺在玻璃表面，盖上玻璃罩，留出一个出气口，以利丙酮挥发，大约 24 小时后 AC 纸干透，用小刀轻划 AC 纸边缘，小心揭下即可。也可以在 6%醋酸纤维素丙酮溶液中加入几滴甲基紫制成紫色的 AC 纸。

(2) 在干净、新鲜的断口表面滴一滴丙酮溶液，将略大于断口截面的 AC 纸贴在断口表面(实验图 1-6(a))，用砂布包等轻轻压 AC 纸使其紧密地与断口表面接触，完整地将断口表面浮雕复制下。若断口表面起伏太大可在第一层 AC 纸的表面再加一滴丙酮再贴上一两层 AC 纸加固，提高 AC 纸的强度，干燥后将 AC 纸揭下，在将断口表面浮雕复制下来的同时将断口表面的第二相颗粒也粘下来。

(3) 将揭下的 AC 纸复型面朝上，中间加纸隔开，将其固定在载玻片上，做好标记，用真空镀膜仪在复型膜面上蒸发上 100 nm 左右的碳膜(白瓷片变为棕色)(实验图 1-6(b))。

(4) 用剪刀将想要观察部分剪成略小于 ϕ3 mm 铜网的小方块，放入丙酮溶液中溶掉 AC 纸(实验图 1-6(c))。

(5) 待 AC 纸完全溶解后，用 ϕ3 mm 铜网捞出(实验图 1-6(d))，晾干。

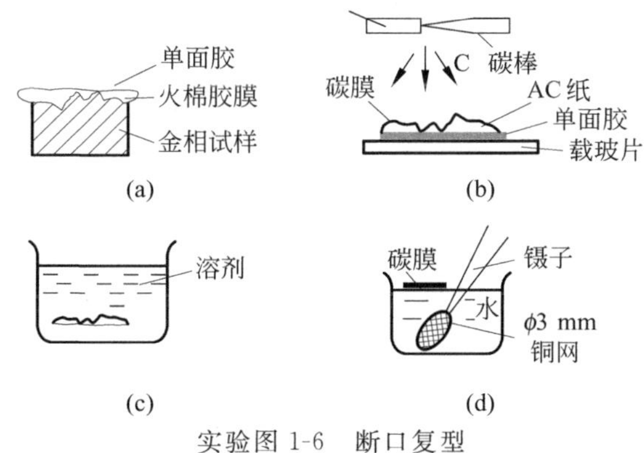

实验图 1-6　断口复型

(a) 复型；(b) 投影重金属、喷碳；(c) 溶膜；(d) 捞膜

AC 纸膜厚强度高，揭膜容易，制备好复型也可以放在光学显微镜和扫描电镜下观察。AC 纸流动性差，可用火棉胶代替做第一层塑料膜，再用 AC 纸提高强度，增加图像细节。

为不影响断口表面析出物的成分和相分析，不要投影重金属，但若不考虑对第二相相分析的影响，为提高图像的衬度和立体感也可以加投影重金属。

4) 碳萃取复型

(1) 用常规方法将试样表面抛光、深腐蚀。断口最好为新鲜断口(无需腐蚀)。

(2) 在真空镀膜仪中将试样表面喷镀一层碳膜(实验图 1-7(a))，厚度控制在几十到一百纳米(白瓷片为棕色)。

(3) 用刀片或针尖将碳膜表面划成 2 mm×2 mm 的小方块。

(4) 将试样放到电解液中进行电解(通常与金相使用的电解液相同)(实验图 1-7(b))。当碳膜的边角翘起或有个别的碳膜脱落时，取出试样并放到无水乙醇溶液中轻轻晃动，使碳膜脱落。

(5) 再用无水乙醇或水将碳膜轻轻漂洗 2～3 次，再在溶液中停留几分钟，将电解液彻底清除干净。

(6) 用铜网将膜捞出(实验图 1-7(c))，晾干即可。

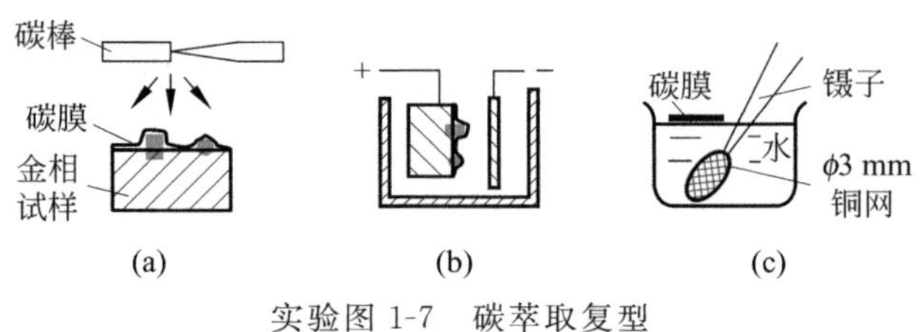

实验图 1-7　碳萃取复型

(a) 喷碳；(b) 电解；(c) 捞膜

5) 塑料—碳二次萃取复型

(1) 用常规方法将试样表面抛光、深腐蚀。

(2) 配制好 0.5%,1%,2%,5%几种不同浓度的火棉胶醋酸异戊酯溶液。

(3) 取 0.5%的火棉胶溶液均匀地涂于试样表面,用红外灯烤干,依次用同样方法将 1%,2%或 5%的火棉胶溶液涂于试样表面,并烤干(实验图 1-8(a))。

(4) 用透明胶带紧贴火棉胶膜面,不能有气泡,小心地将胶带与复型膜一同揭下来,让复型膜面朝上,将胶带固定在载玻片上,做好标记。

(5) 用真空镀膜仪在复型膜面上蒸发上 20～30 nm 厚的碳膜(白瓷片变为浅棕色)(实验图 1-8(b))。

(6) 用剪刀将想要观察部分剪成略小于 ϕ3 mm 铜网的小方块,放入二甲苯溶液中,浸泡 1 小时使胶带与复型膜分离。

(7) 用铜网将与胶带分离的复型膜捞到醋酸异戊酯溶液中溶掉火棉胶(实验图 1-8(c))。

(8) 待火棉胶完全溶解后,用 ϕ3 mm 铜网捞出(实验图 1-8(d)),晾干即可。

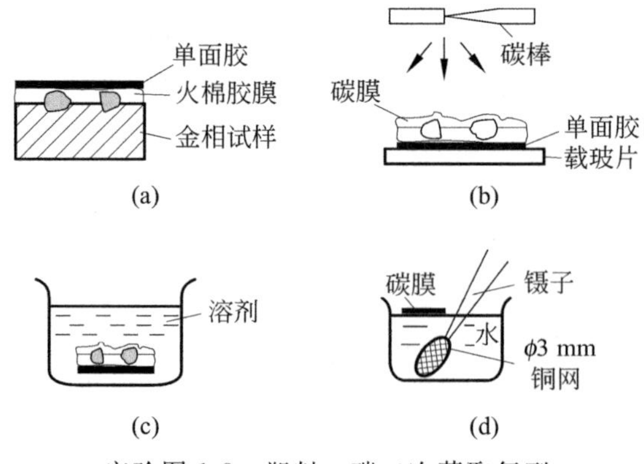

实验图 1-8　塑料—碳二次萃取复型

(a) 复型；(b) 投影重金属、喷碳；(c) 溶膜；(d) 捞膜

为不影响第二相颗粒的成分和相分析,无需投影重金属。

实验二 透射电子显微学实验

一、实验目的

(1) 加深理解透射电子显微镜(TEM)的基本结构、工作原理;

(2) 学习透射电镜的基本操作——合轴调整;

(3) 学习透射电子显微学实验方法中的选区电子衍射、明场衍衬像、暗场衍衬像和高分辨像技术。

注意理解和体会:

(1) 透射电镜合轴的重要性和合轴方法;

(2) 聚光镜和物镜像散的调整方法;

(3) 电压中心的调整方法;

(4) 图像正焦、欠焦、过焦的含义;

(5) 选区光阑在选取电子衍射方法中的作用;

(6) 明、暗场像和高分辨像中物镜光阑和衍射谱的相对位置;

(7) 如何判断带轴的旋转方向;

(8) 欠焦量和物镜像散对高分辨像的影响。

二、实验仪器

(1) 实验用透射电镜型号: JEM-2011 UHR TEM(ultrahigh resolution TEM)

(2) 生产厂家:日本电子株式会社

(3) 主要附件:JEOL 的能谱仪和 Gatan 公司的 794 CCD

(4) 仪器主要性能指标

灯丝类型(filament type):LaB_6 灯丝

加速电压(acceleration voltage):200 kV

点分辨率(point resolution):0.19 nm

样品最大倾转角(maximum specimen tilt angle):±20°

最小束斑尺寸(minimum spot size):0.5 nm

放大倍数(magnification):$2000 \sim 1.5 \times 10^6$

能谱仪(EDS)探测元素范围:B~U

三、实验内容

(一) TEM 的基本结构

透射电子显微镜是以高能电子(波长很短的电子束)作为照明源,用电磁透镜聚焦成像的一种高分辨率、高放大倍数的电子光学仪器。利用透射电镜可以对材料进行形貌观察、微相表征和结构鉴定等，通过选配附件还可对试样进行微区成分分析(EDS)、微区结构分析(会聚束及微衍射)、电子结构和价态分析(能量损失谱)，等等。

透射电镜由电子光学系统、真空系统和电源控制系统组成。

1. 电子光学系统

电子光学系统是电镜的核心，由多个电子透镜和部件构成。沿着电子在镜体内的路径，电子光学系统可划分为电子枪、高压发生器、加速管、照明系统、成像系统和图像观察与记录系统。实验图 2-1 是本实验所用透射电镜电子光学系统的剖面图。

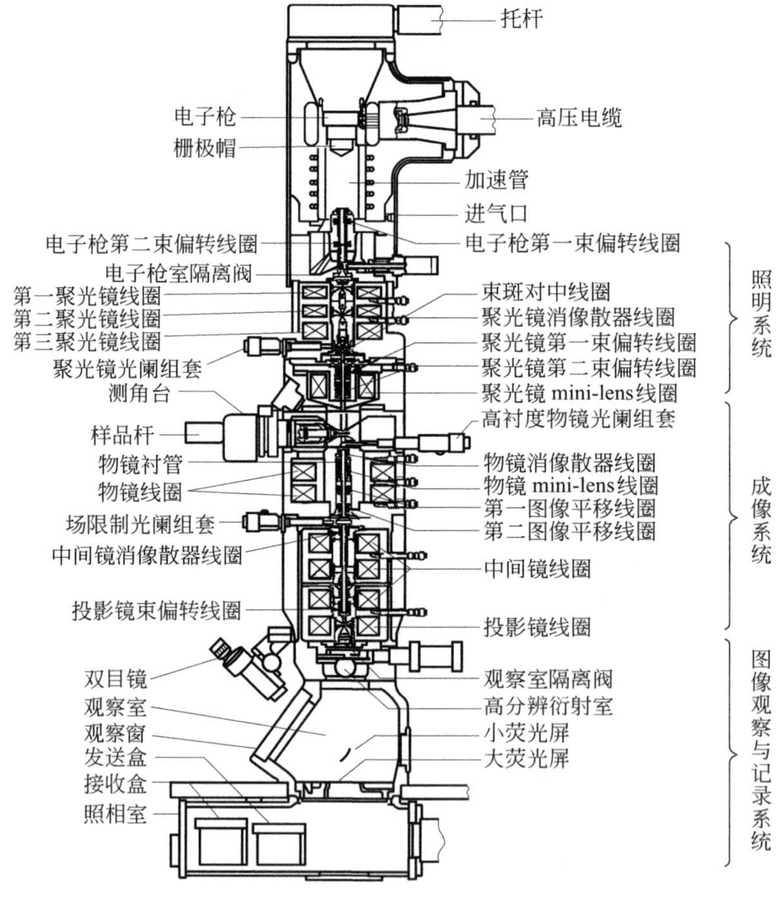

实验图 2-1　电子光学系统的剖面图

(1) 电子枪

电子枪是产生电子的装置。由最初的发夹式钨丝，经 LaB_6 单晶发展至场发射电子枪。根据发射电子的机制不同，可将电子枪分为热电子发射型(发夹式钨丝和 LaB_6 单晶)和场发射型(冷阴极方式和热阴极方式)。电子枪的种类不同，电子束的会聚直径和能量的发散度不同。本实验所用仪器的电子枪为热电子发射型的 LaB_6 单晶。其结构示意图如实验图 2-2 所示。

(2) 高压发生器

高压发生器产生用于加速电子枪发射的电子的高压，通过高压电缆和电子显微镜镜体相连(见实验图 2-1)。若其输出电压发生变化时将引起色差。

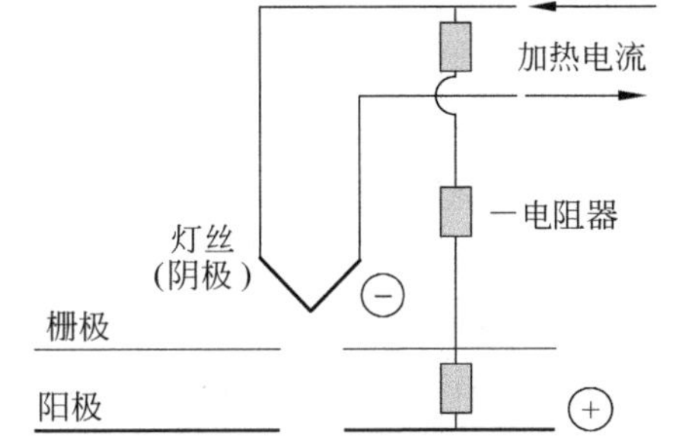

实验图 2-2　电子枪示意图

(3) 加速管

加速管利用高压发生器产生的高压加速电子枪发射的电子。

(4) 照明系统

照明系统一般由聚光镜和聚光镜光阑组成。其功能是为成像系统提供一个亮度大、束斑尺寸可调、照射角度可变(如会聚光束和平行光束)、稳定度高的高强电子束流照射到待分析样品的感兴趣区。

本实验所用仪器的照明系统由第一、第二、第三聚光镜、光阑和聚光镜小透镜(也称 CM 透镜)构成(见实验图 2-1)，实现电子束平行或会聚照射的光路图如实验图 2-3 所示。

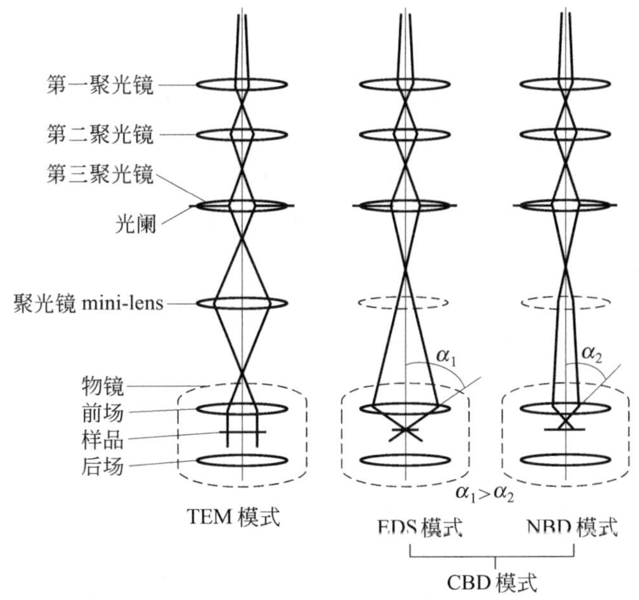

实验图 2-3　光路图(照明系统)

TEM 模式：大视场照明模式，适合于 TEM 观察

EDS 模式：高束流密度微区照明模式，适合于分析电子显微学

NBD 模式：小会聚角微区照明模式，适合于微衍射分析

CBD 模式：大范围可调会聚角微区照明模式，适合于会聚束电子衍射

(5) 成像系统

成像系统由样品室、物镜、中间镜及投影镜组成(见实验图 2-1)。

样品室:样品室位于第二聚光镜和物镜之间(物镜上、下极靴间)。其作用是通过样品传递装置(样品杆),在保持高真空条件下,更换样品和使样品按需要在物镜极靴内平移、倾斜及转动。为满足某些特殊研究需要,还可配置样品加热、冷却、拉伸等装置。对于分析型电镜,样品室右上方放置一个能谱探头,以便在电子束打到样品后,对其所激发的 X 射线进行分析,获得样品化学组成的信息。

物镜:物镜是成像系统的核心,其功能是使透过试样的电子第一次成像(在其像平面形成试样的图像,在其后焦面形成电子衍射花样)。为改变物镜成像孔径角和获得明场、暗场和高分辨等图像,在物镜后焦面处径向插入一个多孔可移动光阑称为物镜光阑。为进行选区衍射,在物镜像平面处还有一个多孔选区光阑,通过选择选区光阑孔径,可以选择样品中我们感兴趣的区域,以获得该区域的电子衍射谱。此外,为减少物镜像散,在物镜极靴附近装有一组电磁消像散器。

中间镜:中间镜是可变倍率的弱透镜。其作用是将物镜形成的图像或衍射花样投射到投影镜的物平面上。

投影镜:投影镜一般是一个固定倍率的短焦距强磁透镜,场深和焦深都很大,在实验中无需调焦。其作用是将经中间镜形成的图像或衍射花样放大到荧光屏上,形成最终放大的图像或衍射花样。

(6) 图像观察和记录系统

该系统由内表面涂有防磁涂层(金膜)的铅玻璃观察口、荧光屏和装有发送底片盒及接收底片盒的照相室组成。为便于精细观察和调整图像和衍射花样,在观察室外部还装有一台光学显微镜(10×)。图像记录方式包括照相胶片、TV 摄像、成像板和慢扫描 CCD 相机。本实验采用照相胶片和慢扫描 CCD 相机记录图像。慢扫描 CCD 相机的优点是从采集到转换成数字图像并在显示器上显示出来仅需几秒钟的时间,使得图像的观察和记录变得非常方便、快捷;可以利用软件对图像进行存储、编辑和处理。与慢扫描 CCD 相机相比,照相胶片的优点是记录视场大,分辨率高。

2. 真空系统

要求镜筒内真空必须低于 5×10^{-4} Torr,对高性能电镜真空度要求更高(低于 10^{-8} Torr)。前者可由机械泵和油扩散泵组成的系统来达到,后者还需增加离子泵和/或涡轮分子泵。

真空度不够会产生下列问题:

(1) 高速运动的电子与空气分子碰撞而改变运动轨迹,产生空间放电,使“高压加不上”或“高压掉下来”。

(2) 阴极灯丝氧化、烧损或吸附气体,影响成像质量,缩短使用寿命。

(3) 栅极与阳极间空气分子电离,产生极间放电。

(4) 污染试样。

3. 电源控制系统

为保证透射电镜的分辨率,电压及电流必须非常稳定。要求主电源内的各线路所产生的电压或电流的漂移不能超过其规定的百万分之一。这必须依靠精确的电子线路来控制。

(二) TEM 的合轴调整

为了发挥透射电子显微镜最佳设计性能,在使用时必须精确合轴。合轴要求从电子枪到各透镜,直至荧光屏中心,各光学部件的轴彼此重合,即位于同一轴线上。一台合轴不好的仪器会导致像差的增加,仪器分辨率降低,而且照明亮度也不均匀。当改变任一透镜的电流或电压变化时,会引起像的扫动。

当电镜达到完全合轴时,应满足:

(1) 任何一个成像透镜电流改变时,像将围绕荧光屏中心旋转;

(2) 高压改变时,像的中心保持不变;

(3) 放大倍数改变时,像将离开或向着屏中心均匀地扩展或收缩;

(4) 散焦照明光斑时,它将在屏中心的周围均匀地扩大,而且在整个屏上是完全均匀照明;

(5) 中间镜聚焦准确时,衍射点将位于荧光屏的中心。

以下结合本实验所用 JEM-2011 透射电子显微镜介绍合轴调整的方法。

进行合轴调整前需完成:检查电镜的运行状态(包括真空、循环水水温等),装载样品并插入样品杆,电子枪加高压,确认真空合格并加灯丝束流,将电镜置于 TEM1-3 模式、DEFLECTOR-BRIT TILT 和 FUNCTION-MAG 键置于 ON,放大倍率置于 4 万倍,调整物镜的励磁电流到仪器规定的电流值,移动样品观察到电子束,利用 Z 轴控制钮粗聚焦试样图像。

合轴操作的一般步骤依次为:电子枪合轴调整、聚光镜合轴调整、聚光镜消像散、物镜电压中心调整、物镜消像散、中间镜消像散以及投影镜合轴调整。各步调整的具体方法如下。

1. 电子枪的调整

灯丝的种类不同,电子枪调整的方法也不同。在此针对本实验所用仪器介绍热发射型电子枪的调整方法。具体操作步骤如下。

(1) 调整偏压和灯丝加热温度

调整方法:FILAMENT ON 钮打开,将灯丝的加热电流(FILAMENT 钮)设定在标准值;观察荧光屏上显现的灯丝花样判断灯丝是否处于饱和状态,若不饱和,稍稍调整灯丝的加热温度使其饱和;调整偏压(BIAS 钮)使发射电流再达标准值左右;将灯丝加热电流调整旋钮锁死。

＊ 每次实验不一定进行此步调整，它一般由设备管理人员定期检查和调整。

（2）电子枪的合轴调整：将样品孔洞置于视场内，会聚电子束（BRIGHTNESS钮）；通过调整灯丝加热旋钮（FILAMENT 钮）降低灯丝温度使灯丝处于未饱和状态；观察灯丝像，调整电子枪灯丝的倾斜旋钮（DEFLECTOR-GUNDEF /X、Y钮），使灯丝像呈中心对称状态（见实验图 2-4、实验图 2-5）；调整灯丝加热旋钮（FILAMENT 钮）升高灯丝温度使灯丝处于饱和状态。

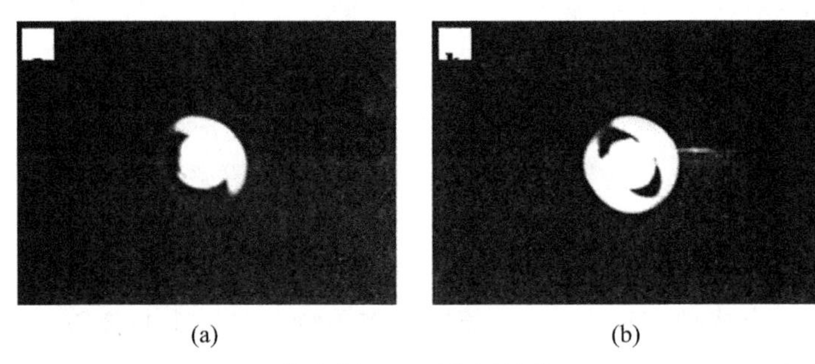

实验图 2-4　W 灯丝像

（a）中心不对称；（b）中心对称

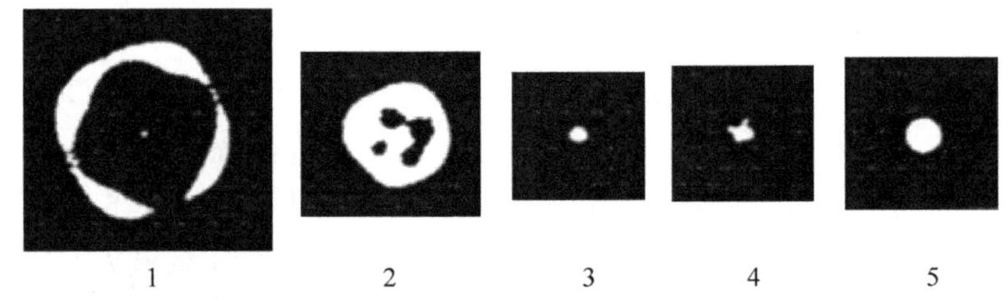

实验图 2-5　灯丝束流增加过程中 LaB_6 灯丝像的变化

2. 聚光镜合轴调整与消像散

（1）插入聚光镜光阑，调整亮度旋钮（BRIGHTNESS）改变光斑大小，调整聚光镜光阑对中旋钮，使光斑同心扩大和收缩。

（2）将束斑控制旋钮（SPORT SIZE 钮）置于大束斑位置（TEM1-3，第一聚光镜处于弱励磁状态），用亮度旋钮（BRIGHTNESS 钮）聚焦束斑，调电子枪对中的平移旋钮（DEFLECTOR-GUN/Shift X、Y）将电子束中心移到荧光屏中心。

（3）将聚光镜消像散器（STIGMATOR-COND）开关置于 ON；调整亮度旋钮（BRIGHTNESS）改变光斑大小，观察光斑是否是圆形，若为椭圆则缓慢旋转聚光镜消像散器钮（STIGMATOR-COND/DEF X、Y 钮），使光斑变圆，直至聚光镜聚焦变化时电子束斑保持很圆。

（4）将束斑控制旋钮（SPORT SIZE 钮）置于小束斑位置（TEM5-3，第一聚光镜处于强励磁状态），用聚光镜对中的平移旋钮（DEFLECTOR-BRIT TILT /Shift

X、Y 钮)将电子束中心调到荧光屏中心。

(5) 重复操作(3)进行聚光镜消像散。

(6) 反复操作(1)和(5)几次,直至改变束斑尺寸(TEM1-3 和 TEM5-3 两种状态)时电子束不偏离荧光屏中心且呈圆形。

* 更换聚光镜光阑和改变束斑尺寸后应再次检查和调整聚光镜像散。

3. 物镜电压中心的调整

(1) 将电镜置于 10 万倍以上,移动样品使电子显微图像的一标记物置于荧光屏中心。

(2) 利用 Z 轴控制钮粗聚焦标记物图像,调整物镜聚焦旋钮(OBJ FOCUS)细聚焦该标记物。

(3) 合上高压颤动器(HT Wobbler)开关,调整聚光镜对中倾斜旋钮(DEFLECTOR-BRIT/DEF X、Y)使该标记物不偏离荧光屏中心。

(4) 关闭高压颤动器(HT WOBBLER)。

* 调整电压中心前应检查物镜光阑是否已被撤出;改变束斑尺寸和倍率后需要再次检查电压中心对中。

4. 物镜消像散

(1) 首先进行中、低倍率(10 万倍以下)物镜消像散。其方法为:插入物镜光阑,将试样中的微孔洞置于荧光屏中心,分别在过焦、正焦和欠焦情况下调物镜消像散器(OBJ STIG/DEF X、Y 钮),使孔边缘的干涉衬度一样,如实验图 2-6 所示。

(2) 然后进行高倍率(高于 20 万倍)物镜消像散。具体方法为:将试样边缘污染造成的非晶薄层或微栅等含碳蒸发层样品的碳非晶层边缘置于荧光屏中心;在欠焦条件下,调物镜消像散器(OBJ STIG/DEF X、Y 钮)使非晶物质的相位衬度的颗粒状像没有方向性;在过焦条件下调物镜消像散器(OBJ STIG/DEF X、Y 钮)使非晶物质的相位衬度的颗粒状像没有方向性,如实验图 2-7 所示。

(3) 反复上述操作,直至在欠焦和过焦条件下非晶物质的相位衬度的颗粒状像均没有方向性且使像的衬度最小发生在非常严格确定的物镜电流位置上。这一位置可作为图像正焦的物镜位置。

此外,还可利用配置于电镜上的慢扫描 CCD 相机对物镜像散进行调整,即在 CCD 相机浏览模式下采集试样边缘污染造成的非晶薄层或微栅等含碳蒸发层样品的碳非晶层边缘的相位衬度像,获得其傅里叶变换图,调整物镜像散和聚焦钮使傅里叶变换图对称。

5. 中间镜消像散

(1) 撤出物镜光阑,将电镜置于衍射模式(FUNCTION-DIFF 钮置于 ON),调亮度钮(BRIGHTNESS)最大程度散焦电子束。

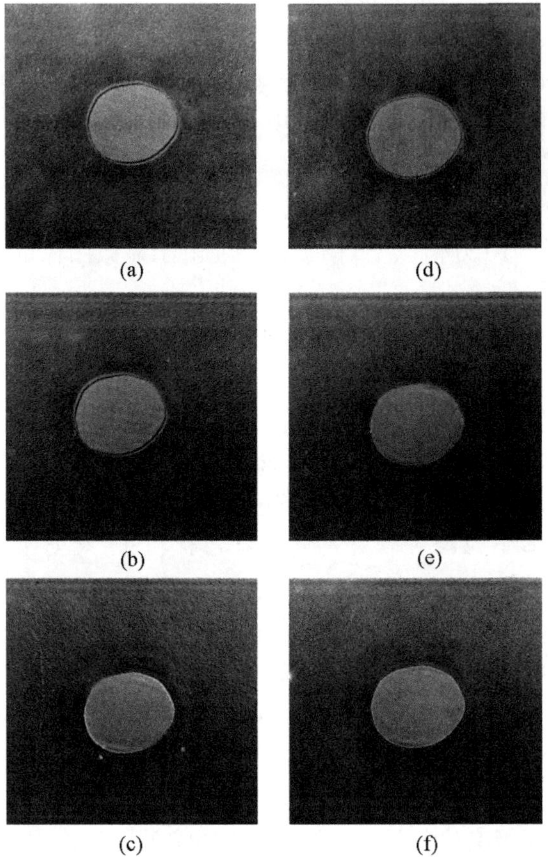

实验图 2-6 中等倍率下(10 万倍)的物镜像散矫正
(a)～(c) 矫正前；(d)～(e) 矫正后

(2) 调中间镜聚焦钮(DIFF FOCUS)使衍射花样中心斑呈铜钱像形状(实验图 2-8(a))。

(3) 调整中间镜消像散器(STIGMATOR/INT)使铜钱像对称(实验图 2-8(b))。

此外,还可通过以下步骤进行中间镜消像散。

(1) 撤出物镜光阑,插入选区光阑,将电镜置于衍射模式(DIFF 钮置于 ON)。

(2) 调中间镜聚焦钮(DIFF FOCUS 钮)使电子衍射花样聚焦。

(3) 调整中间镜消像散器(STIGMATOR/INT)使衍射花样的中心斑变圆。

6. 投影镜合轴调整

将电镜置于衍射模式(DIFF 钮置于 ON),调整投影镜对中旋钮(DEFLECTOR-PROJ/SHIFT 钮),使电子衍射花样的中心斑在荧光屏中心。

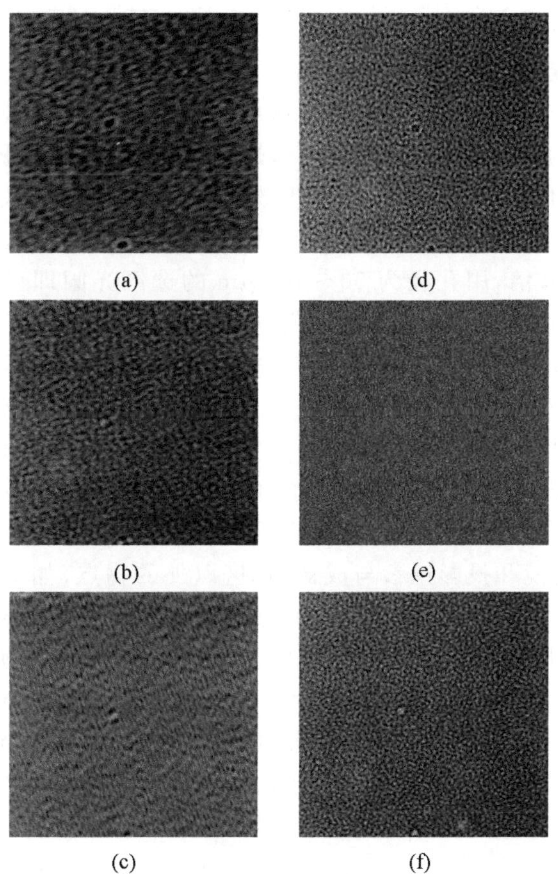

实验图 2-7　高倍率下(30 万倍)的物镜像散矫正

(a)～(c) 矫正前；(d)～(e) 矫正后

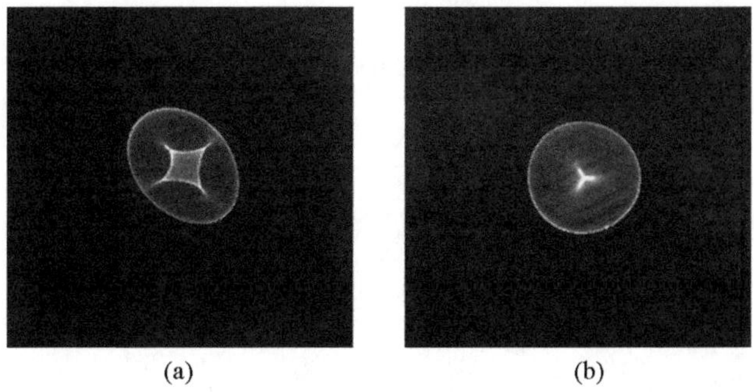

实验图 2-8　中间镜消像散

(a) 消像散前；(b) 消像散后

（三）选区电子衍射

1. 选区电子衍射原理

为了分析某一微小物相需要进行选区电子衍射，一般应在试样的上方放置一选区光阑，让电子束只通过所要分析的区域。但由于电镜要分析的物相大多非常细小(微米或更小的数量级)，要制作如此微小的光阑孔困难较大，而且也不易放置准确且易受到污染，因此选区光阑一般放置在物镜的像平面处。物镜的放大倍数 M_0 一般为 50～200 倍，用孔径为 50～100 μm 的选区光阑即可对样品上 0.5～1 μm 大小的微区进行电子衍射分析。选区电子衍射的基本原理见实验图 2-9。当电镜以成像方式操作时，中间镜物平面与物镜的像平面重合，荧光屏上显示出样品的放大图像。此时在物镜的像平面插入一个孔径可变的限场(选区)光阑组(由不同孔径的多级光阑组成)，将某一光阑孔套住想要分析的区域。因为在物镜适焦的条件下，物平面上同一物点所散射的电子将被会聚在像平面上的同一点，故对应于像平面上光阑孔的选择范围 $A'B'$，只有样品上 AB 区域以内物点的散射波可以穿过光阑孔进入中间镜和投影镜参与成像，选区以外的物点(如 C)产生的散射波则全部被挡掉。然后，降低中间镜的激磁电流增大焦距，使电镜转变为衍射操作方式，此时中间镜以上的光路不受影响，但中间镜物平面与物镜后焦面相重合。尽管物镜后焦面上第一幅花样是由受到入射束辐射的全部样品区域晶体的衍射所产生，但是其中只有 AB 区域以内物点散射的电子波可以通过选区光阑进入下面的透镜系统，所以荧光屏上显示的将只限于选区范围以内晶体所产生的衍射花样，从而实现了观察到的选区形貌与电子衍射结构分析区域的对应。

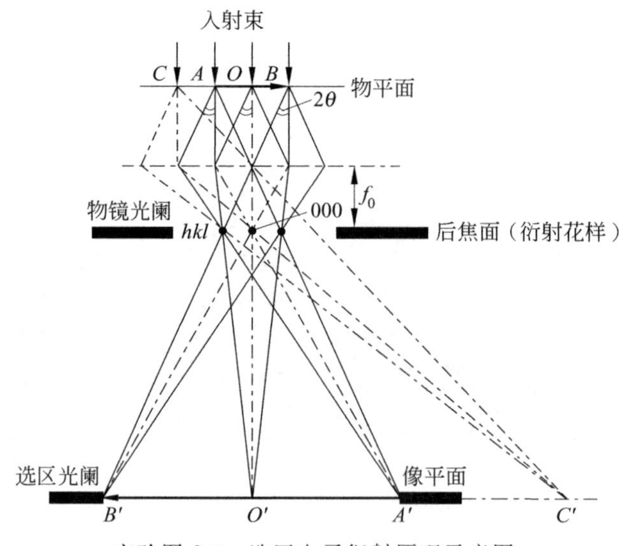

实验图 2-9 选区电子衍射原理示意图

2. 实现选区电子衍射的操作步骤

为得到选区与衍射的正确对应关系，完成电镜的合轴调整后进行如下的操作。

(1) 将电镜置于衍射模式(按下 DIFF 键)，插入并对中物镜光阑。

(2) 将电镜置于选区成像模式(SAM/ROCK 置于 ON)，用改变倍率的旋钮选择合适的放大倍率，移动样品，选择试样上感兴趣的区域并将其移至荧光屏中心，用 Z 轴控制钮(Z-CONTROL)粗聚焦该感兴趣区，用物镜聚焦钮(OBJ FOCUS)细聚焦该感兴趣区。

(3) 插入并选择大小合适的选区光阑，调整光阑对中钮使光阑孔刚好套住所选区域，抽出物镜光阑，再次将电镜置于衍射模式(按下 DIFF 键)，在荧光屏上得到衍射谱的放大像。根据衍射斑点的疏密，用 SELECTOR 键选择合适的相机长度。调整投影镜对中旋钮(DEFLECTOR-PROJ/SHIFT 钮)，使电子衍射花样的中心斑在荧光屏中心。

(4) 倾转样品台获得该区域理想的衍射花样。

(5) 再将电镜置于选区成像模式(SAM/ROCK 置于 ON)，调整中间镜电流(DIFF FOCUS 钮)使选区光阑像的边缘在荧光屏上非常清晰，这就使中间镜的物平面与选区光阑平面重合。

(6) 用 Z 轴控制钮(Z-CONTROL)粗聚焦该感兴趣区域，再用物镜聚焦钮(OBJ FOCUS)细聚焦该感兴趣区域，使其图像清晰，这就使物镜的像平面和选区光阑及中间镜的物面重合。

(7) 再次将电镜置于衍射模式(按下 DIFF 键)，调整亮度旋钮(BRIGHTNESS 旋钮)发散电子束，以减小入射电子束的孔径半角，得到更趋近于平行的电子束且衍射斑点具有合适的亮度，再稍微调整中间镜的电流(DIFF FOCUS 钮)使衍射谱的中心斑变得最小、最圆。

(8) 记录该选区电子衍射谱。

3. 选区衍射实验和分析中应注意的问题

(1) 衍射与选区对应的准确性

选区衍射是将限场光阑放置在物镜的像平面上以让电子束通过所选择的区域(选区)从而得到该选区的衍射谱，因此得到的衍射谱的准确性就取决于所选区的准确程度。当存在物镜球差及物镜聚焦误差时，选区范围会出现误差，即样品上被选择的微区以外的区域的物点对衍射花样也有所贡献。其选区误差为 $\delta=\Delta f_0\alpha+C_s\alpha^3$，式中 Δf_0 是物镜的聚焦误差(欠焦或过焦量)，α 是孔径半角，C_s 是物镜的球差系数，因此在实验过程中要注意使物镜精确聚焦和使选区光阑孔的像边缘清晰(中间镜物平面与选区光阑平面重合)。

从公式中可看出选区误差除与物镜本身质量、物镜聚焦误差有关外，还与孔径半角有关，因此，即使严格按照操作步骤进行，且满足物镜精确聚焦，衍射花样中高指数斑点可能由选区光栏所限定的区域以外的晶体产生。例如：当 $C_s=3.3$ mm 时，在 100 kV 时铝的 111 的各级衍射所产生的位移如实验表 2-1：

实验表 2-1

hkl	111	222	333	444	555
$C_S\alpha^3$	130 Å	0.1 μm	0.35 μm	0.76 μm	1.62 μm

可见，各衍射斑点所对应的范围并不相同，产生 111 及 222 衍射的选区与透射束的选区基本相重。但高指数衍射的选区相差就大了，如 555 衍射的选区与透射束的选区相差是 1.62 μm，如果选区的长度是 1 μm，则这两个选区完全不相重合。

(2) 磁转角

由于在拍摄电子显微像及衍射谱时使用的中间镜电流不同，因此像与衍射有一定的相对转动，即磁转角。目前新型 TEM 一般都已经做过磁转角矫正，基本消除了磁转角，但进行惯习面、滑移面、层错面等指数确定以及位错线走向测定和晶体取向分析等工作时，精确确定仪器的磁转角是必不可少的。通常选择外形上显示晶体几何特征的试样作为标样，标定出磁转角的转向和大小。

(3) 仪器常数 $L\lambda$ 的精度

根据电子衍射花样计算晶面间距的基本关系式为 $rd=L\lambda$，为了从选区电子衍射实验中得到较准确的晶面间距，应尽可能提高仪器常数 $L\lambda$ 的精度。影响仪器常数 $L\lambda$ 的精度的因素包括：高压稳定性(影响 λ 的值)，物镜焦距的相对误差，中间镜、投影镜放大倍率的相对误差。因此实验中应注意：仪器高压的稳定，严格进行电镜的合轴和选区衍射操作。目前为避免由于仪器常数的误差而影响利用衍射花样计算晶面间距精度而采用的最有效的措施是使用内标法。所谓内标法就是把标准物质蒸发到待定的样品上，从而在同等条件下在一张底片上得到标准物质和待鉴定物的电子衍射谱。由标准物质衍射谱的 rd 就可以求出 $L\lambda$，由此求出待鉴定物的各个 d 值。常用内标物质有高纯度的氯化铊、氯化钠、氧化镁、金、铝等。此外，在测量待测晶体及内标物质的衍射花样时，应尽可能使用同一方向的较近距离的衍射斑点或环。

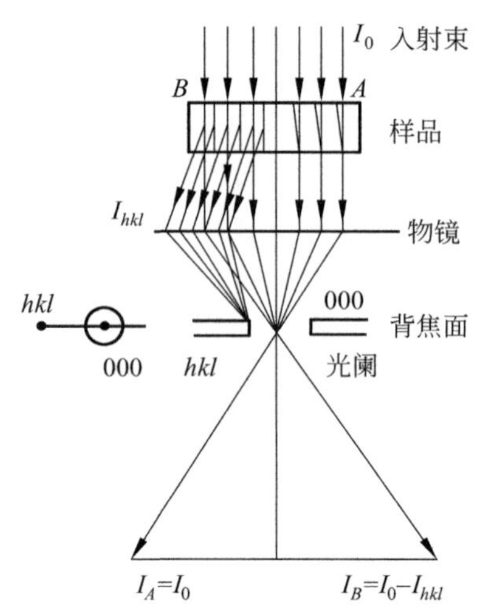

实验图 2-10　衍衬成像原理

(四) 明场衍衬像、暗场衍衬像实验

1. 明场像、暗场像和中心暗场像

(1) 明场像：如实验图 2-10 所示，一单相

多晶体有 AB 两相邻晶粒，B 晶粒中 hkl 晶面组与入射方向满足精确的布喇格衍射条件，形成一束较强的衍射束 I_{hkl}，穿过 B 晶粒的透射束强度为 I_0-I_{hkl}。而 A 晶粒中几乎所有的晶面组均与衍射条件存在较大的偏差，其衍射强度可视为零，则穿过 A 晶粒的透射束强度接近入射强度 I_0。如果在物镜的后焦面上，有物镜光阑挡住衍射束而只让透射束通过参与成像，则在荧光屏相应 B 点位置，电子束强度为 I_0-I_{hkl}，相对较弱，形成暗衬度，在 A 点位置电子束强度为 I_0，相对较强，形成亮衬度。通常这种利用物镜光阑挡住衍射束，只让透射束参与成像所获得的图像称为明场像(实验图 2-11(a))。

(2) 暗场像：利用物镜光阑挡住透射束和其他衍射束，只让其中某一束或多束衍射束参与成像所获得的图像称为暗场像(实验图 2-11(b))。

(3) 中心暗场像：利用枪倾斜旋钮将某一强衍射束方向的衍射斑点移到荧光屏中心，让物镜光阑挡住透射束和其他衍射束，只让移到荧光屏中心的衍射束通过并参与成像。

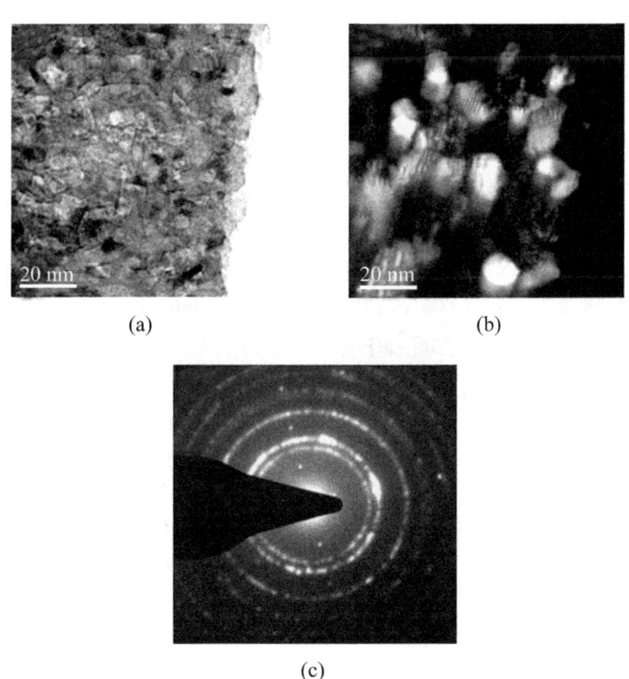

(a)　(b)

(c)

实验图 2-11　明—暗场像

(a) 明场像；(b) 暗场像；(c) 对应的多晶电子衍射花样

2. 实现明场衍衬像和中心暗场衍衬像的操作步骤

(1) 按前述方法进行电镜合轴调整。

(2) 将电镜置于选区成像模式(SAM/ROCK 置于 ON)，在 DEFLECTOR-

BRIT TILT 状态下,用左右 SHIFT 将光斑移至荧光屏中心。

(3) 将电镜置于衍射模式(DIFF 置于 ON),在荧光屏上得到衍射谱的放大像。根据衍射斑点的疏密,用 SELECTOR 键选择合适的相机长度。调整投影镜对中旋钮(DEFLECTOR-PROJ/SHIFT 钮),使电子衍射花样的中心斑在荧光屏中心。

(4) 再将电镜置于选区成像模式(SAM/ROCK 置于 ON),按下 DEFLECTOR-DARK TILT 键,用左右 SHIFT 将光斑移至荧光屏中心。

(5) 按合轴方法中叙述的调整电压中心方法检查和调整电压中心。

(6) 将电镜置于衍射模式(DIFF 置于 ON),在荧光屏上得到衍射谱的放大像,用左右 DEF 将透射斑移至荧光屏中心。

(7) 重复步骤(2)~(6)直至光斑和透射斑不偏离中心。

(8) 按前述操作完成选区衍射。

(9) 按下 DEFLECTOR-DARK TILT,用左右 DEF 将感兴趣的衍射斑移至荧光屏中心。

(10) 按下 DEFLECTOR-BRIT TILT,调整投影镜对中旋钮(DEFLECTOR-PROJ/SHIFT 钮),使电子衍射花样的中心斑在荧光屏中心。

(11) 重复步骤(9),(10)直至 DEFLECTOR-BRIT TILT 置于 ON 时的透射斑和 DEFLECTOR-BRIT TILT 置于 ON 时的衍射斑不偏离荧光屏中心。

(12) 插入尺寸合适的物镜光阑并对中。

(13) 将电镜置于选区成像模式(SAM/ROCK 置于 ON),按下 DEFLECTOR-DARK TILT 键,观察暗场像;按下 DEFLECTOR-BRIT TILT 键,观察明场像。

(14) 退出选区光阑并记录明、暗场衍衬图像。

(五) 高分辨电子显微学实验方法

1. 高分辨像

入射电子波经过试样后,电子受试样散射的角分布被物镜在后焦面聚焦为衍射图,在像平面上两个以上的衍射波干涉形成在其相位上携带了试样的结构信息的图像,这图像称为高分辨电子显微像(简称高分辨像)。

根据衍射条件和试样厚度的不同,高分辨像可分为晶格条纹像、一维结构像、二维晶格像和二维结构像。

晶格条纹像:用物镜光阑选择物镜后焦面上的两个波成像,两个波干涉得到一维方向上呈周期变化的条纹花样。

一维结构像:倾斜试样使电子束平行于某一晶面族入射,得到相对透射斑强度分布对称的一维衍射条件所形成的相位衬度图像。

二维晶格像:倾斜试样使电子束平行于某晶带轴入射,得到相对于透射束强度分布对称的电子衍射条件所形成的相位衬度图像。

二维结构像：倾斜试样使电子束平行于某晶带轴入射，得到相对于透射束强度分布对称的电子衍射条件，在像平面形成原子位置呈现暗的、原子的间隙位置呈现亮的图像。结构像只能在参与成像的波与试样厚度保持一定的比例关系激发的薄区域才能被观察到。

影响高分辨图像的主要因素包括：物镜的球差、物镜的离焦量、衍射条件和试样厚度。

2. 实现高分辨像的操作

(1) 按前述方法对电镜进行合轴调整，合轴调整中的物镜消像散要求进行到 80 万倍。

(2) 将电镜的 DEFLECTOR-BRIT TILT 键置于 ON，DIFF 置于 ON(电镜置于衍射模式)，插入并对中物镜光阑。

(3) 将电镜置于图像模式(MAG 置于 ON)，移动样品，寻找较为理想的感兴趣薄区，比如试样边缘平滑的(曲线或直线状)薄的区域。

(4) 设置理想的衍射条件：一般情况下，插入并对中尽可能小的选区光阑，将电镜置于衍射模式(DIFF 置于 ON)，观察衍射花样，倾动样品台，尽可能迅速地获得理想的衍射条件。特殊情况下利用微区电子衍射方法设定衍射条件。

(5) 再将电镜置于图像模式(MAG 置于 ON)，在高倍(80 万倍)下按上述对中调整中介绍的方法检查和调整物镜的像散。

(6) 在高倍(80 万)下，用 Z 轴控制钮(Z-CONTROL)粗聚焦感兴趣区。

(7) 设定最佳离焦量：最佳离焦量在谢尔策(Scherzer)聚焦附近(谢尔策聚焦值由下式给出：$\Delta f = 1.2(C_s\lambda)^{1/2}$)，从试样边缘的菲涅尔条纹可以知道正焦点的位置，然后设定谢尔策聚焦。

(8) 在高倍(80 万)下检查试样漂移的情况，确认漂移很小。

(9) 用改变倍率的旋钮选择合适的放大倍率。

建议用尽可能低的倍率拍摄，其优点是：

- 视场大
- 曝光时间短(尽可能控制在 3s 以内)
- 试样漂移小

(10) 拍摄。

四、实验报告要求

回答以下问题：

(1) 简述 TEM 各主要部件的相对位置和作用。

(2) 简述选区电子衍射实验中影响衍射与选区对应准确性的因素。

(3) 影响高分辨图像质量的因素主要有哪些?

(4) 请结合本实验选择合适的透射电子显微镜实验方法实现：①观察某材料中尺度约为 50 nm 的析出物在基体中的分布情况；②分析析出物与基体是否有取向关系。

备注：讲义中所用部分插图引自 JEM-2011 用户手册和 Philips TECNAI-20 用户手册。

实验三　场发射扫描电镜的结构、形貌观察和能谱仪的应用

一、实验目的

（1）了解场发射扫描电镜（日本电子 JSM-6301F 型）的基本原理和结构；了解 SEM 样品的制备；用二次电子像观察形貌，用背散射电子像观察成分。

（2）了解能谱仪结构及工作原理，了解试样制备基本要求；通过实际样品分析，明确能谱的用途，以及分析能谱数据的方法。

二、扫描电镜

（一）扫描电镜的构造

扫描电镜是一种主要用于表面形貌与成分分析的电子光学仪器。它利用细聚焦高能电子束在试样上扫描而激发出各种物理信息，对试样成像及进行微区分析。它的主要构造分四部分：电子光学系统、扫描显示系统、样品台和真空系统。

1. 电子光学系统

（1）电子枪：能提供一稳定的电子源，以形成电子束。常见的电子枪有三种：热发射钨丝枪、六硼化镧枪（LaB_6）和场发射枪（FEG）。JSM-6301F 使用场发射电子枪，它是由钨单晶 W(310)作为阴极，由于钨的电子溢出功较低（4.5 eV），在强电场加到钨金属表面时，表面势垒降低。当势垒降低到接近电子溢出功时，电子从钨金属表面发射出来。为得到一定的发射电流需施加一定的抽取电压 E_1，发射电流由加速电压 E_0 加速，得到有足够能量的电子束流。电子束的虚拟束斑大小为 5～10 nm。

（2）电磁透镜：其作用是把电子束进一步缩小到 1 nm 左右。采用两级透镜来实现，第一级称为聚光镜，其除会聚作用外还可调节束斑大小；第二级称为物镜，除会聚作用外它还使电子束斑最佳（无像散），并聚焦电子束斑于试样上。

2. 信号检测处理系统

采集信号并转换成各种图像或谱图。

（1）扫描显示系统：提供并控制电子束在试样上作光栅扫描，并控制显像管同步显示成像。

（2）探测器：其作用是采集高能电子与试样作用所产生的信号，并把信号转换成电信号，我们的 JSM-6301F 配备有背散射电子探测器、二次电子探测器、X 射线探测器和电子背散射衍射花样探测器。其作用见实验表 3-1。

实验表 3-1　探测器功能

探测器	得到的信息
二次电子	**表面形貌** 电压衬度(显示半导体器件的性能) 成分衬度 质量厚度
背散射电子	**原子序数衬度** 表面形貌
X射线能谱	元素分析(定性、定量) 元素分布(线分布、面分布)
电子背散射衍射	晶体取向 晶体取向衬度

3. 样品台

JEM-6301F 电镜样品换样系统采用气锁换样,其优点是换样速度快,对真空系统污染小。样品台的作用是使样品可以在 X,Y,Z 方向移动并具有旋转和倾斜功能,样品台上的样品杯尺寸为 ϕ10 mm,ϕ25 mm,ϕ50 mm,ϕ75 mm,ϕ100 mm,不同试样使用不同样品杯。样品杯对试样的要求见实验表 3-2。

实验表 3-2　样品尺寸要求

样品尺寸常规要求:10 mm×10 mm×10 mm 以内,尺寸尽可能小
4 in 试样要求:ϕ100 mm　H4 mm
3 in 试样要求:ϕ75 mm　H6 mm
2 in 试样要求:ϕ50 mm　H8 mm
1 in 试样要求:ϕ25 mm　H15 mm
1/2 in 试样要求:ϕ12.5 mm　H10 mm

4. 真空系统

由于高能电子需要在真空中运动,否则就会与空气分子碰撞并发生电离,产生杂散信号,真空系统一般由真空泵来提供。6301F 采用机械泵、扩散泵和离子泵三级真空泵系统,其样品室真空可达 10^{-4} Pa,中间腔 10^{-6} Pa,电子枪处真空达 10^{-8} Pa。

（二）扫描电镜的调整

1. 试样制备

（1）导电良好、无磁性、真空下无挥发物（无水、油等），并满足样品尺寸要求的试样，可以直接用作 SEM 试样。注意由于 SEM 样品室真空高（$10^{-4}\sim10^{-8}$ Pa），所有用于 SEM 实验的样品在清洗（用酒精或丙酮等）完后不能用手直接触摸（手上有油脂或水分），要使用镊子或戴一次性手套操作。

（2）导电差或不导电（如生物材料、高分子材料和陶瓷材料等）的试样，在观察前要在表面喷镀导电金属，否则由于荷电效应影响分析。一般用溅射法、真空热喷镀法镀导电膜。喷镀材料有 Au，Pt-Pd，Pt 和 Cr 等，做成分像（或背散射电子像）最好镀碳膜，高倍率观察时溅射 Pt-Pd 或 Cr 等。对表面平整的样品镀层可控制在 1～5 nm，对粉粒或腐蚀样（高分子）可镀厚一些（5～10 nm 以上），最好用离子溅射法镀，这样在样品的各个方向都能镀上一层导电膜，样品的导电会更好一些。导电金属膜的厚度可由厚度系统控制。

2. 试样置入样品室

将试样放置在试样台上，并用导电胶或导电胶带将其与试样台固定。试样台先置中（$X=25$ mm，$Y=35$ mm，$Z=39$ mm，$T=0°$，$R=0°$），然后试样进入预抽室，抽真空 30 s 后预抽灯熄灭，打开试样预抽室隔离阀，将试样杯送入样品架上，抽出试样换样杆，关闭隔离阀。

3. 获得高能电子束

由显示面板上的真空表确认样品室真空达到 5×10^{-4} Pa（约 1～3 min）后，按下引出电压键，此时仪器自动加引出电压并产生发射电流 12 μA。然后逐挡加加速电压（同时确认发射电流在 10～13.5 μA 范围内），直至所要求电压为止。打开 V7 阀，调节亮度和对比度，直至看到图像为止。

4. 图像观察

一幅好的图像不仅与试样本身有关，也与真空度、加速电压、聚光镜电流、物镜电流和工作距离等因素有关，合理选择电镜参数才能获得好的图像。

（1）加速电压选择

二次电子和背散射电子像分辨率随加速电压增加而提高（见实验表 3-3），像质衬度随加速电压增大而增大（见实验表 3-4）。

实验表 3-3　加速电压的选择

材　　料	加速电压
低原子序数材料（如生物材料、高分子材料）	1.0～5.0 kV
钢铁类材料	10～20 kV
镀金属膜材料	15 kV 左右

实验表 3-4　加速电压与像质关系

加速电压/kV	1	2	5	10	15	20	25	30
分辨率	低←————————————————→高							
荷电效应	少←————————————————→多							
像质	衬度小←————————————→衬度大							
导电差材料观察	容易←————————————————							

(2) 聚光镜电流的选择

聚光镜励磁电流越大,电子束流越小,从而使分辨率提高(见实验表 3-5)。

实验表 3-5　聚光镜电流与像质关系

聚光镜电流	1	2	3	4	5	6	7	8	9	10
分辨率	低←————————————————→高									
图像噪声	少←————————————————→大									

(3) 工作距离、试样倾角与像质的关系

通过转动 Z 轴可调整工作距离(工作距离通常为 15 mm),当要求高分辨时采用 8 mm 工作距离,要求大景深时采用 39 mm 工作距离。对于平坦试样,加大样品倾角可以增加二次电子的产额,增大图像衬度。对于复相且有原子序数差别的材料,采用背散射电子像观察更适宜。工作距离与像质的关系见实验表 3-6。

实验表 3-6　工作距离与像质的关系

工作距离/mm	4	8	15	25	39
景深	小←————————————————→大				
分辨率	高←————————————————→低				

(4) 聚焦与像散校正

在观察试样时,准确聚焦才能得到清晰的图像。聚焦分为粗调和微调。电子透镜所形成的磁场不可能完全对称,因此会形成像散。对于一个确定仪器(在固定加速电压和励磁电流下),磁场不对称造成的像散是固定的,只有加速电压或励磁电流变化时,需要消像散。静电原因造成的像散在使用中需随时校正,这主要是因为电子通道周围被污染,特别是物镜光阑被污染时将产生严重像散。这需要边消像散边聚焦,直至图像不移动且清晰为止。

(三) 扫描电镜的形貌观察

(1) 二次电子像:分辨率高,适于观察表面不平整、凹凸变化大的试样。

(2) 成分衬度像：对于表面平整且有成分差别的相、区域的样品，可通过利用低压二次电子像(加速电压5 kV以下)或背散射电子像(加速电压≥5 kV)得到成分的衬度像。

(四) 断口保护和试样制备

尽量保持断口的新鲜程度，不可用手或棉纱擦断口表面，更不能碰撞与摩擦断口匹配的表面。试样要放在干燥器中保存。如要长期保存，可在表面贴一层醋酸纤维纸(AC纸)，观察前将试样放入丙酮中使AC纸充分溶解。对有锈或有腐蚀产物的断口，要首先对表面覆盖物进行分析，确认其无价值后方可清除。对生锈及有污物的断口清洗时，污染不严重时，用胶带纸或复型法将表面污物清除或超声清洗。对严重腐蚀的断口，当上述办法不适用时，可采用化学清洗或电解方法(化学、电化学方法多少都会破坏断口表面形态细节，要慎重进行)。

三、能谱仪

(一) 概述

能量足够高的一束细聚焦电子束轰击试样表面，将在一个有限的深度和侧向扩展的微区体积内激发产生特征X射线信号，它们的能量和强度将是表征该区域内所含元素及其浓度的重要信息。高能入射电子受到试样内原子的强烈散射，其穿透深度和侧向扩展大体上被限制在1 μm左右。其相对灵敏度为千分之一左右。假设试样密度10 g/cm^3，则激发区域约1 μm^3，该体积内试样质量为10^{-11} g，此种元素的绝对感量为10^{-14} g的数量级。能谱仪的检测范围一般是从$B_5 \sim U_{92}$，利用能谱定量分析，可把某元素的特征X射线强度通过ZAF校正，换算成百分比浓度。对于原子序数大于Na的元素，定量分析比较准确，元素含量大于10%其分析结果的相对误差为5%～10%。对于B～F的轻元素，由于低能X射线受标样、探头制造不完全一致和X射线窗口污染的影响，结果偏差较大。但当用已知成分试样时，当含量>10%时，相对误差亦能控制在10%以内，其定量分析精度与波谱仪相当，在此意义上能谱仪比波谱仪更快捷方便。

(二) 能谱仪结构

目前能谱仪在国际市场上主要有OXFORD(英国)、EDAX(荷兰)、NORAN(美国)三家产品。JSM-6301F配有OXFORD公司的INCA 300型能谱仪，它使用Si(Li)探测器，其主要指标为

分辨率：128 eV

元素探测范围：$B_5 \sim U_{92}$

谱采集时间：100 s

INCA 300的工作原理为(参见实验图3-1)：电子束与样品作用产生X射线

→Si(Li)探头→场效应管(FET)放大器放大→主放大器多道脉冲处理器→计算机(计算、显示、输出)。

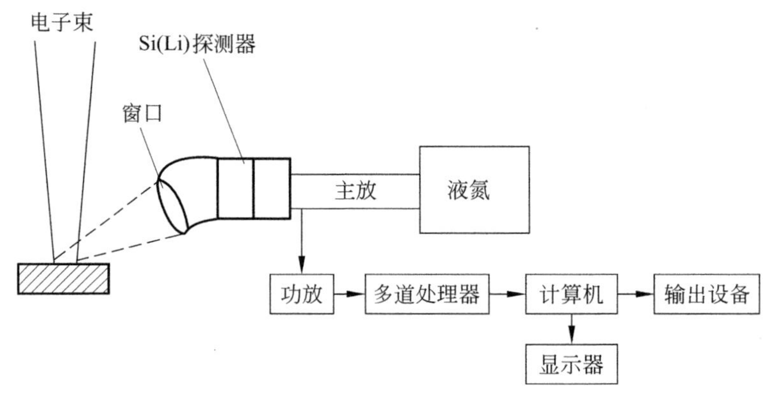

实验图 3-1 EDS示意图

(三) 谱采集中的假象与问题

峰重叠：由于能谱仪分辨率低(约 100 eV)，峰的重叠不可避免，为得到最佳效果，调节脉冲处理时间(T)以得到最佳分辨率(在 $T=6$ 或 5 时得到)；

堆积峰：高计数率下(>3000 cps，cps 是每秒计数)在峰的 2 倍能量甚至是三倍能量处有堆积峰，谱收集时采用低计数率(<2000 cps)，可以减弱甚至消除堆积峰；

逃逸峰：是在比主峰能量低 1.732 keV(由于探头本身是硅而产生的)处产生的峰；

死时间：由于计数的增加，脉冲处理器不能及时处理脉冲，导致脉冲堆积而形成无效的脉冲处理时间，这可通过降低计数率或牺牲分辨率，采用快速脉冲处理时间，来减少死时间或消除它。

(四) 谱图诠释与分析参数选择

实验图 3-2 为一曲别针断口形貌图，Spectrum1 和 Spectrum2 为谱图，谱图中横坐标为能量，纵坐标为强度(计数率)。表格中为相应的定量分析结果。

(1) 计数率：Counts 表示谱峰强度，因为谱峰强度与计数率成正比；

(2) 能量范围和道宽：横坐标能量范围一般为 0～20 keV，道宽为 10 eV/道；

(3) 谱线识别和能量标记：可自动识别谱线，并自动标记，对于含量少的元素的峰可以通过手动方法识别和标记；谱峰识别用元素符号标记。

(五) 谱仪分析方法

(1) 数据采集：用能谱仪进行成分分析时，成分的计算与谱峰的形状(高斯峰)和峰背比有关。采集数据前要设定如下参数。

总计数率(250 000 cps);

计数率(一般 2000 cps);

采集时间(30 s——定性分析,100～200 s——定量分析);

脉冲处理时间(常规 5～6,信号弱时选定 2～3)。

(2) 定性分析：自动进行,对含量少的元素可通过手动选取来确定,注意硅的逃逸峰、堆积峰、碳污染峰、样品台及薄膜试样衬底材料的 X 射线峰等的识别。

(3) 定量分析：通常采用无标样,分析时要考虑样品污染、C—H 化合物电离引起、样品不平引起的 X 射线出射角的变化以及其他方面的影响。

(4) 线分析与面分析：在合适计数率下(2000 cps),首先设定要分析元素的窗口能量宽度,然后选择线扫长度(或面扫描区域),按下线扫图标(或面扫描图标),开始线(面)扫描,直至得到良好的线(面)分布线(或图)为止。

(六) 能谱仪在材料研究中的应用

在扫描电镜和透射电镜上做能谱分析,可将材料内部组织的微观形貌、晶体结构和化学成分的分析结合进行,因而,它是研究材料微区成分最有效的手段之一,被广泛用于分析半导体与集成电路多层布线、晶须(棒)成分、大气尘粒检测、水污染元素检测、痕量物分析;在金属材料中用于确定合金中析出相或夹杂物的成分(并可进而确定分子式),研究合金中元素分布情况和偏析,以及研究热处理及化学热处理过程中元素的扩散规律。能谱仪探头在接受光子信号时不像波谱仪的分光晶体那样要求严格的聚焦条件,因而可以方便地用来研究断裂面上的各种析出物或夹杂物成分,为断裂机理的研究及材料的失效分析提供了有力的工具。

在本实验过程中,带实验的老师将做以下示范实验：

示范实验 1：曲别针断口与钉书钉断口的形貌与微区成分分析(SEM+EDS)(材料、形貌、点、线、面及谱图定量分析)。

示范实验 2：未知涂料(或金属)成分测定(见实验图 3-3)。

四、实验报告要求

(1) SEM 应用范围及特点是什么?

(2) 描述实验中观察到的金属断口形貌特征,利用二次电子衬度原理解释图像实验中观察到的图像亮度与试样实际凹凸的变化关系。

(3) 针对实验课中所分析的未知试样(曲别针断口和涂料成分测定,见实验图 3-2 和实验图 3-3)要得到准确的定量结果,该如何选择能谱分析参数?

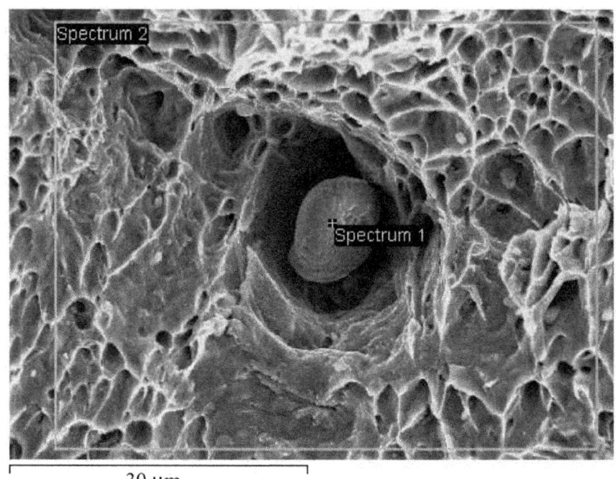

元素	质量百分比/%	原子百分比/%
O K	46.98	75.29
Mn K	49.15	22.94
Fe K	3.87	1.78
Totals	100.00	

元素	质量百分比/%	原子百分比/%
Mn K	3.76	3.82
Fe K	96.24	96.18
Totals	100.00	

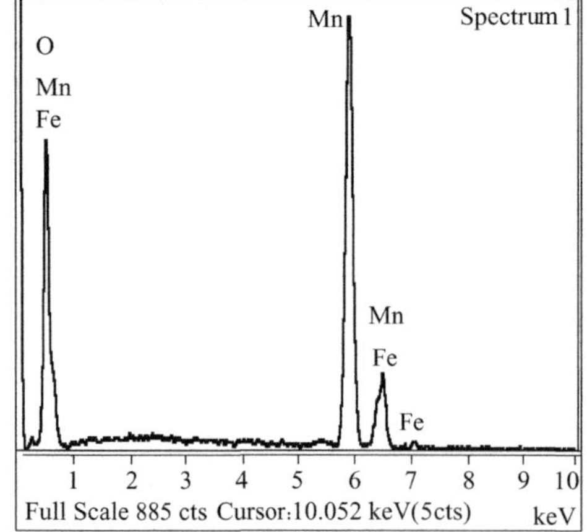

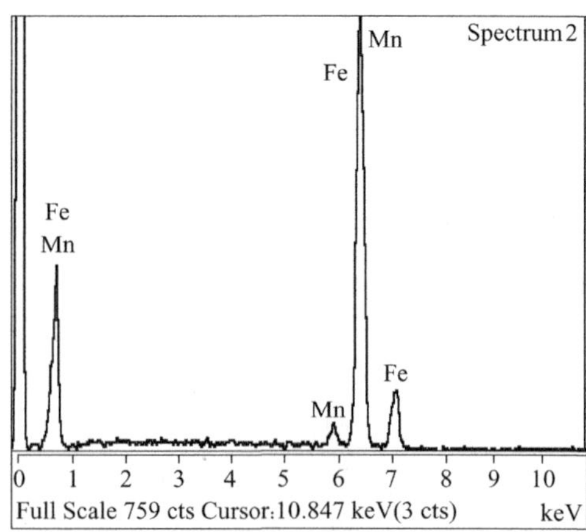

实验图 3-2　曲别针断口的形貌与微区成分分析(SEM+EDS)

元素	质量百分比/%	原子百分比/%
C K	4.92	8.03
O K	59.66	73.11
Mg K	0.10	0.08
Al K	17.80	12.94
Si K	2.91	2.03
K K	0.17	0.09
Ti K	2.87	1.18
Fe K	3.03	1.06
Cu K	0.54	0.17
Zn K	0.55	0.16
Zr L	0.67	0.14
Te L	5.98	0.92
W M	0.79	0.08
Totals	100.00	

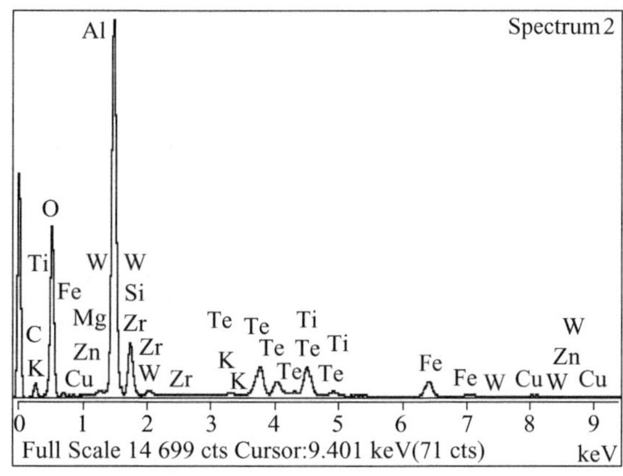

实验图 3-3　未知涂料成分测定

附　　录

附录 A　各种倒易点阵平面可能所属的晶系

电子衍射谱的几何图形	五种二维倒易点阵平面	电子衍射谱	可能属于晶系
平行四边形			三斜、单斜、正交、四角、六角、三角、立方
矩形	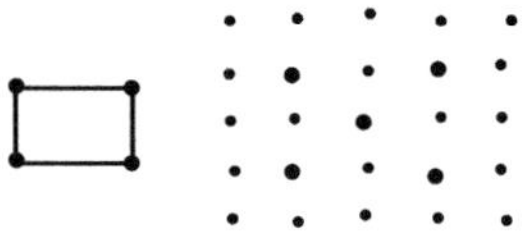		单斜、正交、四角、六角、三角、立方
有心矩形	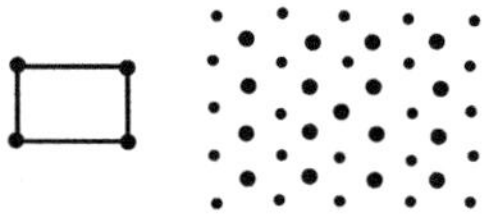		单斜、正交、四角、六角、三角、立方
四方形	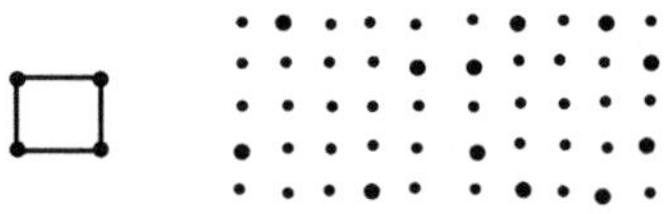		四角、立方
正六角形	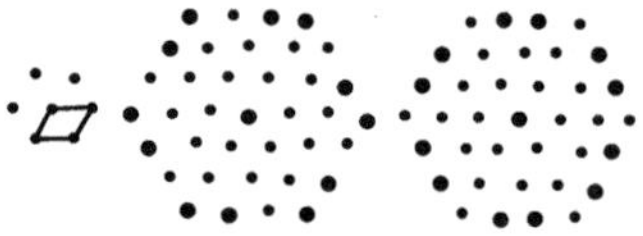		六角、三角、立方

附录 B　各种点阵类型的晶面间距表

晶体结构	晶面间距公式	hkl 的可能值
简单立方	$\frac{1}{d^2}=\frac{h^2+k^2+l^2}{a^2}=\frac{N}{a^2}$	N 为除 7,5 和 23 以外的一切整数
fcc	$\frac{1}{d^2}=\frac{h^2+k^2+l^2}{a^2}=\frac{N}{a^2}$	$N=3,4,8,11,12,16,19,20\cdots$
bcc	$\frac{1}{d^2}=\frac{h^2+k^2+l^2}{a^2}=\frac{N}{a^2}$	$N=2,4,6,8,10,12,14,16,18,20,\cdots$
金刚石结构	$\frac{1}{d^2}=\frac{h^2+k^2+l^2}{a^2}=\frac{N}{a^2}$	$N=3,8,11,16,19\cdots$
四方晶体	$\frac{1}{d^2}=\frac{h^2+k^2}{a^2}=\frac{l^2}{c^2}$	$h^2+k^2=1,2,4,5,8,9,10,13,16,17,18,20$
六角晶体	$\frac{1}{d^2}=\frac{4}{3}\frac{h^2+hk+k^2}{a^2}+\frac{l^2}{c^2}$	$h^2+hk+k^2=1,3,4,7,9,12,13,19$

附录C 原子散射因子表

nm

元素	Z	$[(\sin\theta)/\lambda]/nm^{-1}$																
		0.0	0.5	1.0	1.5	2.0	2.5	3.0	3.5	4.0	5.0	6.0	7.0	8.0	9.0	10.0	11.0	12.0
H	1	0.0529	0.0508	0.0453	0.0382	0.0311	0.0249	0.0199	0.0160	0.0131	0.0089	0.0064	0.0048	0.0037	0.0029	0.0024	0.0020	0.0017
He	2	(0.0445)	0.0431	0.0403	0.0368	0.0328	0.0288	0.0250	0.0216	0.0188	0.0142	0.0109	0.0086	0.0068	0.0055	0.0046	0.0038	0.0032
Li	3	0.331	0.278	0.188	0.117	0.075	0.053	0.040	0.031	0.026	0.019	0.014	0.011	0.009	0.008	0.006	0.005	0.005
Be	4	0.309	0.282	0.223	0.163	0.116	0.083	0.061	0.047	0.037	0.025	0.019	0.015	0.012	0.010	0.008	0.007	0.006
B	5	0.282	0.262	0.224	0.178	0.137	0.104	0.080	0.062	0.050	0.033	0.024	0.018	0.014	0.012	0.010	0.008	0.007
C	6	0.245	0.226	0.209	0.174	0.143	0.115	0.092	0.074	0.060	0.041	0.030	0.022	0.018	0.014	0.012	0.010	0.008
N	7	0.220	0.210	0.191	0.168	0.144	0.120	0.100	0.083	0.069	0.048	0.035	0.027	0.021	0.017	0.014	0.011	0.010
O	8	0.201	0.195	0.180	0.162	0.142	0.122	0.104	0.088	0.075	0.054	0.040	0.031	0.024	0.019	0.016	0.013	0.011
F	9	(0.184)	(0.177)	0.169	(0.153)	0.138	(0.120)	0.105	(0.091)	0.078	0.059	0.014	0.035	0.027	0.022	0.018	0.015	(0.013)
Ne	10	(0.166)	0.159	0.153	0.143	0.130	0.117	0.104	0.092	0.080	0.062	0.048	0.038	0.030	0.024	0.020	0.017	0.014
Na	11	0.489	0.421	0.297	0.211	0.159	0.129	0.109	0.095	0.083	0.064	0.051	0.040	0.033	0.027	0.022	0.018	0.016
Mg	12	0.501	0.460	0.359	0.263	0.195	0.150	0.121	0.101	0.087	0.067	0.053	0.043	0.035	0.029	0.024	0.020	0.017
Al	13	(0.61)	0.536	0.424	0.313	0.230	0.173	0.136	0.111	0.093	0.070	0.055	0.045	0.036	0.030	0.025	0.022	(0.019)
Si	14	(0.60)	0.526	0.440	0.341	0.259	0.197	0.154	0.123	0.102	0.074	0.058	0.047	0.038	0.032	0.027	0.023	(0.020)
P	15	(0.54)	0.507	0.438	0.355	0.279	0.217	0.170	0.136	0.112	0.080	0.061	0.049	0.040	0.033	0.028	0.024	0.021
S	16	(0.47)	0.440	0.400	0.346	0.287	0.232	0.186	0.150	0.122	0.086	0.064	0.051	0.042	0.035	0.030	0.025	0.022
Cl	17	(0.46)	0.431	0.400	0.353	0.299	0.247	0.201	0.163	0.134	0.093	0.069	0.054	0.044	0.037	0.031	0.026	0.023
Ar	18	0.471	0.440	0.407	0.356	0.303	0.252	0.207	0.171	0.142	0.100	0.074	0.058	0.046	0.038	0.032	0.027	0.024
K	19	(0.90)	(0.70)	0.543	(0.410)	0.315	(0.260)	0.214	(0.190)	0.149	0.107	0.079	0.061	0.049	0.040	0.034	0.029	(0.025)
Ca	20	1.046	0.871	0.640	0.454	0.340	0.269	0.220	0.184	0.155	0.112	0.084	0.065	0.052	0.042	0.035	0.030	0.026

续表

元素	Z	[(sinθ)/λ]/nm⁻¹																
		0.0	0.5	1.0	1.5	2.0	2.5	3.0	3.5	4.0	5.0	6.0	7.0	8.0	9.0	10.0	11.0	12.0
Sc	21	(0.97)	(0.835)	(0.630)	(0.463)	(0.350)	(0.275)	(0.229)	(0.192)	(0.162)	(0.118)	(0.089)	(0.069)	(0.054)	(0.044)	(0.037)	(0.032)	(0.027)
Ti	22	(0.89)	0.795	0.620	0.463	0.355	0.284	0.234	(0.197)	0.167	0.123	0.093	0.072	0.057	0.047	0.039	0.033	0.029
V	23	(0.84)	0.760	0.606	0.460	0.357	0.288	0.239	(0.202)	0.172	0.128	0.097	0.076	0.060	0.049	0.041	0.035	0.030
Cr	24	(0.80)	(0.726)	(0.586)	(0.455)	(0.356)	(0.289)	(0.242)	(0.206)	(0.176)	(0.132)	(0.101)	(0.080)	(0.063)	(0.051)	(0.043)	(0.036)	(0.031)
Mn	25	(0.77)	0.700	0.572	0.448	0.355	0.291	0.244	(0.208)	0.179	0.136	0.104	0.083	0.066	0.054	0.045	0.038	0.032
Fe	26	(0.74)	0.670	0.555	0.441	0.354	0.291	0.245	(0.211)	0.182	0.139	0.108	0.086	0.069	0.056	0.047	0.039	0.034
Co	27	(0.71)	0.641	0.541	0.434	0.351	0.291	0.246	(0.212)	0.184	0.142	0.111	0.089	0.071	0.058	0.049	0.041	0.035
Ni	28	(0.68)	0.622	0.527	0.427	0.348	0.290	0.247	(0.213)	0.186	0.146	0.114	0.092	0.074	0.061	0.050	0.043	0.036
Cu	29	(0.65)	(0.600)	(0.511)	(0.419)	(0.344)	(0.288)	(0.246)	(0.212)	(0.187)	(0.147)	(0.116)	(0.095)	(0.077)	(0.063)	(0.052)	(0.045)	(0.038)
Zn	30	0.62	0.584	0.498	0.411	0.339	0.286	0.245	(0.211)	0.188	0.148	0.119	0.096	0.078	0.065	0.054	0.046	0.039
Ca	31	(0.75)	0.670	0.562	0.451	0.364	0.300	0.253	0.218	0.191	0.150	0.120	0.098	0.081	0.067	0.056	0.047	0.041
Ge	32	(0.78)	0.689	0.593	0.481	0.387	0.316	0.263	0.224	0.194	0.151	0.122	0.099	0.083	0.069	0.058	0.049	0.042
As	33	(0.78)	0.699	0.605	0.501	0.407	0.332	0.274	0.231	0.199	0.154	0.123	0.101	0.085	0.071	0.059	0.050	0.043
Se	34	(0.77)	0.699	0.615	0.518	0.424	0.347	0.286	0.240	0.205	0.157	0.123	0.102	0.086	0.072	0.061	0.052	0.044
Br	35	(0.73)	0.680	0.615	0.525	0.437	0.360	0.297	0.249	0.212	0.160	0.127	0.104	0.088	0.073	0.062	0.053	0.045
Kr	36	(0.71)	0.670	0.613	0.531	0.447	0.371	0.308	0.258	0.219	0.164	0.129	0.105	0.090	0.075	0.064	0.055	0.047
Ag	47	(0.88)	0.824	0.747	0.651	0.558	0.475	0.405	0.346	0.297	0.222	0.170	0.135	0.109	0.090	0.076	0.066	0.057
W	74	(1.4)		1.180		0.743		0.516		0.385	0.299	0.239	0.196	0.163	0.138	0.118	0.102	0.089
Hg	80	(1.33)	1.226	1.082	0.918	0.770	0.648	0.550	0.472	0.409	0.316	0.251	0.205	0.170	0.144	0.123	0.107	0.093

注：本表摘自参考文献：Dolye P A，Turner P S. Acta Crystallogr. 1968，A24：390

表中数值是由自洽场计算得到的。

附录 D 各种点阵的结构因数 F_{hkl} 不为零的条件

<table>
<tr><th>点阵类型</th><th>简单点阵</th><th>底心点阵</th><th>体心立方点阵</th><th>面心立方点阵</th><th>密排六方点阵</th></tr>
<tr><td rowspan="4">结构因数
F_{hkl}^2</td><td rowspan="4">f^2</td><td rowspan="2">$h+k+l=$
偶数时
4</td><td rowspan="2">$h+k+l=$
偶数时
$4f^2$</td><td rowspan="2">h,k,l 为
同性数时
$16f^2$</td><td>$h+2k=3n$（n 为整数），
l=奇数时
0</td></tr>
<tr><td>$h+2k=3n$（n 为整数），
l=偶数时
$4f^2$</td></tr>
<tr><td rowspan="2">$h+k=$
奇数时
0</td><td rowspan="2">$h+k+l=$
奇数时
0</td><td rowspan="2">h,k,l
为异性数时
0</td><td>$h+2k=3n+1$（n 为整数），
l=偶数时
$3f^2$</td></tr>
<tr><td>$h+2k=3n+1$（n 为整数），
l=偶数时
f^2</td></tr>
</table>

附录E　立方系晶面间夹角

{*HKL*}	{*hkl*}	*HKL* 与 *hkl* 晶面(或晶向)间夹角的数值/(°)									
100	100	0	90								
	110	45	90								
	111	54.73									
	210	26.57	64.43	90							
	211	35.27	65.90								
	221	48.19	70.33								
	310	18.44	71.56	90							
	311	25.24	72.45								
	320	33.69	56.31	90							
	321	36.70	57.69	74.50							
	322	43.31	60.98								
	410	14.03	75.97	90							
	411	19.47	76.37								
110	110	0	60	90							
	111	35.27	90								
	210	18.44	50.77	71.56							
	211	30	54.73	73.22	90						
	221	19.47	45	73.37	90						
	310	26.57	47.87	63.43	77.08						
	311	31.48	64.76	90							
	320	11.31	53.96	66.91	78.69						
	321	19.11	40.89	55.46	67.79	79.11					
	322	30.97	46.69	80.13	90						
	410	30.97	46.69	59.03	80.13						
	411	33.55	60	79.53	90						
	331	13.27	49.56	71.07	90						

续表

{*HKL*}	{*hkl*}	*HKL* 与 *hkl* 晶面(或晶向)间夹角的数值/(°)									
111	111	0	70.53								
	210	39.23	75.04								
	211	19.47	61.87	90							
	221	15.81	54.73	78.90							
	310	43.10	68.58								
	311	29.50	58.52	79.98							
	320	36.81	80.79								
	321	22.21	51.89	72.02	90						
	322	11.42	65.16	81.95							
	410	45.57	65.16								
	411	35.27	57.02	74.21							
	331	21.99	48.53	82.39							
210	210	0	36.87	53.13	66.42	78.46	90				
	211	24.09	43.09	56.79	79.43	90					
	221	26.57	41.81	53.40	63.43	72.65	90				
	310	8.13	31.95	45	64.90	73.57	81.87				
	311	19.29	47.61	66.14	82.25						
	320	7.12	29.75	41.91	60.25	68.15	75.64	82.88			
	321	17.02	33.21	53.50	61.44	68.99	83.13	90			
	322	29.80	40.60	49.40	64.29	77.47	83.77				
	410	12.53	29.80	40.60	49.40	64.29	77.47	83.77			
	411	18.43	42.45	50.57	71.57	77.83	83.95				
	331	22.57	44.10	59.14	72.07	84.11					
211	211	0	33.56	48.19	60	70.53	80.41				
	221	17.72	35.26	47.12	65.90	74.21	82.18				
	310	25.35	49.80	58.91	75.04	82.59					
	311	10.02	42.39	60.50	75.75	90					
	320	25.07	37.57	55.52	63.07	83.50					
	321	10.90	29.21	40.20	49.11	56.94	70.89	77.40	83.74	90	
	322	8.05	26.98	53.55	60.33	72.72	78.58	84.32			
	410	26.98	43.13	53.55	60.33	72.72	78.58				
	411	15.80	39.67	47.66	54.73	61.24	73.22	84.48			
	331	20.51	41.47	68.00	79.20						

续表

{HKL}	{hkl}	HKL 与 hkl 晶面(或晶向)间夹角的数值/(°)									
221	221	0	27.27	38.94	63.61	83.62	90				
	310	32.51	42.45	58.19	65.06	83.95					
	311	25.24	45.29	59.83	72.45	84.23					
	320	22.41	42.30	49.67	68.30	79.34	84.70				
	321	11.49	27.02	36.70	57.69	63.55	74.50	79.74	84.89		
	322	14.04	27.21	49.70	66.16	71.13	75.96	90			
	410	36.06	43.31	55.53	60.98	80.69					
	411	30.20	45	51.06	56.64	66.87	71.68	90			
	331	6.21	32.73	57.64	67.52	85.61					
310	310	0	25.84	36.86	53.13	72.54	84.26	90			
	311	17.55	40.29	55.10	67.58	79.01	90				
	320	15.25	37.87	52.13	58.25	74.76	79.90				
	321	21.62	32.31	40.48	47.46	53.73	59.53	65.00	75.31	85.15	90
	322	32.47	46.35	52.15	57.53	72.13	76.70				
	410	4.40	23.02	32.47	57.53	72.13	76.70	85.60			
	411	14.31	34.93	58.55	72.65	81.43	85.73				
311	311	0	35.10	50.48	62.97	84.78					
	320	23.09	41.18	54.17	65.28	75.47	85.20				
	321	14.77	36.31	49.86	61.08	71.20	80.73				
	322	18.08	36.45	48.84	59.21	68.55	85.81				
	410	18.08	36.45	59.21	68.55	77.33	85.81				
	411	5.77	31.48	44.72	55.35	64.76	81.83	90			
	331	25.95	40.46	51.50	61.04	69.77	78.02				
320	320	0	22.62	46.19	62.51	67.38	72.08	90			
	321	15.50	27.19	35.38	48.15	53.63	58.74	68.25	77.15	85.75	90
	322	29.02	36.18	47.73	70.35	82.27	90				
	410	19.65	36.18	47.73	70.35	82.27	90				
	411	23.77	44.02	49.18	70.92	86.25					
	331	17.37	45.58	55.07	63.55	79.00					
321	321	0	21.79	31.00	38.21	44.42	50.00	60	64.62	73.40	85.90
	322	13.52	24.84	32.58	44.52	49.59	63.02	71.08	78.79	82.55	86.28
	410	24.84	32.58	44.52	49.59	54.31	63.02	67.11	71.08	82.55	86.28
	411	19.11	35.02	40.89	46.14	50.95	55.46	67.79	71.64	79.11	86.39
	331	11.18	30.87	42.63	52.18	60.63	68.42	75.80	82.95	90	

续表

{*HKL*}	{*hkl*}	*HKL* 与 *hkl* 晶面(或晶向)间夹角的数值/(°)									
322	322	0	19.75	58.03	61.93	76.39	86.63				
	410	34.56	49.68	53.97	69.33	72.90					
	411	23.85	42.00	46.99	59.04	62.78	66.41	80.13			
	331	18.93	33.42	43.97	59.95	73.85	80.39	86.81			
410	410	0	19.75	28.07	61.93	76.39	86.63	90			
	411	13.63	30.96	62.78	73.39	80.13	90				
	331	33.42	43.67	52.26	59.95	67.08	86.81				
411	411	0	27.27	38.94	60	67.12	86.82				
	331	30.10	40.80	57.27	64.37	77.51	83.79				
331	331	0	26.52	37.86	61.73	80.91	86.98				

附录 F 常见晶体标准电子衍射花样

F1 面心立方

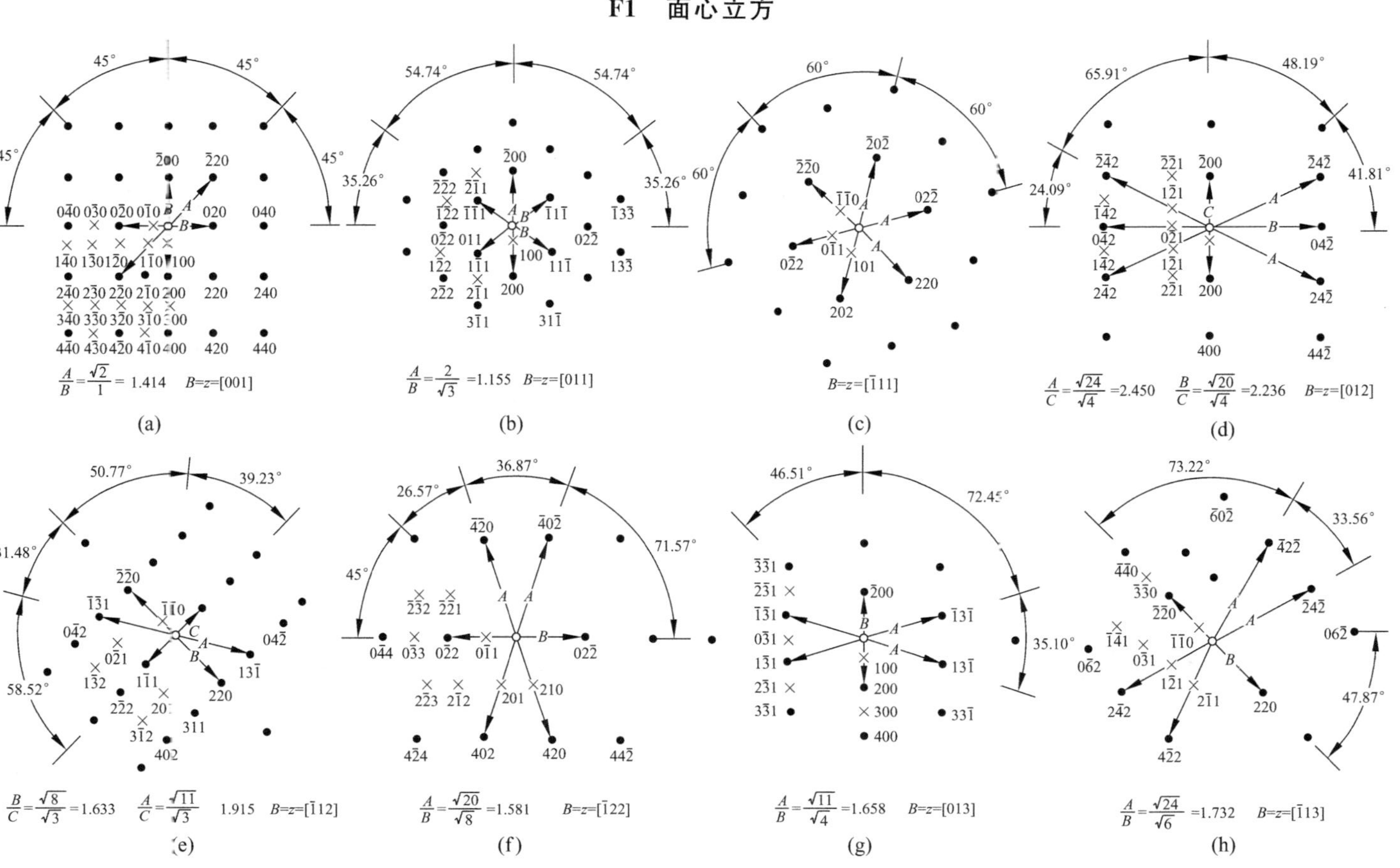

$\frac{A}{B}=\frac{\sqrt{2}}{1}=1.414$ $B=z=[001]$

(a)

$\frac{A}{B}=\frac{2}{\sqrt{3}}=1.155$ $B=z=[011]$

(b)

$B=z=[\bar{1}11]$

(c)

$\frac{A}{C}=\frac{\sqrt{24}}{\sqrt{4}}=2.450$ $\frac{B}{C}=\frac{\sqrt{20}}{\sqrt{4}}=2.236$ $B=z=[012]$

(d)

$\frac{B}{C}=\frac{\sqrt{8}}{\sqrt{3}}=1.633$ $\frac{A}{C}=\frac{\sqrt{11}}{\sqrt{3}}$ 1.915 $B=z=[\bar{1}12]$

(e)

$\frac{A}{B}=\frac{\sqrt{20}}{\sqrt{8}}=1.581$ $B=z=[\bar{1}22]$

(f)

$\frac{A}{B}=\frac{\sqrt{11}}{\sqrt{4}}=1.658$ $B=z=[013]$

(g)

$\frac{A}{B}=\frac{\sqrt{24}}{\sqrt{6}}=1.732$ $B=z=[\bar{1}13]$

(h)

F2 体心立方

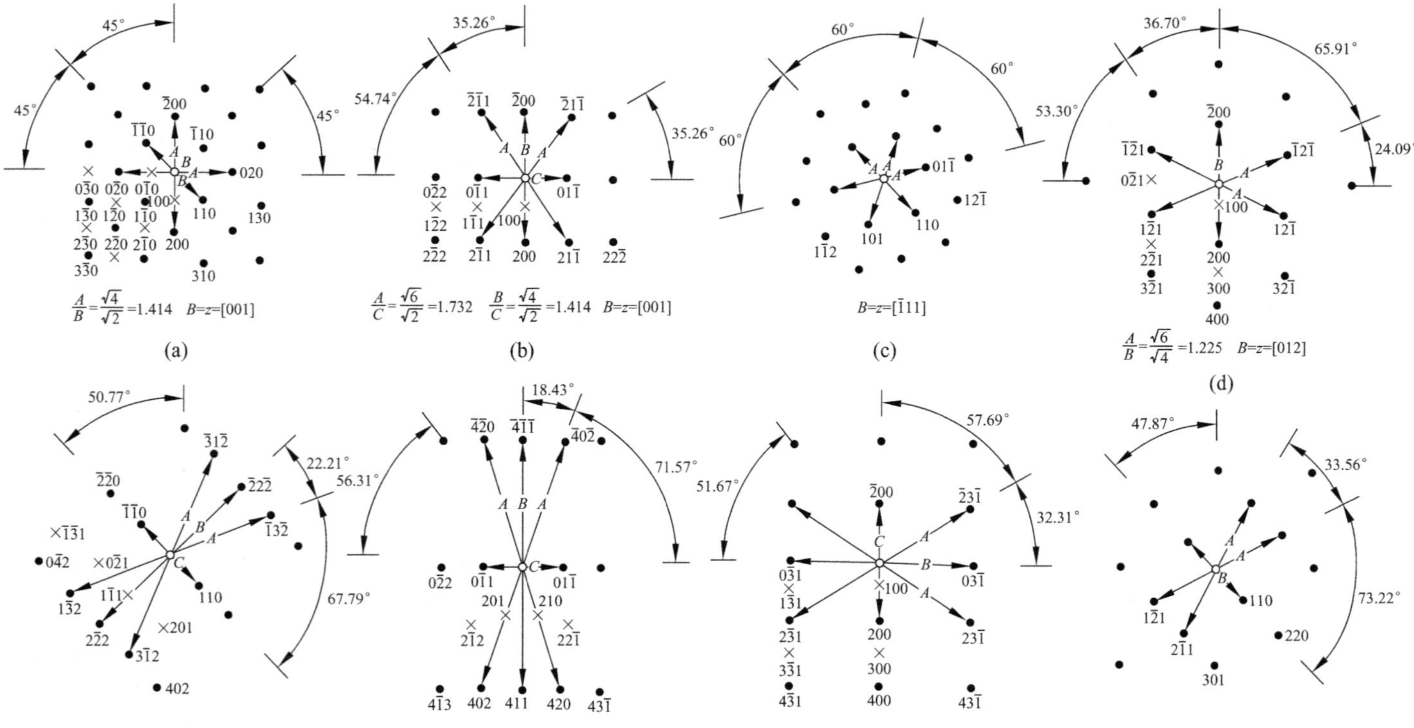

$\frac{A}{B}=\frac{\sqrt{4}}{\sqrt{2}}=1.414$ $B=z=[001]$

(a)

$\frac{A}{C}=\frac{\sqrt{6}}{\sqrt{2}}=1.732$ $\frac{B}{C}=\frac{\sqrt{4}}{\sqrt{2}}=1.414$ $B=z=[001]$

(b)

$B=z=[\bar{1}11]$

(c)

$\frac{A}{B}=\frac{\sqrt{6}}{\sqrt{4}}=1.225$ $B=z=[012]$

(d)

$\frac{A}{C}=\frac{\sqrt{14}}{\sqrt{2}}=2.646$ $\frac{B}{C}=\frac{\sqrt{12}}{\sqrt{2}}=2.450$ $B=z=[\bar{1}12]$

(e)

$\frac{A}{C}=\frac{\sqrt{20}}{\sqrt{2}}=3.162$ $\frac{B}{C}=\frac{\sqrt{18}}{\sqrt{2}}=3.00$ $B=z=[\bar{1}22]$

(f)

$\frac{A}{C}=\frac{\sqrt{14}}{\sqrt{4}}=1.871$ $\frac{B}{C}=\frac{\sqrt{10}}{\sqrt{4}}=1.581$ $B=z=[013]$

(g)

$\frac{A}{B}=\frac{\sqrt{6}}{\sqrt{2}}=1.732$ $B=z=[\bar{1}13]$

(h)

F3 密排六方

$\frac{C}{A}=1.09$ $\frac{B}{A}=1.139$ $B=z=[2\bar{1}\bar{1}0]$
(a)
$\frac{C}{A}=1.587$ $\frac{B}{A}=1.876$ $B=z=[01\bar{1}0]$
(b)
$B=z=[0001]$
(c)
$\frac{B}{A}=1.139$ $B=z=[1\bar{2}1\bar{3}]$
(d)
$\frac{B}{A}=1.480$ $B=z=[\bar{2}4\bar{2}3]$
(e)
$\frac{B}{A}=1.299$ $B=z=[01\bar{1}1]$
(f)

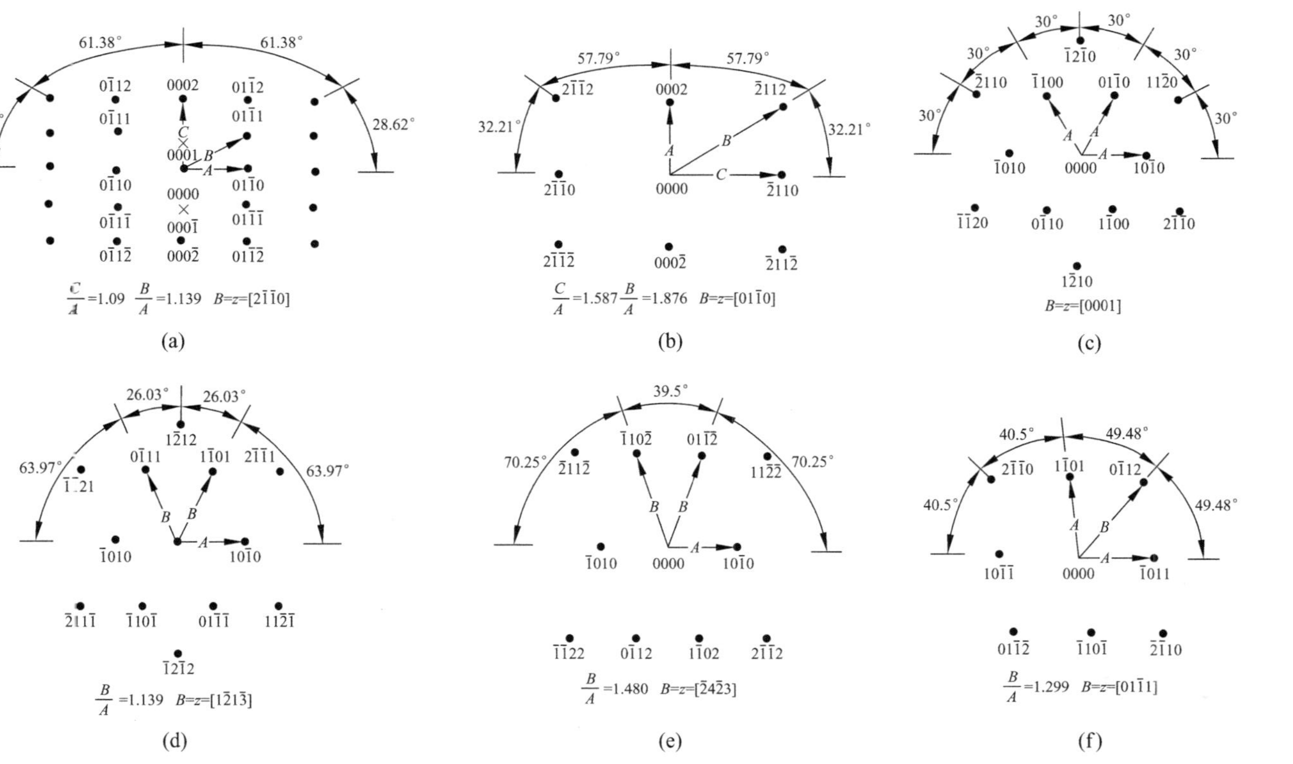

F4 金刚石立方

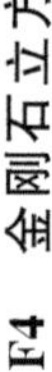

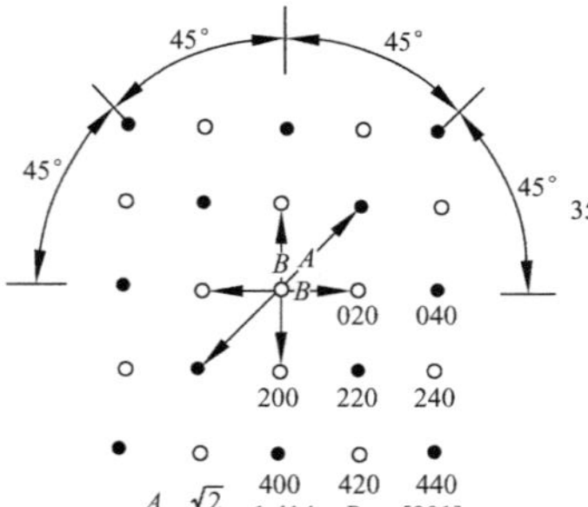

$\frac{A}{B}=\frac{\sqrt{2}}{1}=1.414$　$B=z=[001]$

(a)

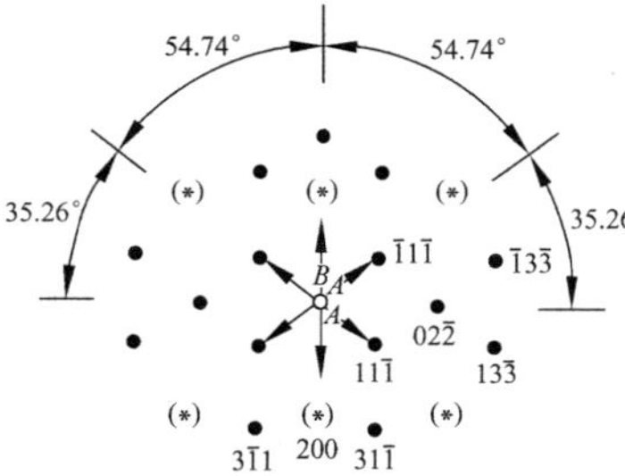

$\frac{B}{A}=\frac{2}{\sqrt{3}}=1.155$　$B=z=[011]$

(b)

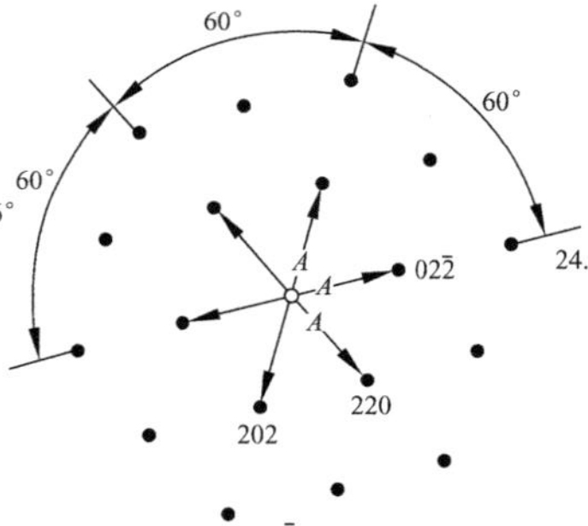

$B=z=[\bar{1}11]$

(c)

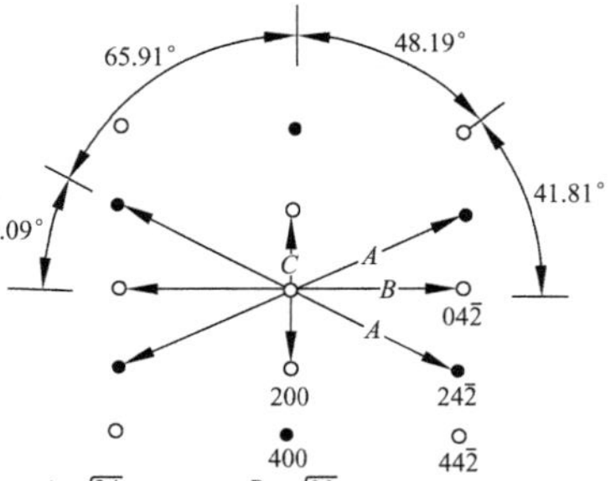

$\frac{A}{C}=\frac{\sqrt{24}}{\sqrt{4}}=2.450$　$\frac{B}{C}=\frac{\sqrt{20}}{\sqrt{4}}=2.236$　$B=z=[012]$

(d)

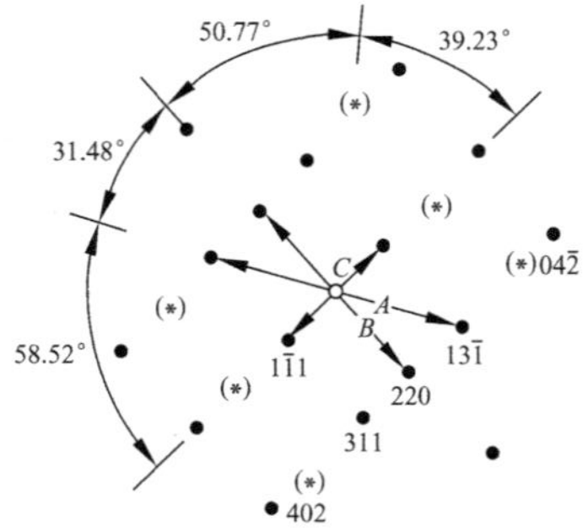

$\frac{B}{C}=\frac{\sqrt{8}}{\sqrt{3}}=1.633$　$\frac{A}{C}=\frac{\sqrt{11}}{\sqrt{3}}=1.915$　$B=z=[\bar{1}12]$

(e)

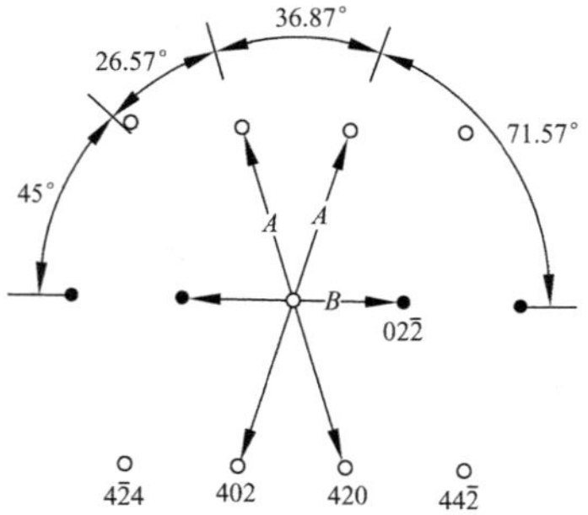

$\frac{A}{B}=\frac{\sqrt{20}}{\sqrt{8}}=1.581$　$B=z=[\bar{1}22]$

(f)

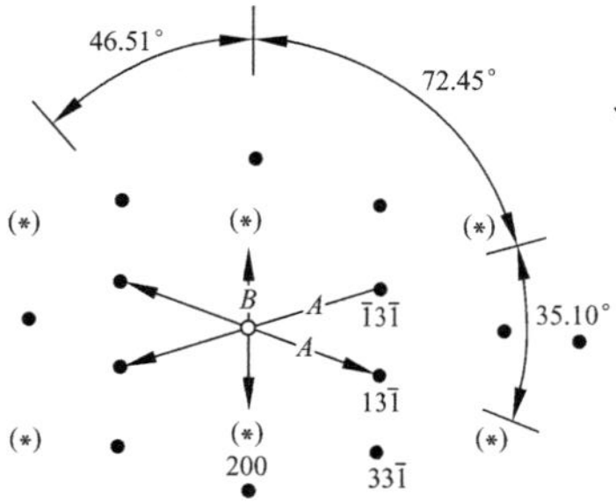

$\frac{A}{B}=\frac{\sqrt{11}}{\sqrt{4}}=1.658$　$B=z=[013]$

(g)

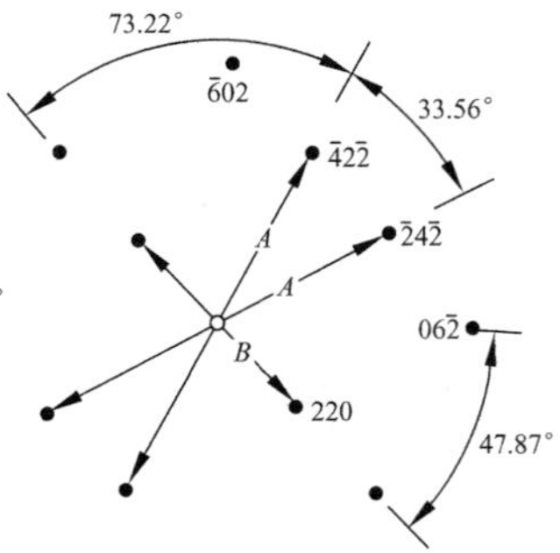

$\frac{A}{B}=\frac{\sqrt{24}}{\sqrt{8}}=1.732$　$B=z=[\bar{1}13]$

(h)

附录G　立方和六方晶体可能出现的反射

立方					六方	
$h^2+k^2+l^2$	hkl				h^2+hk+k^2	hk
	简单立方	面心立方	体心立方	金刚石立方		
1	100				1	10
2	110	…	110		2	
3	111	111	…	111	3	11
4	200	200	200		4	20
5	210				5	
6	211	…	211		6	
7					7	21
8	220	220	220	220	8	
9	300,221				9	30
10	310	…	310		10	
11	311	311	…	311	11	
12	222	222	222		12	22
13	320				13	31
14	321	…	321		14	
15					15	
16	400	400	400	400	16	40
17	410,322				17	
18	411,330	…	411,330		18	
19	331	331	…	331	19	32
20	420	420	420		20	
21	421				21	41
22	332	…	332		22	
23					23	
24	422	422	422	422	24	
25	500,430				25	50
26	510,431	…	510,431		26	
27	511,333	511,333	…	511,333	27	33
28					28	42
29	520,432				29	

续表

立方					六方	
$h^2+k^2+l^2$	hkl				h^2+hk+k^2	hk
	简单立方	面心立方	体心立方	金刚石立方		
30	521	…	521		30	
31					31	51
32	440	440	440	440	32	
33	522,441				33	
34	530,433	…	530,433		34	
35	531	531	…	531	35	
36	600,442	600,442	600,442		36	60
37	610				37	43
38	611,532	…	611,532		38	
39					39	52
40	620	620	620	620	40	

附录H 不同 c/a 比值下，四方晶系边长比（r_1/r_2）和夹角（ϕ）表（部分）

$h_1k_1l_1$	$h_2k_2l_2$	边长比与夹角	c/a										
			0.500	0.550	0.600	0.650	0.700	0.750	0.800	0.850	0.900	0.950	1.000
001	105	r_1/r_2	0.1990	0.1988	0.1986	0.1983	0.18	0.1978	0.1975	0.1972	0.1968	0.1965	0.1961
		ϕ	5.711	6.277	6.843	7.407	7.970	8.531	9.090	9.648	10.624	10.758	11.310
	103	r_1/r_2	0.3288	0.3279	0.3269	0.3258	0.3246	0.3234	0.3221	0.3207	0.3193	0.3178	0.3162
		ϕ	9.462	10.389	11.310	12.225	13.134	14.036	14.931	15.819	16.699	17.571	18.435
	102	r_1/r_2	0.4851	0.4821	0.4790	0.4755	0.4719	0.4682	0.4642	0.4602	0.4560	0.4516	0.4472
		ϕ	14.036	15.376	16.699	18.004	19.290	20.556	21.801	23.025	24.228	25.408	26.565
	203	r_1/r_2	0.3162	0.3130	0.3095	0.3059	0.3021	0.2981	0.2941	0.2900	0.2858	0.2816	0.774
		ϕ	18.435	20.136	21.801	23.429	25.017	26.565	28.072	29.539	30.964	32.347	33.690
	101	r_1/r_2	0.8944	0.8762	0.8575	0.8384	0.8192	0.8000	0.7809	0.7619	0.7433	0.7150	0.7071
		ϕ	26.565	28.811	30.964	33.024	34.992	38.870	38.660	40.365	41.987	43.531	45.000
	302	r_1/r_2	0.4000	0.3857	0.3716	0.3580	0.3448	0.3322	0.3201	0.3086	0.2976	0.2872	0.2774
		ϕ	36.870	39.523	41.987	44.275	46.397	48.366	50.194	51.892	53.471	54.941	56.310
	201	r_1/r_2	0.7071	0.6727	0.6402	0.6097	0.5812	0.5547	0.5300	0.5070	0.4856	0.4657	0.4472
		ϕ	45.000	47.726	60.194	52.431	54.462	56.310	57.995	59.534	60.945	62.241	63.435
	304	r_1/r_2	0.5547	0.5183	0.4856	0.4563	0.4299	0.4061	0.3846	0.3651	0.3473	0.3311	0.3162
		ϕ	56.310	58.782	60.945	62.850	64.537	66.038	67.380	68.587	69.677	70.605	71.565
	501	r_1/r_2	0.3714	0.3417	0.3162	0.2941	0.2747	0.2530	0.2425	0.2290	0.2189	0.2060	0.1961
		ϕ	68.199	70.017	71.565	72.697	74.055	75.069	75.964	76.659	77.471	78.111	78.690
	100	r_1/r_2	2.0000	1.8182	1.6667	1.5385	1.4286	1.3333	1.2500	1.1765	1.1111	1.0526	1.0000
		ϕ	90.000	90.000	90.000	90.000	90.000	90.000	90.000	90.000	90.000	90.000	9.000

附录 I 不同 c/a 比值下，六方晶系边长比(r_1/r_2)和夹角(ϕ)表(部分)

$h_1k_1l_1$	$h_2k_2l_2$	边长比与夹角	c/a 1.60	1.61	1.62	1.63	1.64	1.65	1.66	1.67	1.68	1.69	1.70
0001	$10\bar{1}8$	r_1/r_2	0.121 79	0.121 75	0.121 72	0.121 68	0.121 64	0.120 82	0.121 56	0.121 52	0.121 48	0.121 44	0.121 40
		ϕ	13.004	13.082	13.161	13.239	13.318	13.396	13.474	13.552	13.630	13.709	13.787
	$10\bar{1}7$	r_1/r_2	0.138 13	0.138 07	0.138 01	0.137 96	0.137 90	0.137 84	0.137 78	0.137 73	0.137 67	0.137 61	0.137 55
		ϕ	14.785	14.873	14.962	15.050	15.138	15.226	15.314	15.402	15.490	15.577	15.665
	$10\bar{1}6$	r_1/r_2	0.159 29	0.159 20	0.159 11	0.159 03	0.158 94	0.158 85	0.158 76	0.158 87	0.158 58	0.158 49	0.158 40
		ϕ	17.115	17.215	17.316	17.416	17.517	17.617	17.717	17.817	17.917	18.017	18.116
	$10\bar{1}5$	r_1/r_2	0.187 60	0.187 46	0.187 32	0.187 18	0.187 04	0.186 89	0.186 75	0.186 60	0.186 46	0.186 31	0.186 17
		ϕ	20.279	20.396	20.512	20.628	20.744	20.859	20.975	21.090	21.205	21.320	21.435
	$10\bar{1}4$	r_1/r_2	0.226 96	0.226 71	0.226 46	0.226 21	0.225 96	0.225 71	0.225 45	0.225 20	0.224 94	0.224 69	0.224 43
		ϕ	24.791	24.927	25.063	25.199	25.334	25.469	25.604	25.738	25.872	26.006	26.139
	$10\bar{1}3$	r_1/r_2	0.283 83	0.283 34	0.282 86	0.282 37	0.281 88	0.281 39	0.280 90	0.280 41	0.279 90	0.279 42	0.278 93
		ϕ	31.626	31.786	31.945	32.104	32.262	32.419	32.576	32.732	32.888	33.043	33.198
	$10\bar{1}2$	r_1/r_2	0.367 28	0.366 23	0.365 17	0.364 12	0.363 08	0.362 03	0.360 99	0.357 64	0.356 61	0.357 88	0.356 85
		ϕ	42.731	42.909	43.085	43.261	43.436	43.610	43.763	43.955	44.126	44.296	44.465
	$10\bar{1}1$	r_1/r_2	0.476 02	0.473 73	0.471 46	0.469 20	0.466 97	0.464 75	0.462 55	0.460 37	0.458 20	0.456 06	0.453 93
		ϕ	61.575	61.724	61.872	62.018	62.163	62.307	62.449	62.590	62.729	62.868	63.004
	$10\bar{1}0$	r_1/r_2	0.541 28	0.537 91	0.534 59	0.531 31	0.528 07	0.524 87	0.521 71	0.518 59	0.515 50	0.512 45	0.509 44
		ϕ	90.000	90.000	90.000	90.000	90.000	90.000	90.000	90.000	90.000	90.000	90.000

附录J 常见倒易面的零阶和高阶劳厄带斑点重叠图

J1 体心立方(bcc)和面心立方(fcc)晶体倒易点阵分布图

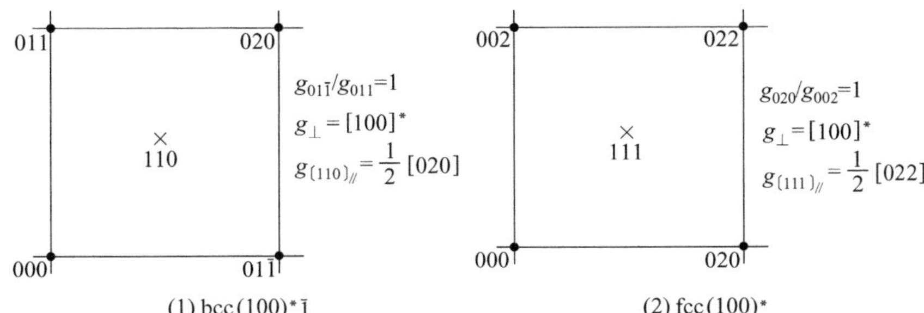

(1) bcc(100)* 1̄　　(2) fcc(100)*

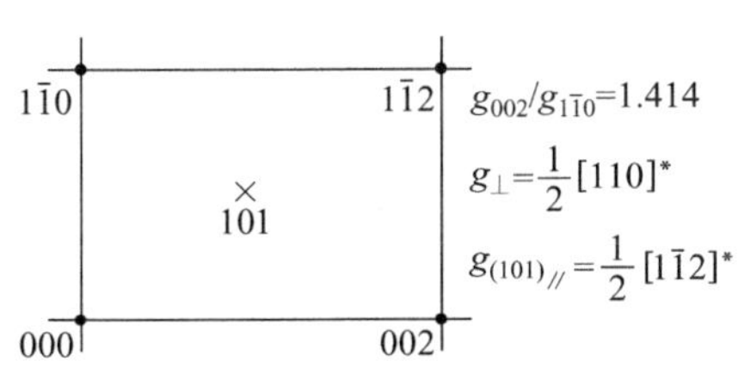

(3) bcc (110)*

$2\bar{2}0$
$3\bar{1}1$
$2\bar{2}2$
$g_{002}/g_{1\bar{1}1}=1.155$
$g_{2\bar{2}0}/g_{002}=1.414$
200
$1\bar{1}1$
202
$\phi=54.74°$
$g_{\perp}=[110]^*$
$g_{(111)_{//}}=\frac{1}{2}[002]^*$
ϕ
000
111
002

(4) fcc (110)*

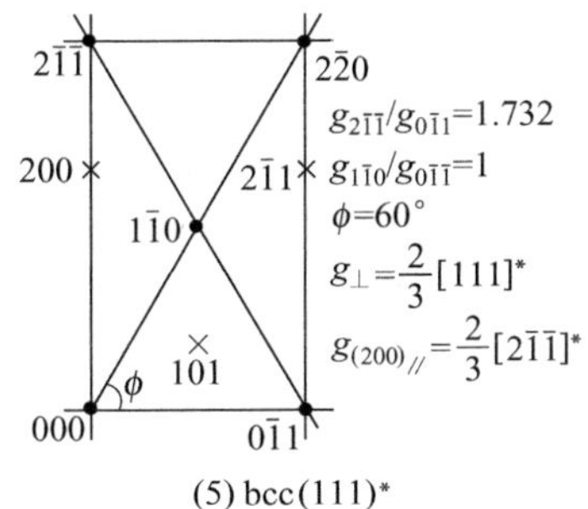

(5) bcc(111)*

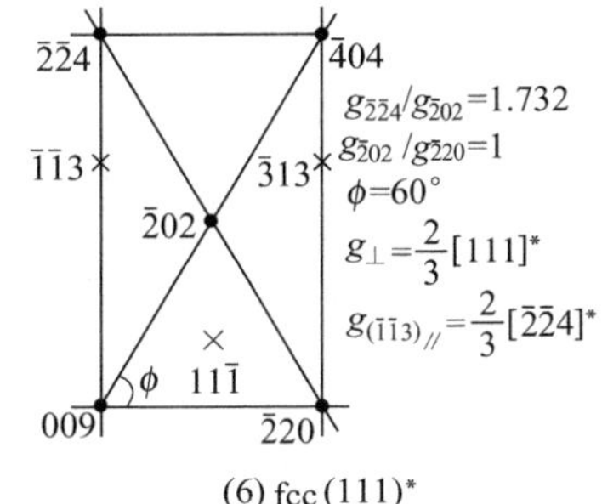

(6) fcc(111)*

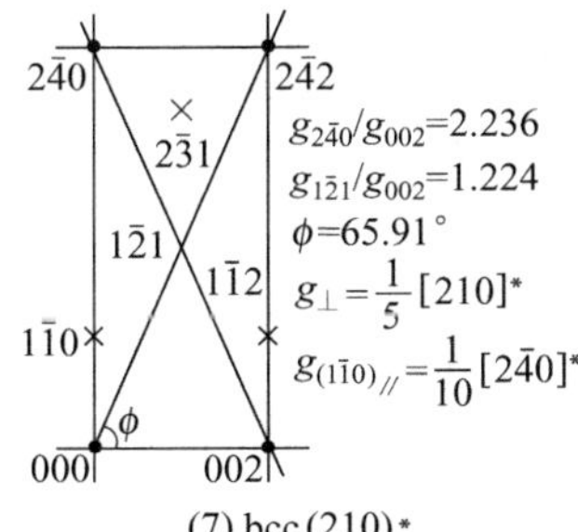

(7) bcc(210)*

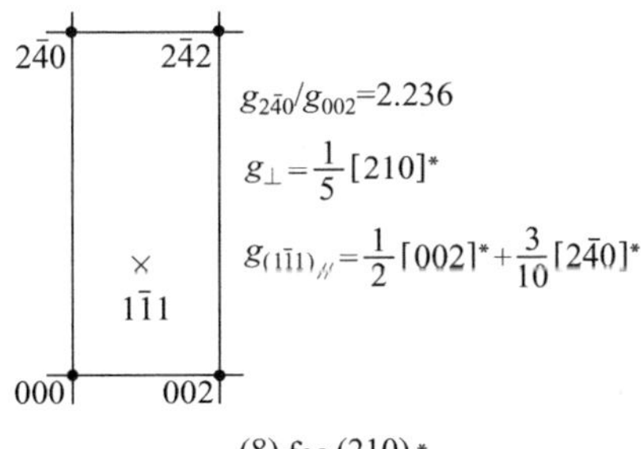

(8) fcc (210)*

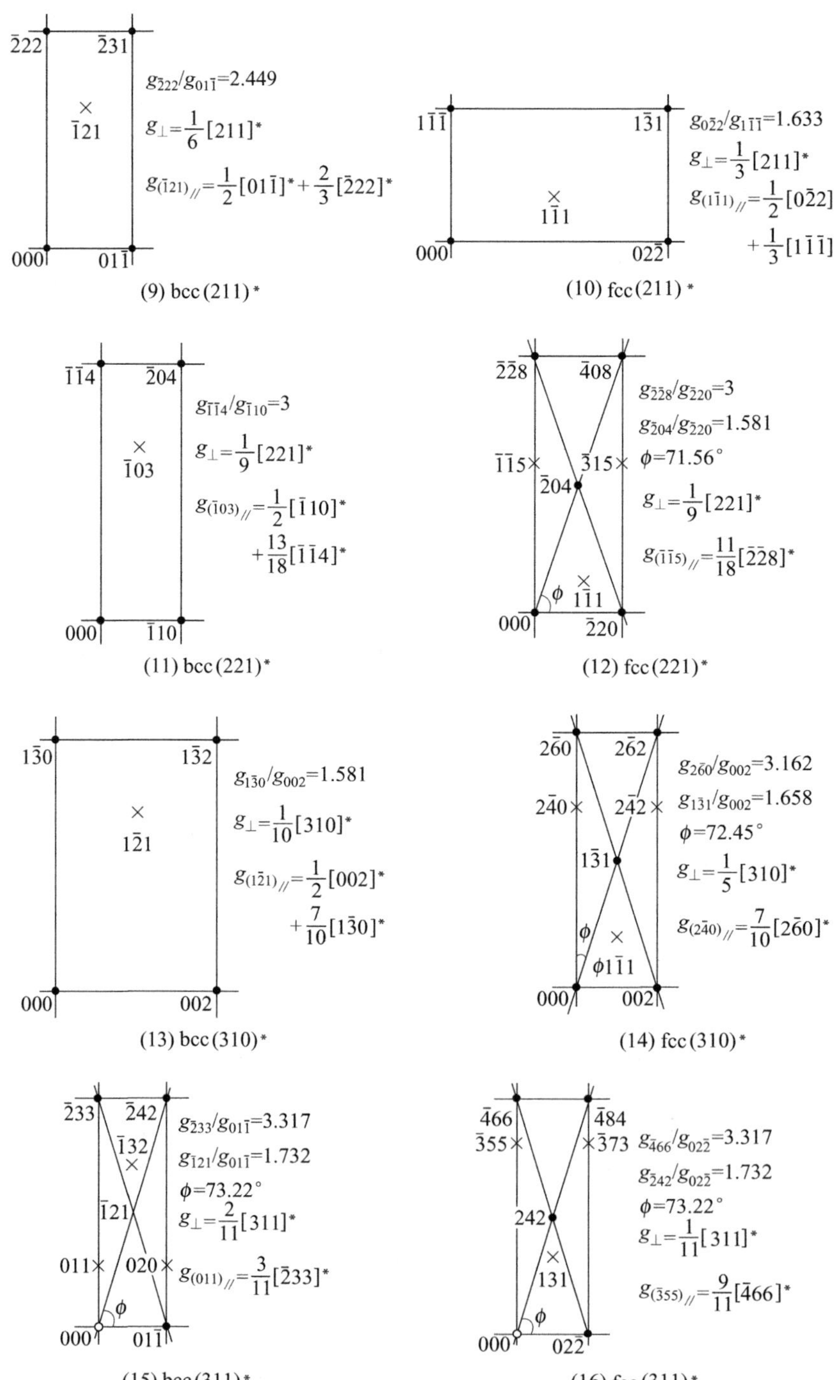

(9) bcc(211)*　(10) fcc(211)*

(11) bcc(221)*　(12) fcc(221)*

(13) bcc(310)*　(14) fcc(310)*

(15) bcc(311)*　(16) fcc(311)*

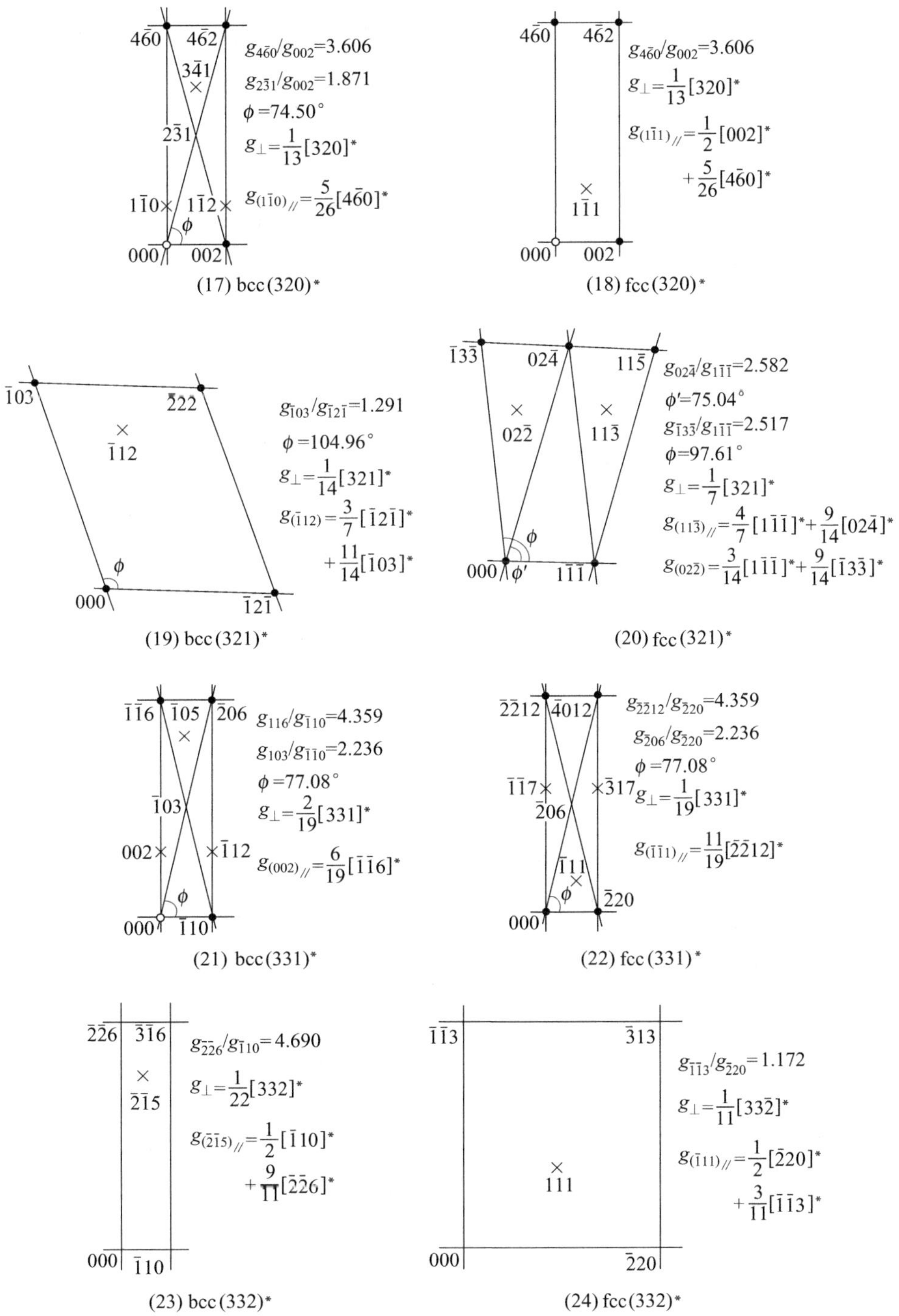

(17) bcc(320)*　(18) fcc(320)*

(19) bcc(321)*　(20) fcc(321)*

(21) bcc(331)*　(22) fcc(331)*

(23) bcc(332)*　(24) fcc(332)*

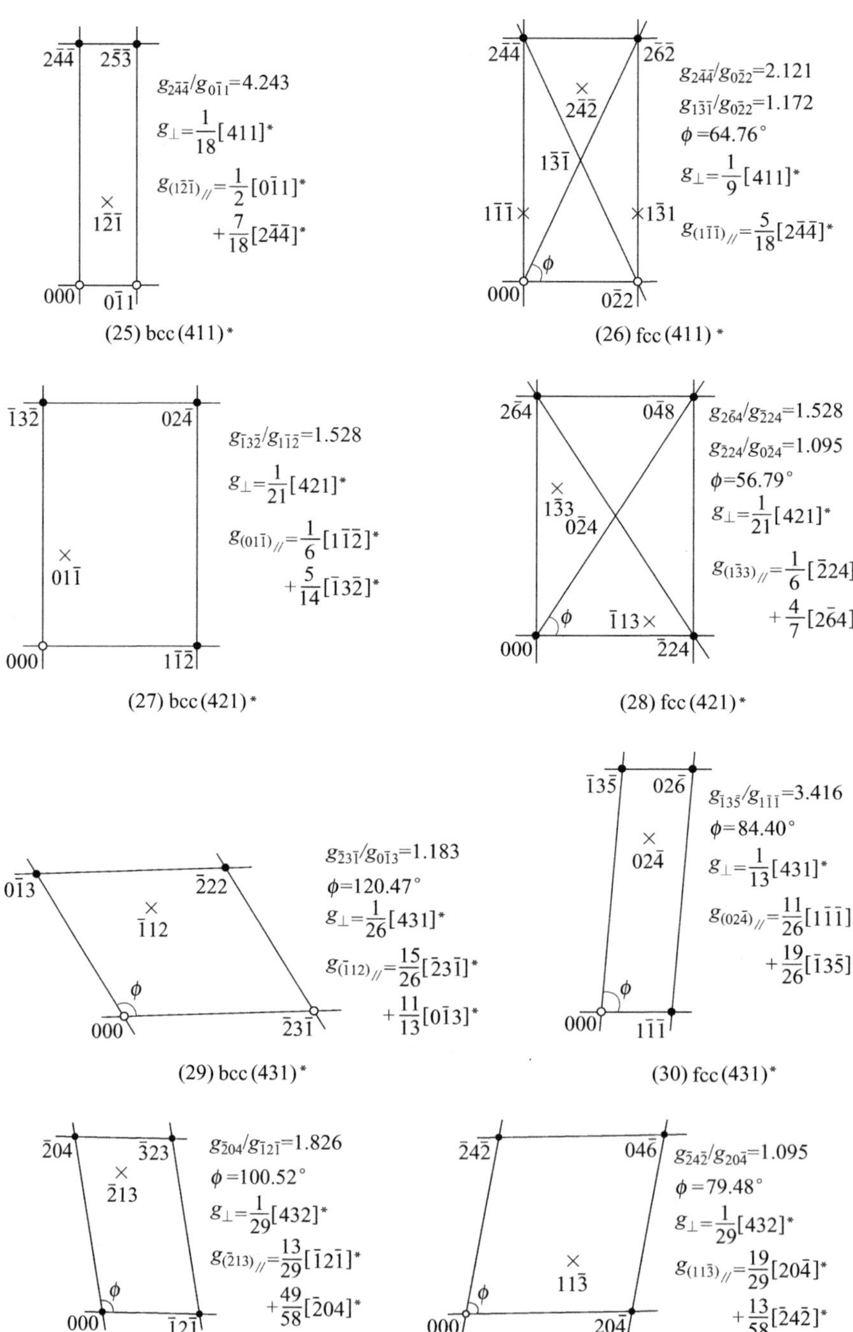

(25) bcc (411)*

(26) fcc (411)*

(27) bcc (421)*

(28) fcc (421)*

(29) bcc (431)*

(30) fcc (431)*

(31) bcc (432)*

(32) fcc (432)*

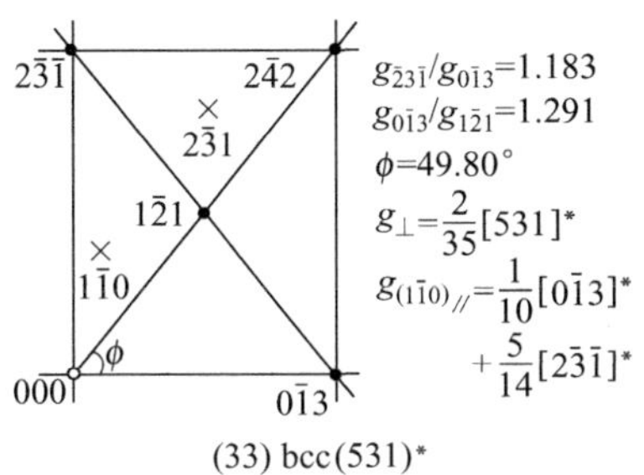

(33) bcc(531)*

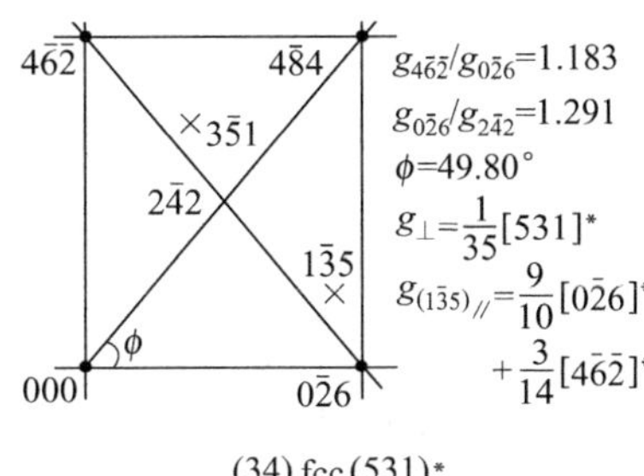

(34) fcc(531)*

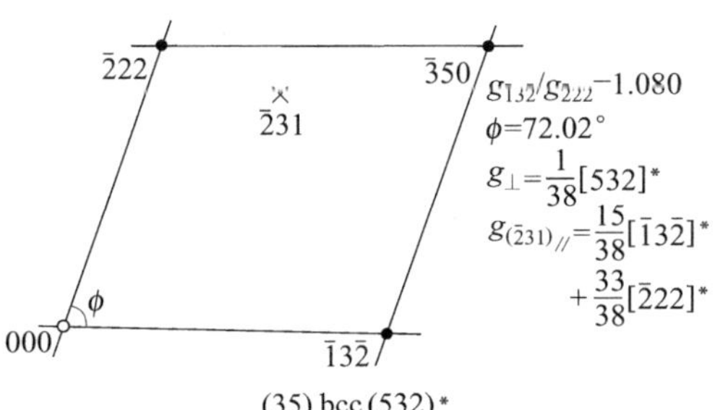

(35) bcc(532)*

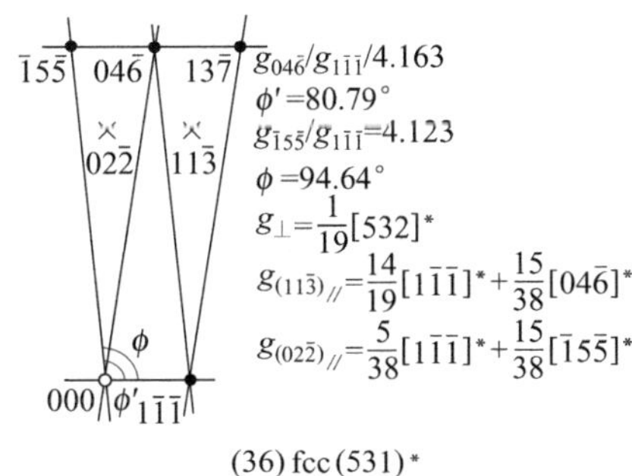

(36) fcc(531)*

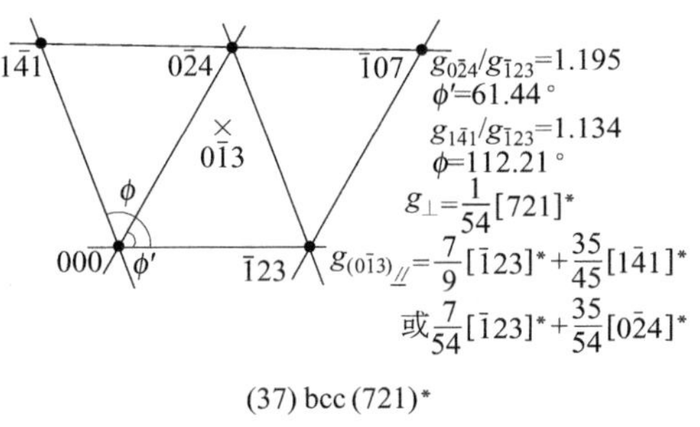

(37) bcc(721)*

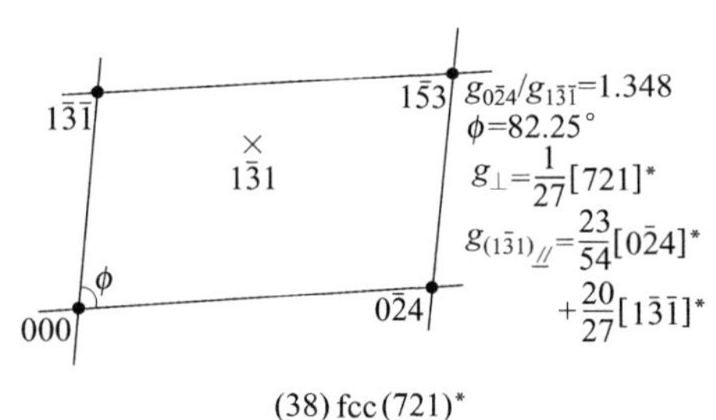

(38) fcc(721)*

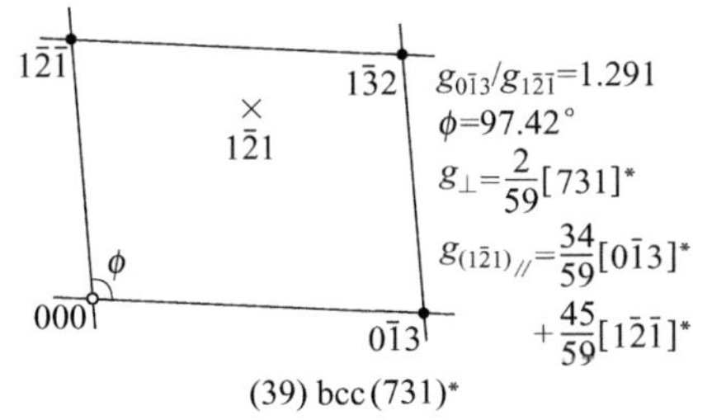

(39) bcc(731)*

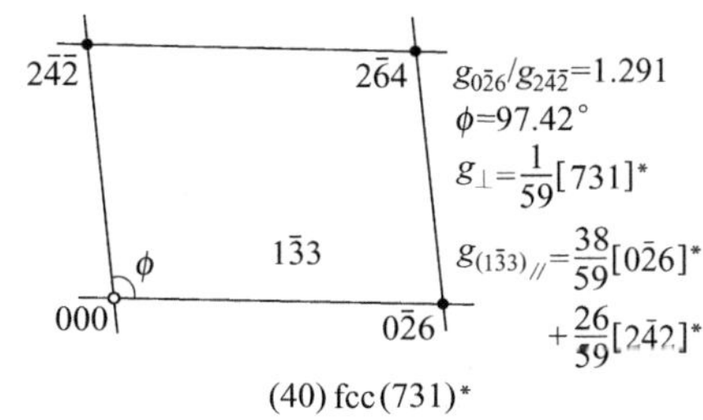

(40) fcc(731)*

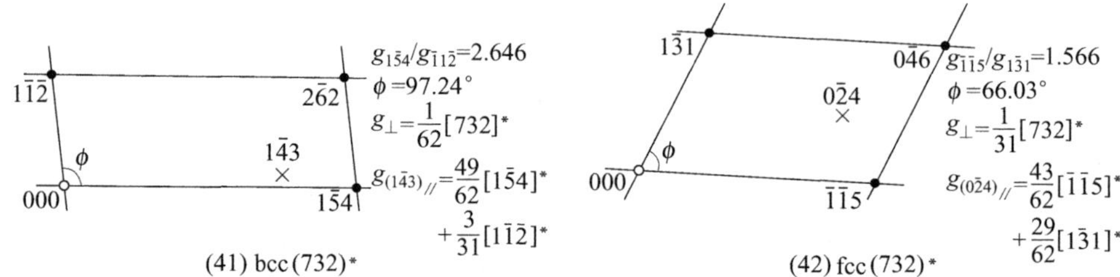

(41) bcc(732)*　　(42) fcc(732)*

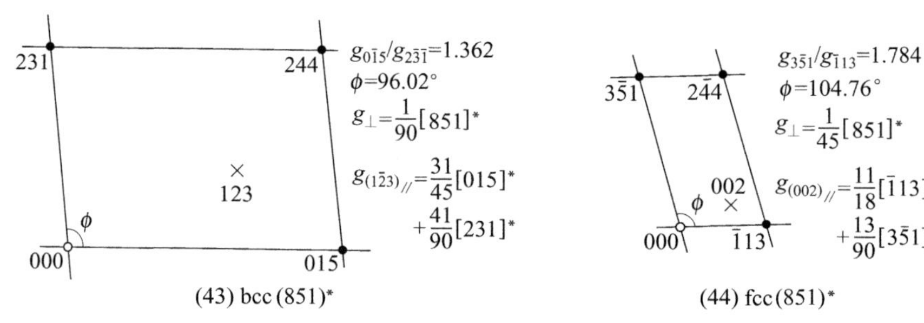

(43) bcc(851)*　　(44) fcc(851)*

J2　六方系晶体的倒易点阵分布图

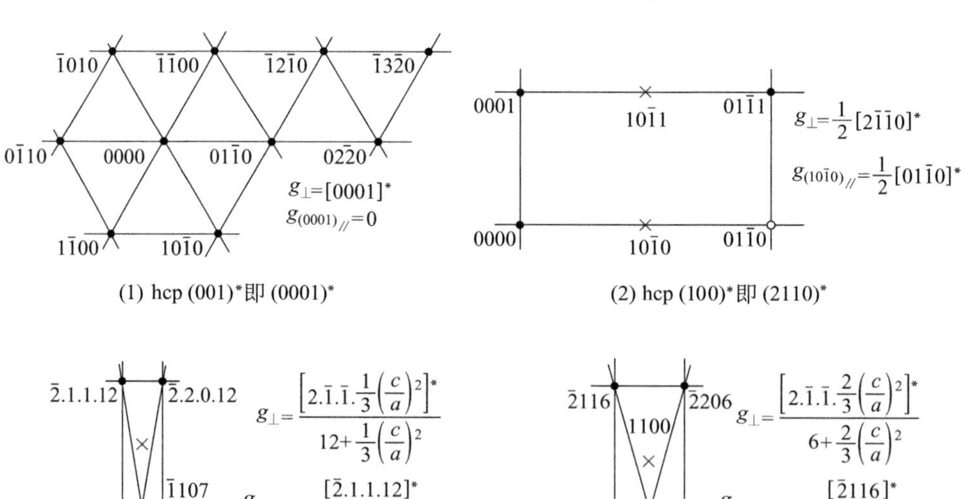

(1) hcp(001)*即(0001)*　　(2) hcp(100)*即(2110)*

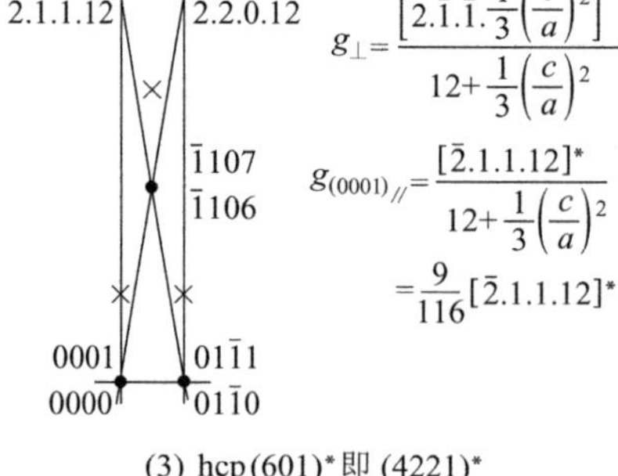

(3) hcp(601)*即(4221)*　　(4) hcp(301)*即(2$\bar{1}\bar{1}$1)*

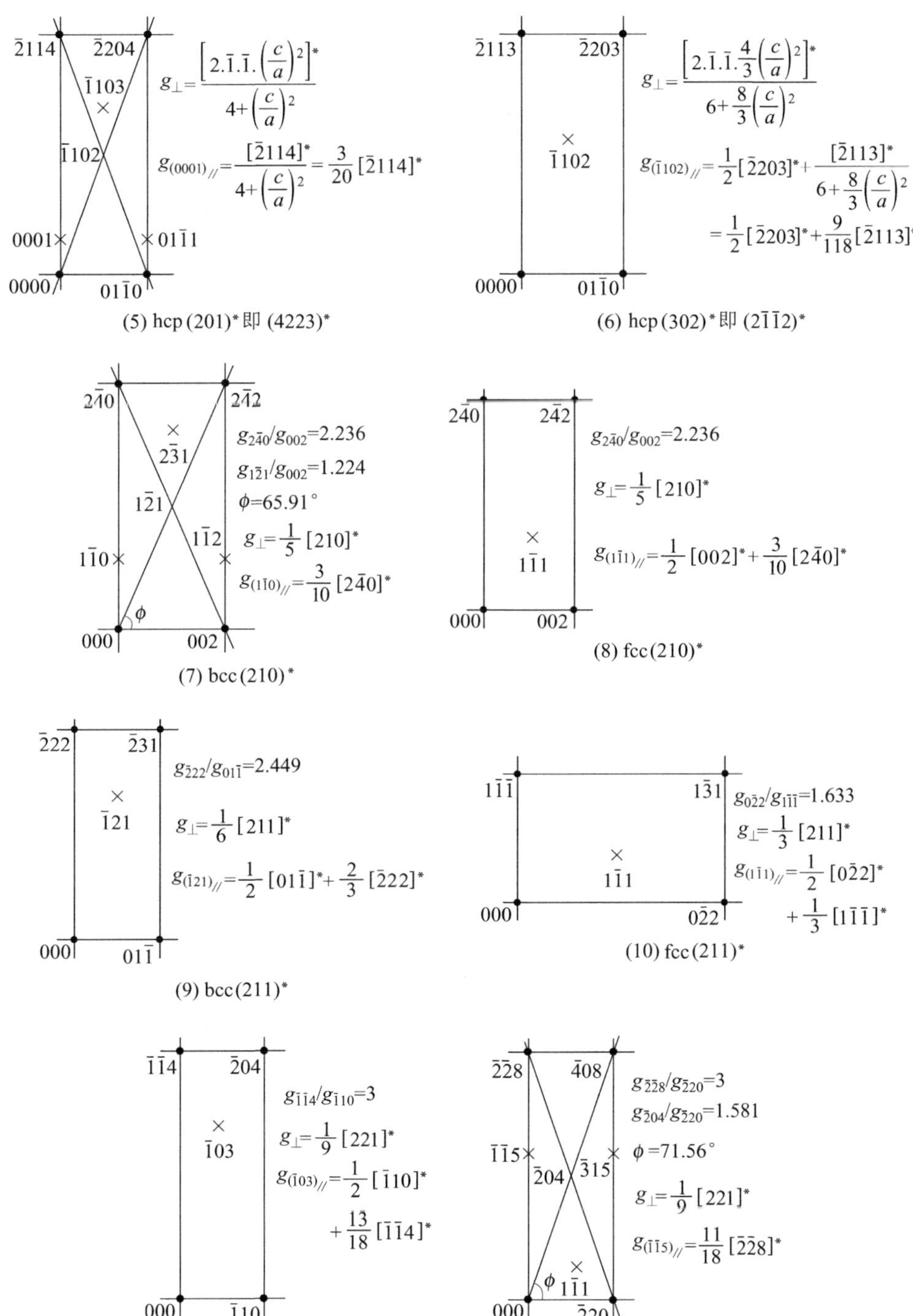

(5) hcp (201)* 即 (4223)*

(6) hcp (302)* 即 $(2\bar{1}\bar{1}2)^*$

(7) bcc (210)*

(8) fcc (210)*

(9) bcc (211)*

(10) fcc (211)*

(11) bcc (221)*

(12) fcc (221)*

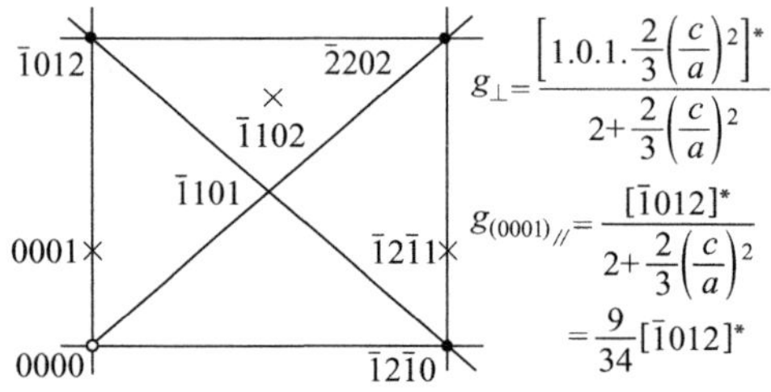

$$g_{\perp}=\frac{\left[1.0.1.\frac{2}{3}\left(\frac{c}{a}\right)^2\right]^*}{2+\frac{2}{3}\left(\frac{c}{a}\right)^2}$$

$$g_{(0001)//}=\frac{[\bar{1}012]^*}{2+\frac{2}{3}\left(\frac{c}{a}\right)^2}=\frac{9}{34}[\bar{1}012]^*$$

(13) hcp (211)*即 (1011)*

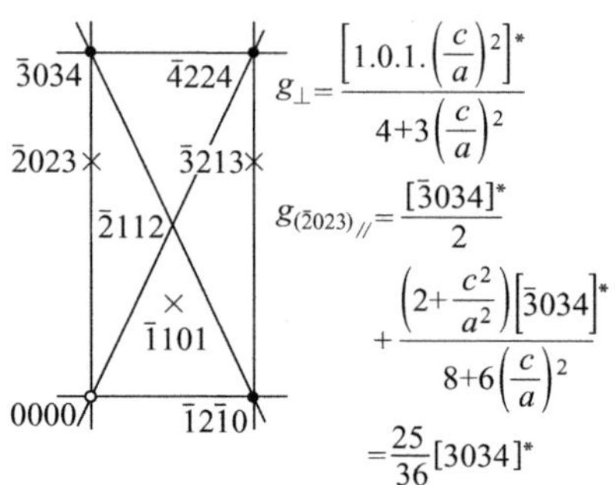

$$g_{\perp}=\frac{\left[1.0.1.\left(\frac{c}{a}\right)^2\right]^*}{4+3\left(\frac{c}{a}\right)^2}$$

$$g_{(\bar{2}023)//}=\frac{[\bar{3}034]^*}{2}+\frac{\left(2+\frac{c^2}{a^2}\right)\left[\bar{3}034\right]^*}{8+6\left(\frac{c}{a}\right)^2}=\frac{25}{36}[3034]^*$$

(14) hcp (423)*即 (2023)*

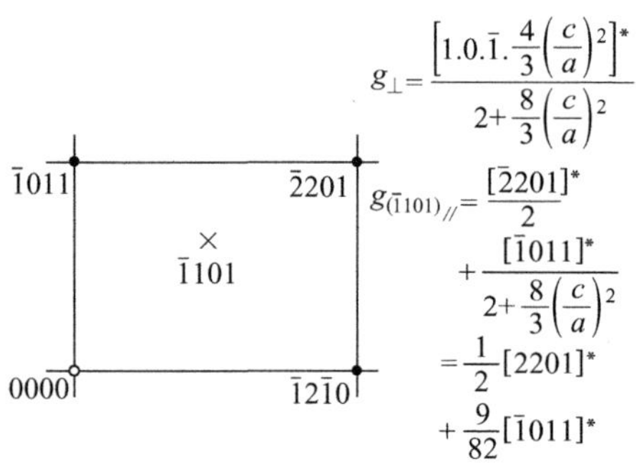

$$g_{\perp}=\frac{\left[1.0.\bar{1}.\frac{4}{3}\left(\frac{c}{a}\right)^2\right]^*}{2+\frac{8}{3}\left(\frac{c}{a}\right)^2}$$

$$g_{(\bar{1}101)//}=\frac{[\bar{2}201]^*}{2}+\frac{[\bar{1}011]^*}{2+\frac{8}{3}\left(\frac{c}{a}\right)^2}=\frac{1}{2}[2201]^*+\frac{9}{82}[\bar{1}011]^*$$

(15) hcp (212)*即 (1012)*

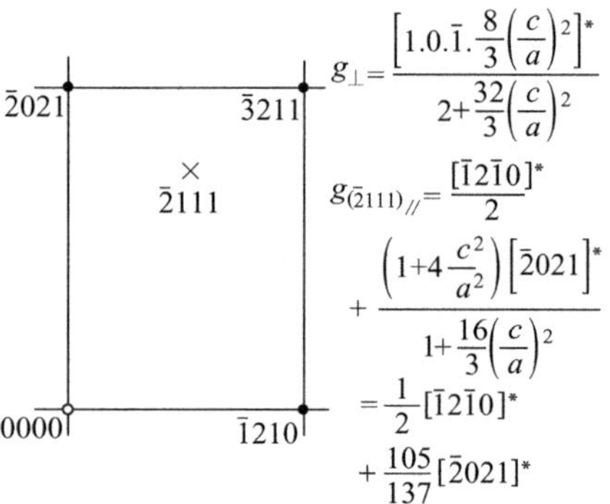

$$g_{\perp}=\frac{\left[1.0.\bar{1}.\frac{8}{3}\left(\frac{c}{a}\right)^2\right]^*}{2+\frac{32}{3}\left(\frac{c}{a}\right)^2}$$

$$g_{(\bar{2}111)//}=\frac{[\bar{1}2\bar{1}0]^*}{2}+\frac{\left(1+4\frac{c^2}{a^2}\right)\left[\bar{2}021\right]^*}{1+\frac{16}{3}\left(\frac{c}{a}\right)^2}=\frac{1}{2}[\bar{1}2\bar{1}0]^*+\frac{105}{137}[\bar{2}021]^*$$

(16) hcp (214)*即 (10$\bar{1}$4)*

$$g_{\perp}=\frac{1}{14}[5\bar{1}\bar{4}0]^*$$

$$g_{(01\bar{1}0)//}=\frac{5}{14}[\bar{1}3\bar{2}0]^*$$

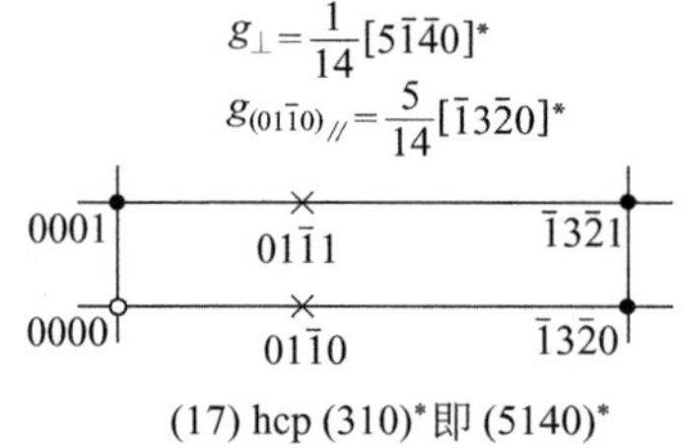

(17) hcp (310)*即 (5140)*

$$g_{\perp}=\frac{1}{20}[7\bar{2}\bar{5}0]^*$$

$$g_{(01\bar{1}0)//}=\frac{7}{26}[\bar{1}4\bar{3}0]^*$$

0001 $01\bar{1}1$ $\bar{1}4\bar{3}1$

0000 $01\bar{1}0$ $\bar{1}4\bar{3}0$

(18) hcp (410)* 即 (7$\bar{2}\bar{5}$0)*

附录 K　特征 X 射线的波长和能量表

元素		$K_{\alpha 1}$		$K_{\beta 1}$		$L_{\alpha 1}$		$M_{\alpha 1}$	
Z	符号	λ/0.1 nm	E/keV	λ/0.1 nm	E/keV	λ/0.1 nm	E/keV	λ/0.1 nm	E/keV
4	Be	114.00	0.109						
5	B	67.6	0.183						
6	C	44.7	0.277						
7	N	31.6	0.392						
8	O	23.62	0.525						
9	F	18.32	0.677						
10	Ne	14.61	0.849	14.45	0.858				
11	Na	11.91	1.041	11.58	1.071				
12	Mg	9.89	1.254	9.52	1.032				
13	Al	8.339	1.487	7.96	1.557				
14	Si	7.125	1.740	6.75	1.836				
15	P	6.157	2.014	5.796	2.139				
16	S	5.372	2.308	5.032	2.464				
17	Cl	4.728	2.622	4.403	2.816				
18	Ar	4.192	2.958	3.886	3.191				
19	K	3.741	3.314	3.454	3.590				
20	Ca	3.358	3.692	3.090	4.103				
21	Sc	3.031	4.091	2.780	4.461				
22	Ti	2.749	4.511	2.514	4.932	27.42	0.452		
23	V	2.504	4.952	2.284	5.427	24.25	0.511		
24	Cr	2.290	5.415	2.085	5.947	21.64	0.573		
25	Mn	2.102	5.899	1.910	6.490	19.45	0.637		
26	Fe	1.936	6.404	1.757	7.058	17.59	0.705		
27	Co	1.789	6.980	1.621	7.649	15.97	0.776		
28	Ni	1.658	7.478	1.500	8.265	14.56	0.852		
29	Cu	1.541	8.048	1.392	8.905	13.34	0.930		
30	Zn	1.435	8.639	1.295	9.572	12.25	1.012		
31	Ga	1.340	9.252	1.208	10.26	11.29	1.098		
32	Ge	1.254	9.886	1.129	10.98	10.44	1.188		

续表

元素		$K_{\alpha1}$		$K_{\beta1}$		$I_{\alpha1}$		$M_{\alpha1}$	
Z	符号	λ/0.1 nm	E/keV	λ/0.1 nm	E/keV	λ/0.1 nm	E/keV	λ/0.1 nm	E/keV
33	As	1.177	10.53	1.057	11.72	9.671	1.282		
34	Se	1.106	11.21	0.992	12.49	8.99	1.379		
35	Br	1.041	11.91	0.933	13.29	8.375	1.480		
36	Kr					7.817	1.586		
37	Rb					7.318	1.694		
38	Sr					6.863	1.807		
39	Y					6.449	1.923		
40	Zr					6.071	2.042		
41	Nb					5.724	2.166		
42	Mo					5.407	2.293		
43	Tc					5.115	2.424		
44	Ru					4.846	2.559		
45	Rh					4.597	2.697		
46	Pd					4.368	2.839		
47	Ag					4.154	2.984		
48	Cd					3.956	3.134		
49	In					3.772	3.287		
50	Sn					3.600	3.444		
51	Sb					3.439	3.605		
52	Te					3.289	3.769		
53	I					3.149	3.938		
54	Xe					3.017	4.110		
55	Cs					2.892	4.287		
56	Ba					2.776	4.466		
57	La					2.666	4.651		
58	Ce					2.562	4.840		
59	Pr					2.463	5.034		
60	Nd					2.370	5.230		
61	Pm					2.282	5.433		
62	Sm					2.200	5.636	11.47	1.081

续表

元素		$K_{\alpha1}$		$K_{\beta1}$		$L_{\alpha1}$		$M_{\alpha1}$	
Z	符号	λ/0.1 nm	E/keV	λ/0.1 nm	E/keV	λ/0.1 nm	E/keV	λ/0.1 nm	E/keV
63	Eu					1.212	5.846	10.96	1.131
64	Cd					2.047	6.057	10.46	1.185
65	Tb					1.977	6.273	10.00	1.240
66	Dy					1.909	6.495	9.590	1.293
67	Ho					1.845	6.720	9.200	1.347
68	Er					1.784	6.949	8.820	1.405
69	Tm					1.727	7.180	8.480	1.462
70	Yb					1.672	7.416	8.149	1.521
71	Lu					1.620	7.656	7.840	1.581
72	Hf					1.57	7.899	7.539	1.645
73	Ta					1.522	8.146	7.252	1.710
74	W					1.476	8.398	6.983	1.775
75	Re					1.433	8.653	6.729	1.843
76	Os					1.391	8.912	6.490	1.910
77	Ir					1.351	9.175	6.262	1.980
78	Pt					1.313	9.442	6.047	2.051
79	Au					1.276	9.713	5.840	2.123
80	Hg					1.241	9.989	5.645	2.196
81	Tl					1.207	10.27	5.460	2.271
82	Pb					1.175	10.55	5.286	2.346
83	Bi					1.144	10.84	5.118	2.423
84	Po					1.114	11.13		
85	At					1.085	11.43		
86	Rn					1.057	11.73		
87	Fr					1.030	12.03		
88	Ra					1.005	12.34		
89	Ac					0.979	12.65		
90	Th					0.956	12.97	4.138	2.996
91	Pa					0.933	13.29	4.022	3.082
92	U					0.911	13.61	3.910	3.171

参考文献

1. David B. Williams, Barry Carter C. Transmission Electron Microscopy. Plenum Press, 1996
2. Josephh Goldstein, et al. Scanning Electron Microscopy and X-Ray Microanalysis, 3rd Edition. Kluwer Academic/Plenum Publishers, 2003
3. Hirsh P B, Howie A, Nicholson R B, Pashley D W and Whelan M J. Electron Microscopy of Thin Crystals, 2nd Edition. Krieger, Huntington, 1977
4. De Graef M. Introduction to Conventional Electron Microscopy. New York: Cambridge University Press, 2003
5. Reimer L. Transmission Electron Microscopy, 4th Edition. Springer, 2004
6. Cowley J M. Ed. Electron Diffraction Techniques, 1 and 2. Oxford University Press, 1992
7. Edington J W. Practical Electron Microscopy in Materials Science. Van Nostrand Reinhold, 1976
8. Gareth Thomas and Michael J. Goringe. Transmission Electron Microscopy of Materials. John Wiley & Sons, 1979
9. Goodhew P J, Humphreys F J. Electron Microscopy and Analysis. Taylor & Francis, 1992
10. Cowley J M. Diffraction physics, 3rd rev ed. Amsterdam: Elsvier Service, 1995
11. Spence J C H. High Resolution Electron Microscopy, 3rd Edition. Oxford Science Publication, 2003
12. Buseck P R, Cowley J M and Eyring L. eds. High-Resolution Transmission Electron Microscopy and Associated Techniques. Oxford University Press, 1988
13. Spence J C H and Zuo J M. Electron Microdiffraction. Plenum. New York, 1992
14. Egerton R F. Electron Energy Loss Spectroscopy in the Electron Microscope. Plenum Press, 1986
15. Keyse R J, Garratt-Reed A J, Goodhew P J and Lorimer G W. Introduction to Scanning Transmission Electron Microscopy. BIOS Scientific Publishers Limited, 1998
16. Champness P E. Electron Diffraction in the Transmission Electron Microscope. BIOS Scientific Publishers Limited, 2001
17. Zhang Xiao-Feng, Zhang Ze, eds. Progress in Transmission Electron Microscope 1. Concepts and Techniques, Springer, 2000
18. Zhang Xiao-Feng, Zhang Ze, eds. Progress in Transmission Electron Microscope 2. Applications in Materials Science, Springer, 2000
19. Wang Zhonglin, Hui Chuan. Electron Microscopy of Nanotubes. Beijing: Tsinghua University Press, 2004
20. Schwarz A J, Kumar M and Adams B K, eds. Electron Backscatter Diffraction in Materials Science. Kluwer Academic/Plenum Publishers, 2000

21. Bonnell D A. Scanning Tunneling Microscopy and Spectroscopy Theory. Techniques and Applications. New York: VCH Publishers, 1993
22. Earl J Kirkland. Advanced Computing in Electron Microscopy. Springer, 1998
23. Magonov S N, Whangbo M H. Surface analysis with STM and AFM, VCH. Germany, 1996
24. Crispin Hetherington. Aberration correction for TEM. Materialstoday, December 2004, 50～55
25. Matthew Weyland and Paul A. Midgley. Electron tomography. Materialstoday, December, 2004,32～40
26. 陈梦谪. 金属物理研究方法. 第二分册. 北京：冶金工业出版社,1982
27. (英)赫什等. 薄晶体电子显微学.北京:科学出版社,1983
28. 王中林. 纳米材料表征.化学工业出版社,2005
29. 姚楠,王中林.纳米技术中的显微学手册第2卷:电子显微学.北京:清华大学出版社,2005
30. 姚楠,王中林.纳米技术中的显微学手册第1卷:光学显微学、扫描探针显微学、离子显微学和纳米制造.北京:清华大学出版社,2006
31. 朱静,叶恒强,王仁卉,等.高空间分辨分析电子显微学. 北京:科学出版社,1987
32. 叶恒强,王元明.透射电子显微学进展.北京:科学出版社,2003
33. 进藤大辅,及川哲夫著;刘安生译. 材料评价的分析电子显微方法.北京：冶金工业出版社,2001
34. 黄孝瑛,侯耀永，李理.电子衍衬分析原理与图谱. 济南：山东科学技术出版社,2000
35. 王蓉著.电子衍射物理教程.北京:冶金工业出版社,2002
36. 章效峰.清晰的纳米世界——显微镜终极目标的千年追求.北京：清华大学出版社,2005
37. 周玉.材料分析方法,第2版.北京：机械工业出版社,2004
38. 郭可信，叶桓强.高分辨电子显微学. 北京：科学出版社,1985
39. 司潘斯著；张存，朱宜译. 实验高分辨电子显微学.北京：高等教育出版社，1988
40. 郭可信，叶桓强,吴玉琨. 电子衍射图在晶体学中的应用.北京：科学出版社，1983
41. 吴杏芳,柳得橹. 电子显微分析实用方法.北京：冶金工业出版社,1998
42. 付洪兰. 实用电子显微镜技术. 北京：高等教育出版社 2004
43. 魏全金. 材料电子显微分析. 北京：冶金工业出版社，1990
44. 陈成钧.扫描隧道显微学引论.中国轻工业出版社,1996
45. 白春礼,田芳，罗克. 扫描力显微术. 北京：科学出版社,2000
46. Hirsch P B,et al. Electron Microscopy of Thin Crystals. London Butterworths, 1965,455
47. 黄孝瑛.透射电子显微学.上海：上海科学技术出版社,1987